理论力学

（第 2 版）

主　编　崔红光　张本华
副主编　姜迎春　王　京　徐　燕
参　编　邬立岩　冯龙龙　王铁军
　　　　王　欢　朱公志　夏冬生
主　审　李永强

北京理工大学出版社
BEIJING INSTITUTE OF TECHNOLOGY PRESS

内容简介

本书根据高等院校应用型本科专业学生的培养要求，结合编者多年的教学经验及教学改革成果编写而成。

本书在内容的编排和素材的选取上融合科技发展，突出应用型特色，着眼于理论的分析与工程实际问题的解决。全书共14章，分为静力学、运动学、动力学三篇。静力学部分涵盖了静力学基础、平面力系的简化与平衡、静力学应用问题及空间力系，具体涉及静力学公理、约束与约束反力、物体的受力分析和受力图、平面力系、空间力系、平面静定桁架及摩擦等问题。运动学部分涵盖了点的运动学、刚体的基本运动、点的复合运动及刚体的平面运动，具体涉及点的运动的三种分析方法、刚体的三种基本运动、点的速度和加速度合成定理等问题。动力学部分涵盖了动力学基础、动力学三大定理及动力学两大原理，具体涉及牛顿运动定律、质点的运动微分方程、动量定理、动量矩定理、动能定理、达朗贝尔原理和虚位移原理等问题。

本书理论体系清晰、层次分明、重点突出、难点分散。每章前部分设有内容提要、素质目标、案例导读、任务驱动，每章中间部分设有案例分析，每章后部分设有知识点总结、思考题、习题，并在书末编有习题参考答案。

本书可作为本科院校工科类专业理论力学相关课程的教材和教学参考书，也可供有关工程技术人员参考。

图书在版编目（CIP）数据

理论力学 / 崔红光，张本华主编. --2 版. --北京：北京理工大学出版社，2025. 1.

ISBN 978-7-5763-4999-3

Ⅰ. O31

中国国家版本馆 CIP 数据核字第 2025RV9249 号

责任编辑：陆世立　　**文案编辑**：李　硕
责任校对：刘亚男　　**责任印制**：李志强

出版发行 / 北京理工大学出版社有限责任公司
社　　址 / 北京市丰台区四合庄路 6 号
邮　　编 / 100070
电　　话 / （010）68914026（教材售后服务热线）
（010）63726648（课件资源服务热线）
网　　址 / http://www.bitpress.com.cn

版 印 次 / 2025 年 1 月第 2 版第 1 次印刷
印　　刷 / 三河市天利华印刷装订有限公司
开　　本 / 787 mm×1092 mm　1/16
印　　张 / 16.75
字　　数 / 393 千字
定　　价 / 79.00 元

前　言

理论力学是高等院校理工科类专业必修的一门专业基础课，研究质点、质点系和刚体的机械运动（包括平衡）的基本规律及其在工程中的实际应用问题，是联系前续课程（高等数学、大学物理等）和后续课程（材料力学、机械原理等）的桥梁和纽带。本书案例与习题的选取与工程实践相结合，侧重于启发学生的力学思维，培养学生的实践能力，为进一步提高分析问题和解决问题的能力奠定必要的力学基础。

党的二十大报告指出："以国家战略需求为导向，集聚力量进行原创性引领性科技攻关，坚决打赢关键核心技术攻坚战。"随着科学技术的发展，力学知识已成为研究各类工程技术问题的重要工具之一，在国家的现代化建设、科技创新中起着至关重要的作用。二十大报告提出的创新驱动发展战略、高质量发展要求、现代化建设目标等，都与力学的发展和应用密切相关。力学作为支撑现代化建设的重要学科，广泛应用于基础设施建设、智能制造、智慧城市等领域。而人才培养是实现力学持续发展的关键，在党的二十大报告提出的"加快建设国家战略人才力量"培养要求下，力学教育应更注重学生的创新能力和实践能力的培养，为国家的科技创新和现代化建设输送更多优秀人才。

理论力学课程，在培养工程技术和科学研究创新人才的教学实践中肩负重大的责任与使命，而教材建设是理论力学教学实践的基石。本书结构体系保留了国内外多年教学经验证明的较为科学的理论力学教学体系，即"静力学—运动学—动力学"，在不破坏课程的系统性和完整性的前提下，精简了与其他先修课程重复的内容。本书主要特点如下。

（1）清晰立体的逻辑体系。聚焦"一条主线、两种素养、三大板块、十项栏目"，版面设计包括内容提要、素质目标、案例导读、任务驱动、理论知识、案例分析、知识点总结、思考题、习题、数字教材在线测验等栏目，教材的知识体系和学生的认知学习有机融合。

（2）主辅分明的内容呈现。本书采用"正文+辅文"相互渗透、相互补充的内容呈现方式。辅文可通过扫描二维码的形式获得，主要包括例题 PDF 解答、慧鱼模型演示视频、仿真动画演示视频、案例分析讲解视频等。所有辅文旨在增加教材内容的层次感、可读性和吸引力。

（3）匠心育人的德育理念。各章设有体现德育特色的案例导读，将工匠精神、人文素养、价值理念、家国情怀等德育元素有机融入知识体系，使德育与理论学习同向同行。

（4）知行合一的实践特色。本书内容遵循"基于生活，基于实践，基于科教"的原则，坚持目标导向与问题导向相结合。本书知识点案例精心选择了贴近日常生活、源于工程实践、结合科技前沿，并能够启人深思的力学案例，体现产教融合、科教融汇的教学思想，达到学以致用、知行合一、学用结合的目的。

（5）师生同研共筑富媒体教学资源库。通过计算机建模仿真、慧鱼模型拼建、文献查阅整理、科创作品加工制作等实践，训练力学思维，自主建设富媒体教学资源库。

本书编委由来自不同的高校，长期从事理论力学教学，具有丰富教学和研究经验的教师组成。本书由崔红光、张本华负责统稿；崔红光、姜迎春、王京、徐燕、冯龙龙撰写各章节内容；邬立岩、王铁军、王欢、朱公志、夏冬生修订例题、习题等；李永强完成书稿的审阅，并提出了许多宝贵意见。本书参考了许多国内外优秀的教材和研究成果。在此，我们向所有为本书付出辛勤劳动和贡献智慧的人们表示衷心的感谢。

由于编者水平有限，加之时间仓促，书中的不妥和疏漏在所难免，恳请读者批评指正。

编　者

2024 年 3 月

目 录

第三篇 动力学

绪　论

一、理论力学的研究对象和内容

理论力学是研究物体机械运动一般规律的科学，具体地说就是研究力与机械运动改变之间关系的科学。

所谓机械运动是指物体在空间的位置随时间的变化。物体的运动各种各样，表现为位置的变动、发光、发热、电磁现象、化学过程，还包括人们头脑中的思维活动等不同的运动形式。机械运动是物质运动中最简单、最初级的一种，人们在生产和生活中经常遇到。例如，各种交通工具的运行、机器的运转、大气和河水的流动、人造卫星和宇宙飞船的运行、建筑物的振动等，都是机械运动。物体的平衡（如相对于地球静止或匀速直线运动）是机械运动的特殊情况，因此理论力学也研究物体的平衡规律。

理论力学以伽利略和牛顿所建立的基本定律为基础，研究速度远小于光速的宏观物体的机械运动，属于古典力学的范畴。由于近代物理的发展，人们发现许多力学现象不能用古典力学定律来解释，因而产生了研究高速（接近光速）物质运动规律的相对论和研究微观粒子运动规律的量子力学。在这些新的研究领域内，古典力学定律已不再适用。但在研究低速（远小于光速）、宏观物体的运动，特别是一般工程上的力学问题时，运用古典力学定律得出的结果就足够精确。目前，在古典力学基础上诞生的各个新的力学分支正在迅速地发展。

本书内容分为静力学、运动学和动力学三部分。

静力学：研究物体在力作用下的平衡规律即物体平衡时作用力所应满足的条件，同时也研究力的一般性质及力系的简化方法。

运动学：从几何学的角度来研究物体的运动（如轨迹、速度和加速度等），不研究引起运动的物理原因。

动力学：研究作用于物体上的力与物体运动变化之间的关系。

二、理论力学的研究方法

力学是最古老的科学之一，它的产生和发展过程就是人类对于物体运动认识的深化过程。而这种认识是通过长期的生产实践和无数次的科学实验而形成的。经过无数次“实践—理论—实验”的循环过程，认识不断提高和深化，逐步总结和归纳出物体机械运动的一般规律。

观察和实验是理论力学发展的基础。在力学的萌芽时期，人类通过从事建筑和农业劳动，以及对自然现象的直接观察，建立了力的概念，并得出杠杆原理等一些力学规律。实验是力学研究的重要一环，理论力学中的摩擦定律和惯性定律等都是直接建立在实验基础上的。从近代力学的研究和发展来看，实验更是重要的研究方法之一。

在观察和实验的基础上，经过抽象化建立力学模型，上升到理论。由于人们所观察到的素材复杂多样，一时不易认识它的本质。所以，必须从这些复杂的现象中，抓住主要的因素，撇开次要的、局部的、偶然的因素，才能深入到现象的本质，理解事物的内在联系，这就是抽象的过程。通过抽象，把所研究的对象简化为理想模型。例如，在研究物体的机械运动时，略去了物体的变形，就得到了刚体的模型；略去了物体的几何尺寸，就得到了质点的概念。正确的抽象，不仅简化了所研究的问题，而且更深刻地接近了实际。如果客观条件改变了，事物的内在矛盾就会转化。这时，就需要引入新的主要因素，建立新的模型，使它更接近于实际。

通过抽象，进一步把人类长期以来从直接观察、实验，以及生产活动中得来的经验与认识到的个别特殊规律加以分析、综合、归纳，找出事物的普遍规律，从而建立起一些最基本的普遍定律作为本学科的理论基础。

根据基本理论，进行数学演绎推理，得出各种形式的定理和结论。在理论力学中，广泛地利用数学这一有利工具。数学不仅应用在逻辑推理方面，而且运用于量的计算方面。力学现象之间的关系是通过数量来表示的，计算机技术对力学的应用和发展有着巨大的作用。随着近代计算机的发展和普及，其不仅能完成力学问题中大量而繁杂的数值计算，而且能在逻辑推演、公式推导等方面提供非常有效的帮助。当然，数学不能脱离具体的研究对象，只有将数学运算与力学现象的物理本质紧密地联系起来，才能得出符合实际的正确结论。而这些结论还必须回到实践中接受实践的检验，只有当理论正确地反映了客观实际时，才能确定这个理论正确。

三、学习理论力学的意义

理论力学是解决工程实际问题的重要理论基础。有些工程问题可以直接应用理论力学的一些定理和结论去解决，有些则需要用理论力学与其他专业知识共同来解决。因此，学习理论力学可以为解决工程问题打下一定的基础。

学习理论力学是为学习一系列后续课程打基础。例如，材料力学、结构力学、弹性力学、水力学、机械原理(含振动理论)等课程，都要以理论力学为基础。在很多专业课程中，也不同程度地用到理论力学的知识。

理论力学的分析和研究方法具有一定的典型性。学生在学习过程中，逐步形成正确的逻辑、思维，以及对待实际问题具有抽象、简化和正确进行理论分析的能力。因此，学习该课程有助于培养学生辩证唯物主义世界观以及分析和解决实际问题的能力。

四、理论力学的学习方法

正确地理解并能灵活应用课程中所涉及的基本概念、公理、定律、定理和结论。

对所学的基本理论及解题方法进行恰当的分类，如对杆、轮的动力学问题应分别采用什么样的方法来解决，各需要什么样的运动学补充方程；一个自由度及两个自由度的动力学问题一般采用什么方法求解更容易等等。善于将学过的知识、掌握的解题方法进行归纳、总结，并举一反三，找出一些规律性的东西。

解题是理论力学学习中的一个重要的环节。只有通过必要的、相当数量的解题训练，才会深刻地理解理论、概念、公式及定理的细节和实际运用的灵活技巧，并从中发现学习中存在的问题。解题时应特别注意，必须按例题的解题步骤和要求认真做题，受力图、速度矢量图或加速度矢量图的正确性直接影响结果的正确性。

学习新知识，复习学过的内容。理论力学课程学习周期长、课时多，不能学了后面的，忘了前面的。静力学、运动学是动力学的基础，其受力分析方法、力系简化方法及一系列的运动学关系经常被应用于动力学的解题过程。只有经常不断地复习前面的知识，才能适时地、正确地将其用于动力学的学习中。

五、理论力学的发展史

1. 理论力学的萌芽

早在古希腊，阿基米德系统地研究了物体的重心和杠杆原理，奠定了静力学基础。《墨经》是我国最早记述有关力学理论的著作。意大利的达·芬奇研究了滑动摩擦、平衡、力矩。波兰的哥白尼创立“日心说”。德国的开普勒提出行星运动三大定律。意大利的伽利略研究自由落体规律、物体惯性及加速度的概念。英国伟大科学家牛顿在 1687 年出版的《自然哲学的数学原理》一书中提出动力学的三个基本定律、万有引力定律、天体力学等，是经典力学的奠基人。

2. 理论力学的发展期

瑞士的数学家伯努利于 1717 年提出虚位移原理。瑞士的数学家、科学家欧拉提出了用微分方程表示的分析方法解决质点运动的问题，并发展了摩擦、刚体运动等方面的研究。1743 年，法国科学家达朗贝尔在名著《动力学》中提出达朗贝尔原理。法国的拉格朗日在分析力学上获得了辉煌的成绩，他把虚位移原理和达朗贝尔原理结合起来，提出第二类拉格朗日方程。英国数学家、物理学家哈密顿提出哈密顿原理。

3. 理论力学的现代发展

物理学家爱因斯坦创立了相对论，为力学的发展做出了划时代的贡献。力学极其广泛地与数学、物理、化学、天文、地理、生物等基础学科和几乎所有的工程学科相互交叉、渗透，形成了大量的新兴学科，保持着旺盛的生命力。近年来，分析力学、运动稳定性理论、非线性振动、陀螺理论等研究有了很大的发展。我国力学家如钱学森、周培源、钱伟长等也为世界力学研究做出了突出贡献。

第一篇 静力学

静力学是研究物体在力系作用下的平衡规律的科学，主要研究以下三方面问题。

(1)物体的受力分析。

分析物体共受多少力，每个力的大小、方向和作用点位置，以便对所要研究的力系作初步了解。

(2)力系的简化。

力系就是作用在物体上的一群力。力系的简化的目的是抓住不同力系的共同本质，明确力系对物体作用的总效果。

所谓力系的简化，就是将作用在物体上的复杂力系用最简单的和它等效的力系来代替。这个最简单的和它等效的力系的作用效果就是它的总的作用效果，它确定了物体的运动状态的改变量。例如，正在田间工作的农具受到牵引力、土壤阻力、重力等力的作用，这些力分别作用在农具的各处，每个力都影响农具的运动，要了解农具的运动规律，就必须了解这些力的总的作用效果，这就需要将这些力组成的力系加以简化，然后才能进一步确定农具的运动规律。由于平衡是运动的特殊情况，因此研究力系的简化还可以导出力系的平衡条件。所以，不论研究物体的哪一种运动状态，平衡与否，都必须从力系的简化开始。

(3)建立力系的平衡条件。

研究物体平衡时，作用在物体上的各种力系所需满足的条件。

力系的平衡条件，在静力学中具有重要的意义。它在理论上给出了各种力系平衡时具有的独立平衡方程的个数，为分析和解决实际问题起到了指导作用。

在工程实际中存在着大量的静力学问题，例如，当对各种工程结构的构件(如梁、桥墩、屋架等)进行设计时，需用静力学理论进行受力分析，再应用平衡条件及相应的平衡方程进行受力计算，为构件的强度和刚度设计提供理论依据；机械工程设计时，也要应用静力学的知识分析机械零部件的受力情况作为强度计算的依据；对于运转速度缓慢或速度变化不大的构件的受力分析，通常可简化为平衡问题来处理。此外，静力学中力系的简化理论与物体的受力分析方法可直接应用于动力学和其他学科，而且动力学问题还可从形式上变换成平衡问题，从而应用静力学理论求解。因此，静力学在工程中有着广泛的应用，在力学理论中占有重要的地位。

第 1 章
静力学基础

内容提要

静力学公理是静力学理论的基础，对物体进行受力分析则是理论力学中的重要基本技能。本章包括静力学基本概念、公理及物体的受力分析等基本内容。

素质目标

提高文献阅读、信息处理和利用的能力，激发专业热情，培养工匠精神和社会责任感。

案例导读

1. 中国近代力学从传统学科引进到自主创新的辉煌历程

中国近代力学发展经历了从传统学科引进到自主创新的漫长历程，涌现出一批杰出学者，他们在理论和应用力学领域取得重要成就。其中，钱学森是中国航天事业和中国近代力学事业的奠基人之一，被誉为中国航天之父。他对空气动力学的发展起了重要作用，推动了航天技术发展。1955 年，钱学森回国领导导弹和航天项目，成功推动中国发射第一颗人造地球卫星。他的领导和贡献带动了中国的火箭技术和太空探索，为国家的科技实力奠定了基础。钱学森在中国科学家中率先提出并倡导了“两弹一星”(核弹、导弹和人造卫星)的科研方向，为国家核导弹和航天技术的快速发展奠定了战略基础。近代中国力学的发展历程既反映了学科融合的时代特点，也展现了自主创新的坚定决心。

2. 全球最大自动化集装箱码头——上海洋山四期自动化集装箱码头

上海洋山四期自动化集装箱码头是世界上智能化程度最高的自动化集装箱码头，也是全球一次性建成投运、单体规模最大的自动化集装箱码头，被誉为“集大成之作”。其以智能化、数字化技术为现代物流赋能，大大减少了人工投入和碳排放，提高了其港区作业效率。其最大的突破就是给中国制造装上了“中国芯”，打破了国外垄断并实现技术反超，成为目前全球规模最大、智能化程度最高、拥有完全自主知识产权的全自动化集装箱码头，年吞吐量和作业效率均居世界首位。其中，岸边集装箱起重机(以下简称起重机)作为港口码头必备的机械设备之一，在进行吊装操作时，涉及复杂的受力分析，主要包括吊重受力分析(以确定起重机能承受的最大吊重)、结构受力分析、风载荷和地基承载力分析(以确保在吊装过程中起重机整个结构的稳定性和安全性)。另外，起重机在吊装过程中也涉及运动学和动力学问题，包括起重机的运动轨迹、速度、加速度等。

3. 舰载机降落的关键装备——航母阻拦索

对于舰载机而言，阻拦索如同生命线一样重要，其性能的优劣直接决定着舰载机能否安全降落。起初，全球只有美国和俄罗斯等少数国家能研制这种装备，价格昂贵。我国科学家为了打破技术垄断，坚持走自主创新之路，终于解决了"卡脖子"问题，让我国拥有了自己的阻拦索。在对阻拦索进行结构设计、材料选择时，必须进行受力分析，包括分析阻拦索与舰载机之间以及阻拦索与航母之间的相互作用，进一步进行强度校核，从而保证其可靠性。

任务驱动

完成本章学习，填写表1-1、表1-2。

表1-1 "静力学公理"知识点

公理1 (二力平衡公理)	公理2 (加减平衡力系公理)	公理3 (力的平行四边形定则)	公理4 (作用与反作用定律)	公理5 (刚化公理)
二力杆	推论1 (力的可传性原理)	推论2 (三力平衡汇交定理)		

表1-2 "约束类型及约束反力"知识点

约束反力	约束类型						
	柔性体约束	光滑接触面约束	光滑圆柱铰链约束	固定铰支座约束	活动铰支座约束	止推轴承约束	球铰链约束
力学模型							
约束反力数量							
约束反力大小							
约束反力方向							
作用线							

§1-1　静力学公理

一、基本概念

1. 力的概念

力是物体与物体之间的相互机械作用，这种作用使物体的机械运动状态发生变化或者使物体产生变形。力的概念是广大劳动人民在日常生活和长期的生产斗争实践中建立起来的。最初，人们对力的认识是由从推、提、拉、搬等活动中感到肌肉紧张而得来的。例如，用手推动小车、提起重物、拉长弹簧等，就会感到肌肉紧张。这时，我们就说人对小车、重物和弹簧作用了力，使小车和重物改变了运动状态或使弹簧改变了形状。后来人们又通过实践，进一步认识到，不仅人对物体能产生力的作用，而且物体对物体也能产生力的作用。例如，物体自由下落时越来越快，这是因为物体受到地球的吸引力；拖拉机牵引犁前进，是拖拉机的牵引力使犁的运动状态发生变化；气缸内静止的活塞开始运动，是燃烧气体的压力使活塞运动状态发生了变化；气锤锻压工件，是气锤的锻压力使工件的形状发生了变化。

理论力学不探究力的物理来源，仅研究力的表现。力对物体产生两方面的效应，一是使物体的运动状态发生改变（称为外效应），二是使物体产生变形（称为内效应）。理论力学主要是研究物体机械运动的一般规律，所以，着重考虑力的外效应；而材料力学则着重研究力的内效应。

实践表明，力对物体的作用效应取决于力的三要素，即力的大小、方向和作用点。所以，力是矢量，而且是定位矢量。

在作图时，我们可用一个矢量表示力的三要素，如图 1-1 所示。该矢量的长度（AB）按一定比例表示力的大小。矢量线的方位和箭头的指向表示力的方向，矢量的始端（A 点）或终端（B 点）表示力的作用点。表示力的矢量称为力矢，力矢线段所在的直线称为力的作用线（如图中虚线）。我们常用黑体字母 $\boldsymbol{F}$ 表示力矢。而用普通字母 F 表示力的大小。书写时，为简便起见，常在普通字母上方加一带箭头的横线表示力矢。

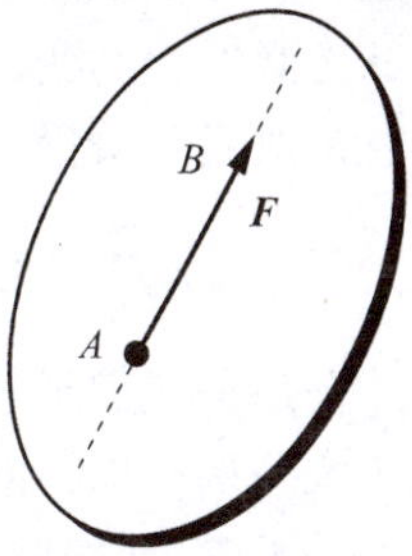

图 1-1

本书采用国际单位制（SI）。其中力的单位用牛顿（N）或千牛顿（kN）。

2. 刚体

刚体是在力的作用下，其内部任意两点之间的距离始终保持不变的物体，或者称为在任何情况下都不变形的物体。事实上，永远不变形的物体并不存在，刚体只是一个为了研究方便而把实际物体抽象化后得到的理想化力学模型。当物体在受力后变形很小，对研究物体的平衡问题不起主要作用时，其变形可忽略不计，这样可以大大地简化研究的问题。

理论力学主要研究物体的宏观运动状态的变化，即外效应，所以理论力学的主要研究对象是刚体，刚体这个理想化模型将会作为主要力学模型出现在静力学、运动学和动力学中。

刚体是大量质点的集合，是一个理想化的力学模型。实际物体在力 $\boldsymbol{F}$ 的作用下，其内部各点间的相对距离总会有变化，刚体模型可以看成是对这些距离施加约束的结果(认为距离不变)。为此，分析被假设为刚体的某物体的受力时，忽略其变形也就不必考虑其材料力学性质，这是刚体静力学与变形体静力学的重要区别。

实际物体能否简化为刚体，主要取决于研究问题的性质，如在研究飞机的平衡问题或飞行规律时，可将飞机视为刚体。但在研究飞机的振动问题时，机翼等的变形虽然非常小，但也必须把飞机看作变形体模型。另外，在计算某些工程结构时，若忽略其变形而采用刚体模型，则问题可能无法求解。

3. 质点和质点系

所谓质点，是指具有一定质量而其形状和大小可以忽略不计的物体。所谓质点系，是指由多个有着一定联系的质点组成的系统。质点和质点系也都是理想模型。在力学中被视为质点的物体的大小是相对的，要视研究的问题而定。例如，在研究行星绕太阳的运动时，尽管行星本身体积很大，但与其运动的范围相比是相当小的，可以把行星看成质点；若研究行星的自转问题，则不能将行星看成质点。刚体是由无限个质点组成的不变质点系，但当刚体的尺寸对问题的研究不起主要作用时，也可将其抽象化为质点。由若干个刚体组成的系统也是质点系，称为物体系统，简称物体系。

4. 平衡的概念

平衡是指物体相对于周围物体保持静止或做匀速直线运动。需要注意，运动是绝对的，平衡只是暂时的或相对的。在工程问题中，房屋、桥梁、机床的床身、做匀速直线运动的飞机等都可视为处于平衡状态。平衡是物体运动的一种特殊形式。

当一个物体受到许多个力的作用，若这些力的作用效果互相抵消，则物体相对于地面做匀速直线运动或静止，这种状态称为平衡；若这些力的作用效果不能互相抵消，则物体的运动状态必然会改变，这时，物体就处于非平衡状态。如果物体虽处于非平衡状态，但它的运动状态改变较缓慢，这时也可当作平衡状态来处理。

二、静力学公理

公理是人们经过长期观察和经验积累而得到的结论，又经过实践反复验证，无需证明而被大家公认。以下的公理有些是牛顿定律本身，有些则是根据牛顿定律推导出的结论。静力学公理是静力学理论的基础。

公理 1(二力平衡公理) 作用于刚体上的两个力，使刚体保持平衡的充要条件：这两个力大小相等、方向相反且作用于同一直线上，如图 1-2 所示。

$$\boldsymbol{F}_A = -\boldsymbol{F}_B$$

二力平衡公理

公理 1 揭示了作用于物体上最简单的力系平衡时所必需满足的条件。对于刚体，这个条件是充要条件，对于变形体，则仅为必要条件。

由公理 1 可知，平衡力系中任何力的作用线均与其他力的合力的作用线在同一直线上。

工程上常遇到只受两个力作用而平衡的构件，称二力构件或二力杆。根据公理 1，作用于二力杆的两个力一定沿着两作用点的连线等值反向，而与刚体的形状无关，如图 1-3 所示。

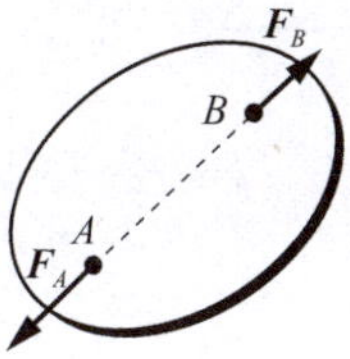

图 1-2

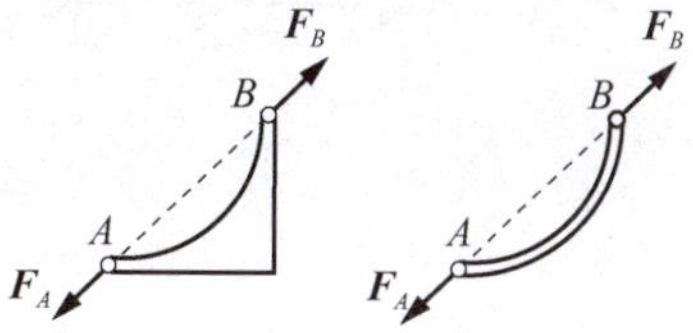

图 1-3

公理 2(加减平衡力系公理) 在作用于刚体的任意力系上增加或减少任意平衡力系，不改变原力系对刚体的作用效应。

加减平衡力系公理

公理 2 揭示了任何平衡力系均不能改变刚体的运动状态，平衡力系可变大也可变小，这有利于力系的简化，是研究力系等效替换的重要依据。

推论 1(力的可传性原理) 作用于刚体上的力，可以沿着其作用线移至刚体内任意一点，而不改变该力对刚体的作用效应。

证明：设力 $\boldsymbol{F}$ 作用于刚体上的点 A(图 1-4)，在其作用线上任取一点 B，根据公理 2 可在点 B 加上一对平衡力 $\boldsymbol{F}_1$、$\boldsymbol{F}_2$，而且满足 $\boldsymbol{F}_1=-\boldsymbol{F}_2=\boldsymbol{F}$ 时，并不改变原来力 $\boldsymbol{F}$ 对刚体的作用效应。又根据公理 1 知 $\boldsymbol{F}$ 与 $\boldsymbol{F}_2$ 相互平衡，属于平衡力系，可以应用公理 2 将其去除。这样就仅余下作用于刚体点 B 的力 $\boldsymbol{F}_1$ 了，它与原来作用于点 A 的力 $\boldsymbol{F}$ 等效。

力的可传性原理

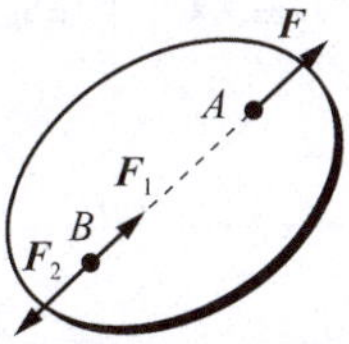

图 1-4

可见，对于作用于刚体上的力的三个要素中，作用点这一要素并不重要，常用作用线表示。也就是说，力可以沿着其作用线在刚体上任意移动，并不改变该力对刚体的作用效应。这种矢量称为滑动矢量。需要注意的是，力的可传性只限于在力所作用的刚体内沿力的作用线滑动，而不能由一个刚体移至另一个刚体，否则将意味着改变力的作用对象。

公理 3(力的平行四边形定则) 作用于物体上同一点的两个力可以合成为一个合力。合力也作用在同一点，并等于原来两个力的矢量和(几何和)。也就是说，合力矢可用以原来两个力矢为邻边而画出的平行四边形的对角线来表示。

设在点 A 作用有两个力 $\boldsymbol{F}_1$ 和 $\boldsymbol{F}_2$[图 1-5(a)]，用 $\boldsymbol{R}$ 代表它们的合力，则有矢量表达式

力的平行四边形定则

$$\boldsymbol{R}=\boldsymbol{F}_1+\boldsymbol{F}_2$$

为求合力 $\boldsymbol{R}$，只需画出平行四边形的一半，如三角形 ABD，矢量 $\overrightarrow{AD}$ 就表示了合力 $\boldsymbol{R}$[图 1-5(b)]，三角形 ABD 称为力三角形，这种用三角形求合力的作图方法被称为力的三角形法则。

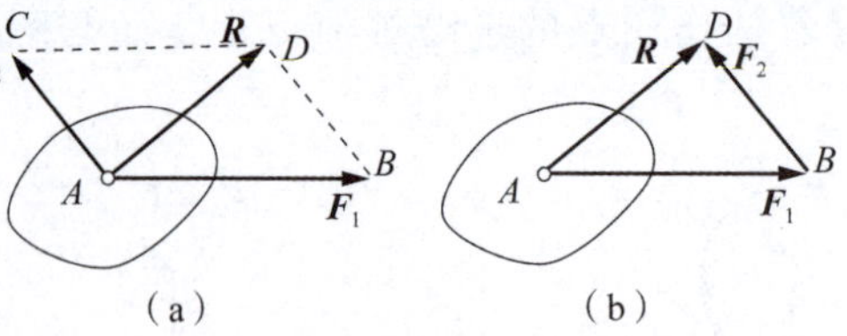

图 1-5

作力三角形时，必须遵循的原则：

(1)分力矢首尾相接，但次序可随意更改，更改后三角形的形状可能改变，但不会影响最后的结果；

(2)合力矢的箭头与最后分力矢的箭头相连；

(3)力三角形只是表明力的大小和方向，并不表示力的作用点和作用线；

(4)除了用图解法作力三角形，还经常应用三角公式来确定力的大小和方向。

推论 2(三力平衡汇交定理) 当刚体在不平行的三个力作用下平衡时，若其中两个力的作用线相交于某点，则第三个力的作用线必定也通过这个点，且三个力的作用线一定在同一个平面内。

三力平衡汇交定理

证明： 设在刚体上的点 A_1、A_2 和 A_3 分别作用有不平行但互相平衡的三个力 $\boldsymbol{F}_1$、$\boldsymbol{F}_2$ 和 $\boldsymbol{F}_3$[图 1-6(a)]。已知力 $\boldsymbol{F}_1$ 和 $\boldsymbol{F}_2$ 的作用线相交于某点 O；这两个力的合力 $\boldsymbol{R}$ 应和力 $\boldsymbol{F}_3$ 互成平衡，因而 $\boldsymbol{R}$ 和 $\boldsymbol{F}_3$ 必须沿同一作用线。但 $\boldsymbol{R}$ 的作用线通过点 O，故 $\boldsymbol{F}_3$ 的作用线也一定通过点 O[图 1-6(b)]。又由力的平行四边形定则可知，共点两个力的合力和这两个力是共面的，故这三个互成平衡的力，一定共面，定理得证。

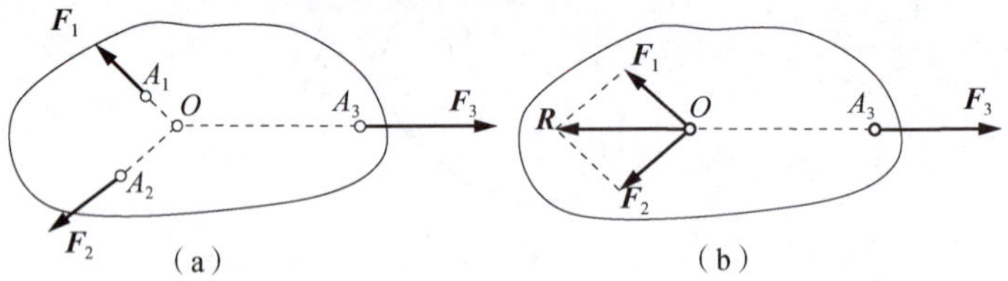

图 1-6

分析刚体在三个力作用下平衡的问题时，如已知其中两个力的作用线的交点，常用这个定理来确定第三个力的方位。

公理 4(作用与反作用定律) 任何两个物体相互作用的力，总是同时存在，且大小相等、方向相反、沿同一直线，分别作用在两个物体上。

如果把相互作用力中的一个力当作作用力，而另一个力当作反作用力，则公理 4 还可叙述成：对应每个作用力，一定有一个与其大小相等、方向相反且在同一直线上的反作用力，即力总是成对出现的。

作用与反作用定律

应该注意，两个物体之间作用力和反作用力虽然是大小相等、沿同一直线而指向相反的两个力，但两者并不是一对平衡力。因为这两个力不是作用于同一物体，而是分别作用于两个不同的物体。

公理 5(刚化公理) 设变形体在已知力系作用下处于平衡状态，则如将这个已变形但平衡的物体变成刚体(刚化)，其平衡不受影响。

刚体的平衡条件对于变形体来说，只是必要但并不充分。也就是说，处于平衡状态的变形体，总可以把它当作刚体来研究。公理 5 建立了刚体

刚化公理

力学与变形体力学之间的联系，同时也表明了刚体的平衡和运动规律的普遍意义。这个公理在研究变形体的平衡时十分重要，因为现实的物体都是变形体。刚体静力学的公理能否应用于变形体的平衡，还要看该变形体能否承受这些力。

§1-2 约束与约束反力

在空间自由运动而获得任意位移的物体称为自由体，如空中飞行的火箭、飞机等。反之，位移受到某些限制的物体称为非自由体，如挂在绳子上的灯和放在桌面上的书，绳子和桌面分别限制了灯和书的运动，使它们不可能发生某些方向的位移。概括来说，绳子和桌面这类物体构成了按一定方式限制灯和书的位移的条件。

对非自由体的某些位移构成限制条件的周围物体称为约束或约束体，例如，沿轨道行驶的火车是非自由体，轨道称为约束或约束体，因为轨道对火车构成了约束，它限制了火车只能沿轨道运动，而不能向其他方向运动。火车的位移受到限制是因为火车受到了轨道对它的作用力，我们将约束对非自由体的作用力称为约束反作用力或约束反力。约束反力的方向总是与非自由体受约束限制的位移方向相反。

约束反力以外的其他力，有促使物体发生运动状态变化的作用，这种力称为主动力。例如，重力、气体压力、弹性力等。通常情况下，主动力是已知的，而约束反力则随主动力的变化而变化。因此，约束反力的大小和方向应根据平衡条件来确定。但在某些情况下可以根据约束的性质直接确定约束反力的方向。我们分析约束，主要就是分析约束反力，它在受力分析中占有很重要的地位，必须引起重视。下面举几种常见的理想约束，根据它们的性质，确定约束反力的方向。

1. 柔性体约束

柔性体约束包括柔软的绳索、皮带、链条等。此类约束的特点是只能承受拉力，沿柔性体轴线伸长方向的运动，不能承受压力、扭转、弯曲和剪切等作用。鉴于此，柔性体的约束力只能是拉力，作用线只能是沿着柔性体的轴线方向，且背离物体。常用 $\boldsymbol{F}$ 或 $\boldsymbol{F}_T$ 表示此类约束力。图 1-7 为柔软的绳索的受力情况，图 1-8 为链条或皮带的受力情况。

柔性体约束

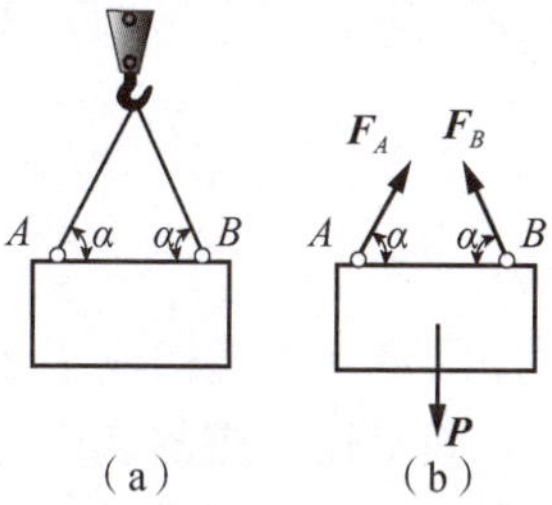

图 1-7

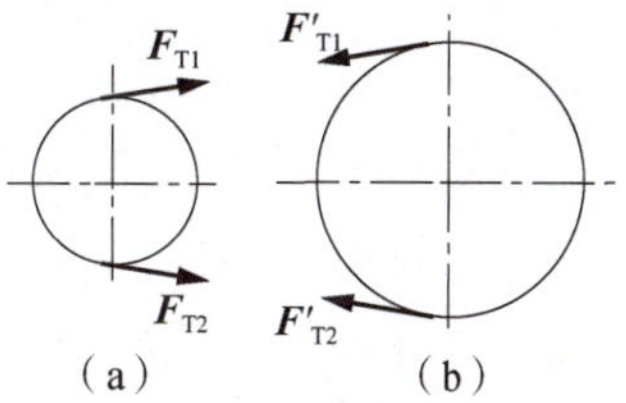

图 1-8

2. 光滑接触面约束

光滑接触面约束

光滑接触面约束忽略了接触面的摩擦，认为接触面为理想光滑。该约束的特点是无论接触面的形状如何，只能承受压力，且只能作用在接触处，方向沿接触表面在接触点处的公法线指向被约束物体。这类约束力称为法向约束力，常用 $\boldsymbol{F}_{\mathrm{N}}$ 表示，如图 1-9、图 1-10 所示。

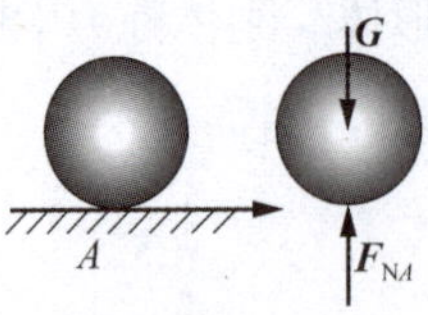

图 1-9

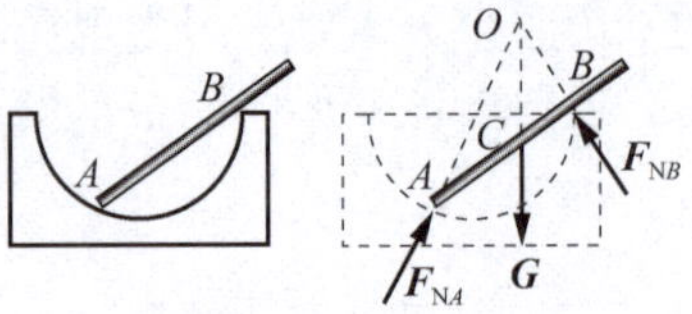

图 1-10

3. 光滑圆柱铰链约束

两个零件被钻上同样大小的孔，并用圆柱形销钉连接起来，略去摩擦，这种约束称为光滑圆柱铰链约束。这类约束有光滑圆柱铰链、固定铰支座和向心轴承等。

光滑圆柱铰链约束

在工程结构和机械中常采用光滑圆柱铰链来连接两个构件，又称为中间铰。如图 1-11 所示的曲柄连杆机构，分别用圆柱铰链 B 和 C 将连杆 BC 与曲柄 AB 和滑块 D 相连接构成。

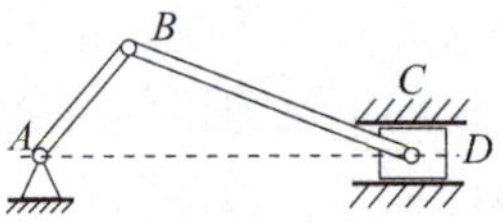

图 1-11

理想的光滑圆柱铰链连接是在两个被连接的构件上相同的光滑圆孔中穿以光滑圆柱销钉，如图 1-12(a)所示，其连接的结构示意图如图 1-12(b)所示。若不计摩擦，销钉只能阻碍 A、B 两构件在垂直于销钉轴线的平面内做任意方向的相对移动，而不能阻碍两构件绕销钉轴做相对转动和沿销钉轴线方向移动，由于销钉与圆柱孔之间的接触可视为光滑接触，因此，光滑圆柱铰链的约束反力必沿接触点的公法线，且垂直于销钉轴线并通过圆孔中心。因接触点位置与被约束的物体所受的主动力有关，往往不能预先确定，所以光滑圆柱铰链的约束反力的方向需由平衡规律求出。为计算方便，通常将该力分解为通过铰链中心的两个互相垂直的分力 $\boldsymbol{F}_x$ 和 $\boldsymbol{F}_y$，分力的指向可任意假定。事实上，只要应用平衡规律求出这两个分力，约束反力 $\boldsymbol{R}$ 的大小和方向就可完全确定。图 1-12(c)为该结构简图及受力图。

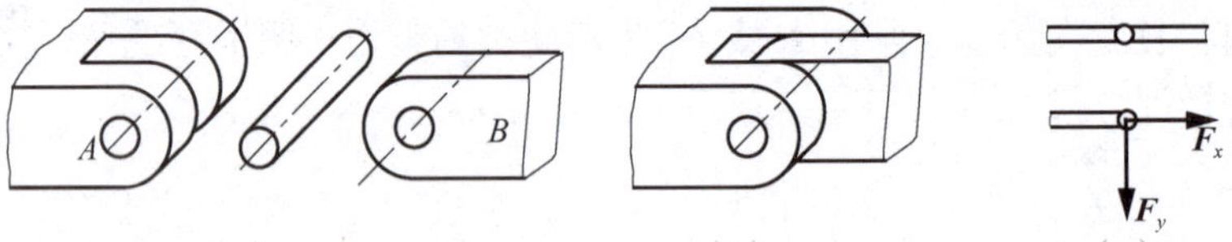

(a) (b) (c)

图 1-12

若用光滑圆柱铰链连接两个构件，而其中一个构件固定，这就构成了工程中的固定铰链支座，简称铰支座，如图 1-11 中点 A。固定铰支座的性质与光滑圆柱铰链相同，只是其中的一端与机架固连，如图 1-13(a)所示。其简图如图 1-13(b)所示。其约束反力也常用两个过铰心的互相垂直的分力表示。如图 1-13(c)所示，我们把构件或结构与基础连接的装置称为支座。

固定铰链支座

机械中常见的转轴用轴承来支承，若不计摩擦，轴与轴承之间是光滑面接触。转轴作为被约束物体，则轴承约束的性质与光滑圆柱铰链相同，因此其约束反力的特点也与光滑圆柱铰链约束反力相同。

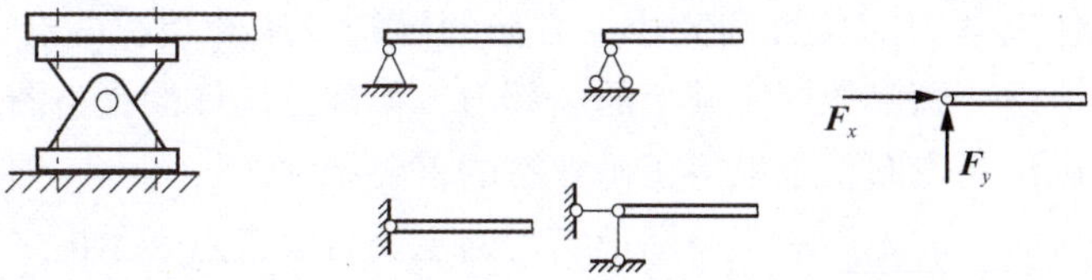

（a）　（b）　（c）

图 1-13

4. 辊轴支座约束

辊轴支座也称为活动铰支座，它是用几个辊轴将固定铰支座支承在光滑的支承面上，如图 1-14(a)所示。这类支座只能阻碍构件沿支承面法线方向移动，不能阻碍构件沿支承面移动和沿销钉轴线转动。其简图如图 1-14(b)所示。活动铰支座的约束反力 $\boldsymbol{F}_y$ 垂直于支承面，通过铰心，指向可任意假定，如图 1-14(c)所示，$\boldsymbol{F}_y$ 也可能向下。

辊轴支座

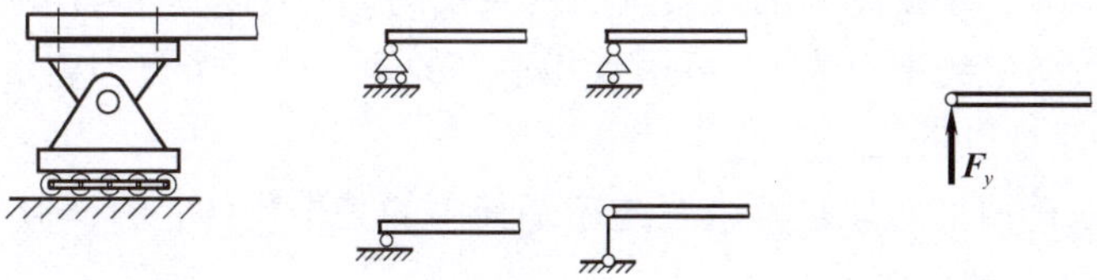

（a）　（b）　（c）

图 1-14

5. 其他约束

1)止推轴承

止推轴承与径向轴承不同，它除了能限制轴的径向位移，还能限制轴的轴向位移，即增加了轴向的约束。其受力情况为空间的三个正交分量 F_x、F_y、F_z。

止推轴承

2)球铰链

球铰链是通过圆球和球壳将两个构件连接在一起的一种约束。该约束限制了固连在球心的构件任何方向的位移，并不限制绕球心的任何方向的转动。若忽略摩擦，其约束反力应通过球心。不可预先确定的空间法向反力，可用空间的三个正交分量 F_x、F_y、F_z 表示。

球铰链

以上介绍了几种常见的简单约束，在工程实际中，约束的类型往往不止这些，有些约束还比较复杂。实际应用中要对其进行合理的简化或抽象，在后面的章节中再作介绍。

§1-3　物体的受力分析和受力图

应用平衡规律解答静力学问题时，特别是在确定约束反力之前，一般须从所考察的平衡系统中选取某些物体作为研究对象——取分离体，并仔

物体的受力分析和受力图

细分析作用在该物体上各力的位置和大小、方向的已知或未知情况。这一过程称为受力分析。然后在分离体上逐一画出作用于其上的全部力，得到分离体的受力图。必须指出，在具体问题中，正确地画出受力图，是取得正确解答的首要条件。

在进行受力分析时，需要用一张简图把实物的主要力学特点表示出来，这样的图形称为力学简图(受力图)。画受力图时，应该尽可能正确地反映该实物的实际受力特点，同时也必须忽略那些认为是次要的因素。这样画出来的图形是实际结构的正确抽象，能更深刻地揭示问题的力学本质，使所研究的问题更加简明。

受力图的画法及步骤如下。

(1)根据题意选取研究对象，将研究对象去掉约束分离出来，单独画它的简图，即取分离体。

(2)画出该研究对象所受的全部主动力。

(3)画出该研究对象所受的约束反力，即在研究对象上所有原来存在约束(与其他物体相接触和相连)的地方，根据约束的性质画出约束反力。对于方向不能预先独立确定的约束反力(如光滑圆柱铰链的约束反力)，可用互相垂直的两个或三个分力表示，指向可以假设。

画受力图时要注意以下几点。

(1)首先必须明确研究对象是整个系统还是其中的某个物体，将研究对象去掉约束分离出来，即先取分离体，然后画受力图。

(2)画受力图时应先找出二力杆，根据二力杆的特点画出约束力，然后画其他约束力。

(3)画系统中各构件受力图时，要注意连接点处的作用力与反作用力是大小相等、方向相反的。

(4)画约束反力时，一定要根据约束性质画，不应根据主动力的方向来推测约束反力的方向。

(5)为了避免漏画约束反力，必须搞清所研究的对象与哪些物体接触，在接触处必有约束反力；取整个系统为研究对象时，各构件连接点处的内力不要画出，只画出全部外力。

(6)有时可根据作用在分离体上的力系特点，如利用二力平衡时共线、不平行三力平衡时汇交于一点等理论，确定某些约束反力的方向，简化受力图。

例 1-1 图 1-15(a)所示结构受主动力 $\boldsymbol{P}$ 作用，不计构件的质量和各处摩擦，试画出其受力图。

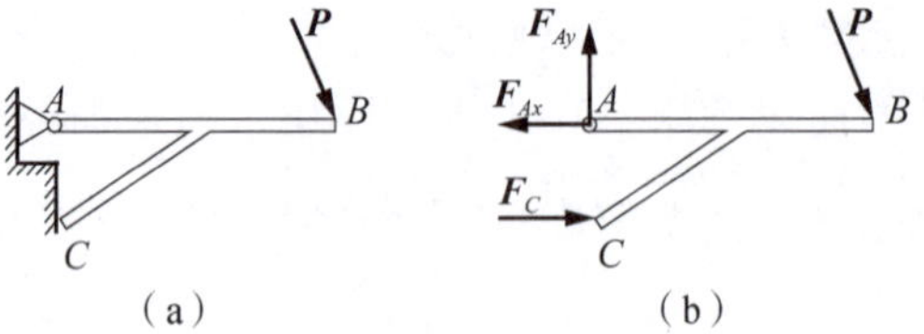

图 1-15

解： 以构件 ABC 为研究对象，解除约束，取出分离体，单独画其受力图。先画出主动力 $\boldsymbol{P}$，点 A 为固定铰支座，其约束反力用两个正交分力 $\boldsymbol{F}_{Ax}$、$\boldsymbol{F}_{Ay}$ 表示。点 C 为光滑接触面约束，其反力 $\boldsymbol{F}_C$ 沿着点 C 的公法线方向，指向构件，如图 1-15(b)所示。

例 1-2 将图 1-15(a)改成图 1-16(a)，不计各构件的质量和各处摩擦，试画出杆 AB、

杆 CD 及整体的受力图。

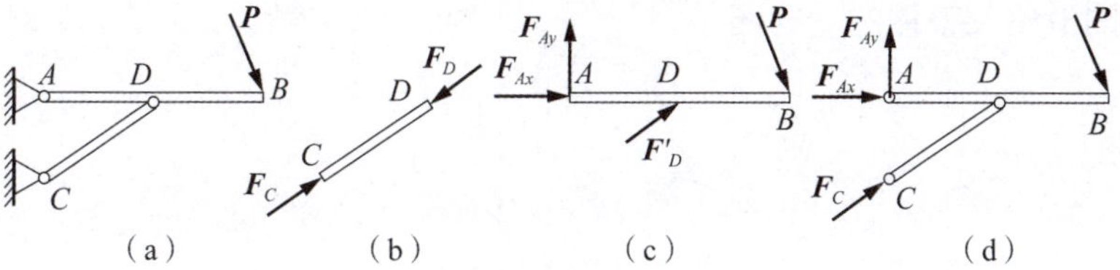

图 1-16

解： 取杆 CD 为研究对象，因杆重不计，杆 CD 为二力杆。其受力图如图 1-16(b)所示。取杆 AB 为研究对象，点 B 有主动力 $\boldsymbol{P}$，点 A 为固定铰支座，其约束反力用正交分力 $\boldsymbol{F}_{Ax}$、$\boldsymbol{F}_{Ay}$ 表示。点 D 的约束反力 $\boldsymbol{F}'_D=-\boldsymbol{F}_D$ 为作用力与反作用力的关系，其受力图如图 1-16(c)所示。

取整体为研究对象，点 A、B、C 的受力情况同图 1-16(b)、图 1-16(c)。点 D 为内部作用，内力不在整体图上画出。整体受力图如图 1-16(d)所示。

例 1-3 不计各构件的质量和各处摩擦，试作图 1-17(a)所示结构中杆 DE 和杆 AF 的受力图。

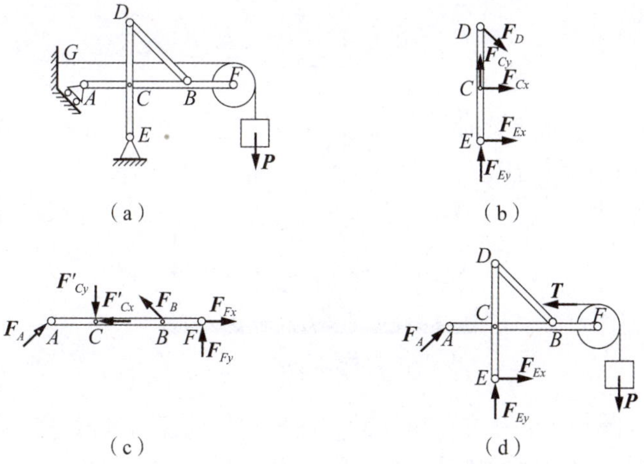

例 1-3 动画

图 1-17

解： (1)取杆 DE 为研究对象，由于杆 BD 为二力杆，因此点 D 的反力通过 B、D 两铰心的连线，指向假定为离开点 D 的拉力 $\boldsymbol{F}_D$；点 C 为光滑圆柱铰链约束，受到来自杆 AF 给它的作用力 $\boldsymbol{F}_{Cx}$ 和 $\boldsymbol{F}_{Cy}$；点 E 是固定铰支座，其约束反力为 $\boldsymbol{F}_{Ex}$ 和 $\boldsymbol{F}_{Ey}$，杆 DE 受力如图 1-17(b)所示；

(2)取杆 AF 为研究对象，点 A 为活动铰支座，约束反力为垂直于支承面的约束反力 $\boldsymbol{F}_A$；点 C 为光滑圆柱铰链约束，受到来自杆 DE 给它的反作用力 $\boldsymbol{F}'_{Cx}$ 和 $\boldsymbol{F}'_{Cy}$；点 B 与二力杆 BC 的一端相铰接，约束反力 $\boldsymbol{F}_B$ 应与 $\boldsymbol{F}_D$ 大小相等、方向相反；点 F 是连接 AF 杆和定滑轮的光滑圆柱铰链约束，其约束反力为 $\boldsymbol{F}_{Fx}$ 和 $\boldsymbol{F}_{Fy}$，杆 AF 受力如图 1-17(c)所示；

(3)取整体为研究对象，画出重物上作用的主动力 $\boldsymbol{P}$；定滑轮上作用有拉力 $\boldsymbol{T}$，方向水平向左；点 A 为活动铰支座，受力同图 1-17(c)；点 E 为固定铰支座，受力同图 1-17(b)，整体受力如图 1-17(d)所示。

例 1-4 图 1-18 所示结构，受主动力 ***F*** 作用，不计各构件的质量和各处摩擦，试画出板、杆 *BE* 连同滑轮及整体的受力图。

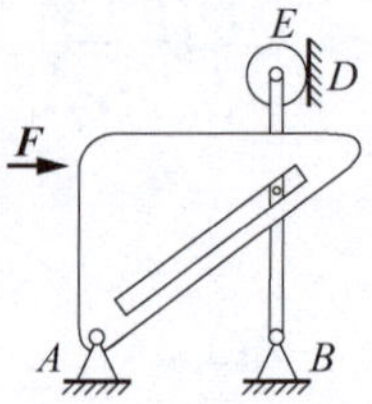

图 1-18

【案例分析 1-1】简易起重装置如图 1-19 所示，各杆和滑轮的自重不计，试作如图所示结构中杆 *AB* 和杆 *CD* 的受力图。

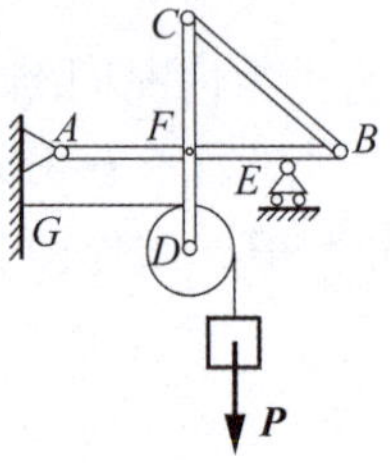

图 1-19

起重装置

【案例分析 1-2】在运输状态时，轮式拖拉机悬挂播种机组如图 1-20 所示。试分别画出播种机组和轮式拖拉机的受力图。

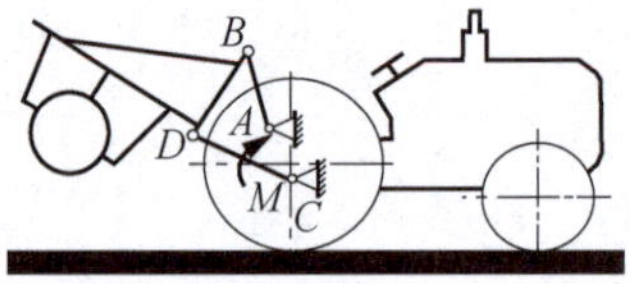

图 1-20

播种机组

受力图集中地反映物体间相互作用性质。如果物体的受力情况分析错了，受力图也就错了。因此，必须注意培养对物体进行正确的受力分析的能力。正确的受力图是保证计算结果正确的前提。如何正确地画出受力图，可归纳为以下几点。

(1)选择适当的研究对象，根据已知条件和未知条件，首先要明确所考察的物体是什么，以便选取它为研究对象，并对它进行受力分析，画出作用在它上面的所有的主动力和约束反力。

(2)分析约束反力时，先要分析约束的具体结构形式，找出约束反力的类型，约束反力总是与该约束所能限制的位移的方向相反。根据这条原则，有的约束反力可以预先定出方向；有的则需根据平衡条件来确定方向；无法预先定出方向的，就用约束反力的两个正交分力表示。两个物体之间的相互作用力要符合作用力与反作用力的规律。

(3)画受力图时，注意不要漏画作用在研究对象上的力，也不要把研究对象给周围物体的反作用力画上去。换句话说，就是其他物体给研究对象所施加的力，要全部画在所研究的对象上，而研究对象给其他物体的力，不要画在该研究对象上。

知识点总结

- 静力学基础
  - 静力学公理
    - 公理1 二力平衡公理
    - 公理2 加减平衡力系公理 —— 推论1 力的可传性原理
    - 公理3 力的平行四边形定则 —— 推论2 三力平衡汇交定理
    - 公理4 作用与反作用定律
    - 公理5 刚化公理
  - 约束与约束反力
    - 柔性体约束
    - 光滑接触面约束
    - 光滑圆柱铰链约束
    - 固定铰支座约束
    - 活动铰支座约束
    - 止推轴承约束
    - 球铰链约束
  - 物体的受力分析和受力图

思考题

1-1　“合力一定比分力大”“合力不可能比所有的分力都小”，这样描述合力与分力的关系对吗？为什么？

1-2　二力平衡条件与作用力和反作用力关系中都提到“等值、反向、共线”，它们的本质区别是什么？

1-3　为什么说二力平衡公理、加减平衡力系公理和力的可传性原理等都只适用于刚体？

1-4　刚体上有三个力作用，而且刚体处于平衡状态，则这三个力一定汇交于一点吗？作用于刚体上的三个力汇交于一点且共面，此刚体一定平衡吗，为什么？

1-5　根据作用与反作用定律，打闹的时候，你给别人 100 N 的力，则别人也会给你 100 N 的力，所以力学角度看并没有得到任何的便宜，这种说法正确吗？

1-6　已知一力 $\boldsymbol{F}$ 的大小和方向，能否确定其分力的大小和方向？为什么？

1-7　为什么画受力图时只画外力，而不画内力？

习　题

1-1　画出习题 1-1 图中各物体的受力图(除注明外，构件的质量和摩擦不计)。

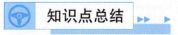

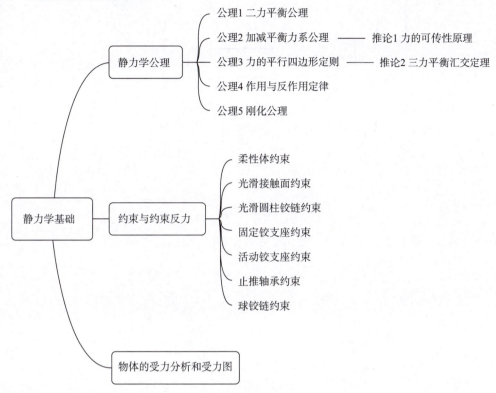

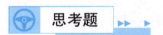

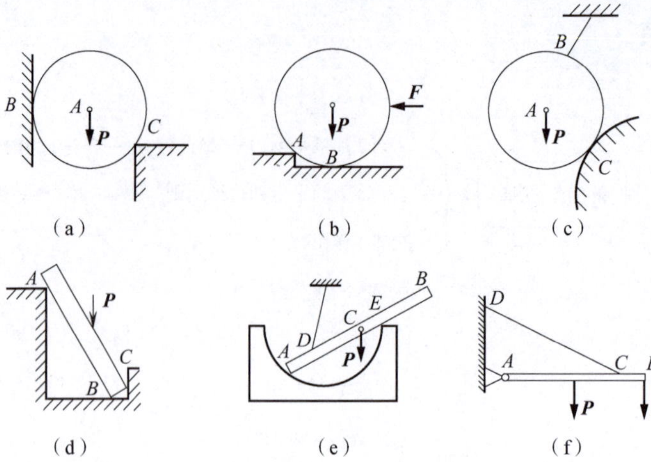

习题 1-1 图

1-2　画出习题 1-2 图中杆 AC、杆 BC 的受力图。

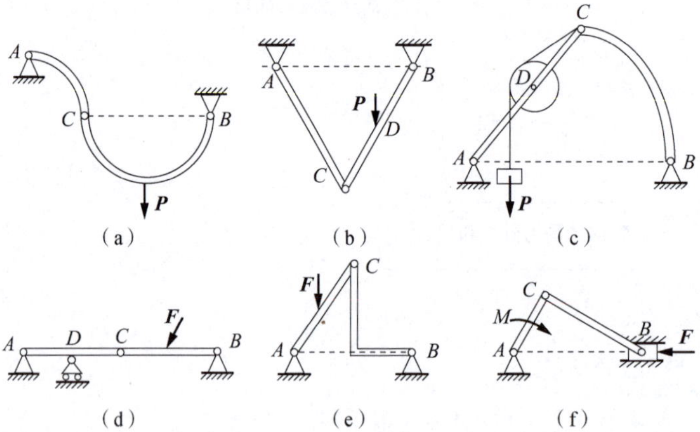

习题 1-2 图

1-3　习题 1-3 图中所有铰链均为光滑的，不计构件质量，试画出各构件的受力图。

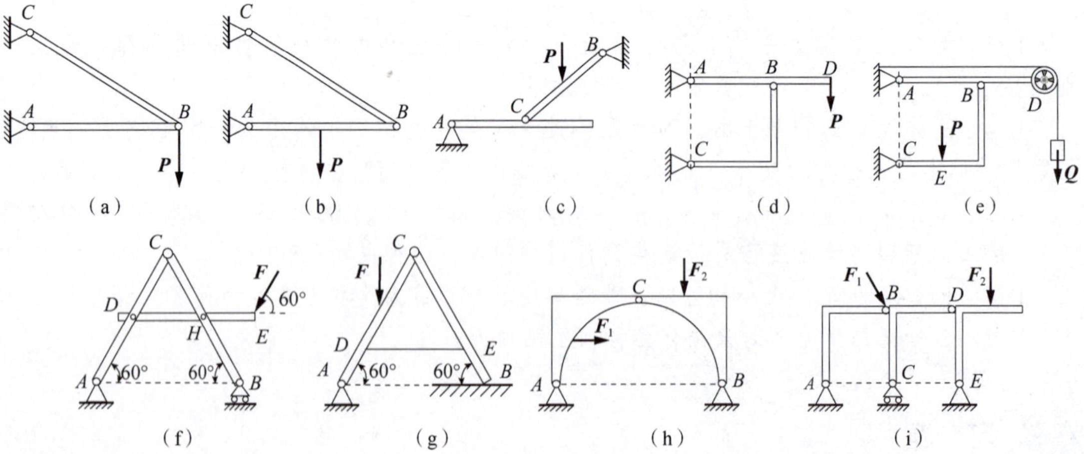

习题 1-3 图

1-4　试作习题 1-4 图中指定物体的受力图：

(a) 杆 AC，杆 BD，杆 EG；

(b) 杆 AD，杆 BC，整体；

(c) 杆 AC，杆 BD，整体。

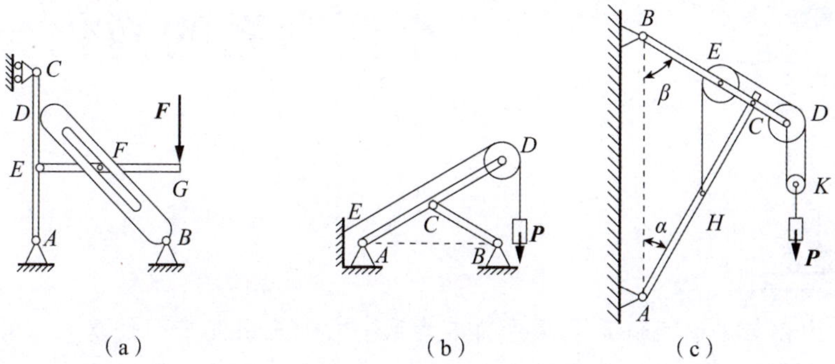

习题 1-4 图

1-5　推土机刀架如习题 1-5 图所示，杆 AB 及杆 CD 铰接于点 B，假设地面是光滑的，铲刀重 $\boldsymbol{P}$，所受的土壤阻力为 $\boldsymbol{F}$，试分别作杆 AB，杆 CD 和铲刀 ACE 的受力图。

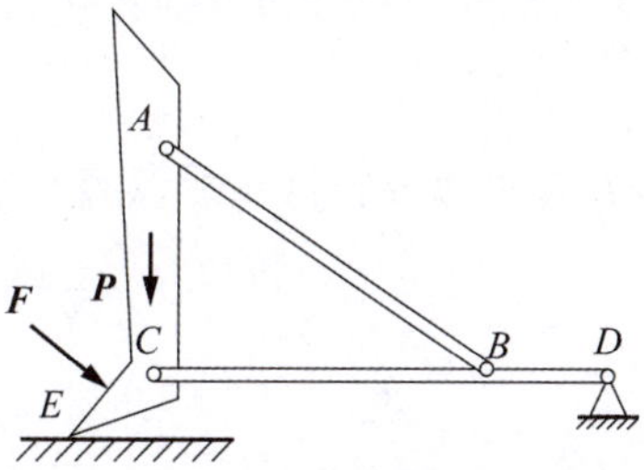

习题 1-5 图

第 2 章 平面力系的简化与平衡

内容提要

平面汇交力系与平面力偶系是两种简单力系，它们是研究平面任意力系的基础。许多工程问题都可简化为平面任意力系问题来处理。本章重点研究平面汇交力系、平面力偶系及平面任意力系的简化与平衡问题。力系的简化是用一个最简单的力系等效替换原来的复杂力系，由此导出力系的平衡条件。平面任意力系简化的理论依据是力的平移定理。

素质目标

提高工程问题研究和现代工具应用能力，培养严谨的科学精神，激发爱国主义情感和进取心。

案例导读

1. 中国乒乓球队：心系祖国，始终走在世界前列

中国乒乓球队既有辉煌的战绩，又与时俱进、勇立潮头，始终走在世界前列。从为我国体育夺得第一个世界冠军，到百余人成为世界冠军，一代又一代中国乒乓人砥砺前行，为祖国争了光，为民族争了气，为人生添了彩。众所周知，奥运冠军刘国梁是打旋转球的顶尖高手，根据力的平移定理，球拍对球的摩擦力向球心简化得到一个向前的力和一个力偶，乒乓球就会在力偶的作用下发生旋转，其飞行轨迹和反弹方向发生改变，从而增加对手接球的难度，提高得分的机会。

2. 让世界惊叹的伟大工程——中国的著名桥梁

自古以来，我国的造桥技艺就处于世界领先水平。随着我国桥梁建设的蓬勃发展，仅已建成的公路桥和铁路桥总数就超过百万座，我国已成为世界第一桥梁大国，并创造出许多世界桥梁新纪录。其中，丹昆特大桥全长 164.851 km，总投资 300 亿元。港珠澳大桥，全长 55 km，使用寿命长达 120 年，可以抗击 8 级地震。桥梁的结构设计需要考虑到桥梁的自重、风载、地震力等外部作用力，工程师需要运用结构力学理论，设计出能够承受这些作用力并保证稳定性和安全性的桥梁结构。

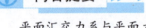

任务驱动

完成本章学习，填写表 2-1 ~ 表 2-6。

表 2-1 “平面汇交力系”知识点

研究方法	平面汇交力系	
	合成	平衡
几何法		
解析法		

表 2-2 “平面力对点之矩”知识点

平面力对点之矩	合力矩定理	矩形均布载荷	三角形分布载荷
		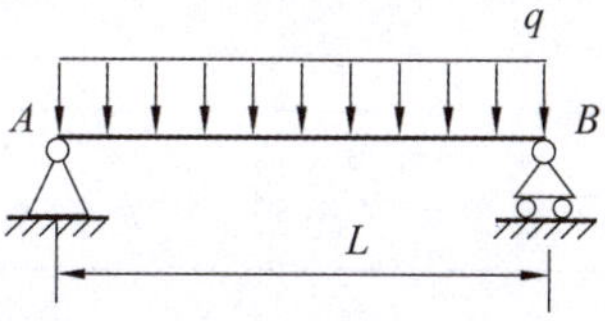 等效集中力大小 等效集中力位置	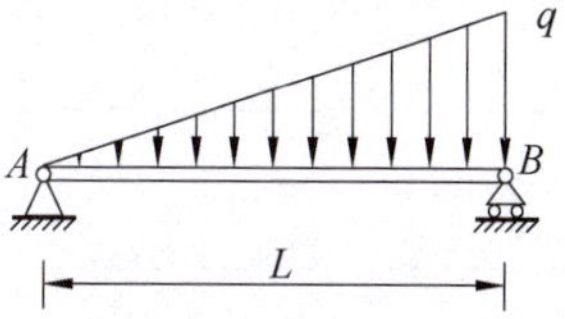 等效集中力大小 等效集中力位置

表 2-3 “平面力偶系”知识点

力系	知识点	
	合成	平衡
平面力偶系		

表 2-4 “平面任意力系”知识点

知识点	力学模型	知识点内容
力的平移定理	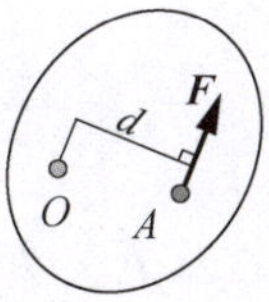	

续表

知识点	力学模型	知识点内容
平面任意力系向一点简化	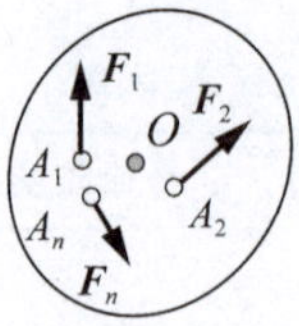	
平面任意力系简化结果分析	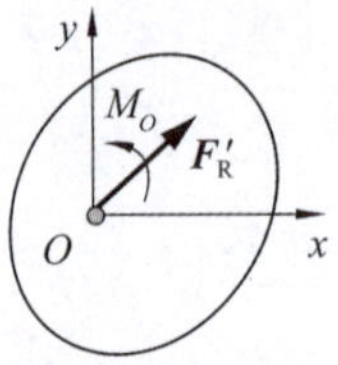	(1) $F'_R = 0$, $M_O \neq 0$ (2) $F'_R \neq 0$, $M_O = 0$ (3) $F'_R \neq 0$, $M_O \neq 0$ (4) $F'_R = 0$, $M_O = 0$

表 2-5 “平面任意力系”平衡知识点

平衡条件	平衡方程		
	一力矩式平衡方程	二力矩式平衡方程	三力矩式平衡方程

表 2-6 “平面平行力系”知识点

平衡条件	平衡方程	
	一力矩式平衡方程	二力矩式平衡方程

§2-1 平面汇交力系的简化与平衡

汇交力系分为平面汇交力系和空间汇交力系。若力系中各力的作用线汇交于一点，且位于同一平面内，则称该力系为平面汇交力系；若力系中各力作用线汇交于一点，但不在同一平面内，则称该力系为空间汇交力系。汇交力系是一种最简单的基本力系。本节将采用几何法和解析法研究平面汇交力系的合成和平衡问题。

一、平面汇交力系合成与平衡的几何法

1. 平面汇交力系的合成

平面汇交力系的合成

设有作用于刚体上且汇交于同一点 O 的三个力 $\boldsymbol{F}_1$、$\boldsymbol{F}_2$、$\boldsymbol{F}_3$，如图 2-1(a)所示。根据力的可传性原理，可以将各力沿着其作用线移至点 O，

成为平面共点力系[图 2-1(b)]，依据力的三角形法则，将这些力依次相加。在点 O，按照一定的比例尺作矢量 $\overrightarrow{OA}$，要求 $\overrightarrow{OA}=\boldsymbol{F}_1$，再从点 A 作矢量 $\overrightarrow{AB}$，要求 $\overrightarrow{AB}$ 平行且等于 $\boldsymbol{F}_2$，于是根据力的三角形法则可知矢量 $\overrightarrow{OB}$ 即表示力 $\boldsymbol{F}_1$ 和 $\boldsymbol{F}_2$ 的合力 $\boldsymbol{F}_{12}$[图 2-1(c)]。同理，再从点 B 作矢量 $\overrightarrow{BC}$ 平行且等于 $\boldsymbol{F}_3$，于是矢量 $\overrightarrow{OC}$ 即表示力 $\boldsymbol{F}_{12}$ 与 $\boldsymbol{F}_3$ 的合力，也就是 $\boldsymbol{F}_1$、$\boldsymbol{F}_2$ 和 $\boldsymbol{F}_3$ 的合力 $\boldsymbol{F}_R$。其大小和方向都可以在图上测量得出。合力的作用线通过汇交点 O[图 2-1(d)]。应该指出，在图 2-1(c)中，中间矢量 $\overrightarrow{OB}$ 可以不必画出，只要把各个矢量首尾相接，形成一条折线 $OABC$，最后将 $\boldsymbol{F}_1$ 的始端 A 与 $\boldsymbol{F}_3$ 的末端 C 相连，得到的矢量 $\overrightarrow{OC}$ 就是合力 $\boldsymbol{F}_R$ 的大小与方向。这个多边形 $OABC$ 叫力多边形。代表合力的 $\overrightarrow{OC}$ 边称为力多边形的封闭边。这种用力多边形来求合力的方法就是平面汇交力系合成的几何法，称为力多边形法则。

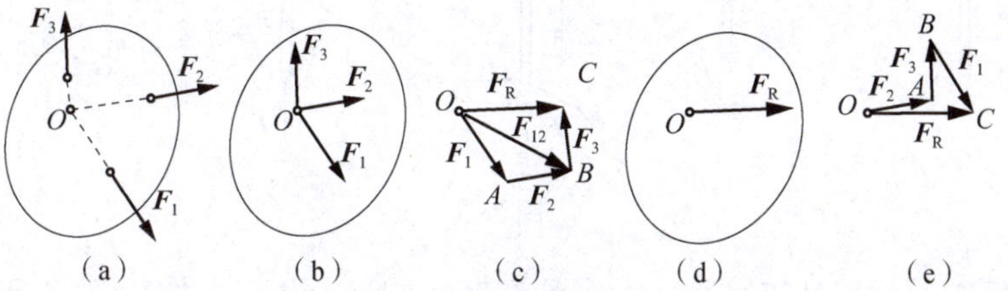

图 2-1

其实，力的叠加顺序可以任意改变，因为矢量加法满足交换律。不同的力叠加顺序将得到不同形状的力多边形，图 2-1(e)为按照 $\boldsymbol{F}_2$、$\boldsymbol{F}_3$、$\boldsymbol{F}_1$ 的顺序叠加的情况。可以看出，虽然力多边形的形状截然不同，但最后的合成结果完全一样。由此可得到力多边形的矢序规则如下：

(1)各分力的矢量沿着环绕力多边形边界的同一方向首尾相接，由此而组成的力多边形 $OABC$ 有上缺口，故称为不封闭的力多边形；

(2)合力矢等于封闭边，箭头与最后一个分力矢的箭头相碰；

(3)力的合成与力矢的先后次序无关。

上述方法可以进一步推广到平面汇交力系有 n 个力的情形，可得出如下结论：平面汇交力系合成的结果是一个合力，合力的作用线通过力系的汇交点，合力矢等于原力系中所有力的矢量和，可由力多边形的封闭边来表示。因此有

$$\boldsymbol{F}_R=\boldsymbol{F}_1+\boldsymbol{F}_2+\cdots+\boldsymbol{F}_n=\sum\boldsymbol{F}_i \tag{2-1}$$

2. 平面汇交力系的平衡

根据上面的分析可以知道，平面汇交力系合成的结果通常是一个不等于零的合力。平面汇交力系平衡的充要条件：力系的合力等于零。其矢量表达式为

平面汇交力系的平衡

$$\boldsymbol{F}_R=\boldsymbol{F}_1+\boldsymbol{F}_2+\cdots+\boldsymbol{F}_n=\sum\boldsymbol{F}_i=\boldsymbol{0} \tag{2-2}$$

力系平衡的几何条件：力系的力多边形自行封闭，如图 2-2 所示。

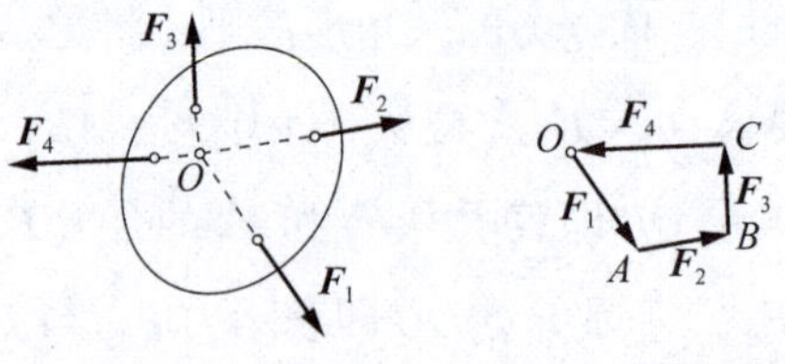

（a）　　　　　　（b）

图 2-2

例 2-1　钢架结构如图 2-3(a)所示。在刚架的点 B 作用一水平力 $P=20$ kN，不计钢架质量，试求点 A、D 的约束力。

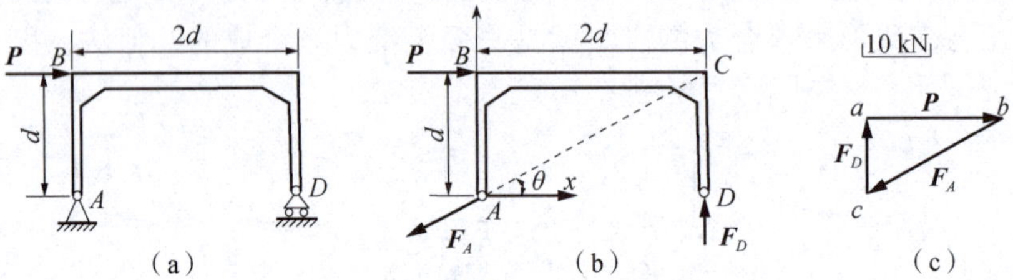

（a）　　　　　　（b）　　　　　　（c）

图 2-3

解：钢架受三力作用处于平衡。点 D 是活动铰支座，约束反力 $\boldsymbol{F}_D$ 垂直于支撑面。该反力作用线与 $\boldsymbol{P}$ 的作用线交于点 C。根据三力平衡汇交定理，点 A 的约束反力作用线也一定交于点 C，其受力图如图 2-3(b)所示。

作力多边形，求未知量。首先，选择力的比例尺，如图 2-3(c)所示。其次，任选一点 a，作矢量$\overrightarrow{ab}$，平行且等于力 $\boldsymbol{P}$，再从 a 和 b 两点作两条直线，分别与图 2-3(b)中的 $\boldsymbol{F}_D$ 和 $\boldsymbol{F}_A$ 平行，相交于点 c，得到封闭的力三角形 abc。按各力首尾相接的次序，标出 bc 和 ca 的指向，则矢量$\overrightarrow{bc}$ 和$\overrightarrow{ca}$ 分别代表力 $\boldsymbol{F}_A$ 和 $\boldsymbol{F}_D$［图 2-3(c)］。

按比例尺量得 $\overrightarrow{bc}$ 和$\overrightarrow{ca}$ 的长度并换算得：$F_A=1.12P=22.4$ kN，$F_D=0.5P=10$ kN，方向如图 2-3(c)所示。

二、平面汇交力系合成与平衡的解析法

1. 力在坐标轴上的投影

设力 $\boldsymbol{F}$ 作用于点 A，在力 $\boldsymbol{F}$ 作用线所在的平面内任意取坐标系，如图 2-4 所示。从力矢 $\overrightarrow{AB}$ 两端向 x 轴、y 轴作垂线，得垂足 a、b 和 a'、b'，则线段 ab 和 $a'b'$分别称为力 $\boldsymbol{F}$ 在 x 轴和 y 轴上的投影，记作 F_x 和 F_y。投影的符号规定：从 a 到 b(或从 a'到 b')的指向与坐标轴的正向相同为正，反之为负。如已知力 $\boldsymbol{F}$ 的大小 F 和力 $\boldsymbol{F}$ 与 x 轴、y 轴的正向间夹角分别为 α、β，则由图 2-4 可知

力在坐标轴上的投影

$$F_x=F\cos\alpha,\quad F_y=F\cos\beta \tag{2-3}$$

即力在某轴上的投影，等于力的大小乘力与该轴方向间夹角的余弦。该定义对于力的投影值是正或负的情况都同样适合，也适合任何一种矢量在轴上的投影。

若将力 $\boldsymbol{F}$ 沿正交的 x 轴、y 轴方向分解，如图 2-4 所示。则所得的分力 $\boldsymbol{F}_x$ 和 $\boldsymbol{F}_y$ 的大小

与力 $\boldsymbol{F}$ 在相应的轴上的投影 F_x 和 F_y 的绝对值相等。但是当 x 轴、y 轴不正交时，则没有上述关系。此外还应注意，力的投影是代数量，而力的分力是矢量，投影不必指明作用点，而分力必须作用在原力的作用点上。

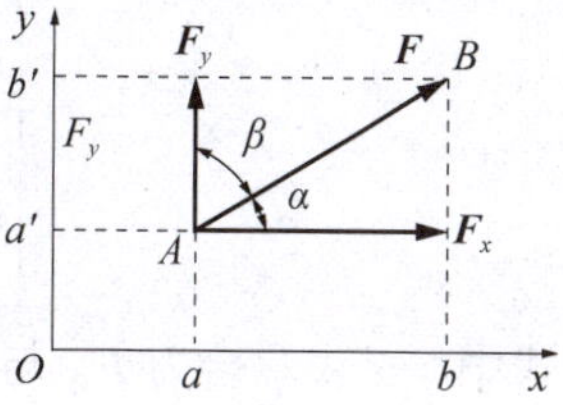

图 2-4

反之，若已知力 $\boldsymbol{F}$ 在正交坐标轴上的投影为 F_x 和 F_y，则由几何关系可求出力 $\boldsymbol{F}$ 的大小和方向分别为

$$\begin{cases} F = \sqrt{F_x^2 + F_y^2} \\ \cos\alpha = \dfrac{F_x}{F}, \quad \cos\beta = \dfrac{F_y}{F} \end{cases} \tag{2-4}$$

式中，$\cos\alpha$ 和 $\cos\beta$ 称为力 $\boldsymbol{F}$ 的方向余弦。

2. 合力投影定理

合力投影定理

设有一平面汇交力系（$\boldsymbol{F}_1$，$\boldsymbol{F}_2$，$\boldsymbol{F}_3$），作用线相交于点 O［图 2-5(a)］，从平面内任一点 A 作力多边形 $ABCD$，则矢量 $\overrightarrow{AD}$ 即表示该力系的合力 $\boldsymbol{F}_{\mathrm{R}}$ 的大小与方向。取坐标系如图 2-5(b)所示，将所有的力投影到 x 轴上，则有

$$F_{1x} = ab,\ F_{2x} = bc,\ F_{3x} = cd,\ F_{\mathrm{R}x} = ad$$

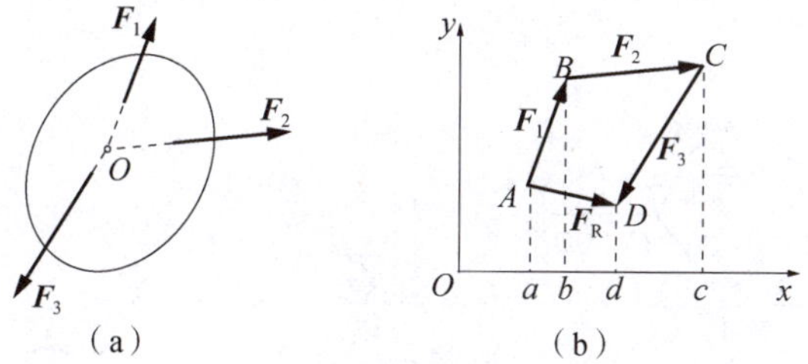

图 2-5

考虑到 $ad = ab + bc + cd$，得

$$F_{\mathrm{R}x} = F_{1x} + F_{2x} + F_{3x}$$

同理可得

$$F_{\mathrm{R}y} = F_{1y} + F_{2y} + F_{3y}$$

将上述关系推广到有任意 n 个力组成的平面汇交力系中，得

$$\begin{cases} F_{\mathrm{R}x} = F_{1x} + F_{2x} + \cdots + F_{nx} = \sum F_{ix} \\ F_{\mathrm{R}y} = F_{1y} + F_{2y} + \cdots + F_{ny} = \sum F_{iy} \end{cases} \tag{2-5}$$

即合力在任意坐标轴上的投影等于各分力在同一坐标轴上的投影的代数和，这就是合力投影定理。为了表达简便，各分力在 x 轴和 y 轴上的代数和常简单记为 $\sum F_x$ 和 $\sum F_y$。

3. 平面汇交力系合成与平衡的解析法

平面汇交力系合成与平衡的解析法

平面汇交力系合成与平衡的解析法以合力投影定理为依据。算出合力 $\boldsymbol{F}_{\mathrm{R}}$ 的投影 F_x 和 F_y 后，可以按式(2-4)求得合力的大小及方向分别为

$$\begin{cases} F_R = \sqrt{(F_{Rx}^2 + F_{Ry}^2)} = \sqrt{(\sum F_x)^2 + (\sum F_y)^2} \\ \tan\alpha = \left|\dfrac{F_{Ry}}{F_{Rx}}\right| = \left|\dfrac{\sum F_y}{\sum F_x}\right| \end{cases} \tag{2-6}$$

式中，α 表示合力 $\boldsymbol{F}_R$ 与 x 轴的夹角(锐角)。

这种应用投影求合力的方法，称为解析法或投影法。

平面汇交力系平衡的充要条件是该力系的合力 $\boldsymbol{F}_R$ 为零，则由式(2-6)可知

$$F_R = \sqrt{(\sum F_x)^2 + (\sum F_y)^2} = 0$$

即

$$\sum F_x = 0,\ \sum F_y = 0 \tag{2-7}$$

式(2-7)称为平面汇交力系的平衡方程。由此可知，平面汇交力系解析法平衡的充要条件：力系中所有的力在作用面内两个任选的坐标轴上投影的代数和分别等于零。

式(2-7)是两个独立的方程式，可以求解两个未知量。在求解平衡问题时，若事先无法判别未知力的方向，可以任意假设。经过列方程后解出的结果如果为正值，说明未知力的方向与假设力的方向相同；如果为负值，则说明假设力的方向与实际指向相反。

例2-2 如图2-6(a)所示，用一组绳子悬挂一重力为 $P=1$ kN 的物体，试求各段绳子的拉力。

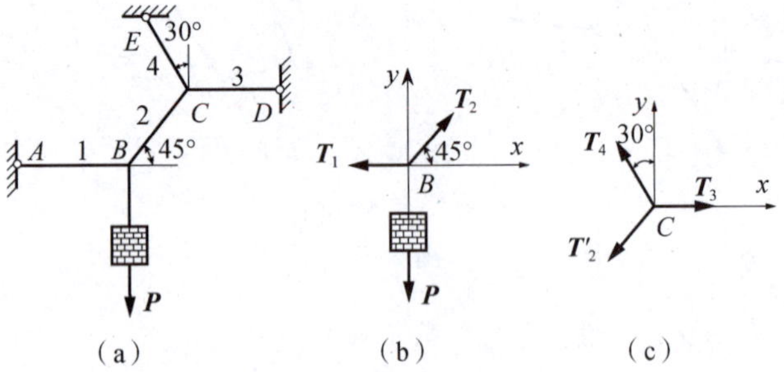

图2-6

解：(1)先选取点 B 连同物体为研究对象，1、2两段绳子的拉力分别为 $\boldsymbol{T}_1$ 和 $\boldsymbol{T}_2$，作出受力图如图2-6(b)所示。选取图示投影轴系，列平衡方程有

$$\sum F_y = 0,\ T_2\sin 45° - P = 0$$

可得

$$T_2 = \sqrt{2}P = 1.4\ \text{kN}$$

$$\sum F_x = 0,\ T_2\cos 45° - T_1 = 0$$

可得

$$T_1 = P = 1\ \text{kN}$$

(2)再选取节点 C 为研究对象，3、4两段绳子的拉力分别为 $\boldsymbol{T}_3$ 和 $\boldsymbol{T}_4$，作出受力图如图2-6(c)所示。列平衡方程有

$$\sum F_y = 0,\ T_4\cos 30° - T_2'\sin 45° = 0$$

可得

$$T_4 = \frac{2\sqrt{3}}{3}\ \text{kN} = 1.15\ \text{kN}$$

$$\sum F_x = 0,\ T_3 - T'_2\cos 45° - T_4\sin 30° = 0$$

可得

$$T_3 = 1.58\ \text{kN}$$

【案例分析 2-1】压榨机简图如图 2-7 所示，在铰链 A 处作用一水平力 $\boldsymbol{F}$ 使块 C 压紧物体 D。若杆 AB 和杆 AC 的质量忽略不计，各处接触均为光滑，求图示位置物体 D 所受的压力。

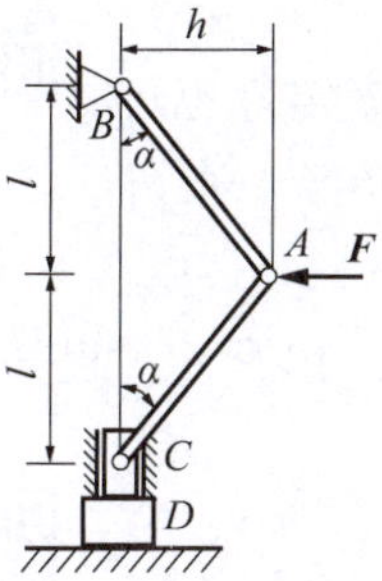

图 2-7

案例分析 2-1 动画

案例分析 2-1 压榨机

§2-2　平面力偶系的简化与平衡

一、平面力对点之矩的概念及计算

如图 2-8 所示的扳手转动螺母，力 $\boldsymbol{F}$ 在垂直于螺母轴线的平面内，使扳手和螺母绕中心点 O 转动。由经验可知，加在扳手上的力越大，越容易转动螺母；力作用线离螺母中心越远，则越省力，转动螺母也就越容易。类似的经验和理论分析表明：力 $\boldsymbol{F}$ 使物体绕某点 O 转动的效应，与力 $\boldsymbol{F}$ 的大小和点 O 至力作用线的垂直距离 h 有关，还与力使物体产生的转向有关。由于在平面内物体绕某点只有两种不同的转向，因此，完全可以用正负号来加以区分。于是，在力学中引入力对点之矩的物理量来度量力 $\boldsymbol{F}$ 使物体绕 O 点转动的效应，并记为

平面力对点之矩

$$M_O(F) = \pm Fh \tag{2-8}$$

图 2-8 动画

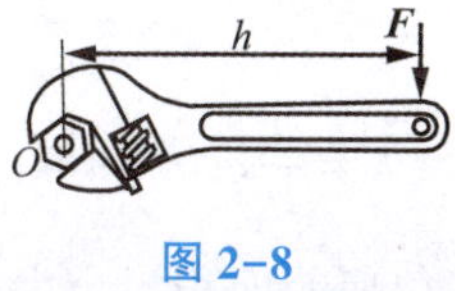

图 2-8

式中，点 O 称为矩心；h 称为力臂。因此，力对点之矩可用一代数量表示。其绝对值等于力的大小与力臂的乘积，它的正负号通常规定：力使物体绕矩心逆时针方向转动时为正，反之为负。

应该指出，力矩必须与矩心相对应，不指明矩心来谈力矩没有任何意义。而矩心的位置可以是力作用面内任一点，并非一定是刚体内固定的转动中心。从几何的角度看，力 $\boldsymbol{F}$ 对点 O 之矩在数值上等于 $\triangle OAB$ 面积的2倍，如图2-9所示。此外，力沿着作用线移动时，力对点之矩保持不变；若力的作用线通过矩心，则它对矩心之矩为零。

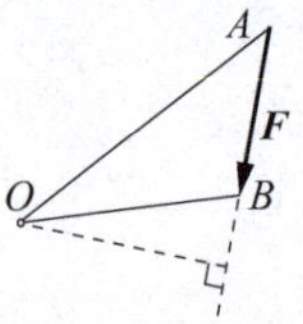

图 2-9

在国际单位制中，力矩的单位是 N · m 或 kN · m。

在计算力系的合力对某点 O 之矩时，常用到合力矩定理：平面汇交力系的合力对某点 O 之矩等于各分力对 O 点之矩的代数和，即

$$M_O(F_R) = \sum M_O(F_i) \tag{2-9}$$

合力矩定理

该定理建立了合力对点之矩与分力对同一点之矩的关系，该定理也可运用于有合力的其他力系。它提供了计算力对点之矩的另一种方法，此外它还可以用于确定力系合力作用线的位置。

例 2-3 水平梁 AB 受到一按三角形分布的载荷作用，如图2-10所示。已知分布载荷的最大值为 q，梁的长度为 l。试求该分布载荷对 A 点之矩。

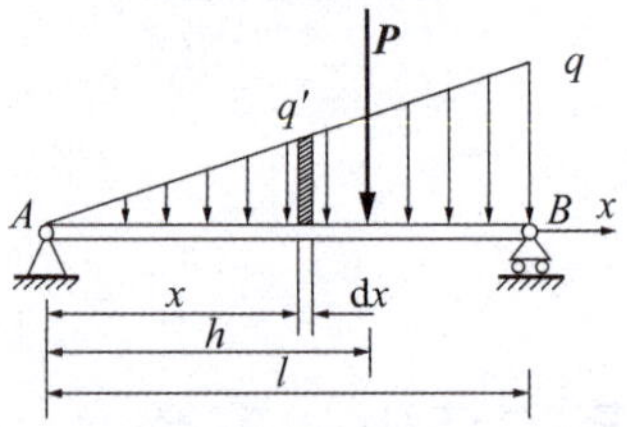

图 2-10

分布载荷

解： 在梁上距离 A 端为 x 处取一微段 $\mathrm{d}x$，其上作用有大小为 $q'\mathrm{d}x$ 的载荷，其中 q' 为该处的载荷集度。由图可知，$q'=xq/l$，因此，分布载荷的合力的大小为

$$P = \int_0^l q'\mathrm{d}x = \frac{1}{2}ql$$

设合力 $\boldsymbol{P}$ 的作用线到 A 端距离为 h，在微段 $\mathrm{d}x$ 上的作用力对点 A 之矩为 $xq'\mathrm{d}x$，全部载荷对 A 点之矩的代数和可以用积分求出。根据合力矩定理可写成

$$Ph = \int_0^l q'\mathrm{d}x \cdot x$$

将 P 和 q' 的值代入上式得

$$h = \frac{2}{3}l$$

该分布载荷对点 A 之矩

$$M_A = Ph = \frac{1}{2}ql \cdot \frac{2}{3}l = \frac{1}{3}ql^2$$

计算结果表明，合力大小等于三角形的面积，合力的作用线通过该三角形的形心。上述结论可以推广到一般情形，即同向线性分布力的合力等于载荷图的面积(该面积具有力的量纲)，合力的作用线通过载荷图面积的形心。当分布力的载荷图为简单图形时，应用这一法则可以方便地求出分布力的合力及其作用线的位置。

二、平面力偶理论

1. 力偶与力偶矩

力偶的定义：由两个大小相等、方向相反且不共线的平行力组成的力系，记作($\boldsymbol{F}$, $\boldsymbol{F}'$)。如图 2-11 所示，力偶所在的平面称为力偶的作用面，力偶中的两个力之间的垂直距离 d 称为力偶臂。

在实际中，我们两个手指拧钢笔帽、双手驾驶方向盘(图 2-12)等都是力偶的作用。力偶无合力，本身又不平衡，是一个基本的力学量。力偶对物体的转动效应用力偶矩来描述。

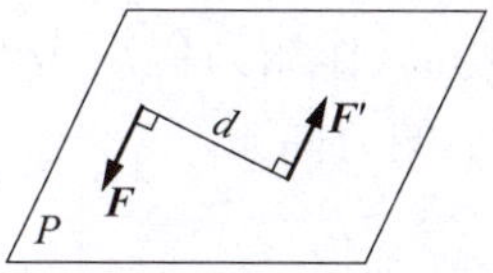

图 2-11

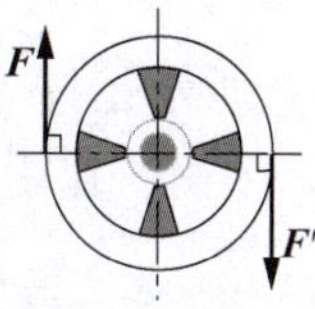

图 2-12

力偶与力偶矩

力偶矩等于力偶中力的大小与力偶臂的乘积，它是代数量。其符号规定：力偶使物体逆时针转动时为正，顺时针转动时为负，用 M 表示，即

$$M = \pm Fd \tag{2-10}$$

单位是 N · m 或 kN · m。

2. 平面力偶的性质与等效定理

力偶对物体的作用效应，取决于力偶矩的大小、力偶的转向和力偶的作用面，这就是力偶的三要素。平面力偶的性质是力偶没有合力，因此不能与一个力等效，力偶只能与一个力偶等效，力偶矩与矩心点位置无关。

平面力偶的性质与等效定理

平面力偶的等效定理：在同一平面内两个力偶等效的充要条件是两个力偶矩相等。

由此定理可得如下推论。

(1) 在保持力偶矩不变的情况下，力偶可在其作用面内任意移转，而不改变它对刚体的作用。

(2) 在保持力偶矩不变的情况下，可以同时改变力偶中力的大小和力偶臂的长度，而不改变它对刚体的作用。

对力偶而言，无需知道力偶中力的大小和力偶臂的长度，只需知道力偶矩就可以了。力偶无合力，对物体没有移动效应，其转动效应又完全取决于力偶矩。力偶矩的描述如图 2-13 所示。

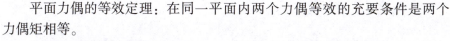

图 2-13

3. 平面力偶系的合成与平衡

平面力偶系的合成与平衡

1) 平面力偶系的合成

作用在同一平面上的一组力偶称为平面力偶系，由平面力偶的等效定理得平面力偶系可以合成为一个合力偶，合力偶矩等于平面力偶系中各力

偶矩的代数和，即

$$M = \sum M_i \tag{2-11}$$

2)平面力偶系的平衡条件

平面力偶系平衡的充要条件是合力偶矩等于零。也就是说，力偶系中各力偶矩的代数和为零，即

$$\sum M_i = 0 \tag{2-12}$$

式(2-12)为平面力偶系的平衡方程。由于只有一个平衡方程，因此只能求解一个未知量。

例 2-4 如图2-14(a)所示，杆 AB 长为1 m，作用力偶矩 $M_1 = 8$ kN·m，杆 CD 长为0.8 m，试求为使机构保持平衡，作用在杆 CD 上的力偶 M_2。

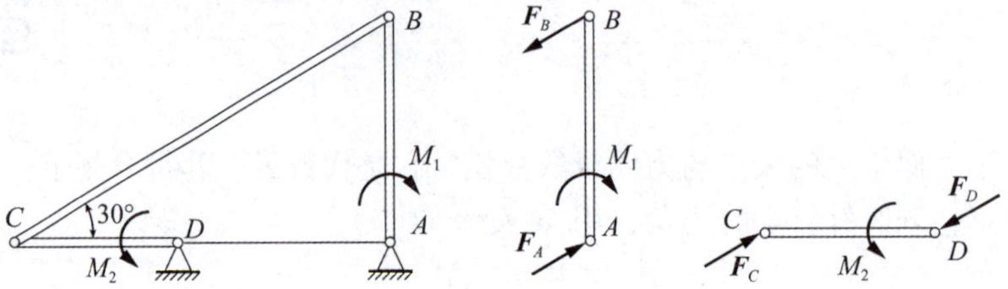

图 2-14

解：(1)选杆 AB 为研究对象，由于杆 BC 是二力杆，因此杆 AB 的两端受沿杆 BC 的约束力 $\boldsymbol{F}_A$ 和 $\boldsymbol{F}_B$ 的作用，构成力偶，如图2-14(b)所示。由力偶的平衡方程

$$\sum M_i = 0,\ F_A \cdot 1 \cdot \sin 60° - M_1 = 0$$

得

$$F_B = F_A = \frac{M_1}{1 \cdot \sin 60°} = \frac{8 \times 2}{\sqrt{3}}\ \text{kN} = 9.24\ \text{kN}$$

(2)选杆 CD 为研究对象，受力图2-14(c)所示，列出力偶的平衡方程

$$\sum M_i = 0,\ M_2 - F_C \cdot 0.8 \cdot \sin 30° = 0$$

由于 $F_A = F_B = F_C = F_D$，则得

$$M_2 = F_C \cdot 0.8 \cdot \sin 30° = 9.24 \times 0.8 \times \sin 30°\ \text{kN} \cdot \text{m} = 3.7\ \text{kN} \cdot \text{m}$$

例 2-5 如图2-15所示结构，在构件 BC 上作用一力偶矩 M，若不计各构件质量，试求铰支座 A 处的约束力。

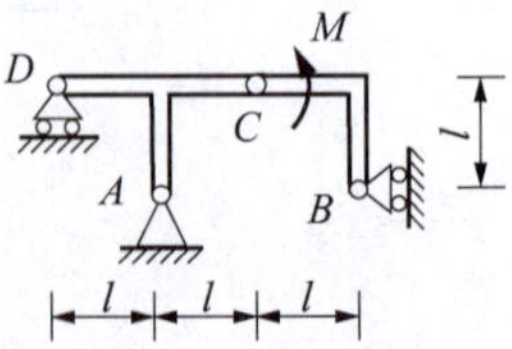

图 2-15

【案例分析 2-2】齿轮箱两个外伸轴上作用的力偶如图2-16所示。为保持齿轮箱平衡，

试求螺栓 A、B 处所提供的约束力的铅垂分力。

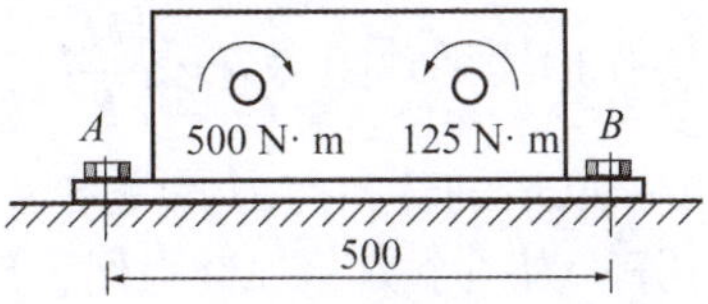

图 2-16

案例分析 2-2 齿轮箱平衡

§2-3　平面任意力系的简化与平衡

一、平面任意力系向作用面内一点简化

力系向一点简化是较为简便且具有普遍性的力系简化方法，此方法的理论基础是力的平移定理。根据力的平移定理可以把刚体上的平面任意力系分解为一个平面汇交力系和一个平面力偶系。

1. 力的平移定理

力的平移定理

根据力的可传性原理，将作用于刚体上某点的力 $\boldsymbol{F}$ 沿其作用线移动，不会改变该力对刚体的作用效应。但如果将作用在刚体内某点的力 $\boldsymbol{F}$ 移动到与其作用线平行的另外一点，若想要平行移动后不改变该力对刚体的作用效应，则必须附加一定的条件。

设力 $\boldsymbol{F}$ 作用于刚体上的 A 点，为了将力 $\boldsymbol{F}$ 平行移动到刚体内另外一点 O[图 2-17(a)]，又不改变其作用效应，可以进行如下等效变换。

先在点 O 施加平行于力 $\boldsymbol{F}$ 的一对平衡力 $\boldsymbol{F}'$ 和 $\boldsymbol{F}''$，且令 $\boldsymbol{F}'=-\boldsymbol{F}''=\boldsymbol{F}$[图 2-17(b)]。根据加减平衡力系公理，所加的一对力并不改变原来的力 $\boldsymbol{F}$ 对刚体的作用效应，即力 $\boldsymbol{F}$[图 2-17(a)]与力系($\boldsymbol{F}'$，$\boldsymbol{F}''$，$\boldsymbol{F}$)[图 2-17(b)]等效。图 2-17(b)中力 $\boldsymbol{F}$ 与 $\boldsymbol{F}''$ 构成力偶，则力系又可看作由作用于 O 点的力 $\boldsymbol{F}'$ 和力偶($\boldsymbol{F}$，$\boldsymbol{F}''$)组成，可用图 2-17(c)中所示力系表示，即为力 $\boldsymbol{F}$ 向点 O 平移的最终结果。力偶($\boldsymbol{F}$，$\boldsymbol{F}''$)称为附加力偶，其力偶矩 $M=Fd$，而力 $\boldsymbol{F}$ 对点 O 之矩 $M_O(F)=Fd$，则附加力偶($\boldsymbol{F}$，$\boldsymbol{F}''$)的力偶矩 M 为

$$M=Fd=M_O(\boldsymbol{F}) \tag{2-13}$$

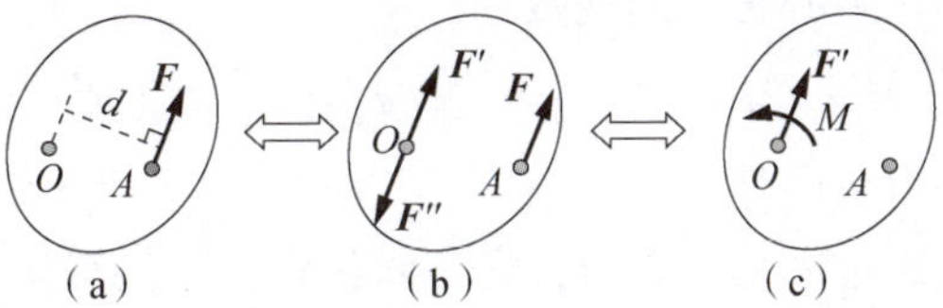

图 2-17

上述等效变换称为力的平移定理，即：将作用于刚体上点 A 的力 $\boldsymbol{F}$ 平行移动到该刚体内的任一点 O，为了不改变力 $\boldsymbol{F}$ 的作用效果，必须同时附加一个力偶，附加力偶的力偶矩等于力 $\boldsymbol{F}$ 对新作用点 O 之矩。

力的平移定理的逆过程为由图 2-17(c)到图 2-17(a)的等效变换过程，该过程表明：作

用于刚体上同一平面内的一个力 $\boldsymbol{F}'$ 和一个力偶矩为 M 的力偶可以简化成通过另一点的合力 $\boldsymbol{F}$。力 $\boldsymbol{F}'$ 和合力 $\boldsymbol{F}$ 的矢量相等，作用线平移距离 $d=\dfrac{|M|}{F}$，合力 $\boldsymbol{F}$ 的作用线在点 O 的哪一侧，可以根据变换后合力 $\boldsymbol{F}$ 对点 O 取矩的转向与力偶转向保持不变来确定。

该定理表明，可以将一个力分解为一个力和一个力偶；反之，也可以将一个力和一个力偶合成为一个力。力的平移定理既是复杂力系简化的理论依据，也是分析力对物体作用效应的重要方法。

2. 平面任意力系向作用面内一点简化

1)主矢与主矩

平面任意力系向作用面内一点简化

设平面任意力系 $\boldsymbol{F}_1$，$\boldsymbol{F}_2$，…，$\boldsymbol{F}_n$ 分别作用在刚体的 A_1，A_2，…，A_n 各点上[图 2-18(a)]，在力系作用面内任取一点 O，称为简化中心。根据力的平移定理，将力系中的每一个力分别向 O 点平移，得到作用于 O 点的力 $\boldsymbol{F}_1'$，$\boldsymbol{F}_2'$，…，$\boldsymbol{F}_n'$，以及一组相应的附加力偶，其力偶矩分别为 M_1，M_2，…，M_n[图 2-18(b)]。这些附加力偶的力偶矩分别为

$$M_i=M_O(\boldsymbol{F}_i)\ (i=1,\ 2,\ \cdots,\ n)$$

这样，原来的平面任意力系经过平移可等效为两个简单力系：平面汇交力系和平面力偶系。然后分别合成这两个力系。

将平面汇交力系合成可得到通过简化中心 O 的一个合力 $\boldsymbol{F}_\mathrm{R}'$，称为力系的主矢[图 2-18(c)]。由于 $\boldsymbol{F}_i'=\boldsymbol{F}_i(i=1,\ 2,\ \cdots,\ n)$，所以，力系的主矢 $\boldsymbol{F}_\mathrm{R}'$ 等于原力系中各个力的矢量和，即

$$\boldsymbol{F}_\mathrm{R}'=\boldsymbol{F}_1'+\boldsymbol{F}_2'+\cdots+\boldsymbol{F}_n'=\boldsymbol{F}_1+\boldsymbol{F}_2+\cdots+\boldsymbol{F}_n=\sum\boldsymbol{F}_i \tag{2-14}$$

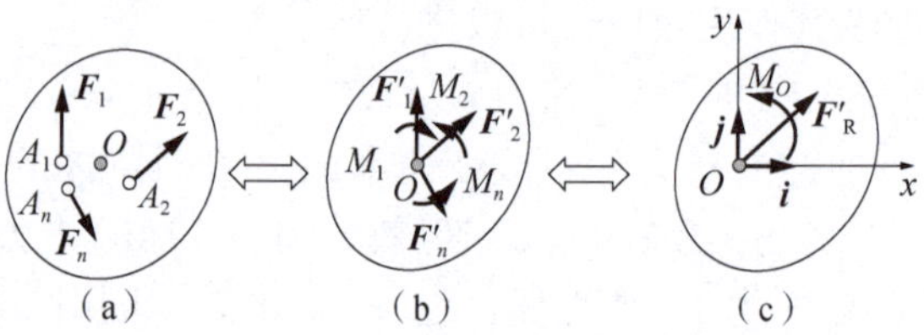

图 2-18

将平面力偶系合成可得到一个合力偶，该力偶的力偶矩称为该力系的主矩。主矩的大小等于力系中的各个力对简化中心之矩的代数和，即

$$M_O=M_1+M_2+\cdots+M_n=\sum M_O(\boldsymbol{F}_i) \tag{2-15}$$

由上可得：平面任意力系向作用面内任一点 O 简化，可得到一个力和一个力偶。这个力即力系的主矢，作用线通过简化中心 O，它与简化中心的位置无关；这个力偶的力偶矩等于该力系对于点 O 的主矩，它与简化中心的位置有关，须指明力系是对于哪一点的主矩。

在直角坐标系[图 2-18(c)]下，根据合力投影定理，得主矢和主矩的解析表达式分别为

$$\boldsymbol{F}_\mathrm{R}'=\sum F_{xi}\boldsymbol{i}+\sum F_{yi}\boldsymbol{j} \tag{2-16}$$

$$M_O=\sum M_O(\boldsymbol{F}_i)=\sum(x_iF_{yi}-y_iF_{xi}) \tag{2-17}$$

式中，$\boldsymbol{i}$、$\boldsymbol{j}$ 为沿 x 轴、y 轴的单位矢量；x_i、y_i 为力 $\boldsymbol{F}_i$ 作用点的坐标。主矢的大小和方向余弦为

$$F'_R=\sqrt{\left(\sum F_{xi}\right)^2+\left(\sum F_{yi}\right)^2}$$

$$\cos(\boldsymbol{F}'_R,\ \boldsymbol{i})=\frac{\sum F_{xi}}{F'_R},\ \cos(\boldsymbol{F}'_R,\ \boldsymbol{j})=\frac{\sum F_{yi}}{F'_R}$$

2) 固定端约束

固定端约束

物体的一部分固嵌于另一物体所构成的约束，称为固定端约束。例如，基础中的细石混凝土对预制混凝土柱的约束[图 2-19(a)]、车床的刀架对车刀的约束[图 2-19(b)]、车床的卡盘对工件的约束[图 2-19(c)]、飞机的机身对机翼的约束、插入地面的电线杆受到的约束等，都是固定端约束。固定端约束的特点是既能限制物体的移动，又能限制物体转动，即约束与被约束物体之间被认为是完全刚性连接的。

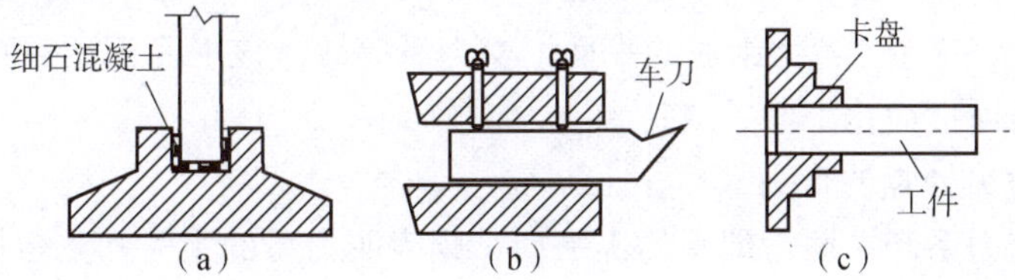

图 2-19

在平面问题中，固定端约束[图 2-20(a)]给物体的约束力是分布在接触面上的平面任意力系[图 2-20(b)]。根据力的平移定理，将这些力向固定端点 A 处简化可得到一个力 $\boldsymbol{F}_A$ 和一个力偶矩为 M_A 的附加力偶。因为力 $\boldsymbol{F}_A$ 的大小和方向不能确定，所以用一对正交分力 $\boldsymbol{F}_{Ax}$ 和 $\boldsymbol{F}_{Ay}$ 表示，即一般情况下，固定端约束的约束力包括两个分力 $\boldsymbol{F}_{Ax}$、$\boldsymbol{F}_{Ay}$ 和一个力偶矩为 M_A 的约束力偶，如图 2-20(c) 所示。

与固定铰支座约束相比，固定端约束既限制物体在约束平面内的水平方向和竖直方向的移动，也限制物体绕点 A 的转动，因此，固定端约束比固定铰支座约束多了一个约束反力偶。

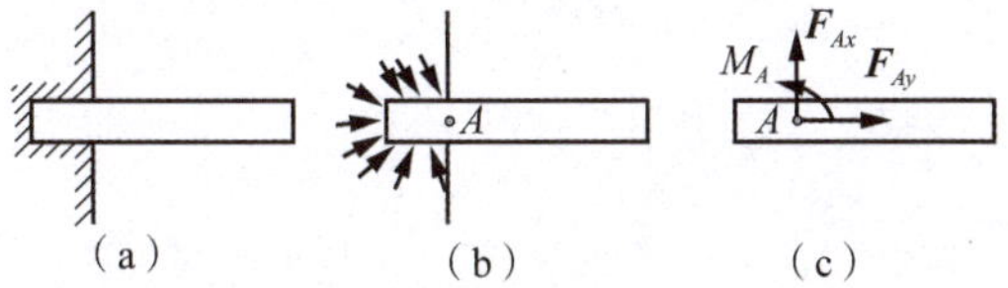

图 2-20

3. 平面任意力系的简化结果分析

平面任意力系的简化结果分析

平面任意力系向作用面内任一点简化，可得到两个简单的力系，即平面汇交力系和平面力偶系。进一步分别合成这两个力系，可得到一个主矢（合力）和一个主矩（合力偶的力偶矩）。在不同的情况下，可能出现以下四种更为简单的结果。

1)简化为一个力偶

如果平面汇交力系平衡，平面力偶系不平衡，则表明力系的主矢为零，主矩不为零，即

$$\boldsymbol{F}'_{\mathrm{R}}=\boldsymbol{0},\ M_O\neq 0$$

根据加减平衡力系公理，可将图2-18(b)中的平面汇交力系($\boldsymbol{F}'_1$，$\boldsymbol{F}'_2$，…，$\boldsymbol{F}'_n$)减去，则原力系与力偶矩分别为M_1，M_2，…，M_n的各力偶组成的力系等效。该平面力偶系可简化为一个合力偶，合力偶的力偶矩等于原力系对简化中心的主矩。在这种情况下，根据平面力偶理论，力偶对平面内任一点之矩都相同，因此主矩与简化中心的选择无关。无论向作用面内哪一点简化，力偶矩始终不变。

2)简化为通过简化中心的合力

如果平面汇交力系不平衡，平面力偶系平衡，则表明力系的主矢不为零，而主矩为零，即

$$\boldsymbol{F}'_{\mathrm{R}}\neq\boldsymbol{0},\ M_O=0$$

根据加减平衡力系公理，可将图2-18(b)中的平面力偶系(M_1，M_2，…，M_n)减去，则原力系与$\boldsymbol{F}'_1$，$\boldsymbol{F}'_2$，…，$\boldsymbol{F}'_n$各力组成的平面汇交力系等效。该平面汇交力系可简化为一个合力，合力的作用线通过简化中心。

3)简化为通过另一点的合力

如果平面汇交力系和平面力偶系均不平衡，则表明力系的主矢和主矩均不为零，即

$$\boldsymbol{F}'_{\mathrm{R}}\neq\boldsymbol{0},\ M_O\neq 0$$

则原力系仍可简化为一个合力，但合力的作用线不通过简化中心。

如图2-21(a)所示，根据力的平移定理的逆过程，将矩M_O的力偶用两个力$\boldsymbol{F}_{\mathrm{R}}$和$\boldsymbol{F}''_{\mathrm{R}}$表示，并令$\boldsymbol{F}'_{\mathrm{R}}=\boldsymbol{F}_{\mathrm{R}}=-\boldsymbol{F}''_{\mathrm{R}}$[图2-21(b)]。再去掉一对平衡力$\boldsymbol{F}'_{\mathrm{R}}$和$\boldsymbol{F}''_{\mathrm{R}}$，则原力系可简化为通过点$O'$的一个合力$\boldsymbol{F}_{\mathrm{R}}$，这就是原力系的合力[图2-21(c)]。合力的作用线到点O的距离可由$d=\dfrac{M_O}{F'_{\mathrm{R}}}$来确定，至于点$O'$在点$O$的哪一侧，由主矩的转向决定。

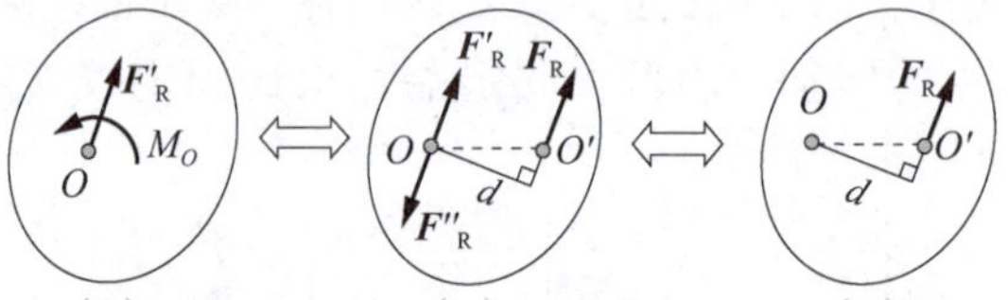

图2-21

由图2-21所示的等效变换过程还可导出有关力矩的一个重要定理，即合力矩定理。设平面任意力系合成为合力$\boldsymbol{F}_{\mathrm{R}}$，其作用线通过点$O'$[图2-21(c)]。由图2-21(c)可见，力系对点O的主矩M_O与合力$\boldsymbol{F}_{\mathrm{R}}$对点$O$之矩大小相等、转向相同，则有合力$\boldsymbol{F}_{\mathrm{R}}$对点$O$之矩为

$$M_O=M_O(\boldsymbol{F}_{\mathrm{R}})=F_{\mathrm{R}}\cdot d \tag{2-18}$$

由式(2-15)可得力系对点O的主矩M_O为

$$M_O=\sum M_O(\boldsymbol{F}_i) \tag{2-19}$$

比较式(2-18)和式(2-19)可得

$$M_O(\boldsymbol{F}_{\mathrm{R}})=\sum M_O(\boldsymbol{F}_i) \tag{2-20}$$

式(2-20)表明：平面任意力系的合力对作用面内任一点之矩等于力系中各分力对同一点之矩的代数和，这就是合力矩定理。

利用该定理可以求合力作用线的位置，也可以用分力矩来计算合力矩。由于简化中心 O 是任意的，因此在具体应用合力矩定理时，矩心可以任选。

4)平面任意力系平衡

如果平面汇交力系和平面力偶系均平衡，则表明力系的主矢和主矩均为零，即

$$\boldsymbol{F}'_{\mathrm{R}}=0,\ M_O=0$$

则原力系是平衡力系，物体在该力系作用下处于平衡状态。

例 2-6　平面任意力系如图 2-22 所示，且 $F_1=F_2=F_3=F_4=F$。求该力系向 A、B 两点简化的结果。

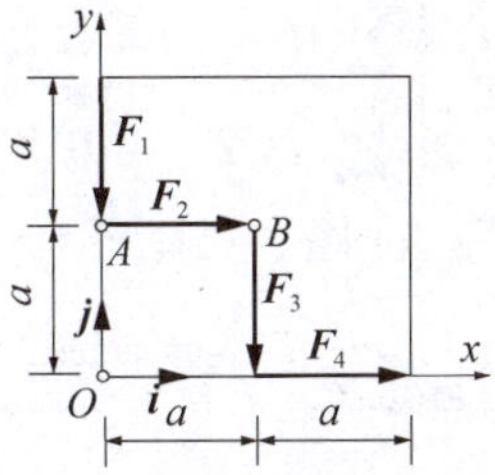

图 2-22

例 2-7　平面任意力系向作用面内某点 O 简化，得主矩 $M_O=0$；向另外一点 A 简化，得主矩 $M_A=2\ 000\ \mathrm{N\cdot cm}$，$A$ 点的坐标为$(\sqrt{3},\ 1)$，该力系的主矢在 x 轴上的投影为 $F_{\mathrm{R}x}=500\ \mathrm{N}$，如图 2-23 所示。求该力系的合力。

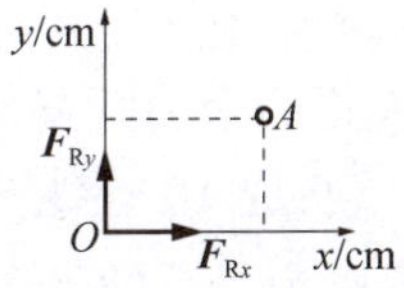

图 2-23

二、平面任意力系的平衡条件和平衡方程

由平面任意力系的简化结果分析可知；若主矢等于零，仅表明汇交力系平衡，若主矩等于零，仅表明力偶系平衡。显然，平面任意力系若是平衡的，则力系的主矢和主矩均为零。反之，若力系的主矢和主矩均为零，则物体处于平衡状态，该力系是平衡力系。因此，可得物体在平面任意力系作用下平衡的充要条件：力系向任意 O 点简化的主矢和主矩都等于零，即

平面任意力系的平衡条件和平衡方程

$$\begin{cases}\boldsymbol{F}'_{\mathrm{R}}=0\\ M_O=0\end{cases}$$

上述平衡条件可用解析式表示，则由式(2-16)和式(2-17)可得

$$\begin{cases}\sum F_{xi}=0\\ \sum F_{yi}=0\\ \sum M_A(\boldsymbol{F}_i)=0\end{cases} \tag{2-21}$$

式(2-21)表明平面任意力系平衡的解析条件是，力系中的各个力在作用面内任选的两个坐标轴上投影的代数和分别等于零，以及各个力对作用面内任一点之矩的代数和也等于零。

式(2-21)称为平面任意力系的平衡方程，其中前两个方程为投影方程，后一个方程为力矩方程。由这三个独立方程可以求解三个未知量。平面任意力系的平衡方程还有其他两种形式。

1)二力矩式方程(包括一个投影方程和两个力矩方程)

$$\begin{cases}\sum F_{xi}=0\\ \sum M_A(\boldsymbol{F}_i)=0\\ \sum M_B(\boldsymbol{F}_i)=0\end{cases} \tag{2-22}$$

式中，A、B 两点的连线不能与 x 轴垂直[图 2-24(a)]。

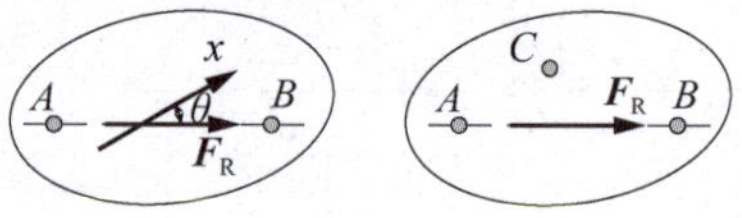

(a)　(b)

图 2-24

由平面任意力系的简化结果分析可知：式(2-22)中，若力系对点 A 的主矩为零，则力系可简化为通过点 A 的合力 $\boldsymbol{F}_R$；若力系同时对另一点 B 的主矩也为零，则力系可简化为通过点 B 的合力 $\boldsymbol{F}_R$。根据式(2-22)中两个主矩之间的关系，既要满足对点 A 的主矩为零，又要满足对点 B 的主矩为零，则该力系简化的合力既要通过点 A 又要通过点 B，因此合力 $\boldsymbol{F}_R$ 必须在 A、B 两点的连线上。若 $\theta=90^\circ$(θ 是 AB 连线与 x 轴的夹角)，即使 $F_R\neq0$，方程 $\sum F_{xi}=0$ 也满足，这样式(2-22)就不能为力系的平衡方程；若 $\theta\neq90^\circ$，方程 $\sum F_{xi}=0$，则 $F_R\cos\theta=0$，必有 $F_R=0$。因此，A、B 两点的连线不能与 x 轴垂直这一附加条件排除了力系简化为合力 $\boldsymbol{F}_R\neq0$ 的可能性，从而原力系是平衡力系。

2)三力矩式方程(三个力矩方程)

$$\begin{cases}\sum M_A(\boldsymbol{F}_i)=0\\ \sum M_B(\boldsymbol{F}_i)=0\\ \sum M_C(\boldsymbol{F}_i)=0\end{cases} \tag{2-23}$$

式中，A、B、C 三点不能在同一条直线上[图 2-24(b)]。

由平面任意力系的简化结果分析可知：式(2-23)中，力系对 A、B 两点的主矩为零，则该力系简化的合力 $\boldsymbol{F}_R$ 须在 A、B 两点的连线上。若 A、B、C 三点共连线，即使 $F_R\neq0$，方程 $\sum M_C(\boldsymbol{F}_i)=0$ 也满足，这样式(2-23)就不能为力系的平衡方程。若点 C 不在 AB 连线上，由 $\sum M_C(\boldsymbol{F}_i)=0$，必有 $F_R=0$。因此，A、B、C 三点不能在同一条直线上这一附加条件排除了力系简化为合力 $F_R\neq0$ 的可能性，从而原力系是平衡力系。

上述各种形式的平衡方程可以灵活应用，选取哪种形式，取决于计算是否简便。一般情况下，尽量采用一个方程求解一个未知量，避免解联立方程组。下面举例说明如何应用上述平衡方程求解平面任意力系的平衡问题。

例 2-8 梁 AB 受载荷集度为 q 的均布力，力偶矩为 $M=2qa^2$ 的集中力偶，以及集中力 $F=2qa$ 的作用，如图 2-25(a)所示。求 A、C 处的约束反力。

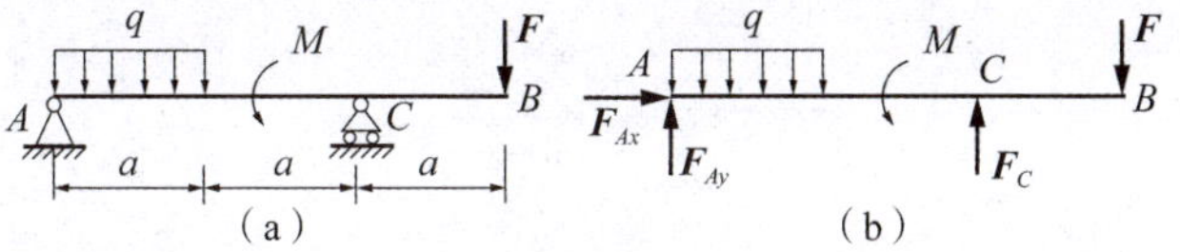

图 2-25

解：取梁 AB 为研究对象。它所受的主动力有均布力 q、集中力偶 M 和集中力 $\boldsymbol{F}$；所受的约束反力有固定铰支座 A 处的一对正交分力 $\boldsymbol{F}_{Ax}$、$\boldsymbol{F}_{Ay}$，C 处的活动铰支座约束反力 $\boldsymbol{F}_C$，受力图如图 2-25(b)所示。列平衡方程有

$$\sum F_x = 0$$

可得

$$F_{Ax} = 0$$

$$\sum M_A(\boldsymbol{F}) = 0,\ F_C \cdot 2a + M - F \cdot 3a - qa \cdot \frac{a}{2} = 0$$

可得

$$F_C = \frac{9}{4}qa$$

$$\sum F_y = 0,\ F_{Ay} - q \cdot a + F_C - F = 0$$

可得

$$F_{Ay} = \frac{3}{4}qa$$

上述求解约束反力时，采用两个投影方程和一个力矩方程形式求得，本例也可以列出二力矩式平衡方程，可将上式求解 $\boldsymbol{F}_{Ay}$ 的投影方程替换成力矩方程，即

$$\sum M_C(\boldsymbol{F}) = 0,\ -F_{Ay} \cdot 2a + qa \cdot \frac{3a}{2} + M - F \cdot a = 0$$

也可得

$$F_{Ay} = \frac{3}{4}qa$$

由上例可见，平面任意力系三种形式的平衡方程可以根据问题的特点灵活应用。

例 2-9 直角刚架 AB 受最大集度为 q 的三角形分布载荷、力偶及集中力的作用，如图 2-26 所示。已知 $F=qa$，$M=3qa^2$。求固定端 A 处的约束反力。

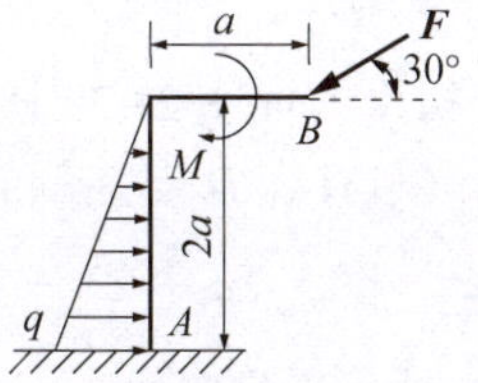

图 2-26

例 2-10 均质杆 AB 重 $P=1$ kN，在图 2-27 所示位置平衡，试求绳子的拉力和固定铰支座 A 处的约束力。

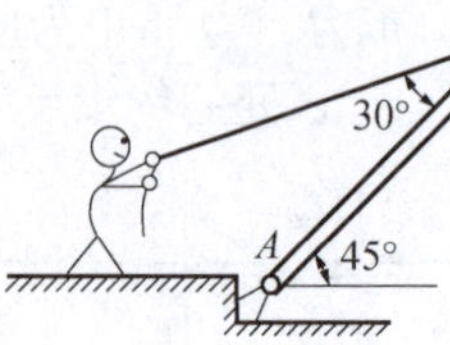

图 2-27

三、平面平行力系的平衡方程

当平面任意力系中的各个力作用线相互平行时，称为平面平行力系。平面平行力系是平面任意力系的特殊情况。其平衡方程可由平面任意力系平衡方程导出。如图 2-28 所示，物体受平面平行力系 $\boldsymbol{F}_1$，$\boldsymbol{F}_2$，…，$\boldsymbol{F}_n$ 作用，取 x 轴与各个力方向垂直，y 轴与之平行，则所有的力在 x 轴上的投影必等于零，即 $\sum F_{xi} \equiv 0$。

平面平行力系的平衡方程

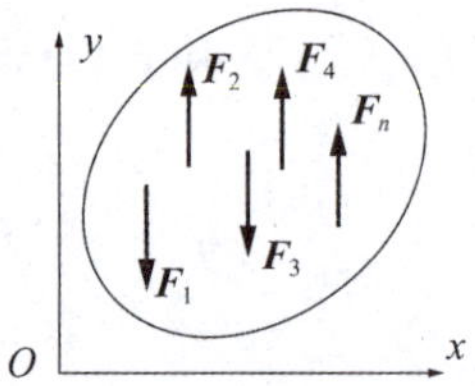

图 2-28

因此，由式(2-21)得平面平行力系的平衡方程为

$$\begin{cases} \sum F_{yi} = 0 \\ \sum M_A(\boldsymbol{F}_i) = 0 \end{cases} \tag{2-24}$$

由式(2-22)可得平面平行力系的另一组平衡方程的形式

$$\begin{cases} \sum M_A(\boldsymbol{F}_i) = 0 \\ \sum M_B(\boldsymbol{F}_i) = 0 \end{cases} \tag{2-25}$$

式中，A、B 两点的连线不能与各力平行。

由式(2-24)和式(2-25)可见，平面平行力系有两个独立的平衡方程，因此可解两个未知量。

例 2-11 汽车起重机的车重 $W_1=20$ kN，平衡配重 $W_2=20$ kN，尺寸如图 2-29 所示。求：

(1)使汽车不致翻倒的最大起吊重力 W_3；

(2)前、后车轮 D、E 之间的最小距离。

解： 以汽车系统为研究对象，分析受力如图 2-29 所示。主动力和地面的约束反力构成平面平行力系。设 $DE=a$。满载时，汽车有绕 D 点翻倒的趋势。列平衡方程

$$\sum M_D(\boldsymbol{F}) = 0,\ F_{NE} \cdot a - W_2 \cdot (a+2) - W_1 \cdot 1.5 + W_3 \cdot 4 = 0$$

不翻倒的条件是 $\boldsymbol{F}_{NE} \geqslant 0$，代入上式，解得

$$W_3 \leqslant 35\ \text{kN}$$

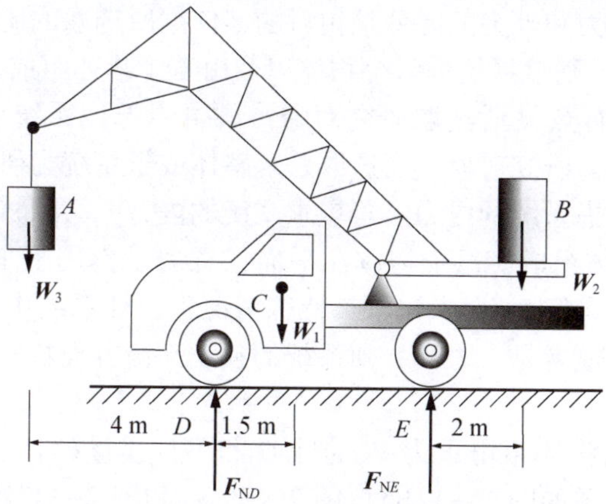

图 2-29

空载时，$W_3=0$，汽车有绕 E 点翻倒的趋势。对 E 点取矩

$$\sum M_E(\boldsymbol{F})=0,\ W_1\cdot(a-1.5)-F_{ND}\cdot a-W_2\cdot 2=0$$

不翻倒的条件是 $\boldsymbol{F}_{ND}\geqslant 0$，代入上式，解得

$$a\geqslant 3.5\ \text{m}$$

即汽车起重机的最大起吊重力为 35 kN，两轮之间的最小距离为 3.5 m。

翻倒问题是工程中的常见问题，其本质是绕支点的平衡问题。处理这类问题的方法是针对翻倒前的临界状态，分析系统平衡应满足的条件。

【案例分析 2-3】 桥式起重机的跨距为 l，起重机桥架(不包括小车)重 $\boldsymbol{P}_1$，作用于桥架 AB 的中心 C，小车重 $\boldsymbol{P}_2$，最大起吊重力为 $\boldsymbol{Q}$，求在图 2-30 所示位置时左右轨道的反力。

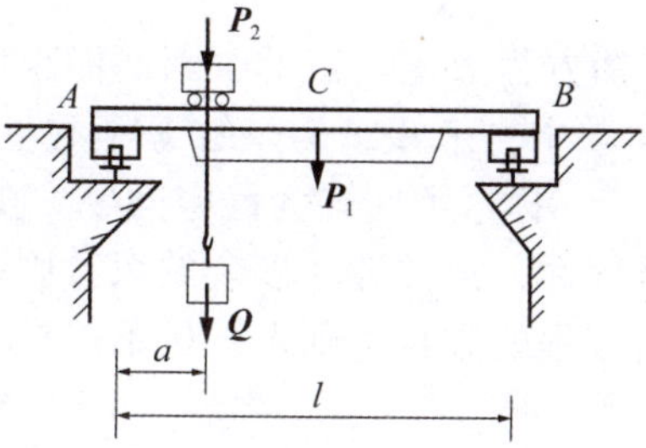

图 2-30

案例分析 2-3
桥式起重机

§2-4 物体系的平衡问题及应用

一、物体系的平衡

由多个物体通过约束相联系而组成的系统称为物体系。工程中的各种机构或结构都是物体系。物体系平衡问题的特点与分析方法如下。

(1)物体系的平衡问题，既与系统之外的其他物体对该系统的作用有关，也与物体系内部各物体之间的相互作用有关。前者称为系统的外力，

物体系的平衡

后者称为系统的内力。内力和外力的区分是相对的，依据所选取的研究对象而定。

(2)若系统整体平衡，则该系统的每个物体以及由若干物体组成的子系统也是平衡的。

(3)可以根据问题的特点灵活选取研究对象。既可以选取系统整体或子系统为研究对象，也可以选取单个物体为研究对象。当选取系统整体或子系统为研究对象时，只考虑系统之外物体的作用力，不考虑系统的内力。若想求系统的内力，必须将系统拆开。

(4)若系统由 n 个物体组成，每个物体在平面任意力系作用下平衡，则最多可列 $3n$ 个独立的平衡方程，最多可求解 $3n$ 个未知量。特殊情况下，如系统中某些物体受平面汇交力系或平面平行力系作用，或者是二力杆，则系统的独立平衡方程数和能够求解的未知量数相应减少。

如图 2-31(a)所示的物体系由重为 $\boldsymbol{W}$ 的球 O 和不计质量的杆 AB、BC 三个构件组成。分别画出三个构件的受力图如图 2-31(b)、图 2-31(c)和图 2-31(d)所示，可知，球 O 受平面汇交力系作用，有两个独立的平衡方程；杆 AB 是平面任意力系，有三个独立方程；而杆 BC 为二力杆，只有一个方程。因此，系统共有六个独立的平衡方程。未知约束力有 $\boldsymbol{F}_{Ax}$、$\boldsymbol{F}_{Ay}$、$\boldsymbol{F}_{ND}$、$\boldsymbol{F}_{NE}$、$\boldsymbol{F}_{B}$、$\boldsymbol{F}_{C}$。未知力数等于独立平衡方程数。

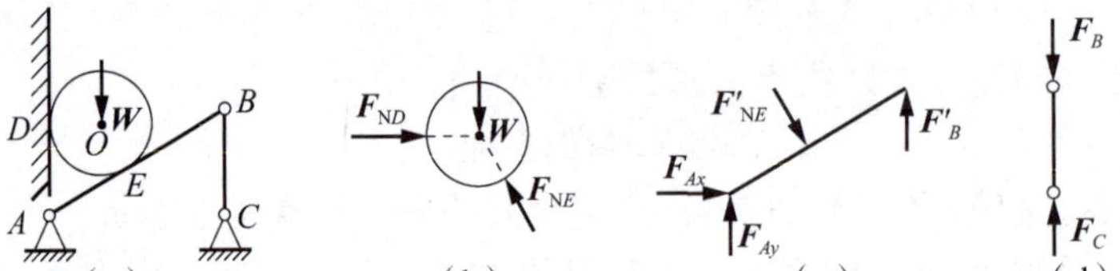

图 2-31

二、静定和超静定问题

每种力系作用下的独立平衡方程数是一定的，因而能求解的未知量个数也是一定的。若所研究的问题中，未知量的个数等于独立平衡方程数，则未知量可由平衡方程完全确定，称这类问题为静定问题。在工程实际中，有时为了提高结构的刚度和坚固性，常常增加多余约束，因而使这些结构的未知量的数目多于独立平衡方程的数目，则未知量不能全部由平衡方程求出，称这类问题为超静定问题。

静定和超静定问题

图 2-32 中所示的悬臂梁，A 处为固定端约束，均受平面任意力系，均有三个独立的平衡方程。图 2-32(a)中，有三个未知约束反力($\boldsymbol{F}_{Ax}$、$\boldsymbol{F}_{Ay}$、M_A)，利用平衡方程即可求解，因此该问题是静定的。图 2-32(b)中，梁 AB 除了 A 处的固定端约束，B 处还有活动铰支座约束，共四个未知量($\boldsymbol{F}_{Ax}$、$\boldsymbol{F}_{Ay}$、M_A、$\boldsymbol{F}_B$)，因此该问题是超静定的。

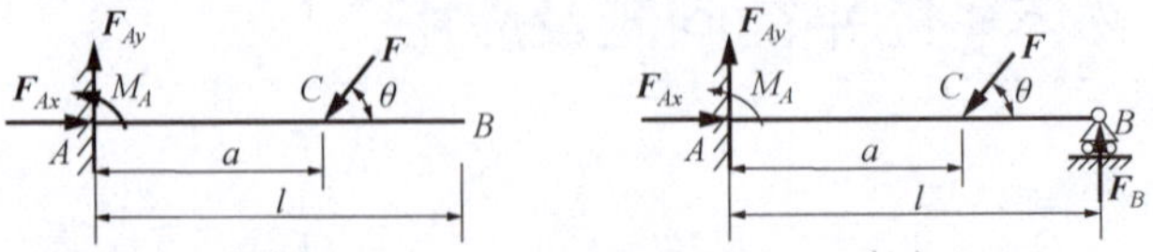

图 2-32

超静定问题已超出刚体静力学的范围，要完整地解决这类问题，需要利用材料力学或结构力学的相关知识，考虑物体的变形，建立补充方程，才能使方程的数目等于未知量数目。

未知约束力的个数与独立的平衡方程数之差，称为静不定次数。与静不定次数对应的约束称为多余约束。本节讨论的物体系平衡问题都是没有多余约束的静定问题。

例 2-12 结构由杆 AB、BC 和 CD 组成，所受载荷及尺寸如图 2-33(a)所示。若 $a=1\ \text{m}$，$M=10\ \text{N}\cdot\text{m}$，$P=20\ \text{N}$，$q=8\ \text{N/m}$，各杆质量均不计。求 A、D、E 处的约束反力。

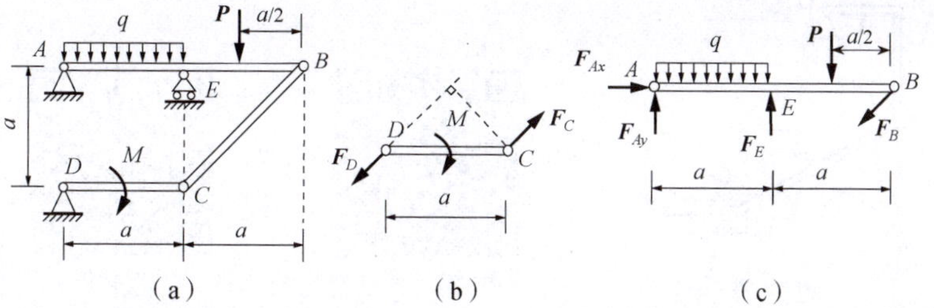

图 2-33

解：(1)取杆 CD 为研究对象。杆 BC 为二力杆，则点 C 受力 $\boldsymbol{F}_C$ 沿杆 BC 方向。杆 CD 只受一力偶作用，则支座 C、D 处的约束力要组成约束反力偶，因此，点 D 的受力与点 C 受力平行且相反。受力分析如图 2-33(b)所示，列平衡方程有

$$\sum M=0,\ M-F_C\cdot\cos 45^\circ\cdot a=0$$

可得

$$F_C=F_D=10\sqrt{2}\ \text{N}$$

(2)取杆 AB 为研究对象。画出主动力和约束反力如图 2-33(c)所示。因杆 BC 为二力杆，因此 $F_B=F_C=10\sqrt{2}\ \text{N}$。对杆 AB 列平衡方程有

$$\sum M_A=0,\quad -q\cdot a\cdot\frac{1}{2}a+F_E\cdot a-P\cdot\frac{3}{2}a-F_B\cos 45^\circ\cdot 2a=0,$$

可得

$$F_E=54\ \text{N}\ (\text{方向向上})$$

$$\sum F_x=0,\ F_{Ax}-F_B\cos 45^\circ=0$$

可得

$$F_{Ax}=10\ \text{N}\ (\text{方向向右})$$

$$\sum F_y=0,\ F_{Ay}-q\cdot a+F_E-P-F_B\cos 45^\circ=0$$

可得

$$F_{Ay}=-16\ \text{N}\ (\text{方向向下})$$

例 2-13 图 2-34 所示系统，半径 $r=0.4\ \text{m}$ 的均质圆柱体 O 重 $P=1\ \text{kN}$，放在斜面上用支架支承，$\tan\theta=\dfrac{3}{4}$。不计支架质量，试求固定铰支座 A、C 处的约束力。

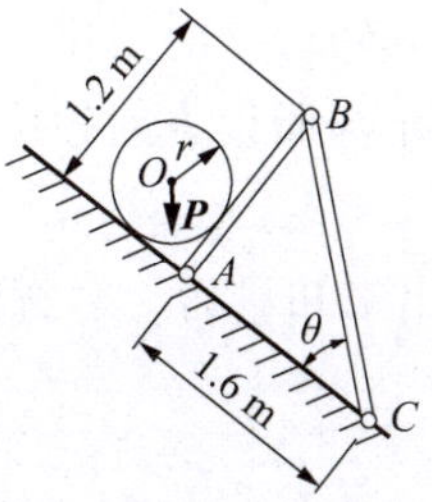

图 2-34

【案例分析 2-4】曲柄连杆式压榨机中的曲柄 OA 上作用一力偶，其力偶矩为 M，如图 2-35 所示。已知 $OA=r$，$BD=DC=ED=a$，机构在水平面内并在图示位置平衡，此时 $\theta=30°$。求水平压榨力 $\boldsymbol{P}$。

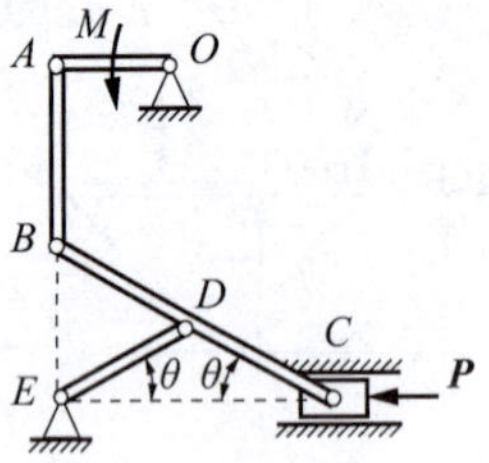

图 2-35

案例分析 2-4 动画

案例分析 2-4
曲柄连杆式压榨机

现将解平面任意力系平衡问题的方法和步骤归纳如下。

(1)首先弄清题意，明确要求，正确选择研究对象。对于单个物体，只要指明某物体为研究对象即可。对于物体系，往往要选两个以上研究对象。如果选择了合适的研究对象，再选择适当形式的平衡方程，则可使解题过程大为简化。显然，选择研究对象存在多种可能性。例如，可选物体系和系统内某个构件为研究对象；也可选物体系和系统内由若干物体组成的局部为研究对象；还可考虑把物体系全部拆开来逐个分析的方法。在分析时，应排好研究对象的先后次序，整理出解题思路，确定最佳的解题方案。

(2)分析研究对象的受力情况，并画出受力图。在受力图上要画出作用在研究对象上所受的全部主动力和约束反力。特别是约束反力，必须根据约束特点去分析，不能主观地随意设想。对于工程上常见的几种约束类型要正确理解，熟练掌握。对于物体系，每确定一个研究对象，必须单独画出它的受力图，不能把几个研究对象的受力图都画在一起，以免混淆。还应特别注意各受力图之间的统一和协调，如受力图之间各作用力的名称和方向要一致；注意作用力和反作用力名称要有区别，方向应该相反；注意区分外力和内力，在受力图上不画内力。

(3)选取坐标轴，列平衡方程。根据所求问题和力系的特点，适当地选取投影方程和力矩方程，选取适当的坐标轴和矩心。灵活选取投影轴和矩心，使未知力尽可能多的与投影轴垂直或过矩心。选择的原则是应使每个平衡方程中未知量越少越好，最好每个方程中只含一个未知量，以避免解联立方程。平衡方程不仅可用于计算未知力，而且可用于定性分析所画受力图是否正确。

(4)解方程，求未知量。解题时最好用文字符号进行运算，得到结果后再代入已知数据。这样可以避免数据运算引起的运算错误，对简化计算、减少误差都有好处。约束反力的方向可任意假定，所求结果为负，表示与假设方向相反，在运算过程中，应连同正负号代入其他方程继续求解。

(5)讨论和校核计算结果。在求出未知量后，对解的力学含义进行讨论，对解的正确性进行校核也是必要的。

知识点总结

- 平面力系的简化与平衡
  - 平面汇交力系的简化与平衡
    - 几何法
      - 简化方法 —— $F_R=\sum F_i$
      - 平衡的几何条件 —— 力多边形自行封闭
    - 解析法
      - 力在坐标轴上的投影 —— $\begin{cases}F_x=F\cos\alpha\\F_y=F\cos\beta\end{cases}$，$\begin{cases}F=\sqrt{F_x^2+F_y^2}\\\cos\alpha=\dfrac{F_x}{F},\ \cos\beta=\dfrac{F_y}{F}\end{cases}$
      - 合力投影定理 —— $\begin{cases}F_{Rx}=F_{1x}+F_{2x}+\cdots+F_{nx}=\sum\limits_{i=1}^{n}F_{ix}\\F_{Ry}=F_{1y}+F_{2y}+\cdots+F_{ny}=\sum\limits_{i=1}^{n}F_{iy}\end{cases}$
      - 平衡方程 —— $\begin{cases}\sum F_x=0\\\sum F_y=0\end{cases}$
  - 平面力偶系的简化与平衡
    - 平面力对点之矩 —— $M_O(\boldsymbol{F})=\pm Fh$
    - 合力矩定理 —— $M_O(\boldsymbol{F}_R)=\sum\limits_{i=1}^{n}M_O(\boldsymbol{F}_i)$
    - 力偶与力偶矩 —— $M=\pm Fd$
    - 平面力偶的性质与等效定理 —— 力偶等效的充要条件是两个力偶的力偶矩相等
    - 平面力偶系的简化方法 —— $M=\sum M_i$
    - 平面力偶系的平衡方程 —— $\sum M_i=0$
  - 平面任意力系的简化与平衡
    - 平面任意力系向作用面内一点简化
      - 力的平移定理
      - 主矢与主矩 —— $\begin{cases}\boldsymbol{F}'_R=\sum\boldsymbol{F}_i\\M_O=\sum M_O(\boldsymbol{F}_i)\end{cases}$
      - 固定端约束
      - 简化结果分析
    - 平面任意力系的平衡方程
      - 基本式/一力矩式 —— $\begin{cases}\sum F_{xi}=0\\\sum F_{yi}=0\\\sum M_A(\boldsymbol{F}_i)=0\end{cases}$
      - 二力矩式 —— $\begin{cases}\sum F_{xi}=0\\\sum M_A(\boldsymbol{F}_i)=0\\\sum M_B(\boldsymbol{F}_i)=0\end{cases}$（条件：$A$、$B$两点的连线不能与$x$轴垂直）
      - 三力矩式 —— $\begin{cases}\sum M_A(\boldsymbol{F}_i)=0\\\sum M_B(\boldsymbol{F}_i)=0\\\sum M_C(\boldsymbol{F}_i)=0\end{cases}$（条件：$A$、$B$、$C$三点不能共线）
    - 平面平行力系的平衡方程
      - 一力矩式 —— $\begin{cases}\sum F_{yi}(\boldsymbol{F}_i)=0\\\sum M_A(\boldsymbol{F}_i)=0\end{cases}$（条件：投影轴不能与各力垂直）
      - 二力矩式 —— $\begin{cases}\sum M_A(\boldsymbol{F}_i)=0\\\sum M_B(\boldsymbol{F}_i)=0\end{cases}$（条件：$A$、$B$两点连线不能与各力平行）
  - 物体系的平衡问题及应用
    - 物体系的平衡
    - 静定和超静定问题

思考题

2-1　电线杆之间的电线，能否实现笔直，为什么？当电线跨度相同时，其下垂量越小，越易于拉断，为什么？

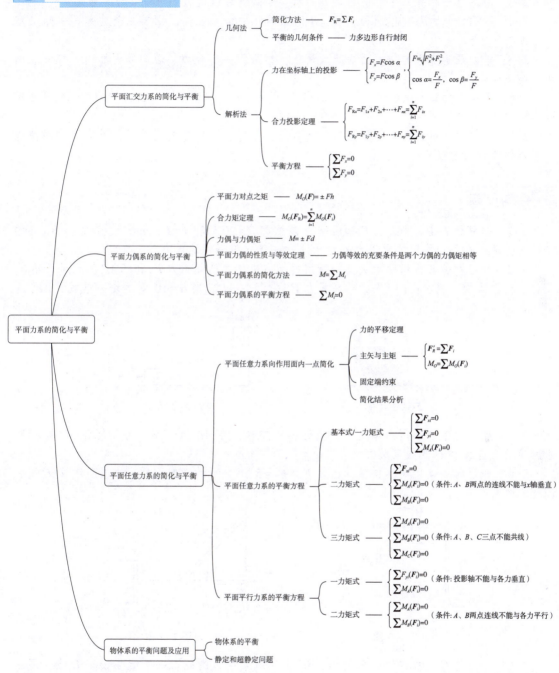

2-2　某平面力系向 A、B 两点简化的主矩皆为零，此力系简化的最终结果可能是一个

力吗？可能是一个力偶吗？可能平衡吗？

2-3　用两只手和一只手都能转动方向盘，于是就可以说力偶可以和力等效吗？

2-4　平面任意力系向作用面内 A、B 两点简化的结果相同，则其主矢为零，主矩必定不为零吗？

2-5　平面任意力系向作用面内某点简化，结果为一个合力。若向作用面内另外一点简化，结果能否为一个力偶？

2-6　用丝锥加工内螺纹时，要求双手均衡用力，试解释其原因。工程中的类似问题还有哪些？

2-7　以打乒乓球为例来分析力对球的效应，当球拍在球边处搓球时，其力的作用使球产生怎样的运动效应？

习　题

2-1　如习题2-1图所示，已知压路机碾子重 $P=20$ kN，$r=60$ cm，欲拉过 $h=8$ cm 的障碍物。求：在中心作用的水平力 $\boldsymbol{F}$ 的大小和碾子对障碍物的压力。

2-2　如习题2-2图所示为夹具中所用的增力机构，已知推力 $\boldsymbol{F}_2$ 和杆 AB 的水平倾角 α。不计各构件质量，试求：(1) 夹紧时夹紧力 $\boldsymbol{F}_1$ 的大小；(2) 当 $\alpha=10°$ 时的增力倍数 F_2/F_1。

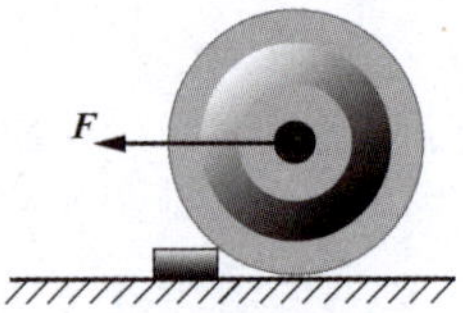

习题 2-1 图

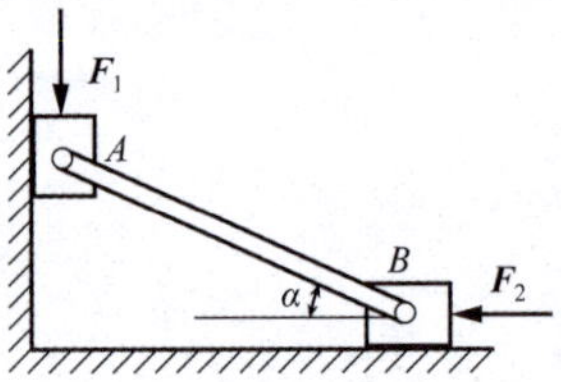

习题 2-2 图

2-3　如习题2-3图所示结构中，不计构件质量，在 AB 上作用一力偶矩为 M 的力偶，求固定铰支座 A 和 C 的约束反力。

2-4　如习题2-4图所示构架，已知 $F_1=F_2=5$ kN，不计刚架质量，试求固定铰支座 A、C 处的约束反力。

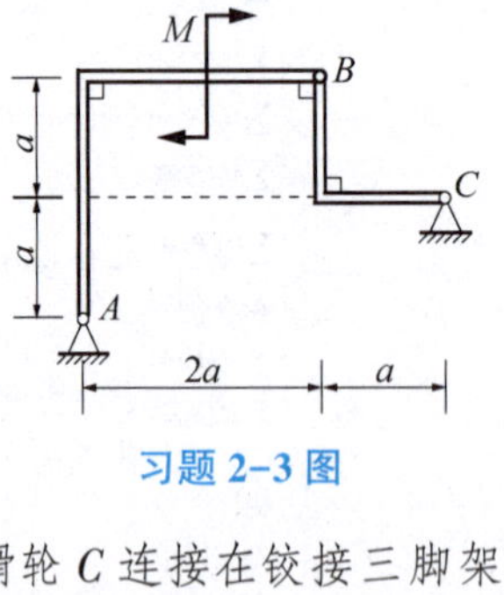

习题 2-3 图

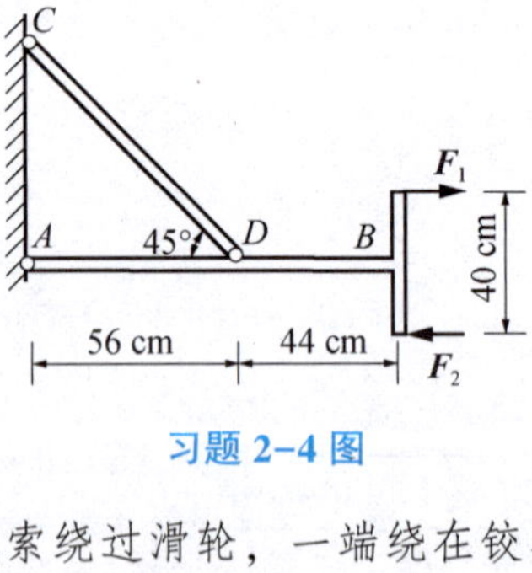

习题 2-4 图

2-5　小滑轮 C 连接在铰接三脚架 ABC 上。绳索绕过滑轮，一端绕在铰车 D 上，另一端悬挂重 $P=100$ N 的重物，如习题2-5图所示。不计各构件质量和滑轮 C 的尺寸。求杆 AC 和 BC 所受的力。

2-6　轮子 A、B 分别置于光滑斜面上，如习题2-6图所示，两轮的中心用铰链与一直杆连接。设轮 A 重力为 $\boldsymbol{G}$，轮 B 重力为 $\boldsymbol{P}$，杆的质量略去不计，斜面的倾角分别为 α 与 β，且 $\alpha+\beta=90°$。求平衡时，杆与水平线的夹角 θ。

2-7　如习题2-7图所示简支刚架，其上作用有三个力偶，其中 $F_1=F_1'=5$ kN、

$M_2=20\ \mathrm{kN\cdot m}$、$M_3=9\ \mathrm{kN\cdot m}$。已知 $\theta=30°$。若不计刚架质量，试求铰支座 A、B 处的约束力。

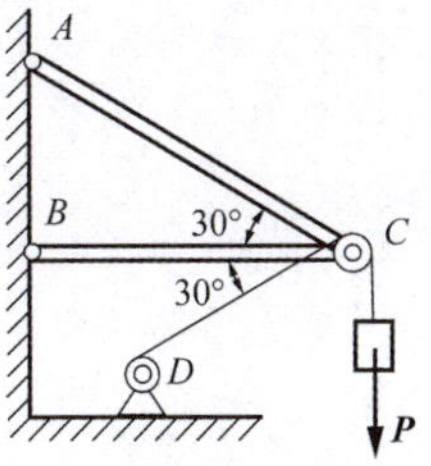

习题 2-5 图

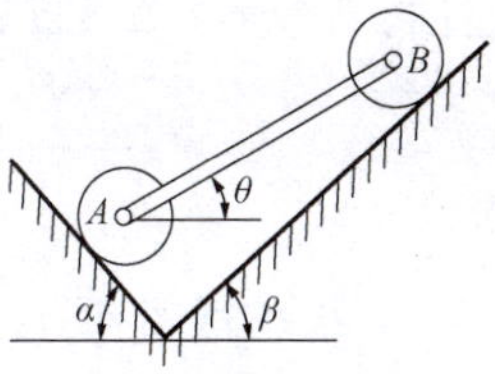

习题 2-6 图

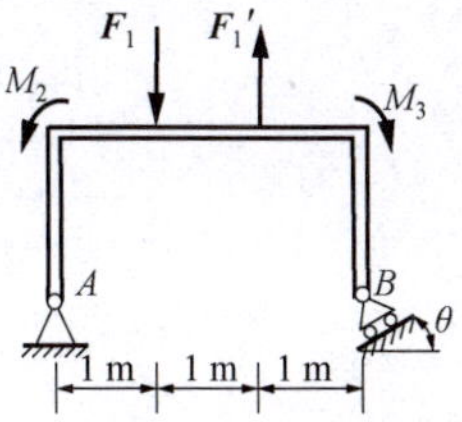

习题 2-7 图

2-8　如习题 2-8 图所示，一绞盘有三个等长的柄，长度为 l，其间夹角 $\theta=120°$，每个柄端各作用一垂直于柄的力 $\boldsymbol{P}$。试求：(1) 向中心点 O 简化的结果；(2) 向 BC 连线的中心点 D 简化的结果；(3) 以上两个简化结果说明什么问题？

2-9　如习题 2-9 图所示，在边长为 a 的正方形 $ABCD$ 所在平面内，作用一平面任意力系，该力系向 A 点简化的主矩 $M_A=0$，向 B 点简化的主矩 $M_B=-Fa$（顺时针），向 D 点简化的主矩 $M_D=Fa$（逆时针）。求此力系简化的最后结果。

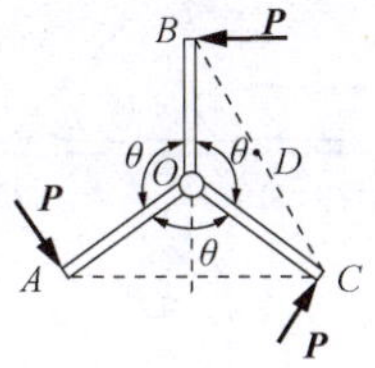

习题 2-8 图

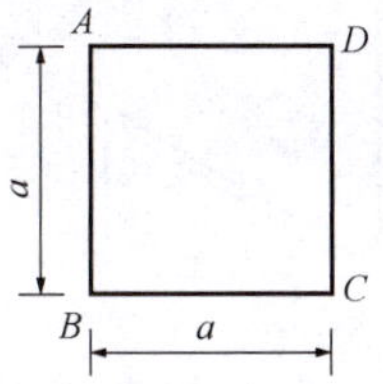

习题 2-9 图

2-10　求习题 2-10 图中梁的约束反力。

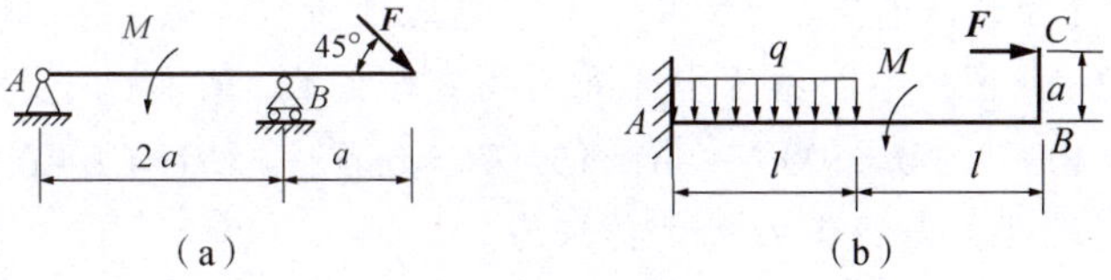

习题 2-10 图

2-11　如习题 2-11 图所示，均质梁质量 $m=100\ \mathrm{kg}$，A 处铰接，绳索跨过光滑的定滑轮 D 连于 B、C 处。已知 $q=2\ 500\ \mathrm{N/m}$，若绳索能够承受的最大张力为 800 N，求：(1) 均布载荷的最大作用长度 b；(2) 此时铰支座 A 处的约束反力。

2-12　如习题 2-12 图所示，十字交叉刚架用三个链杆约束固定。求在铅垂力 $\boldsymbol{P}$ 作用下，A、B 和 C 处的约束反力。

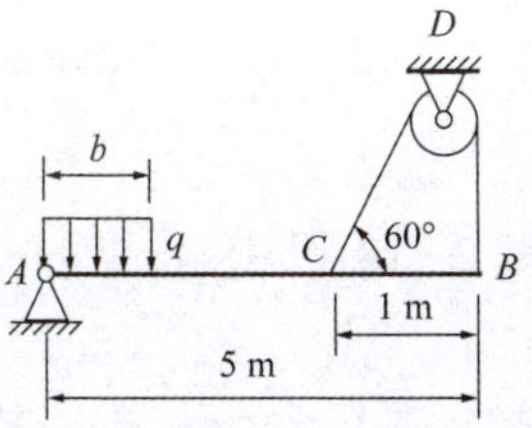

习题 2-11 图

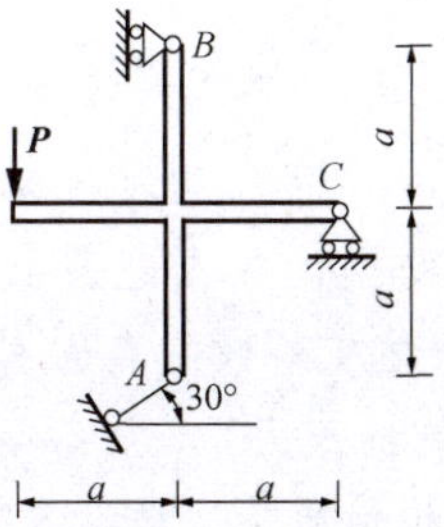

习题 2-12 图

2-13　求习题 2-13 图中各梁的支座约束反力，已知 $M=qa^2$，$F=qa$。

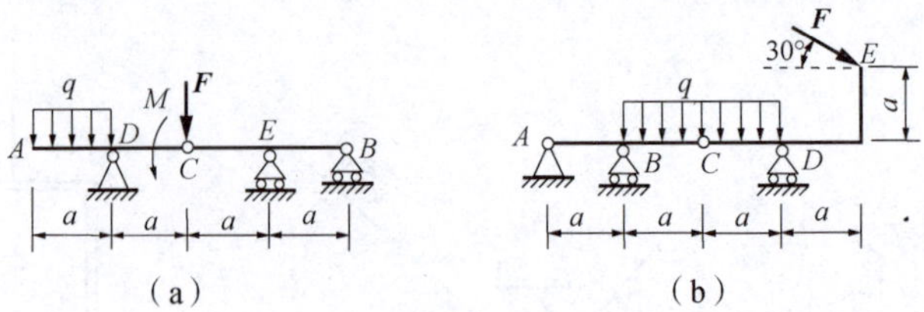

习题 2-13 图

2-14　如习题 2-14 图所示，一均质圆球重 $W=0.45$ kN，置于墙与斜杆 AB 间，杆 AB 由铰链 A 与撑杆 BC 支持。已知 $AB=l$，$AD=0.4l$，各杆质量及摩擦不计。求杆 BC 的内力。

2-15　如习题 2-15 图所示，水平梁 AB 由铰链 A 和杆 BC 所支持，在梁上 D 处用销钉安放半径 $r=0.1$ m 的滑轮。绳子一端跨过滑轮，水平系于墙上，另一端挂有重物($P=1.8$ kN)。已知：$AD=0.2$ m，$BD=0.4$ m，$\theta=45°$，不计梁、杆、滑轮和绳质量，求固定铰支座 A 的约束力和杆 BC 所受的力。

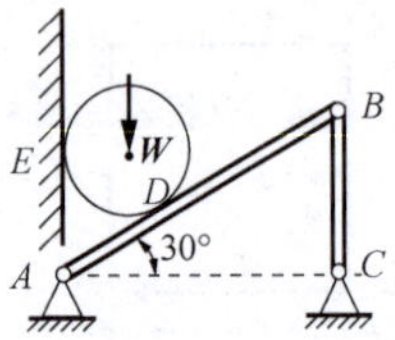

习题 2-14 图

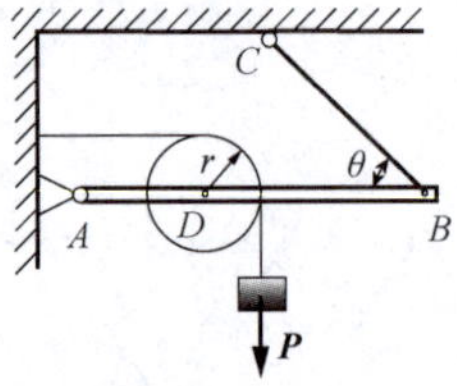

习题 2-15 图

2-16　一支架如习题 2-16 图所示，$AC=CD=1$ m，滑轮半径 $r=0.3$ m，$P=100$ kN，A、B 处为固定铰支座，C 处为铰链连接。不计绳、杆、滑轮质量和摩擦，求 A、B 支座的约束力。

2-17　如习题 2-17 图所示，结构中 A 处为固定端约束、C 处为光滑接触、D 处为铰链连接。已知 $F_1=F_2=400$ N，$M=300$ N · m，$AB=BC=0.4$ m，$CD=CE=0.3$ m，$\theta=45°$，不计各构件质量，求固定端 A 处与铰链 D 处的约束力。

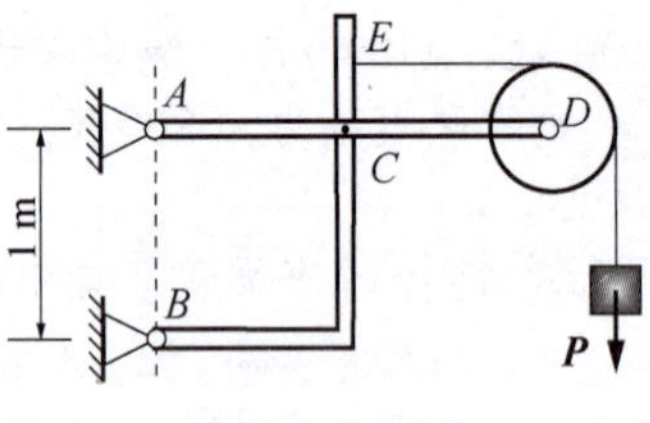

习题 2-16 图

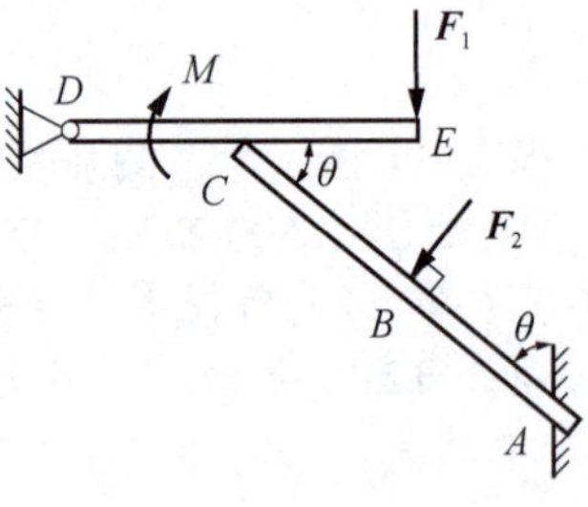

习题 2-17 图

2-18　用均质 A 字架和均质踏板所搭成的工作台。踏板 AE 重 $\boldsymbol{P}_1$，踏板的 A 端和基础铰链，在踏板的 B 处搁置在 A 字架上。A 字架重 $\boldsymbol{P}_2$，放在地面上，并被点 D 处的小台阶挡住。工作者重 $\boldsymbol{P}_3$，站在踏板的点 E 处。尺寸如习题 2-18 图所示，各处均为光滑接触，试求 A、C 和 D 三处的约束力。

2-19　不计各构件质量，载荷与尺寸如习题 2-19 图所示。水平集中力 $F=5$ kN，水平均布力 $q=2$ kN/m，力偶矩 $M_1=M_2=4$ kN · m，$l=1$ m。求支座 B 和固定端 A 处的约束力。

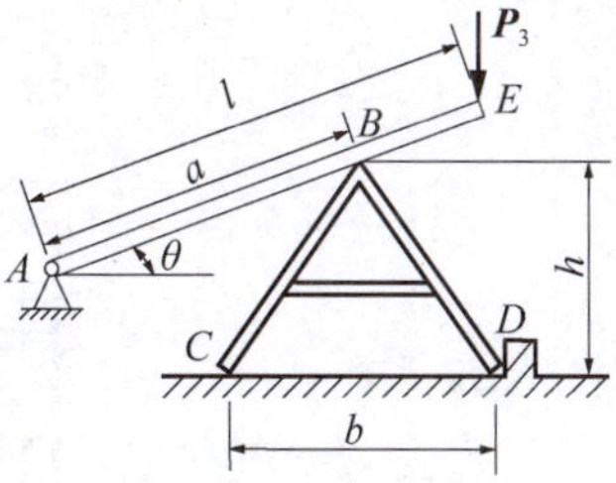

习题 2-18 图

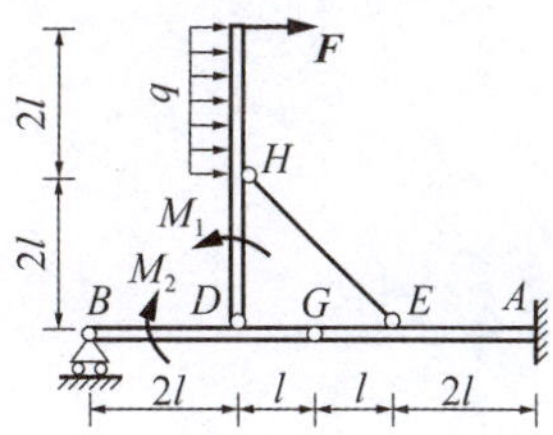

习题 2-19 图

2-20　习题 2-20 图所示为一种折叠椅的对称面示意图。已知人重为 $\boldsymbol{P}$，不计各构件自重，地面光滑，求 C、D、E 处铰链约束力。

2-21　平面结构的受力与尺寸如习题 2-21 图所示，滑轮的半径为 r，轴心 O 在杆 BC 的中点。求 A、C 处的约束反力。

2-22　在习题 2-22 图所示结构中，A、E 为固定铰支座，B 为滑动铰支座，C、D 为中间铰。已知 $\boldsymbol{F}$ 及 q，试求 A、B 两处的约束力。

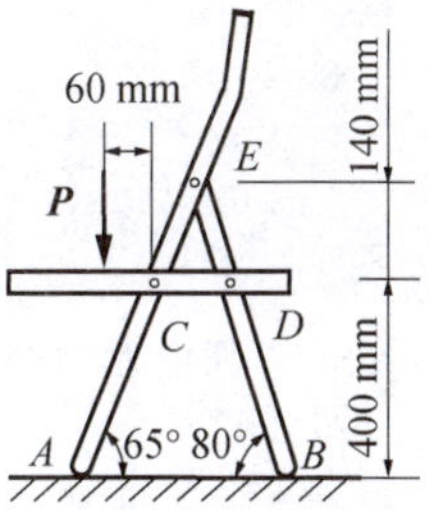

习题 2-20 图

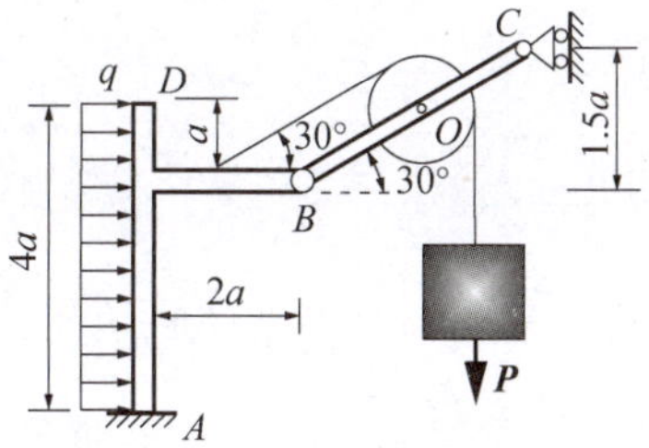

习题 2-21 图

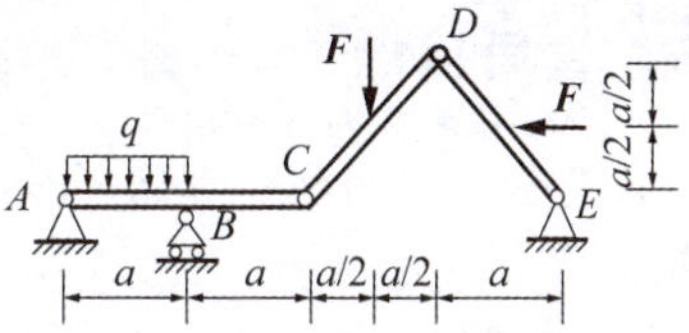

习题 2-22 图

2-23　装有拖车的载重汽车承受载荷如习题 2-23 图所示。已知 $P_1=35\ \mathrm{kN}$，$P_2=31\ \mathrm{kN}$，$P_3=60\ \mathrm{kN}$。设各轮轴上的载荷不应超过 50 kN。求距离 x 的范围。

2-24　如习题 2-24 图所示，梁 AB 长 10 m，在梁上铺设有起重机轨道。起重机重 50 kN，其重心在铅垂线 CD 上，重物的重力为 $P=10\ \mathrm{kN}$，梁重 30 kN，E 到铅垂线 CD 的垂直距离为 4 m，$AC=3$ m。求当起重机的伸臂和梁 AB 在同一铅垂面内时，支座 A 和 B 的约束力。

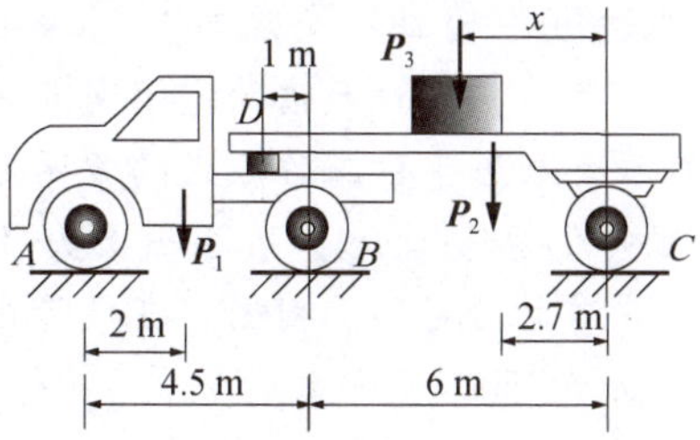

习题 2-23 图

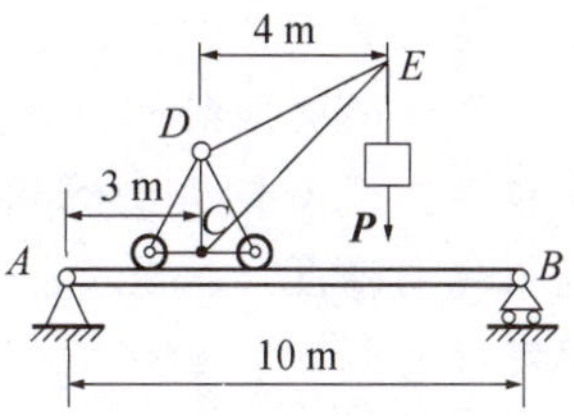

习题 2-24 图

第3章
静力学应用问题

内容提要

本章介绍了物体系平衡问题的应用，包括平面简单桁架的内力计算和考虑摩擦时物体的平衡问题；平面简单桁架内力求解的节点法和截面法两种方法；摩擦角与自锁的概念，以及考虑摩擦时物体的平衡问题。

素质目标

提高知识应用和工程问题分析能力，培养开拓创新的科学精神，引导为实现中国梦而努力奋斗。

案例导读

1.“中国天眼”：极目百亿光年之外

“中国天眼”全称为米口径球面射电望远镜，其极大拓展了人类观察宇宙视野的极限，具有我国自主知识产权。“中国天眼”是国家重大科技基础设施，是观天巨目、国之重器，实现了我国在前沿科学领域的一项重大原创突破，将人类“视界”延伸到百亿光年之外。从选址、建设、调试、运营，“中国天眼”建设运维过程中的每一个环节，无不在运用中国智慧和中国制造，在人类极目宇宙的道路上贡献着力量。其中，天眼的空间网架是跨度大、精度高、工作方式特殊的索网结构，也是世界上第一个采用变位工作方式的索网体系，对抗疲劳性能的要求极高，现有钢索都难堪重任。工程师们反复试验，历经多次失败，却越挫越勇，终于研制出超高强度、抗反复拉伸的钢索，首创主动变形反射面。在设计中，需要考虑空间网架的稳定性和强度，确保能够承受自重以及外部环境带来的载荷，如风载、地震力等，并在长期使用过程中不会发生失效。

2. 中国轮椅冰壶队

从2018年开始，中国轮椅冰壶队两次登顶冬残奥会，还取得世锦赛的三连冠，享誉世界体坛！冰壶是冬奥会最受欢迎的项目之一，有着“冰上国际象棋”的美誉。这项冰上运动不仅是个人技术、团队配合的比拼，还是运动员在比赛中智慧、心理的博弈。“擦冰”是冰壶比赛中的一个重要环节，冰壶在冰面上的运动受到摩擦力的影响。运动员可以通过“擦冰”的方式去除“麻点”，使冰面更光滑，减小摩擦力，从而改变冰壶的运动速度和方向，使其沿着预期的轨迹滑行。与健全人相比，残疾人从事体育运动难度更大，要付出更多努力。中国轮椅冰壶队取得的成绩和长足进步，也反映出中国残疾人体育事业的发展。他们向世界展示出了新时代中国残疾人自强不息的精神风貌，展示出中国残疾人运动的发展成果。

任务驱动

完成本章学习，填写表 3-1、表 3-2。

表 3-1　“平面静定桁架”知识点

求解方法	求解步骤	求解原理	平衡方程	应用条件
节点法	(1)取整体为研究对象，求支座约束反力 (2)依次取一个节点为研究对象，列平面(　　)力系的平衡方程，计算各杆件内力	平面(　　)力系	列平面(　　)力系的平衡方程，最多可求解(　　)个未知量	所选节点的未知量不超过(　　)个
截面法	(1)取整体为研究对象，求支座约束反力 (2)选取一截面，假想地将桁架截开，列平面(　　)力系的平衡方程，求出被截杆件的内力	平面(　　)力系	列平面(　　)力系的平衡方程，最多可求解(　　)个未知量	所选截面的未知量不超过(　　)个

表 3-2　“摩擦”知识点

知识点	物块状态		
物块受力图	静止(非临界平衡)	静止(临界平衡)	运动
摩擦力种类			
摩擦力大小	(写出摩擦力的范围)	(写出摩擦力的计算公式)	(写出摩擦力的计算公式)
摩擦力方向			

§3-1　平面静定桁架

一、基本概念

工程中有一类结构是由若干杆件在两端用铰链相互连接而成的几何形状不变的结构，称之为桁架，如房架[图 3-1(a)]、桥梁[图 3-1(b)]、输电线塔架、起重机、卫星发射架等。所有杆件都在同一平面内的桁架，称为平面桁架。桁架中杆件与杆件的连接处称为节点，节点的构造通常用铆接、焊接

平面静定桁架基本概念

或螺栓连接等形式。如图 3-2 所示，由基本三角形结构出发，通过增加杆件扩展而成的平面桁架称为平面简单桁架，图 3-2(a)、图 3-2(b)分别为屋架和桥梁结构的平面简单桁架。这种结构是静定的几何不变系统。本节只讨论平面简单桁架的内力计算问题。

桁架承受载荷后，各杆件将受力，从而在杆件内部产生内力，称为杆件内力。桁架的杆件主要承受拉力或压力，从而充分发挥了材料的承载能力，可以减轻结构质量，节省材料。所以在工程中，尤其中大跨度结构，常采用桁架结构。研究桁架的目的在于计算杆件内力，以便作为设计或校核的依据。在工程设计中，能够达到设计精度要求的近似计算非常重要，过于复杂严密的精度计算，往往是不必要的，因此，计算桁架内力时，首先要对桁架的实际结构进行简化，常用以下假设：

(1) 桁架中各杆件都是直杆，杆件的两端均为光滑铰链连接；

(2) 桁架所受的力都作用在桁架平面内的节点上；

(3) 不计各杆件的质量，或者将杆所受重力平均分配到杆两端的节点上。

根据上述假设，桁架中各根杆件均视为二力杆。简化计算所得的结构符合工程实际的需要。

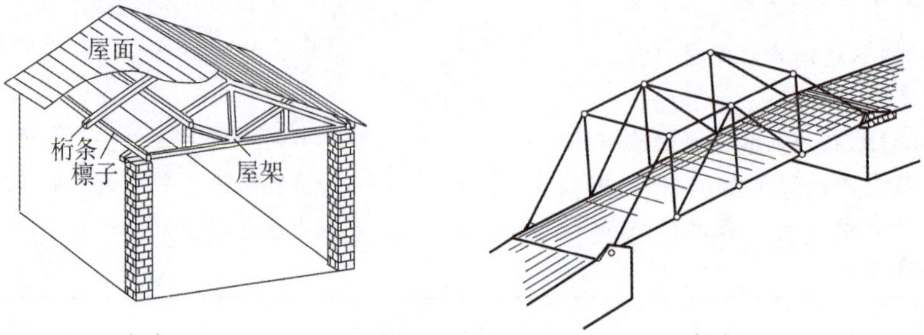

图 3-1

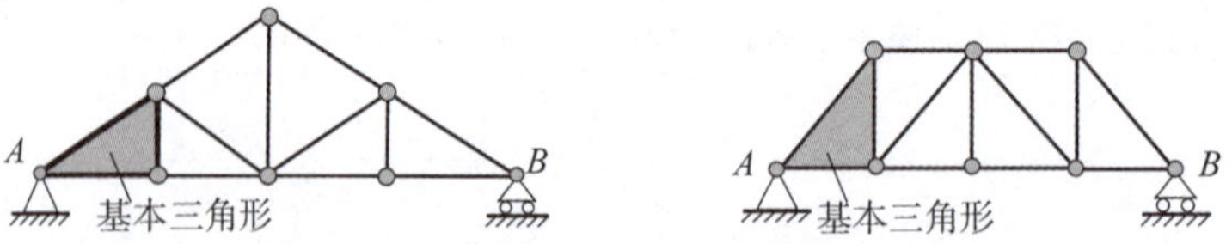

图 3-2

(a) 屋架；(b) 桥梁

二、桁架内力的计算方法

计算平面简单桁架的内力有两种方法：节点法和截面法。在求解桁架内力之前，通常先选取整体为研究对象，求出桁架支座的约束力。

1. 节点法

节点法求解桁架内力是以桁架的节点为研究对象的。平面桁架的每个节点都受平面汇交力系的作用，可用平面汇交力系的平衡方程求解。对于每个节点只能列两个独立的平衡方程，求解两个未知量。因此，在采用节点法时，即选取的节点，其未知量不应超过两个。

桁架内力的计算方法

例 3-1 图 3-3(a) 所示房屋结构。屋架跨度 $a=5$ m，铅垂杆沿跨度均匀分布，人字梁与水平面夹角 $\theta=30°$，屋架之间的间距为 $b=4$ m。屋面所受重力为 $P_1=500\ \text{N/m}^2$，最大雪载荷为 $P_2=200\ \text{N/m}^2$。试求屋架中杆①~⑧的内力。

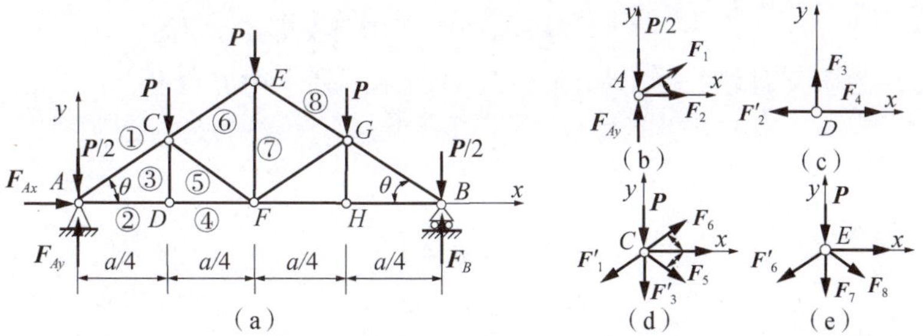

图 3-3

解：欲对屋架进行内力计算，需从尺寸、约束和载荷三个方面将实际结构简化为力学模型。因为屋架各杆件横截面尺寸远小于长度，因此可用杆轴线代表杆件；各杆的交点多半是榫接、铆接或焊接，因杆件为细长杆，主要承受拉力或压缩，忽略弯曲次要因素，可近似看作光滑铰链连接，各杆质量不计，故均可看作二力杆。屋架一端通常与墙面固定连接(如螺栓连接或焊接等)，另一端直接放在墙上。因此，屋架支座一端可简化为固定铰支座，另一端可简化为活动铰支座。屋顶载荷由桁条传给檩子，再由檩子传给屋架，非常接近于集中力，其大小等于两屋架之间和两檩子之间屋面的载荷 $\boldsymbol{P}$，所有外载荷沿屋架平面作用于节点上。最后画出屋架的计算简图如图 3-3 所示。

(1)计算载荷 $\boldsymbol{P}$。

$$P=(P_1+P_2)\cdot b\cdot\frac{a}{4\cos\theta}=4\ \text{kN}$$

(2)求支座 A 和 B 约束反力。

先以系统整体为研究对象，计算支座约束反力，列平衡方程有

$$\sum F_x=0,\ F_{Ax}=0$$

$$\sum M_A=0,\ -P\cdot AD-P\cdot AF-P\cdot AH-\frac{P}{2}\cdot AB+F_B\cdot AB=0$$

可得

$$F_B=2P=8\ \text{kN}$$

$$\sum F_y=0,\ F_{Ay}-4P+F_B=0$$

可得

$$F_{Ay}=2P=8\ \text{kN}$$

(3)依次取一个节点为研究对象，计算杆内力。

假定各杆的内力均为拉力。以节点 A 为研究对象，节点 A 为汇交力系，受力如图 3-3(b)所示。列平衡方程有

$$\sum F_y=0,\ F_{Ay}-\frac{P}{2}+F_1\sin\theta=0$$

可得

$$F_1=-3P=-12\ \text{kN}\ (\text{压力})$$

$$\sum F_x = 0 \text{ , } F_1\cos\theta + F_2 = 0$$

可得

$$F_2 = 3P\cos 30° = 10.4 \text{ kN}$$

再以节点 D 为研究对象，受力如图 3-3(c)所示。列平衡方程有

$$\sum F_x = 0, \ F_4 - F_2' = 0$$

可得

$$F_4 = 10.4 \text{ kN}$$

$$\sum F_y = 0, \ F_3 = 0$$

以节点 C 为研究对象，受力如图 3-3(d)所示。列平衡方程有

$$\sum F_x = 0, \ F_6\cos\theta + F_5\cos\theta - F_1'\cos\theta = 0$$

$$\sum F_y = 0, \ F_6\sin\theta - P - F_3' - F_1'\sin\theta - F_5\sin\theta = 0$$

上两式联立解得

$$F_5 = -4 \text{ kN (压力)}, F_6 = -8 \text{ kN (压力)}$$

以节点 E 为研究对象，受力如图 3-3(e)所示。列平衡方程有

$$\sum F_x = 0, \ F_8\cos\theta - F_6'\cos\theta = 0$$

可得

$$F_8 = -8 \text{ kN (压力)}$$

$$\sum F_y = 0, \ -P - F_6'\sin\theta - F_8\sin\theta - F_7 = 0$$

可得

$$F_7 = 4 \text{ kN}$$

杆②、杆④和杆⑦的内力为正，表示它们受拉，其它的杆内力为负，表示它们受压。由于节点法中的每个节点只能列出两个独立方程，因此在确定求解顺序时，要从只有两个未知力的节点开始，逐一求解。

桁架中内力为零的杆称为零力杆，如图 3-3(a)中标号为③的铅垂杆。零力杆可以通过计算确定，有时也可直接判断。

2. 截面法

当桁架中的杆件比较多，而只需计算其中某几个杆件的内力时采用截面法。截面法是适当选取一截面，假想地将桁架截开，选取其中的一部分作为研究对象。作用在这部分桁架上的外力与被截断杆件的内力构成平面一般力系，应用平面一般力系的平衡条件，可求解三个未知量。应用截面法时，一般截断的未知内力的杆件数不应多于三根。假想截面的形状可任意选择，既可以是平面，也可以是曲面。

例 3-2 采用截面法求例 3-1 中的图 3-3(a)所示桁架中杆④、杆⑤和杆⑥的内力。

解： 用截面 m—n 将桁架杆④、杆⑤和杆⑥截断，假定所截断的三杆均假定为受拉力，取左半部分[图 3-4(a)]为研究对象。图中的 $\boldsymbol{F}_4$、$\boldsymbol{F}_5$ 和 $\boldsymbol{F}_6$ 分别是杆④、杆⑤和杆⑥的内力。

采用截面法求三根杆的内力时，也需要求得支座的约束反力，例 3-1 中已求得支座 A 的约束反力为 $F_{Ax} = 0$，$F_{Ay} = 8$ kN。选取左半部分为研究对象，列平衡方程有

$$\sum M_C = 0,\ F_{Ax} \cdot CD + F_4 \cdot CD + \frac{P}{2} \cdot AD - F_{Ay} \cdot AD = 0$$

可得

$$F_4 = 10.4\ \text{kN}$$

$$\sum M_A = 0,\ -F_5 \cos\theta \cdot CD - F_5 \sin\theta \cdot AD - P \cdot AD = 0$$

可得

$$F_5 = -4\ \text{kN}$$

$$\sum F_y = 0,\ F_{Ay} - \frac{P}{2} - P + F_6 \sin\theta - F_5 \sin\theta = 0$$

可得

$$F_6 = -8\ \text{kN}$$

在选取右半部分[图 3-4(b)]为研究对象时，也应先取整体为研究对象求出支座 B 的约束反力，然后进行求解，可用右半部分的平衡来验证所求的结果。

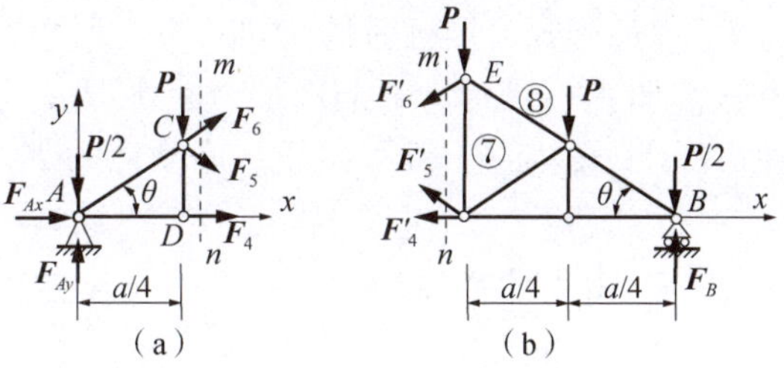

图 3-4

例 3-1 和例 3-2 计算结果表明：求解桁架内力时，节点法和截面法可以灵活运用。需求桁架全部杆件的内力时宜用节点法；若只需求某几根指定杆件的内力，用截面法可迅速求得结果。对于结构较复杂的桁架，若未知杆件数超过三根，选取一个截面不可能全部求解，这时可选取多个截面。有时往往是节点法和截面法联合应用。为简化计算，通常根据观察，先找出桁架中内力为零的杆件，即零力杆。

【案例分析 3-1】如图 3-5 所示的平面桁架结构(钢结构桥梁)，跨度为 a，铅垂杆沿跨度均匀分布，夹角为 θ，载荷为 $\boldsymbol{P}$。求：桁架中各杆件的内力。

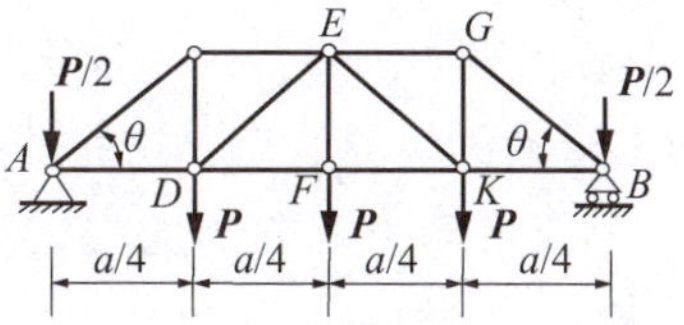

图 3-5

案例分析 3-1 钢结构桥梁

§3-2　考虑摩擦时物体的平衡问题

在前面讨论中，假设物体的接触面是光滑的，忽略了物体所受的摩擦力。对于光滑面约束或有良好润滑条件的约束，摩擦力很小，可以略去不计。但在有些问题中，摩擦力对物体的平衡或运动有重要的影响，因而不能忽略。例如，汽车的制动装置、楔紧装置、车床上的卡盘固定工件等，都是利用摩擦力来工作的。

一、基本概念

1. 滑动摩擦力

两个表面粗糙的物体，当其相互接触面之间有相对滑动或相对滑动趋势时，在接触表面会产生阻碍其相对滑动的阻力，称为滑动摩擦力，简称摩擦力。摩擦力的大小随主动力的变化而变化，其方向始终与两物体的相对滑动趋势或相对滑动方向相反，一般分为静滑动摩擦力和动滑动摩擦力。

滑动摩擦力

设质量为 m 的物块放在粗糙的水平面上，物块所受的重力 mg 和法向约束反力 $\boldsymbol{F}_N$ 使物块处于静止平衡状态，该物块所受的重力 mg 和法向约束反力 $\boldsymbol{F}_N$ 满足二力平衡条件，如图 3-6(a)所示。在物块上施加一水平方向的作用力 $\boldsymbol{F}$，并使其从零缓慢地连续增加。当力 $\boldsymbol{F}$ 的值较小时，物块相对于固定表面仅出现滑动的趋势，但仍然保持静止状态。这表明物块除受法向反力 $\boldsymbol{F}_N$，还受到沿接触面的切向约束力[图 3-6(b)]，即静滑动摩擦力，简称静摩擦力，记为 $\boldsymbol{F}_s$。此时，因为力 $\boldsymbol{F}$ 与摩擦力 $\boldsymbol{F}_s$ 形成一力偶，所以 mg 与 $\boldsymbol{F}_N$ 要形成反力偶与之平衡，这种情况下 mg 与 $\boldsymbol{F}_N$ 将不共线。静摩擦力 $\boldsymbol{F}_s$ 的大小由物体的平衡方程，得

$$\sum F_x = 0,\ F_s = F$$

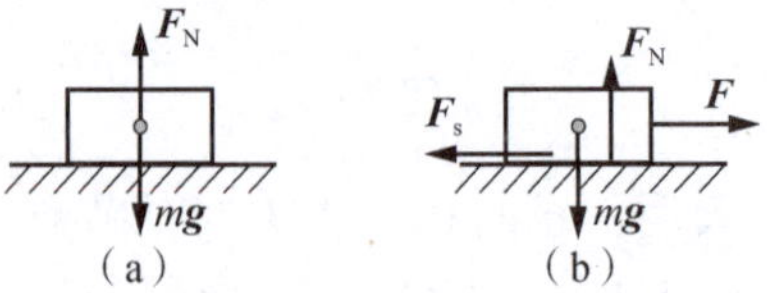

图 3-6

由上式可知：当 $F=0$ 时，$F_s=0$。随着主动力 $\boldsymbol{F}$ 的增大，静摩擦力 $\boldsymbol{F}_s$ 也随之增大。但 $\boldsymbol{F}_s$ 不会随着主动力的增大而无限制地增大。当力 $\boldsymbol{F}$ 增大到某一值时，物块将处于静止的临界状态，$\boldsymbol{F}_s$ 也达到最大值，这个最大值称为最大静(滑动)摩擦力，记为 $\boldsymbol{F}_{max}$。此后如果主动力 $\boldsymbol{F}$ 继续增大，物块就不能继续保持静止，而是突变为滑动状态，此时的切向阻力称为动(滑动)摩擦力，记为 $\boldsymbol{F}_d$。这个过程表明静摩擦力不能无限增大，当静摩擦力达到最大静摩擦力时，物块处于将要滑动而未滑动的临界状态，这是静摩擦力的特点。

综上所述，静摩擦力 $\boldsymbol{F}_s$ 是一个与主动力有关的变力，其大小由静力平衡方程确定，必介于零和最大静摩擦力之间，即取值范围为

$$0 \leqslant F_s \leqslant F_{max} \tag{3-1}$$

试验表明：最大静摩擦力 $\boldsymbol{F}_{max}$ 的大小与两物体接触面之间的正压力 $\boldsymbol{F}_N$（即法向约束力)成正比，方向与相对滑动趋势相反，即

$$F_{max} = f_s F_N \tag{3-2}$$

这就是静摩擦定律，又称库仑摩擦定律。式中，f_s 称为静摩擦系数，它与接触物的材料、表面粗糙度，以及温度和湿度等因素有关。f_s 的值可由试验测定，常用材料的静摩擦系数可以查机械工程手册。

动摩擦力的方向与相对滑动速度方向相反，大小为确定值。试验表明：物块相对滑动时受到的动摩擦力 $\boldsymbol{F}_d$ 的大小与两接触物之间的正压力成正比，方向与相对滑动速度方向相反，即

$$F_d = f_d F_N \tag{3-3}$$

式中，f_d 称为动摩擦系数，它与接触物的材料、表面粗糙度以及相对滑动速度等因素有关，其值略小于静摩擦系数，即 $f_d<f_s$。

2. 摩擦角与自锁现象

1) 摩擦角

摩擦角是对静摩擦系数的几何描述。

考虑摩擦情况下物体处于静止状态时，粗糙表面对物体的约束反力包括法向约束反力 $\boldsymbol{F}_N$ 和静摩擦力 $\boldsymbol{F}_s$［图 3-7(a)］，称两者的合力为全约束反力，简称全反力，其矢量表达式为

摩擦角

$$\boldsymbol{F}_R = \boldsymbol{F}_N + \boldsymbol{F}_s$$

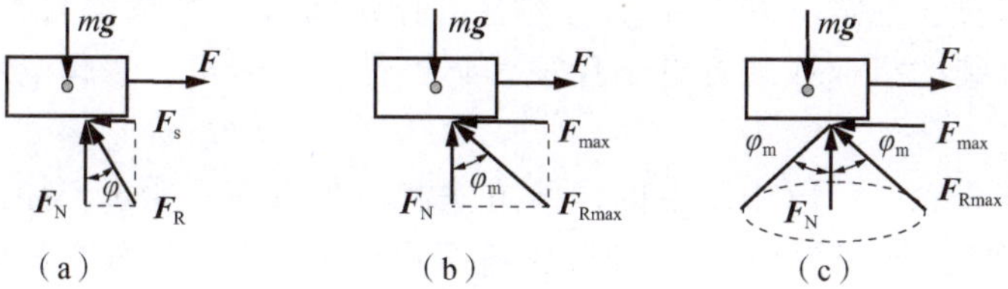

图 3-7

全反力 $\boldsymbol{F}_R$ 的作用线与接触面法线的夹角为 φ，如图 3-7(a)所示。当物块处于平衡临界状态时，静摩擦力达到最大值 $\boldsymbol{F}_{max}$，夹角 φ 也达到最大值 φ_m，如图 3-7(b)所示。因此，物块处于平衡状态时，全反力作用线与法线的夹角 φ 的变化范围为

$$0 \leqslant \varphi \leqslant \varphi_m \tag{3-4}$$

式中，φ_m 为摩擦角，表示全反力与接触面法线间夹角的最大值，且有

$$\tan \varphi_m = \frac{F_{max}}{F_N} = \frac{f_s F_N}{F_N} = f_s \tag{3-5}$$

式(3-5)表明：摩擦角的正切等于静摩擦系数。可见，摩擦角 φ_m 也是表示材料摩擦性质的物理量。同时也表明，利用摩擦角可以用试验方法测定静摩擦系数。

在空间中，若改变主动力 $\boldsymbol{F}$ 的作用方向，则静摩擦力的方向也随之改变，从而全反力的方向也随之改变，在临界平衡状态下，全反力 $\boldsymbol{F}_{Rmax}$ 的作用线将画出一个以接触点为顶点的锥面，该锥面称为摩擦锥。假设物块与接触面之间沿任意方向的静摩擦系数都相同，摩擦角 φ_m 为常量，则摩擦锥是一个顶角为 $2\varphi_m$ 的圆锥面，如图 3-7(c)所示。

2) 自锁现象

利用摩擦角或摩擦锥可以说明自锁现象。将作用在物块的主动力 $\boldsymbol{F}$ 和重力 $m\boldsymbol{g}$ 合成为一个合力 $\boldsymbol{F}'_R$，如果合力 $\boldsymbol{F}'_R$ 的作用线在摩擦角(锥)之内，即 $\theta<\varphi_m$［图 3-8(a)］，合力 $\boldsymbol{F}'_R$ 与全反力 $\boldsymbol{F}_R$ 满足二力平衡条件，则无论这个力多么大，物块总能保持静止状态，这种力学现象称为自锁现象；如果合力 $\boldsymbol{F}'_R$ 的作用线与法线夹角正好等于摩擦角，即 $\theta=\varphi_m$［图 3-8(b)］，全反力 $\boldsymbol{F}_R$ 作用线也

自锁

正好在摩擦角边界线上，则合力 F'_R 与全反力 F_R 也能满足二力平衡条件，物体处于临界平衡状态；但是如果合力 F'_R 的作用线在摩擦角之外，即 $\theta>\varphi_m$[图 3-8(c)]，而全反力 F_R 作用线不能超过摩擦角之外，因此合力 F'_R 与全反力 F_R 不满足二力平衡条件。那么无论这个力多么小，物块必定会滑动。因此，$\theta\leqslant\varphi_m$ 称为该物块的自锁条件。

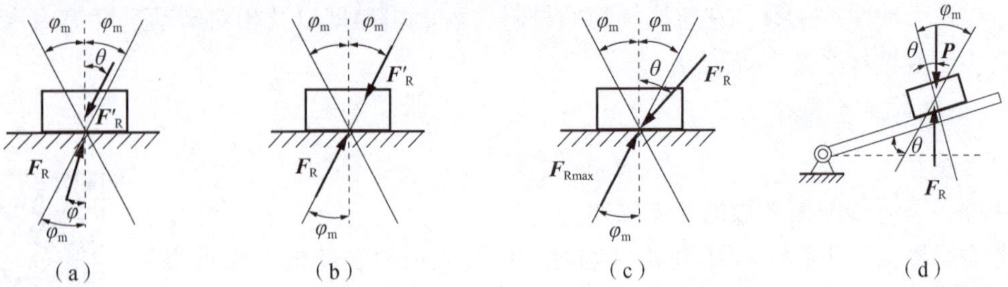

图 3-8

由此可知，要想利用自锁，就要使所有主动力的合力作用线位于摩擦角内。而要避免自锁，只需让所有主动力的合力作用线位于摩擦角之外。工程上一些利用自锁的机构或装置有千斤顶、圆锥销、压榨机、攀爬电线杆用的脚套钩等。

自锁应用——千斤顶

利用摩擦角的概念，可以用简单的试验方法测定静摩擦系数 f_s，如图 3-8(d)所示。把要测定的两种材料分别做成斜面和物块，把物块放在斜面上，然后将斜面的倾角 θ 逐渐从零开始增大，直到物块刚开始下滑时为止。因为当物块处于临界状态时，物块的重力 P 与全反力 F_R（摩擦力与法向约束力的合力）的大小相等，作用线与法线的夹角 θ 等于摩擦角 φ_m。此时测出的倾角 θ 就是要测定的摩擦角 φ_m，再由式(3-5)即可求得静摩擦系数。

试验方法测定静摩擦系数

螺纹可视为绕一圆柱体的斜面-物块系统，螺纹升角即斜面的倾角，因此斜面-物块系统的自锁条件即螺纹的自锁条件。由图 3-8(d)中可得斜面物块的自锁条件为

$$\theta\leqslant\varphi_m \tag{3-6}$$

3. 滚动摩阻

根据生产和生活经验，滚动比滑动要省力。因而工程上广泛利用物体的滚动替代滑动，以提高效率，减轻劳动强度。例如，回转轴多用滚动轴承，搬运重物甚至移动楼房用滚子等。分析一粗糙水平面上半径为 r，质量为 m 的车轮。如果根据刚体的假定，车轮与地面均不变形，则车轮与地面接触处为一点，如图 3-9(a)所示，在这种情况下，只要在轮心 O 施以一个极小的水平力 F 作用，主动力 F 和静摩擦力 F_s 构成一个力偶矩为 Fr 的力偶，车轮就不能平衡而产生滚动。但是根据经验，在推车或拉车时，在力 F 不大时，车轮仍然保持静止，必须加一定的力才能使车轮滚动。这是因为，实际车轮与水平面并不是刚体，它们受力后都要产生变形，实际车轮与地面并不是点接触，而是面接触(一段弧线)。接触面对车轮的约束力，也就分布在这段弧线上组成平面任意力系，于是产生了对车轮滚动的阻力，如图 3-9(b)所示。根据力的平移定理，该分布力系向点 A 简化，得到一个合力 F_R 和一个力偶，如

滚动摩阻

图 3-9(c)所示。将力 $\boldsymbol{F}_R$ 分解为一对正交分量 $\boldsymbol{F}_N$ 和 $\boldsymbol{F}_s$，而力偶则阻止车轮的滚动，称为滚动摩擦阻力偶，简称滚动摩阻，记为 M_f。车轮平衡时，该滚动摩阻与力偶($\boldsymbol{F}$，$\boldsymbol{F}_s$)相平衡，其转向与轮子滚动的趋向相反，如图 3-9(c)所示。

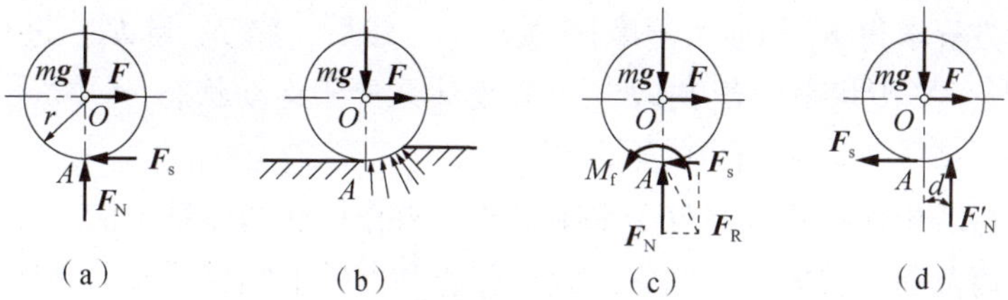

图 3-9

由上述分析可知，当主动力 $\boldsymbol{F}$ 逐渐增加时，静摩擦力 $\boldsymbol{F}_s$ 和滚动摩阻 M_f 均随着增加，当力 $\boldsymbol{F}$ 增大到某一临界值，即轮子处于滚动的临界状态时，滚动摩阻也随之增大到一个极限值 M_{max}。因此，滚动摩阻 M_f 的大小也是一个范围值，即

$$0 \leqslant M_f \leqslant M_{max} \tag{3-7}$$

在实际情况下，轮子与接触面间有足够大的静摩擦系数，使轮子在滚动前不发生滑动，即当达到滚动摩阻的极限值 M_{max} 时，$\boldsymbol{F}_s$ 还小于静摩擦力的极限值 $\boldsymbol{F}_{max}$，这样的滚动称为纯滚动。

试验表明，最大滚动摩阻 M_{max} 与接触面的法向约束力(即正压力) $\boldsymbol{F}_N$ 成正比，而与轮子半径无关，即

$$M_{max} = \delta F_N \tag{3-8}$$

式(3-8)称为滚动摩阻定律，其中 δ 是滚动摩阻系数。由此可知，δ 具有长度的量纲。

滚动摩阻系数 δ 可由试验测定，其具有一定的物理意义。根据力的平移定理，将图 3-9(c)中的正压力 $\boldsymbol{F}_N$ 与滚动摩阻 M_f 进一步简化，可以简化为距 A 点的距离为 $d = \dfrac{M_f}{F_N}$ 的一个力 $\boldsymbol{F}'_N$，如图 3-9(d)所示。当轮子处于即将滚动的临界平衡状态时，滚动摩阻 M_f 达到最大值 M_{max}，则 $\boldsymbol{F}'_N$ 距 A 点的距离达到最大值，即 $d_{max} = \dfrac{M_{max}}{F_N}$。由式(3-8)可得，滚动摩阻系数 $\delta = d_{max}$。由于 δ 的值很小，因此多数情况下滚动摩阻可以忽略不计。

上述分析可知，滚子滚动前后，滑动摩擦力将阻碍轮子与支承面的相对滑动，但并不阻碍滚动，反而是滚子滚动的重要条件。例如，汽车在路面上行使时，若地面太光滑，车轮就容易打滑。所以，冬天车轮要装防滑链，以增大滑动摩擦力。

二、考虑摩擦时物体的平衡问题

求解考虑摩擦的平衡问题时，其方法和步骤基本上与不计摩擦的原则是相同的，只是在受力分析和建立平衡方程时需将摩擦力考虑在内。因此，主要在于正确地分析静摩擦力。摩擦力是一个大小未知的变力，其方向与接触面间相对滑动的趋势相反。由于增加了未知量，所以要列出相应的补充方程，即 $F_s \leqslant F_{max} = f_s F_N$。

考虑摩擦时物体的平衡问题求解方法

可以将考虑摩擦时物体的平衡问题分为两类。

1)判断物体系是否处于平衡状态

此类问题是指作用在物体系上的主动力已知，判断物体系是否处于平衡状态。当在物体系上作用已知的主动力时，静摩擦力 $\boldsymbol{F}_s$ 是否达到最大值是未知的。因此，首先假设物体系平衡，根据平衡方程求得 $\boldsymbol{F}_s$ 和最大静摩擦力 $\boldsymbol{F}_{max}$。然后，将 $\boldsymbol{F}_s$ 与 $\boldsymbol{F}_{max}$ 进行比较，若 $F_s \leqslant F_{max}$，则物体系处于平衡状态；若 $F_s > F_{max}$，则物体系处于运动状态。

2)求物体系保持平衡时主动力的平衡范围

此类问题是指若想保持物体系处于平衡状态，求作用在物体系上的主动力范围。该主动力的范围称为平衡范围。首先，设物体系处于静止和滑动的临界状态，则所受的摩擦力达到了最大静摩擦力 $\boldsymbol{F}_{max}$。然后，利用平衡方程和补充方程($F_{max}=f_sF_N$)联立即可求解主动力的最大值或最小值。这类问题包括确定维持系统平衡所需的某个主动力、求静摩擦系数、求物体系自锁或不自锁的条件等。

例 3-3 物块 A 重 $P_1=1$ kN，置于水平面上，用细绳跨过一光滑的滑轮 C 与一铅垂悬挂的重 $P_2=0.8$ kN 的物块 B 相连，如图 3-10(a)所示。已知物块 A 与水平面间的静摩擦系数 $f_s=0.5$，$\theta=30°$，问物块 A 是否滑动?

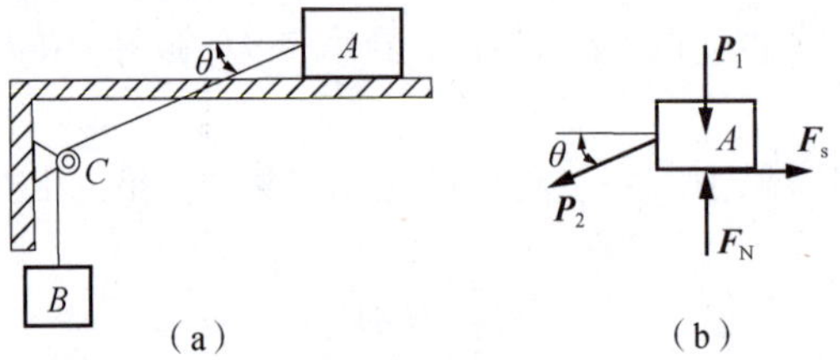

(a) (b)

图 3-10

解： 这是考虑摩擦的第一类问题。因物块 A 在 $\boldsymbol{P}_2$ 的作用下有水平向左滑动的趋势，所以摩擦力水平向右。由于不知物块 A 是否处于平衡状态，所以取物块 A 为研究对象时，可先假设物块 A 保持静止所需的摩擦力为 $\boldsymbol{F}_s$，受力如图 3-10(b)所示。列平衡方程有

$$\sum F_x = 0,\ F_s - P_2\cos\theta = 0$$

$$\sum F_y = 0,\ F_N - P_1 - P_2\sin 30° = 0$$

解得

$$F_s = 0.693\ \text{kN},\ F_N = 1.4\ \text{kN}$$

最大静摩擦力为

$$F_{max} = f_sF_N = 0.7\ \text{kN}$$

比较 $\boldsymbol{F}_s$ 和 $\boldsymbol{F}_{max}$ 的大小，可知：$F_s < F_{max}$，故物块 A 保持静止。

对于判断物体是否处于平衡状态的问题，摩擦力只能根据平衡方程求得，再与最大静摩擦力比较，若满足 $F_s \leqslant F_{max}$，则物体处于平衡状态。摩擦力的方向可以任意假定，但也可以事先判断。

例 3-4 均质直杆 AB 所受重力为 $\boldsymbol{G}$，长为 l，处于水平位置，如图 3-11 所示。杆上 D 处由一倾角 $\theta=60°$的细绳拉住，杆的 A 端与墙面接触压紧。墙面与杆端的静摩擦系数 $f_s=0.2$。问杆的 A 端是否向下滑动?

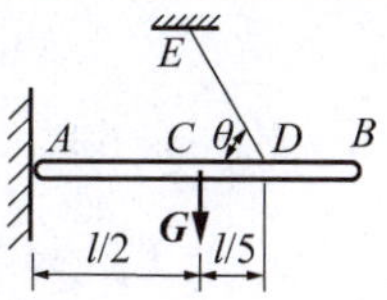

图 3-11

例 3-5　滑块 C 重 $W=1$ kN，紧靠在铅垂墙面上，它与墙面之间的摩擦角 $\varphi_m=30°$，如图 3-12(a)所示。杆重不计，各铰链处摩擦忽略。求系统平衡时作用在铰 B 上的水平力 $\boldsymbol{P}$ 的大小。

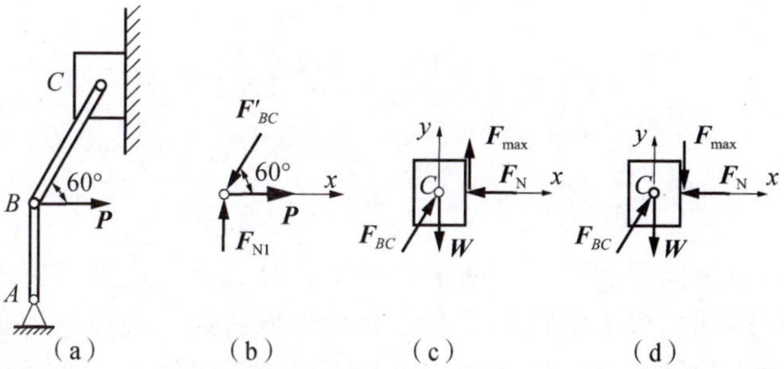

图 3-12

解：本题属于求解力的平衡范围的问题。当力 $\boldsymbol{P}$ 较小时，滑块 C 有向下滑动的趋势；当力 $\boldsymbol{P}$ 较大时，滑块 C 有向上滑动的趋势。因此，要使系统平衡，力 $\boldsymbol{P}$ 的大小应在某一范围内。

(1)因 BC 为二力杆，以铰 B 为研究对象，受力分析如图 3-12(b)所示，列平衡方程有

$$\sum F_x=0,\ P-F'_{BC}\cos 60°=0$$

可得

$$F'_{BC}=2P$$

(2)取滑块 C 为研究对象，当力 $\boldsymbol{P}$ 较小时，滑块 C 有向下滑动的趋势。假设滑块 C 处于即将下滑的临界状态，静摩擦力达到最大值，则此时有 $P=P_{\min}$，受力分析如图 3-12(c)所示，列平衡方程有

$$\sum F_x=0,\ F_{BC}\cos 60°-F_N=0$$

$$\sum F_y=0,\ F_{\max}+F_{BC}\sin 60°-W=0$$

临界状态的补充方程为

$$F_{\max}=f_sF_N=\tan 30°\cdot F_N$$

由以上三式联立可得

$$F_{BC}=\frac{\sqrt{3}}{2}\ \text{kN}$$

即

$$P_{\min}=\frac{1}{2}F_{BC}=\frac{\sqrt{3}}{4}\ \text{kN}$$

(3)取滑块 C 为研究对象，当力 $\boldsymbol{P}$ 较大时，滑块 C 有向上滑动的趋势。假设滑块 C 处于

即将上滑的临界状态，则此时有 $P=P_{max}$，受力分析如图 3-12(d)所示，列平衡方程有

$$\sum F_x = 0,\ F_{BC}\cos 60° - F_N = 0$$

$$\sum F_y = 0,\ -F_{max} + F_{BC}\sin 60° - W = 0$$

临界状态的补充方程为

$$F_{max} = f_s F_N = \tan 30° \cdot F_N$$

由以上三式联立可得

$$F_{BC} = \sqrt{3}\ \text{kN}$$

因此

$$P_{min} = \frac{1}{2}F_{BC} = \frac{\sqrt{3}}{2}\ \text{kN}$$

即系统平衡时力 $\boldsymbol{P}$ 的范围为 $\frac{\sqrt{3}}{4}\ \text{kN} < P < \frac{\sqrt{3}}{2}\ \text{kN}$。

本问题属于求解平衡范围的问题。通常情况下，首先分析研究对象的运动趋势，然后明确研究对象在每一种运动趋势下的临界状态，分别加以讨论。应注意的是，在临界平衡状态时，接触处的摩擦力达到最大值，其方向与运动趋势相反，指向不能任意假设。同时，建立补充方程 $F_{max} = f_s F_N$ 与静力平衡方程联立求解未知量。

例 3-6　如图 3-13 所示，箱体 A 重 $W=200$ kN，置于倾角为 20°的斜面上，箱体 A 宽 $a=1$ m，高 $h=2$ m，箱体与斜面之间的静摩擦系数 $f_s=0.2$。今在箱体的右顶角系一软绳，绳和滑轮的自重不计，滑轮与绳子之间的摩擦不计。试求使箱体 A 保持平衡时物块 E 所受重力 $\boldsymbol{P}$ 的取值范围。

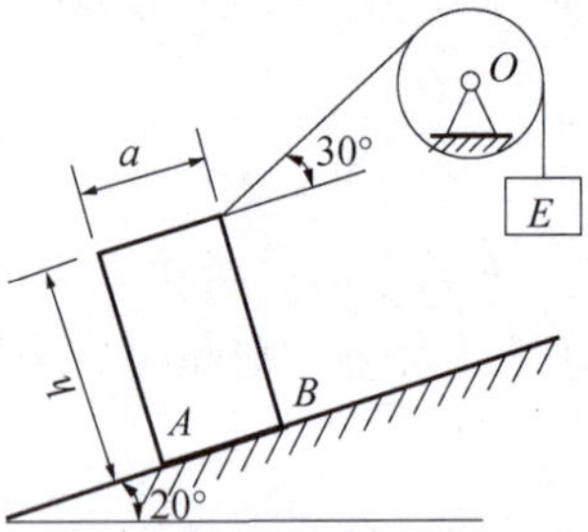

图 3-13

例 3-7　如图 3-14 所示结构，圆柱体重 $G=1\ 000$ N，半径 $r=1.0$ cm，圆柱体与斜面的静摩擦系数 $f_s=0.2$，滚动摩阻系数 $\delta=0.05$ cm。求平衡时重物 B 所受重力 $\boldsymbol{W}$ 的取值范围。

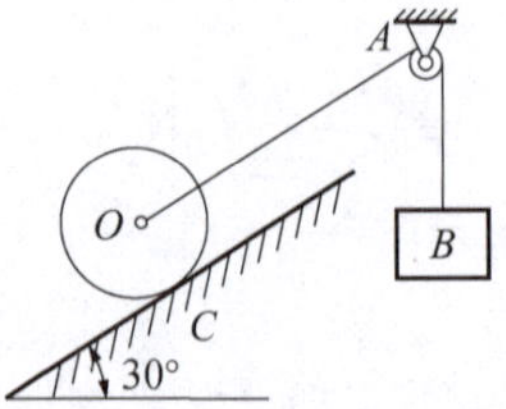

图 3-14

【案例分析 3-2】电工攀登电杆用的套扣如图 3-15 所示。若套钩与电杆间的静摩擦系数 $f_s=0.5$，套钩尺寸 $b=100$ mm，套钩质量不计。试求电工安全操作时脚蹬处到电杆中心的最小距离 l_{min}。

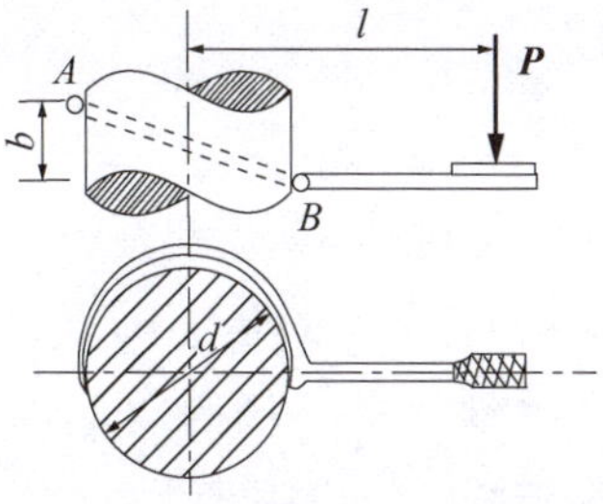

图 3-15

案例分析 3-2 动画

案例分析 3-2 电线杆脚套

【案例分析 3-3】手持夹砖器的宽度为 250 mm，曲杆 AGB 与 $GCED$ 在点 G 铰接，如图 3-16 所示，尺寸单位为 mm。设砖重 $P=120$ N，提起砖的力 $\boldsymbol{F}$ 作用在砖夹的中心线上，砖夹与砖间的静摩擦系数 $f_s=0.5$。问距离 b 为多大才能把砖夹起？

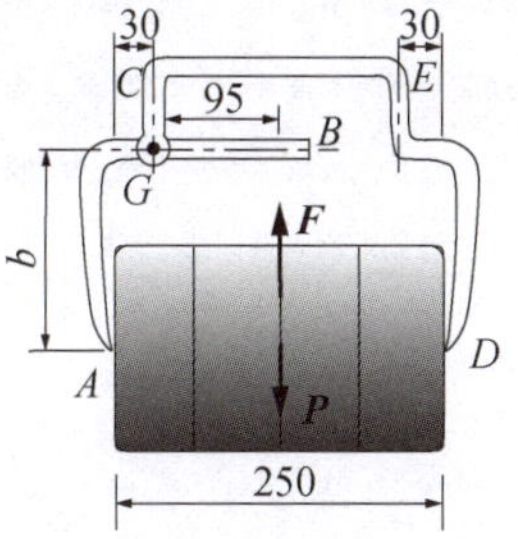

图 3-16

案例分析 3-3 动画

案例分析 3-3 手持夹砖器

【案例分析 3-4】如图 3-17 所示制动装置。已知重物所受重力为 $\boldsymbol{W}$，制动块与鼓轮之间的静摩擦系数为 f_s。问作用在手柄上的力 $\boldsymbol{F}$ 至少为多大才能使鼓轮保持静止？

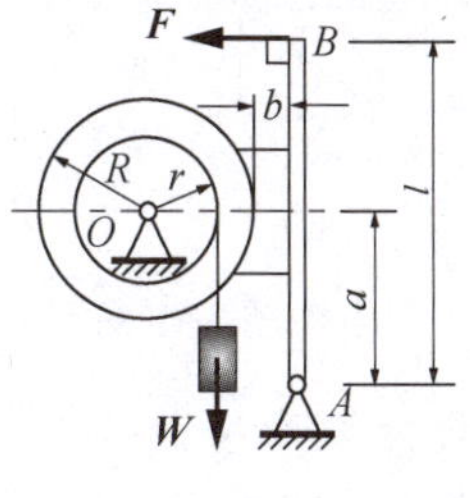

图 3-17

案例分析 3-4 制动装置

对于求有摩擦时物体的平衡范围的问题，一般要先判断静摩擦力的方向。方法有如下两种。

(1)先假定没有摩擦，分析物体在主动力作用下滑动的方向，即物体相对滑动趋势的方向，静摩擦力与物体之间的相对滑动趋势方向相反。

(2)借助于物体的平衡条件或平衡方程定性分析。

如果物体有两种可能的运动趋势，摩擦力的方向也随之改变，这个改变会影响主动力的大小，所以，有摩擦的平衡问题的解往往是一个范围，在这个范围内物体都可以保持平衡，这是有摩擦的平衡问题的一个重要特点。

知识点总结

- 静力学应用问题
  - 平面静定桁架
    - 基本概念
      - 桁架
      - 节点
      - 平面简单桁架
      - 常用假设
    - 桁架内力的计算方法
      - 节点法 —— 求解原理：平面汇交力系
      - 截面法 —— 求解原理：平面任意力系
  - 考虑摩擦时物体的平衡问题
    - 基本概念
      - 滑动摩擦力
        - 静摩擦力 —— 平衡方程：$F_s=F(0\leqslant F_s<F_{max})$
        - 最大静摩擦力 —— 库仑定律：$F_{max}=f_sF_N$
        - 滑动摩擦力 —— 库仑定律：$F_d=f_dF_N$
      - 摩擦角 —— $\tan\varphi_m=\dfrac{F_{max}}{F_N}=\dfrac{f_sF_N}{F_N}=f_s$
      - 摩擦自锁现象 —— 自锁条件：$0\leqslant\varphi\leqslant\varphi_m$
      - 滚动摩阻
        - 静滚动摩阻力偶 —— 平衡方程：$M_f=Fr=F_sr(0\leqslant M_f<M_{max})$
        - 最大滚动摩阻力偶 —— 滚动摩阻定律：$M_{max}=\delta F_N$
        - 动滚动摩阻力偶 —— $M_d\approx M_{max}$
    - 考虑摩擦时物体的平衡问题
      - 题型1：判断物体系是否处于平衡状态
      - 题型2：求物体系保持平衡时主动力的平衡范围

思考题

3-1　试指出思考题 3-1 图所示桁架中的零力杆。

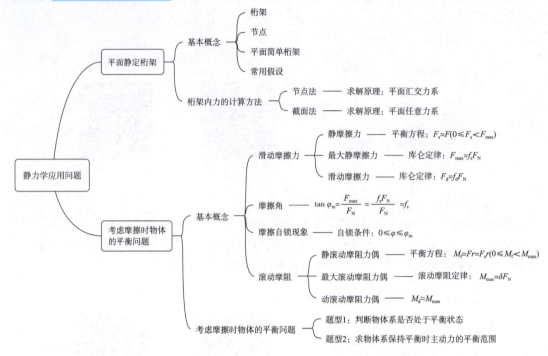

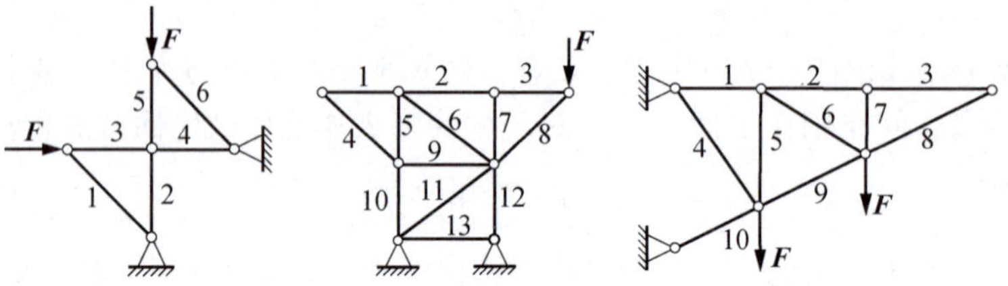

(a)　　(b)　　(c)

思考题 3-1 图

3-2　为什么全反力的作用线只能在摩擦锥内？主动力作用线在摩擦锥内时，物体一定平衡吗？

3-3　只要两个粗糙接触面间有正压力作用，该接触面间一定有摩擦力存在吗？为什么？

3-4　具有摩擦而平衡的物体，它所受到的静摩擦力 $\boldsymbol{F}_s$ 的大小，总是等于法向反力 $\boldsymbol{F}_N$ 的大小与静摩擦系数 f_s 的乘积，即 $F_s=f_sF_N$，这种说法正确吗？为什么？

3-5　如思考题 3-5 图所示，作用在木板左右两端上的压力大小均为 F 时，物体 A 静止不动。如果压力大小均改为 $2F$，则物体所受到的摩擦力是否改变？为什么？

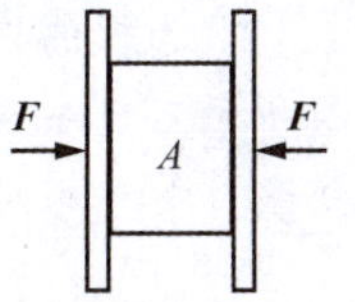

思考题 3–5 图

3–6　已知杆 OA 重 $\boldsymbol{W}$，物块 B 重 $\boldsymbol{P}$，如思考题 3–6 图所示。杆与物块间有摩擦，而物块与地面间的摩擦忽略不计。当水平力 $\boldsymbol{F}$ 增加而物块仍保持平衡时，杆对物块 B 的正压力将如何变化？

3–7　思考题 3–7 图所示机构中，已知：$F_1=200\ \mathrm{N}$，$F_2=200\ \mathrm{N}$，$l=0.5\ \mathrm{m}$，$\alpha=30°$。物块 C 与墙面的静摩擦系数 $f_s=0.5$，其他各处的摩擦和杆 AB、AC 及物块 C 的质量均不计。试求静摩擦力的大小。

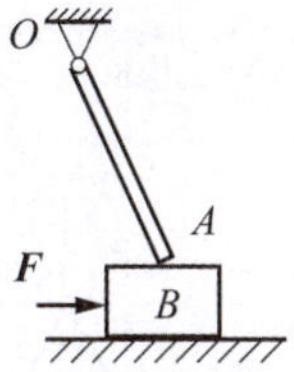

思考题 3–6 图

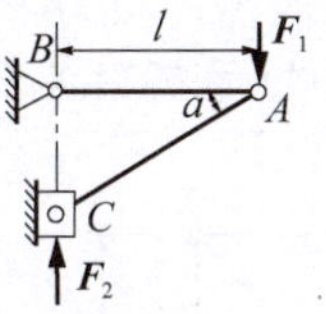

思考题 3–7 图

习　题

3–1　求习题 3–1 图所示桁架中 1、2 和 3 杆的内力。

3–2　习题 3–2 图所示桁架在 J、H、F 三个节点分别作用力 $\boldsymbol{F}$，其大小为 30 kN，求 1、2、3 杆的内力。

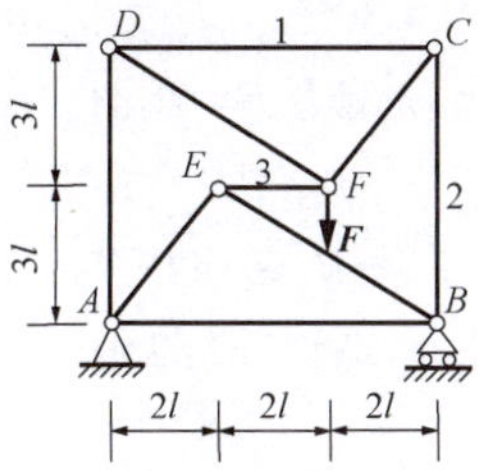

习题 3–1 图

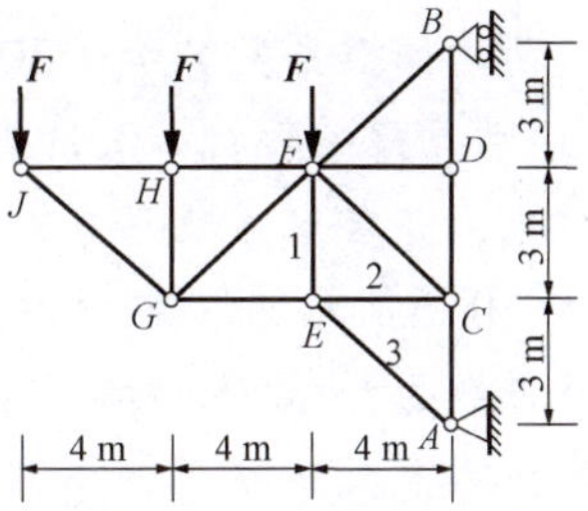

习题 3–2 图

3–3　平面桁架的支座和载荷如习题 3–3 图所示，ABC 为等边三角形，E、F 为两边的中点，又 $AD=DB$。求 CD 杆的内力。

3–4　平面桁架结构如习题 3–4 图所示。节点 D 上作用一载荷 $\boldsymbol{F}$，试求各杆内力。

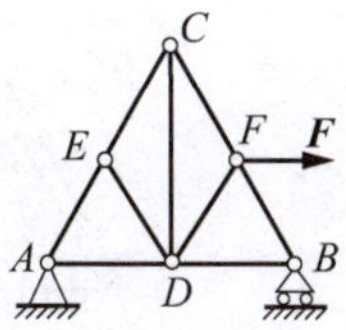

习题 3–3 图

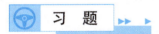

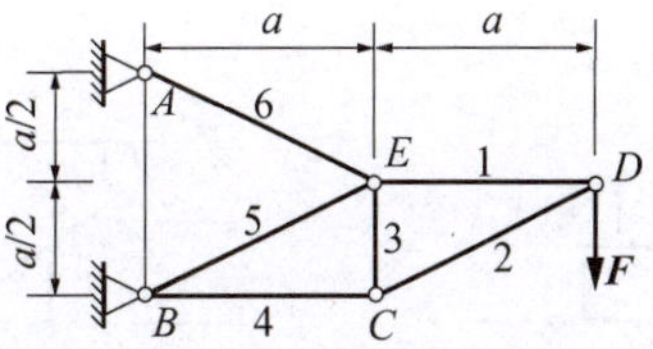

习题 3–4 图

3-5　计算习题3-5图所示桁架中1、2、3杆的内力。

3-6　水箱的支承简化如习题3-6图所示。已知水箱与水共重 $W=320$ kN，侧面风的压力简化为集中力 $P=320$ kN，不计各杆自重，求三根杆对水箱的支承力。

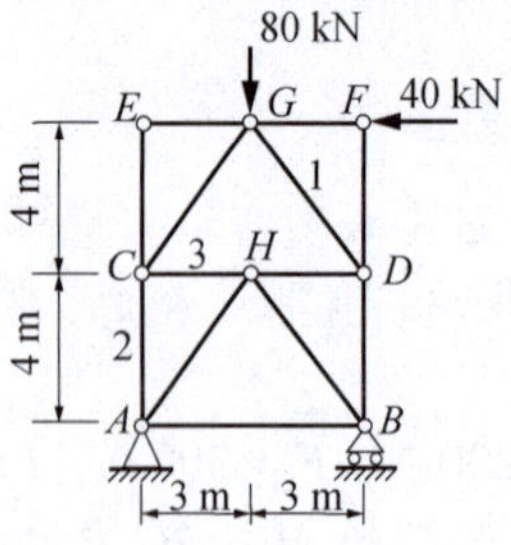

习题3-5图

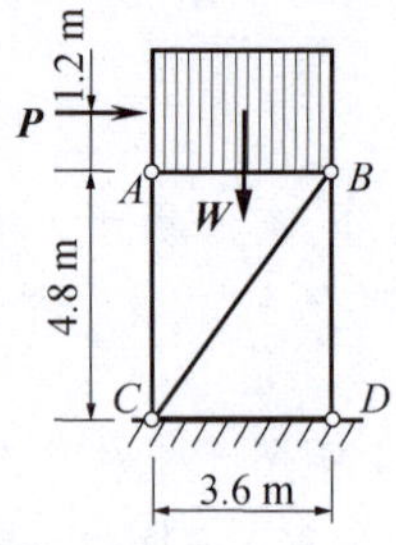

习题3-6图

3-7　平面桁架及载荷如习题3-7图所示，求各杆的内力。

3-8　试求习题3-8图所示桁架各杆的内力。

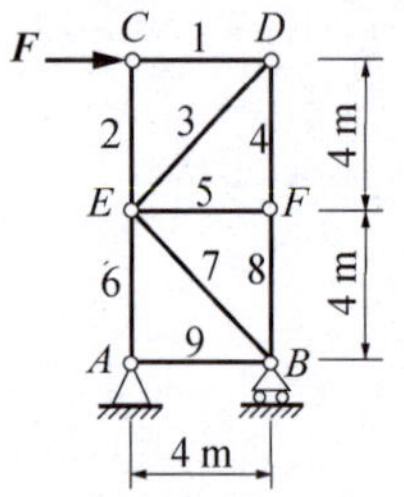

习题3-7图

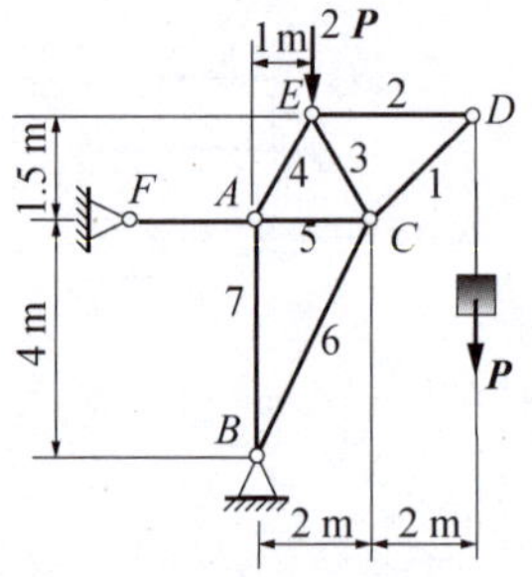

习题3-8图

3-9　两物块A、B放置如习题3-9图所示，物块A重 $P_A=20$ N，与物块B之间的静摩擦系数 $f_{sA}=0.31$，而动摩擦系数 $f_{dA}=0.30$。物块B重 $P_B=30$ N，与固定水平面之间的静摩擦系数 $f_{sB}=0.2$，而动摩擦系数 $f_{dB}=0.19$。若在物块A上作用力 $F=20$ N，$\alpha=30°$ 时，试判断两物块是否处于静止，并求出各摩擦力的大小。

3-10　习题3-10图所示平面曲柄连杆滑块机构。滑块B重600 N，水平力 $F=800$ N，滑块与地面静摩擦系数为 $f_s=0.3$，OA杆长度为0.5 m，力偶矩 $M=250$ N·m，不计所有杆的重力，试确定滑块B所处的状态和摩擦力的大小。

3-11　已知均质长板AD重 **P**，长为4 m，用一不计自重的短板BC支撑，$AC=BC=AB=3$ m，设整体处于平衡的临界状态，如习题3-11图所示。求A、B、C处的摩擦角的大小。

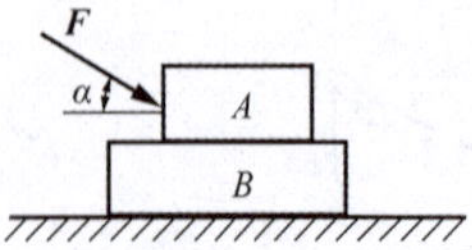

习题3-9图

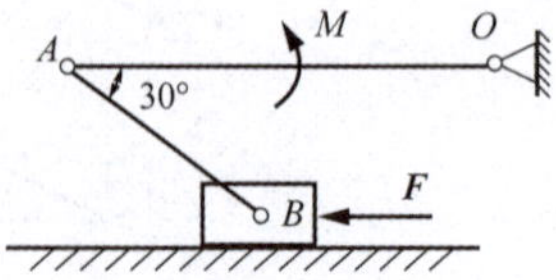

习题3-10图

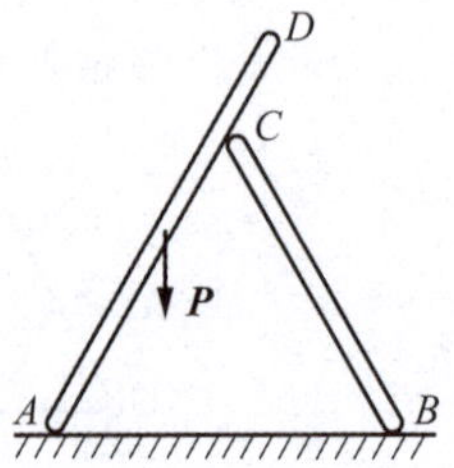

习题3-11图

3-12 如习题3-12图所示，板 AB 长 l，A、B 两端分别搁在倾角 $\alpha_1=50°$，$\alpha_2=30°$ 的两斜面上，已知板端与斜面的摩擦角 $\varphi_m=25°$。欲使物块 M 放在板上，而板保持水平不动，试求物块放置范围。(板的质量不计)

3-13 如习题3-13图所示，物块 A 和 B，用铰链与质量不计的水平杆 CD 连结，物块 B 重200 kN，斜面的摩擦角 $\varphi_m=15°$，斜面与铅垂面之间的夹角为30°。物块 A 放在水平面上，与水平面的静摩擦系数为 $f_s=0.4$。求欲使物块 B 不下滑，物块 A 的最小重力。

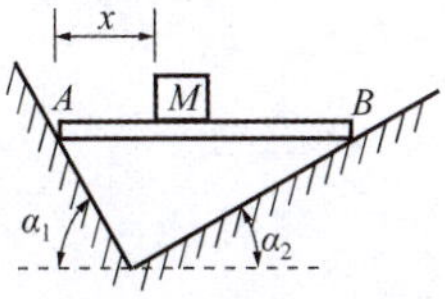

习题3-12图

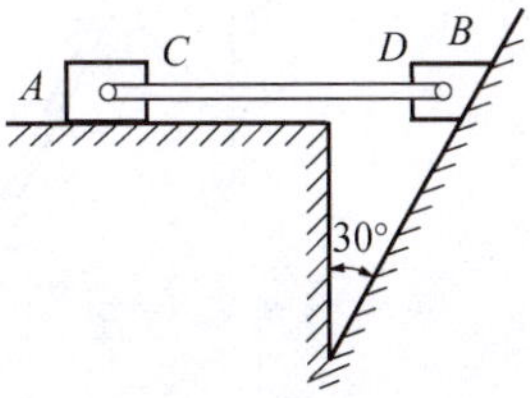

习题3-13图

3-14 如习题3-14图所示，物块 A 重 $W_A=20$ N，物块 C 重 $W_C=9$ N，A、C 与接触面间的静摩擦系数 $f_s=0.25$。若杆 AB 与杆 BC 重不计，试求平衡时的力 $\boldsymbol{F}$。

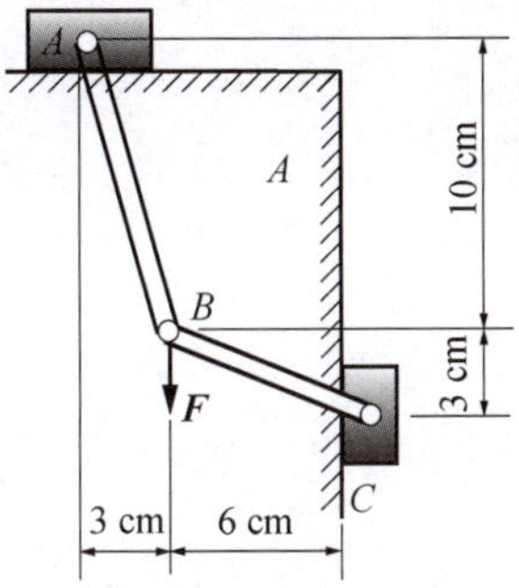

习题3-14图

3-15 如习题3-15图所示，物块 A 重 $\boldsymbol{W}$，置于倾角为 α 的斜面上，用一轻绳跨过一定滑轮 O，连接物块 A 和 B。若物块 A 与斜面之间的静摩擦系数为 f_s，绳子与斜面的夹角为 β。求系统静平衡时，物块 B 所受重力 $\boldsymbol{G}$ 的大小。

3-16 习题3-16图所示水平面上重叠放着两物块 B、C，杆 AD 平放在 B 物块上，A 为固定铰链支座。已知 $G=40$ kN，$W_B=W_C=20$ kN，各接触面间静摩擦系数 f_s 均为0.1，求拉出物块 C 所需于 $\boldsymbol{F}$ 的最小值。(提示：本题应分别考虑两物块 B、C 同时被拉出和物块 C 单独被拉出两种情况)

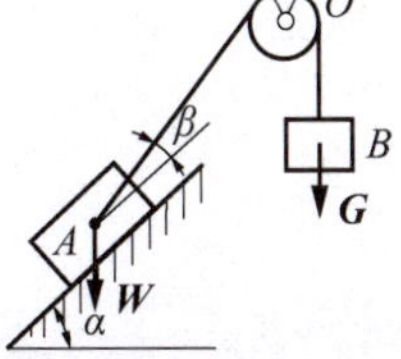

习题3-15图

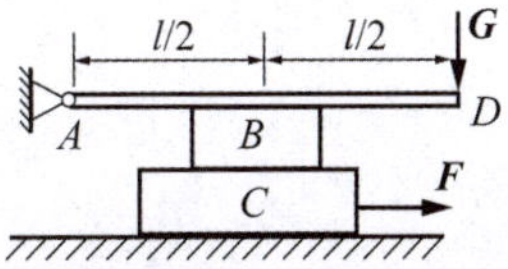

习题3-16图

3-17 球重 $G=25$ N，由重 $W=40$ N 的均质细杆 OA 支撑，并靠在重 $W_1=50$ N 的物块 M 上。习题3-17图所示位置中 $\alpha=30°$，球与物块光滑接触。试求物块平衡开始破坏时，物块与水平面之间的摩擦系数 f。

3-18 习题 3-18 图所示尖劈机构中，物块 A、B 的质量不计，在物块 A 上端作用有 $F=300$ N 的力。物块 A 与 B 间光滑接触，物块 B 与斜面间静摩擦系数 $f_s=0.35$。要保持机构处于平衡，求作用在物块 B 上的水平力 $\boldsymbol{F}_1$ 的范围。

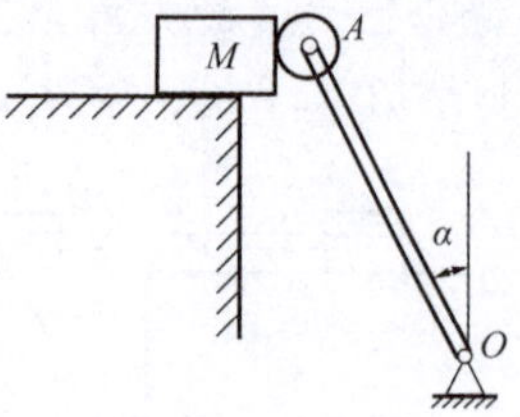

习题 3-17 图

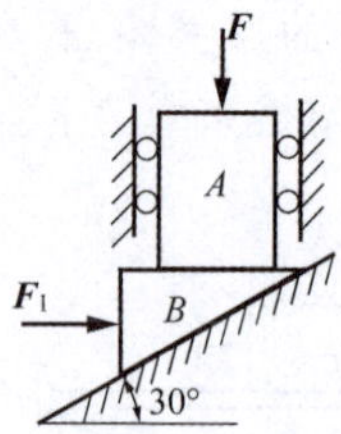

习题 3-18 图

3-19 如习题 3-19 图所示，均质杆 AB 重 $P=360$ N，A 端搁置在光滑水平面上，并通过柔绳绕过滑轮悬挂一重为 $\boldsymbol{G}$ 的物块 C；B 端靠在铅垂的墙面上，已知 B 端与墙面间的摩擦系数为 0.1。试求 $G=200$ N 和 $G=170$ N 的两种情况下，B 端受到的滑动摩擦力。

3-20 简易升降混凝土吊筒装置如习题 3-20 图所示。混凝土和吊筒共重 25 kN，吊筒与滑道间的动摩擦系数为 0.3，试分别求出重物匀速上升和下降时绳子的张力。

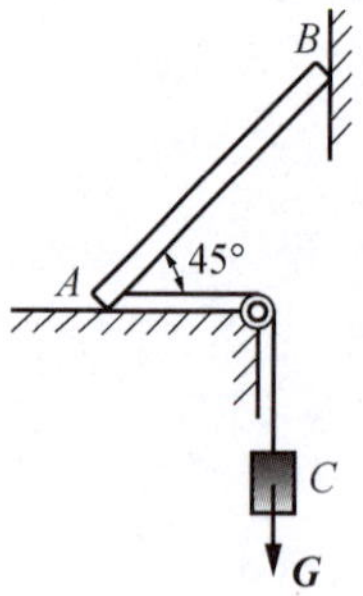

习题 3-19 图

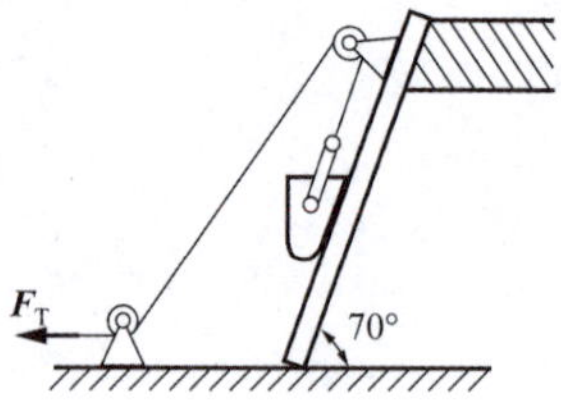

习题 3-20 图

第 4 章
空间力系

内容提要

各力作用线在空间任意分布的力系，称为空间任意力系，简称空间力系。这是力系中最普遍的一种情况，其他类型的力系都可视为空间力系的特殊情形。本章研究空间力系的简化与平衡问题。空间力系向一点简化的结果，也是一个主矢和一个主矩。空间力系平衡的充要条件是力系的主矢和主矩同时为零，由此导出其平衡方程。

素质目标

提升理论联系实际能力，培养科学素养和探索精神，激发科技报国的家国情怀和使命担当。

案例导读

1. 以柔克刚，看中国木构古建筑如何抗震

在中国古建筑中，许多木构古建筑经历过多次强地震仍完好无损，这是中国乃至世界历史上的一个地震奇迹。作为我国最著名的古代皇宫建筑群，故宫自建成以来，经历过多次地震，但每一次都安然无恙，那么其屹立不倒的原因是什么呢？木建筑是典型的桁架结构，柔性框架、台式隔震、斗拱支撑、榫卯连接，是木构古建筑的抗震机制。木材料具有较好的柔性和韧性，能够吸收和消耗地震能量，并在水平地震下产生较大的横向变形而不造成断裂损伤。同时，采用斗拱、榫卯等结构形式，能够形成弹性节点，有效地传递和分散地震力，减少对建筑的破坏。此外，建筑的整体布局和构造也充分考虑了抗震要求，如台基能够有效地避免建筑的基础被破坏，减少地震波对上部建筑的冲击等。这些抗震原理的应用，使得中国木构古建筑能够在一定程度上抵御地震的破坏。中国的木构古建筑设计理念是顺应自然的，讲究天人合一，体现了古代中国人民的智慧。

2. 国家速滑馆“冰丝带”的科技之美

国家速滑馆“冰丝带”是北京 2022 年冬奥会标志性场馆，设计理念来自一个冰和速度结合的创意，22 条丝带就像运动员滑过的痕迹，象征速度和激情。“冰丝带”的建设注重绿色环保低碳理念，采用了高性能结构体系，通过索网结构实现大跨度屋面建造目标，避免了刚

性桁架结构带来的过高梁高和场内空间受限的问题。“冰丝带”屋顶的“天幕”采用了椭圆形单层双向正交马鞍形索网。单层双向正交索网，加上环桁架和幕墙斜拉索体系，是第一次创新采用的技术。高矾密闭索过去长期依赖进口，经过多家单位共同研究攻关，首次实现国产化。“冰丝带”的结构设计需要充分考虑其承受力、稳定性及安全性。“冰丝带”作为钢结构建筑，其桁架结构和柔索结构需要满足强度、刚度和稳定性的要求，通过精确计算和分析，确保在各种外力作用下都能保持结构的稳定性和安全性。

任务驱动

完成本章学习，填写表4-1、表4-2。

表4-1 “空间力系”知识点

<table>
<tr><th>知识点</th><th>力学模型</th><th>知识点内容</th></tr>
<tr><td rowspan="2">力在空间直角坐标轴上的投影</td><td>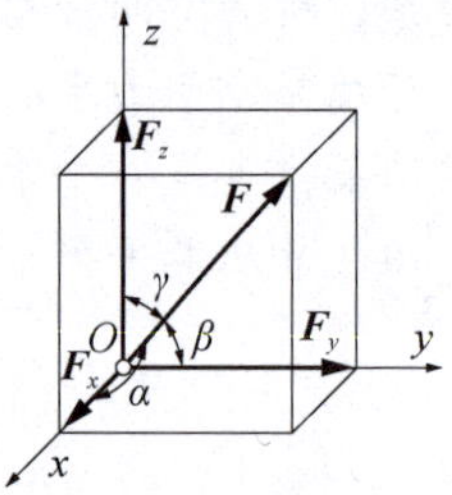
</td><td rowspan="2">二次投影法(间接投影法)</td></tr>
<tr><td>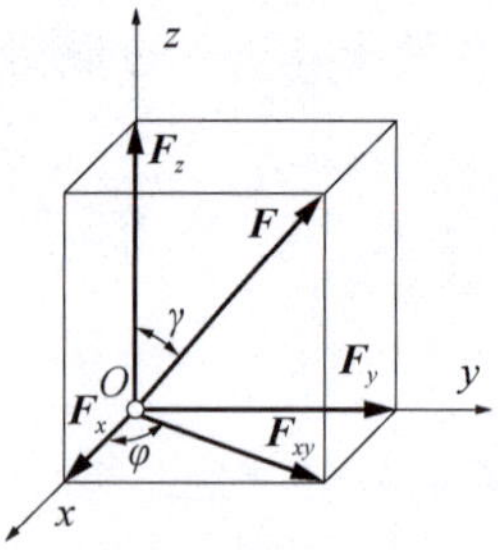
</td></tr>
<tr><td>力对点之矩</td><td>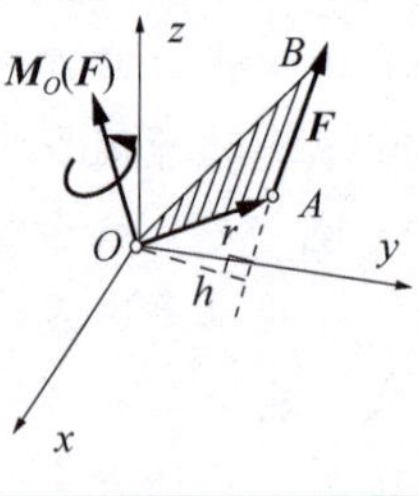
</td><td></td></tr>
<tr><td>力对轴之矩</td><td>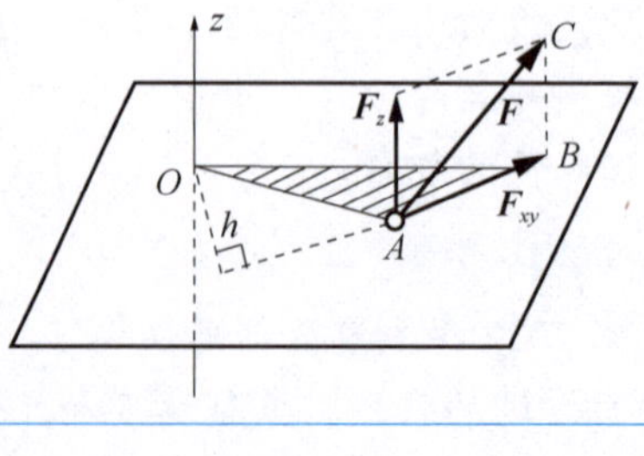
</td><td></td></tr>
</table>

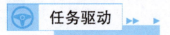

续表

知识点	力学模型	知识点内容
空间力系向一点的简化	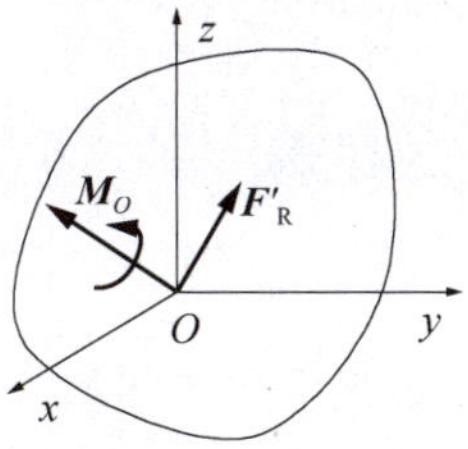	
空间力系平衡		平衡条件 平衡方程

表 4-2　“空间约束的约束类型及约束反力”知识点

约束反力	约束类型		
	球铰链约束	止推轴承约束	固定端约束
力学模型	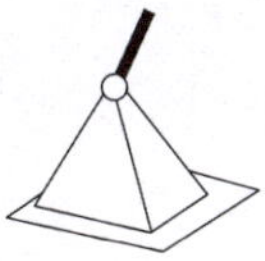	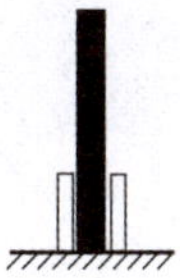	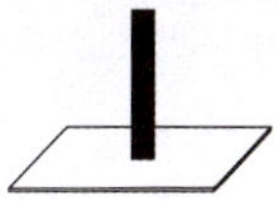
约束反力数量			
约束反力大小			
约束反力方向			
作用线			

作用在物体上的力系可分为平面力系和空间力系两大类，它们的区别在于力系中各力的作用线是否在同一平面内。在很多情况下，我们可将实际力系简化为平面力系，但对于有些工程问题，如车床主轴、变速箱传动轴、起重所用的绞车等工程结构和机械构件须按空间问题来计算。与研究平面力系一样，空间力系也分为空间汇交力系、空间力偶系、空间平行力系和空间任意力系。本章重点讨论空间汇交力系和空间任意力系，并以解决空间力系的平衡问题为主。解决空间力系问题一般采用解析法。

§4-1　空间力系的简化

一、力在空间直角坐标轴上的投影

1. 一次投影法(直接投影法)

设力 **F** 与空间直角坐标轴 x、y、z 的正向之间的夹角分别为 α、β 和 γ(图 4-1)，则其在三个坐标轴上的投影等于力 **F** 的大小乘力 **F** 与各轴夹角的余弦，即

$$\begin{cases} F_x = F\cos\alpha \\ F_y = F\cos\beta \\ F_z = F\cos\gamma \end{cases} \tag{4-1}$$

上面求力在坐标轴上的投影的方法与平面力系的做法完全相同，称为直接投影法。

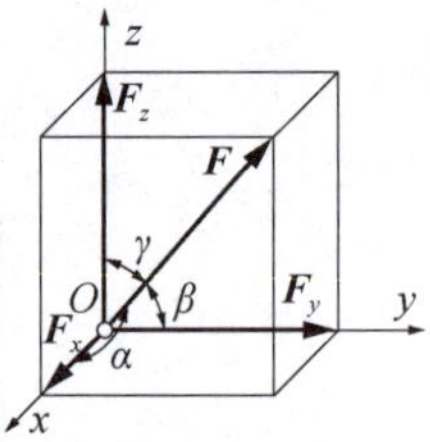

图 4-1

一次投影法(直接投影法)

2. 二次投影法(间接投影法)

二次投影法(间接投影法)

在有些实际问题中，当力 **F** 与 x、y 轴的夹角不易确定时，可采用二次投影法。如图 4-2 所示，角 γ、φ 为已知或容易确定，先将力 **F** 投影到 xOy 坐标平面上，得到矢量 $\boldsymbol{F}_{xy}$ (其大小 $F_{xy}=F\sin\gamma$)，然后将 $\boldsymbol{F}_{xy}$ 投影到 x、y 轴上。因此，力 **F** 在坐标轴上的投影又可写为

$$\begin{cases} F_x = F\sin\gamma\cos\varphi \\ F_y = F\sin\gamma\sin\varphi \\ F_z = F\cos\gamma \end{cases} \tag{4-2}$$

上面先将力投影到坐标平面上，再求力在坐标轴上的投影的方法，称为二次投影法。

应当注意的是，力在轴上的投影是代数量，而力在平面上的投影是矢量。这是因为 **F** 的方向不能像在轴上的投影那样简单地用正负号来表明，而必须用矢量才能表示清楚。

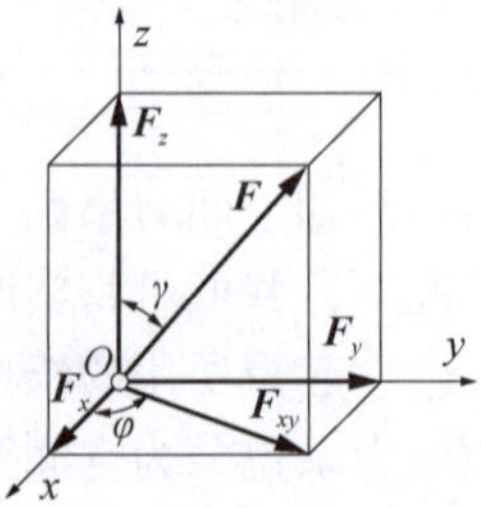

图 4-2

3. 力沿坐标轴分解

如果以 $\boldsymbol{F}_x$、$\boldsymbol{F}_y$、$\boldsymbol{F}_z$ 表示力 $\boldsymbol{F}$ 沿直角坐标轴的正交分量，则该力的大小及方向余弦为

力沿坐标轴分解

$$\begin{cases} F = \sqrt{F_x^2 + F_y^2 + F_z^2} \\ \cos\alpha = \dfrac{F_x}{F},\ \cos\beta = \dfrac{F_y}{F},\ \cos\gamma = \dfrac{F_z}{F} \end{cases} \tag{4-3}$$

式中，α、β、γ 为力 $\boldsymbol{F}$ 与 x、y、z 轴正向间的夹角。

二、力对点之矩与力对轴之矩

1. 力对点之矩

在平面力系中，力对点之矩用代数量表示，这是因为各力与矩心所在的平面(力矩作用面)是同一平面，力矩只有大小和转向的问题，用代数量表示力对点之矩足以概括它的全部要素。在空间力系中情况则不同，各力与矩心不在同一平面内，除了考虑力矩的大小、转向，还必须考虑力与矩心所构成的平面的方位。方位不同，即使力矩大小一样，作用效应也完全不同。这也是空间力对点之矩与平面力对点之矩的主要差别。

力对点之矩

因此，在空间力系中，力对点之矩应包括三个要素：力矩的大小，力矩作用面的方位，力矩在作用面内的转向。这三个要素，可以用力矩矢 $\boldsymbol{M}_O(\boldsymbol{F})$ 来描述：矢量的大小即矢量的模 $|\boldsymbol{M}_O(\boldsymbol{F})| = F \cdot h = 2S_{\triangle OAB}$($S_{\triangle OAB}$ 表示三角形 OAB 的面积)，矢量的方位与力矩作用面的法线方向相同，矢量的指向按右手定则确定，如图 4-3 所示。为了与力矢相区别，力矩矢附加一带箭头的弧线。

若以 $\boldsymbol{r}$ 表示力 $\boldsymbol{F}$ 作用点 A 对于矩心 O 的矢径，则矢积 $\boldsymbol{r} \times \boldsymbol{F}$ 的模正好等于三角形 OAB 面积的 2 倍，其方向与力矩矢一致。因此有

$$\boldsymbol{M}_O(\boldsymbol{F}) = \boldsymbol{r} \times \boldsymbol{F} \tag{4-4}$$

式(4-4)为力对点之矩的矢积表达式，即：一个力对于任一点之矩等于该力作用点对于矩心的矢径与该力的矢积。

如过矩心 O 取空间直角坐标系，并设力 $\boldsymbol{F}$ 的作用点 A 的坐标为(x，y，z)，如图 4-4 所示，则式(4-4)可表示为

$$\begin{aligned} \boldsymbol{M}_O(\boldsymbol{F}) = \boldsymbol{r} \times \boldsymbol{F} &= \begin{vmatrix} \boldsymbol{i} & \boldsymbol{j} & \boldsymbol{k} \\ x & y & z \\ F_x & F_y & F_z \end{vmatrix} \\ &= (yF_z - zF_y)\boldsymbol{i} + (zF_x - xF_z)\boldsymbol{j} + (xF_y - yF_x)\boldsymbol{k} \end{aligned} \tag{4-5}$$

式中，$\boldsymbol{i}$、$\boldsymbol{j}$、$\boldsymbol{k}$ 是沿坐标轴正向的单位矢量；F_x、F_y、F_z 是力 $\boldsymbol{F}$ 在坐标轴上的投影。

由式(4-5)可知，单位矢量 $\boldsymbol{i}$、$\boldsymbol{j}$、$\boldsymbol{k}$ 前面的三个系数，应分别表示力矩矢 $\boldsymbol{M}_O(\boldsymbol{F})$ 在三个坐标轴上的投影，即

$$\begin{cases} [\boldsymbol{M}_O(\boldsymbol{F})]_x = yF_z - zF_y \\ [\boldsymbol{M}_O(\boldsymbol{F})]_y = zF_x - xF_z \\ [\boldsymbol{M}_O(\boldsymbol{F})]_z = xF_y - yF_x \end{cases} \tag{4-6}$$

由于力矩矢 $\boldsymbol{M}_O(\boldsymbol{F})$ 的大小和方向都与矩心的位置有关，故力矩矢的始端必须在矩心，不可以任意移动，这种矢量称为定位矢量。

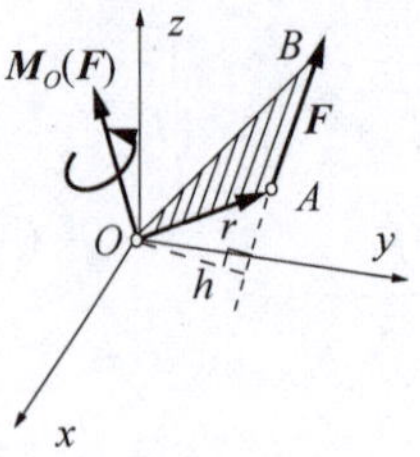

图 4-3

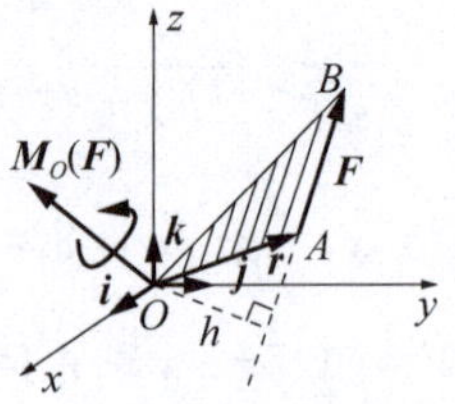

图 4-4

2. 力对轴之矩

在工程和生活实际中，经常会遇到物体绕固定轴转动的情况。力使物体绕某轴转动的效应，由力对于该轴之矩来量度。一般情况下，力 $\boldsymbol{F}$ 的作用线既不与轴平行，也不与轴相交，如图 4-5 所示。

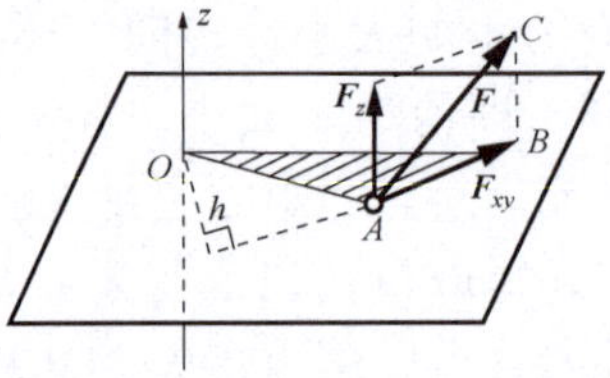

图 4-5

力对轴之矩

在 A 点施加一力 $\boldsymbol{F}$，过 A 点作一平面 xOy 与转轴 z 垂直，要计算该力对 z 轴之矩，可将力 $\boldsymbol{F}$ 分解为平行于 z 轴的分力 $\boldsymbol{F}_z$ 和垂直于 z 轴的平面内的分力 $\boldsymbol{F}_{xy}$。显然，力 $\boldsymbol{F}_z$ 对 z 轴无转动效应，只有作用在垂直于 z 轴的平面内的分力 $\boldsymbol{F}_{xy}$ 才有可能使刚体绕 z 轴转动。由此可见，平面 xOy 上的力 $\boldsymbol{F}_{xy}$ 使物体绕 z 轴转动的效果由力 $\boldsymbol{F}_{xy}$ 对点 O 之矩来确定。

以符号 $M_z(\boldsymbol{F})$ 表示力 $\boldsymbol{F}$ 对 z 轴之矩，即

$$M_z(\boldsymbol{F}) = M_O(\boldsymbol{F}_{xy}) = \pm F_{xy}h = \pm 2S_{\triangle OAB} \tag{4-7}$$

式中，$S_{\triangle OAB}$ 为三角形 OAB 的面积。

所以，空间力对轴之矩可以定义为：力对轴之矩是力使该物体绕轴转动效果的量度，是一个代数量，其绝对值等于该力在垂直于该轴的平面上的投影对该轴与该平面的交点之矩，其正、负号代表力使物体绕轴转动的转向。

力对轴之矩的单位与力对点之矩的单位相同，也是 N · m 或 kN · m。其正、负号可由右手定则确定(图 4-6)，四指的环绕方向表示力使物体绕 z 轴的转向，拇指指向与 z 轴同向时为正，反之为负。

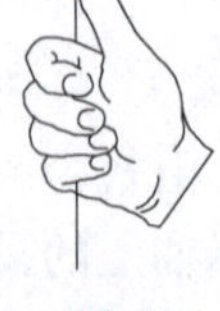

图 4-6

力对轴之矩等于零的情形：

(1) 当力与轴相交时(此时 $h=0$)；

(2) 当力与轴平行时(此时 $|\boldsymbol{F}_{xy}|=0$)。

这两种情形可以合起来说：当力与轴在同一平面内时，力对该轴之矩等于零。

当计算力对某轴之矩时，如果该力在垂直于该轴的平面内的投影或其力臂不易计算，常

将该力按所取坐标轴方向分解为三个分力，然后根据合力矩定理求解。空间力系的合力矩定理可叙述为：空间力系若有合力，则合力对任一轴之矩，等于各分力对同一轴之矩的代数和。设 $\boldsymbol{F}_R$ 为空间力系的合力，则有

$$M_x(\boldsymbol{F}_R)=M_x(\boldsymbol{F}_1)+M_x(\boldsymbol{F}_2)+\cdots+M_x(\boldsymbol{F}_n)=\sum M_x(\boldsymbol{F}_i)$$

设力 $\boldsymbol{F}$ 在三个坐标轴上的投影分别为 F_x、F_y、F_z，力作用点 A 的坐标为(x, y, z)，如图 4-7 所示。由合力矩定理及力对轴之矩的定义，得

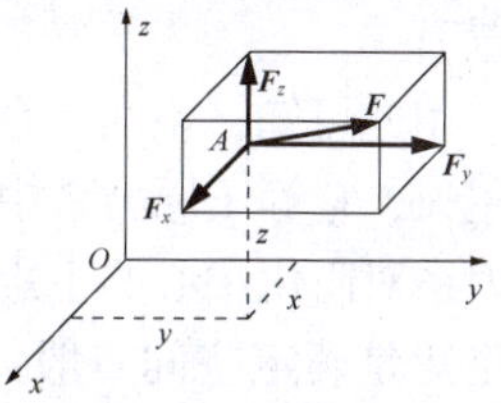

图 4-7

$$\begin{aligned}M_z(\boldsymbol{F})&=M_z(\boldsymbol{F}_x)+M_z(\boldsymbol{F}_y)+M_z(\boldsymbol{F}_z)\\&=-F_x\cdot y+F_y\cdot x+0\\&=xF_y-yF_x\end{aligned}$$

同理可得其余二式，将此三式合写为

$$\begin{cases}M_x(\boldsymbol{F})=yF_z-zF_y\\M_y(\boldsymbol{F})=zF_x-xF_z\\M_z(\boldsymbol{F})=xF_y-yF_x\end{cases}\tag{4-8}$$

这就是计算力对轴之矩的解析式。

3. 力对点之矩与力对通过该点的轴之矩的关系

比较式(4-6)与式(4-8)，有

$$\begin{cases}[\boldsymbol{M}_O(\boldsymbol{F})]_x=M_x(\boldsymbol{F})\\[\boldsymbol{M}_O(\boldsymbol{F})]_y=M_y(\boldsymbol{F})\\[\boldsymbol{M}_O(\boldsymbol{F})]_z=M_z(\boldsymbol{F})\end{cases}\tag{4-9}$$

力对点之矩与力对通过该点的轴之矩的关系

式(4-9)说明：力对点之矩矢在通过该点的任一轴上的投影，等于该力对该轴之矩。式(4-9)建立了力对点之矩与力对轴之矩之间的关系。

4. 空间力系向一点的简化

与平面力系一样，空间力系的简化，也以力的平移定理为依据。

设有空间力系 $\boldsymbol{F}_1$，$\boldsymbol{F}_2$，…，$\boldsymbol{F}_n$，分别作用于刚体上的 A_1，A_2，…，A_n 各点[图 4-8(a)]。任选一点 O 作为简化中心，应用力的平移定理，将各力平移到点 O，结果便得到作用于点 O 的一个空间汇交力系和一个附加空间力偶系，如图 4-8(b)所示。其中

空间力系向一点的简化

$$\left.\begin{aligned}\boldsymbol{F}'_i&=\boldsymbol{F}_i\\\boldsymbol{M}_i&=\boldsymbol{M}_O(\boldsymbol{F}_i)\end{aligned}\right.\quad(i=1, 2, \cdots, n)$$

对于空间汇交力系 $\boldsymbol{F}'_1$，$\boldsymbol{F}'_2$，…，$\boldsymbol{F}'_n$ 可合成为一力 $\boldsymbol{F}'_R$，作用于简化中心 O，且空间力系的各力的矢量和称为力系的主矢，它与简化中心的位置无关，即

$$\boldsymbol{F}'_R=\boldsymbol{F}'_1+\boldsymbol{F}'_2+\cdots+\boldsymbol{F}'_n=\boldsymbol{F}_1+\boldsymbol{F}_2+\cdots+\boldsymbol{F}_n=\sum\boldsymbol{F}_i\tag{4-10}$$

同样，附加力偶系可合成为一个力偶，且合力偶矩矢为原力系对简化中心 O 点的主矩，即

$$
\begin{aligned}
\boldsymbol{M}_O &= \boldsymbol{M}_1 + \boldsymbol{M}_2 + \cdots + \boldsymbol{M}_n \\
&= \boldsymbol{M}_O(\boldsymbol{F}_1) + \boldsymbol{M}_O(\boldsymbol{F}_2) + \cdots + \boldsymbol{M}_O(\boldsymbol{F}_n) \\
&= \sum \boldsymbol{M}_O(\boldsymbol{F}_i)
\end{aligned} \tag{4-11}
$$

各力对简化中心之矩的矢量和也称为力系的主矩(这里是矢量)，它一般与简化中心的位置有关。

由此可知，空间力系向任一点简化，可得到一个力和一个力偶。这个力的矢量就是原力系的主矢，它等于原力系中各力的矢量和，其作用线通过简化中心 O；这个力偶的力偶矩矢就是原力系对简化中心的主矩，它等于原力系中各力对简化中心之矩的矢量和[图 4-8(c)]。主矢和主矩是确定空间一般力系对刚体作用的两个基本物理量。

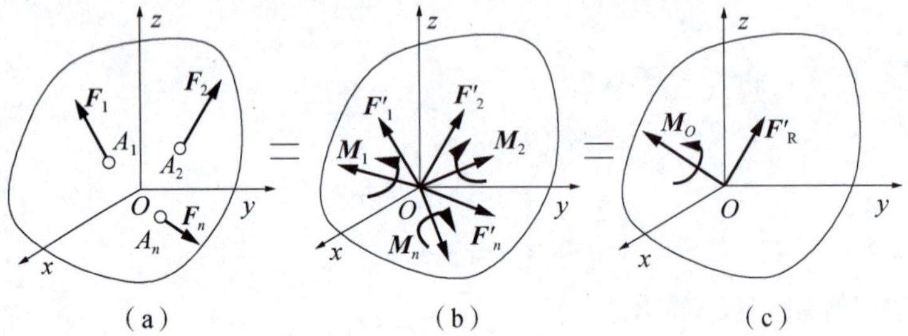

图 4-8

§4-2 空间力系的平衡方程及应用

一、空间力系的平衡方程

空间力系向任一点简化的结果可得到一主矢和一主矩。若主矢等于零，表示作用于简化中心的空间汇交力系平衡；若主矩等于零，表示附加力偶系平衡；若主矢和主矩同时等于零，则原力系必是平衡力系。因此，空间力系平衡的充要条件是，力系的主矢和力系对任一点的主矩都等于零，即

空间力系的平衡方程

$$\boldsymbol{F}'_{\mathrm{R}} = 0,\ \boldsymbol{M}_O = 0$$

上述条件可用代数方程表示为

$$
\begin{cases}
\sum F_x = 0, & \sum F_y = 0, & \sum F_z = 0 \\
\sum M_x(\boldsymbol{F}) = 0, & \sum M_y(\boldsymbol{F}) = 0, & \sum M_z(\boldsymbol{F}) = 0
\end{cases} \tag{4-12}
$$

这六个方程就是空间力系的平衡方程。它表明空间力系平衡的充要条件是，该力系在空间三个坐标轴上投影的代数和均等于零，且各力对空间三个坐标轴的力矩的代数和也均等于零。

由于空间任意力系最多有六个独立的平衡方程，只能求解六个未知量。

空间力系是一个物体受力的一般情况，其余类型的力系都可以看成是空间力系的特殊情形，因此它们的平衡方程也可以由方程(4-12)导出。

(1)对于空间汇交力系，方程(4-12)中的

$$\sum M_x(\boldsymbol{F}) \equiv 0,\ \sum M_y(\boldsymbol{F}) \equiv 0,\ \sum M_z(\boldsymbol{F}) \equiv 0$$

平衡方程为

$$\sum F_x = 0,\ \sum F_y = 0,\ \sum F_z = 0 \tag{4-13}$$

(2)对于空间平行力系，令 z 轴平行于各力，方程(4-12)中的

$$\sum F_x \equiv 0,\ \sum F_y \equiv 0,\ \sum M_z(\boldsymbol{F}) \equiv 0$$

平衡方程为

$$\sum F_z = 0,\ \sum M_x(\boldsymbol{F}) = 0,\ \sum M_y(\boldsymbol{F}) = 0 \tag{4-14}$$

需要说明的是，方程(4-12)虽然是由直角坐标系导出的，但在解答具体问题时，不一定使三个投影轴或矩轴互相垂直，也没有必要使矩轴和投影轴重合，而可以分别选取恰当的轴线为投影轴或矩轴，使每一个平衡方程中包含的未知数最少(最好是一个方程只包含一个未知数)，以简化计算。此外，为了计算的方便，也可减少平衡方程中的投影方程，增加力矩方程，将平衡方程表示为四力矩式、五力矩式、六力矩式。

二、空间约束的类型举例

在§1-2中已经介绍了工程中的几种基本约束，当物体受到空间主动力系作用时，固定端约束对被约束物体施加的约束力系通常为空间力系。现在把常见的几种约束，以及它们的简化记号和可能作用于物体的约束力或约束力偶列举如下，至于某种约束为什么可能有那样的约束力或约束力偶，可根据§1-2中讲到的原则进行判断。

空间约束的类型举例

(1)球铰链约束(图4-9)。

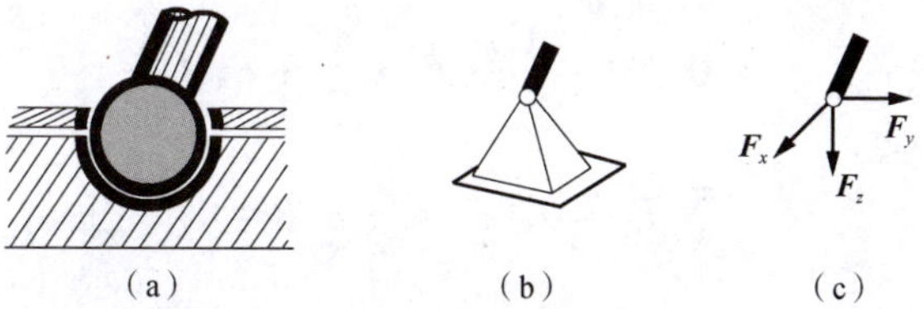

图4-9

(2)止推轴承约束(图4-10)。

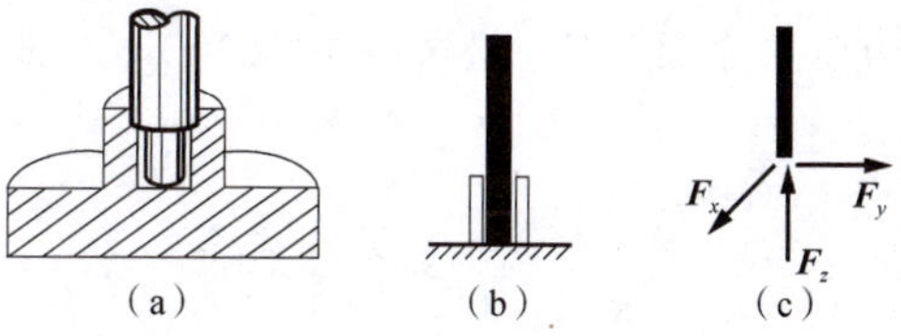

图4-10

(3)固定端约束(图4-11)。

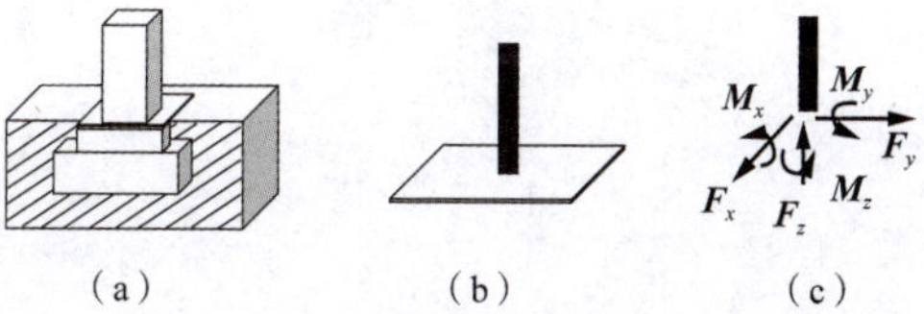

图4-11

三、空间力系平衡问题举例

解决空间力系的平衡问题和解决其他平衡力系的步骤一样，先根据题中已知条件和所要求的未知量，选取分离体，再画出受力图列平衡方程求解未知量。在空间力系的平衡问题中，以空间结构为研究对象，必须准确识别研究的构件和作用于其上的各力在空间的位置，这是正确地写出平衡方程的基础。空间结构的约束虽然与平面结构的约束有所不同，但仍可以利用平面力系所介绍的方法，由约束的构造确定约束的性质，由约束的性质分析约束反力。

例 4-1 用三根连杆支撑一所受重力为 $\boldsymbol{P}$ 的物体(图 4-12)，求每根连杆所受的力。

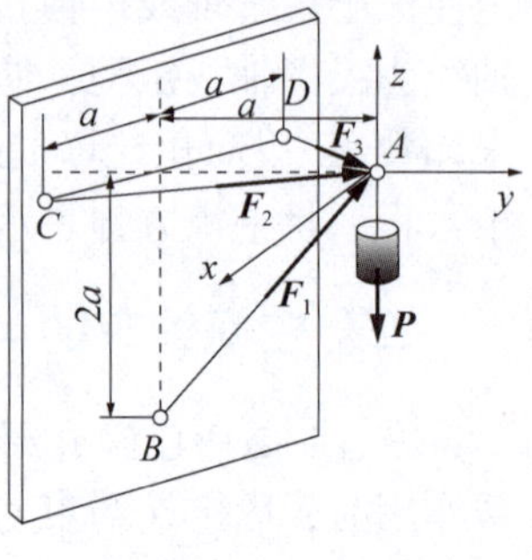

图 4-12

解： 由于 AB、AC、AD 为连杆，只有轴力，因此这是一个空间汇交力系的平衡问题。考察点 A 的平衡，汇交于点 A 的力有 $\boldsymbol{F}_1$、$\boldsymbol{F}_2$、$\boldsymbol{F}_3$(相反方向的力就是连杆所受的力)，以及悬挂重物的绳索拉力(大小等于重力 P)，假设 $\boldsymbol{F}_1$、$\boldsymbol{F}_2$、$\boldsymbol{F}_3$ 都是压力，并取坐标系如图所示。$\boldsymbol{F}_1$、$\boldsymbol{F}_2$、$\boldsymbol{F}_3$ 与各坐标轴的夹角(锐角)的余弦，可由各有关边长的比例求得，因而各力在三个坐标轴上的投影也可按边长比例计算，而投影的符号可根据判断确定。于是有

$$\sum F_x = 0,\quad -F_2 \cdot \frac{1}{\sqrt{2}} + F_3 \cdot \frac{1}{\sqrt{2}} = 0$$

$$\sum F_y = 0,\ F_1 \cdot \frac{1}{\sqrt{5}} + F_2 \cdot \frac{1}{\sqrt{2}} + F_3 \cdot \frac{1}{\sqrt{2}} = 0$$

$$\sum F_z = 0,\ F_1 \cdot \frac{2}{\sqrt{5}} - P = 0$$

解得：$F_1 = 1.118P$，$F_2 = F_3 = -0.354P$。

负号表示 $\boldsymbol{F}_2$、$\boldsymbol{F}_3$ 与假设的方向相反，即它们实际为拉力。

例 4-2 如图 4-13 所示，作用于齿轮上的啮合力 $\boldsymbol{F}$ 推动带轮绕水平轴 AB 匀速转动。已知沿铅垂方向的带的紧边拉力为 200 N，松边拉力为 100 N。试求啮合力 $\boldsymbol{F}$ 的大小以及向心轴承 A、B 处的约束力。

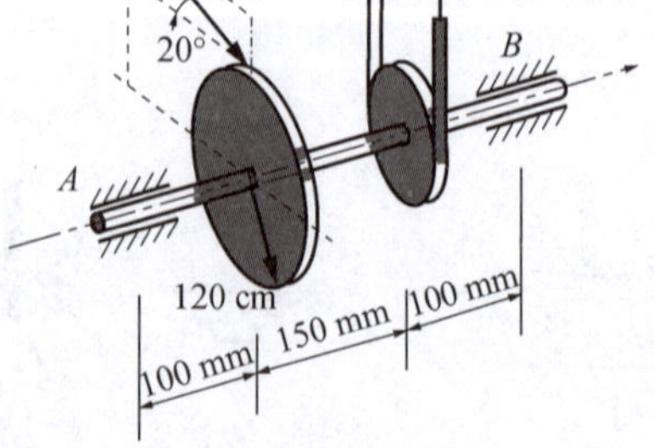

图 4-13

例 4-2 动画

【案例分析】车床主轴如图 4-14 所示，已知车刀对工件的背向力为 $F_p=4.25$ kN，进给力为 $F_f=6.8$ kN，切削力为 $F_c=17$ kN。在直齿轮 C 上有切向力 F_t 和径向力 F_r，且 $F_r=0.36F_t$。齿轮 C 的节圆半径 $R=50$ mm，被切削工件的半径 $r=30$ mm，卡盘及工件等质量不计，其余尺寸如图所示。当主轴匀速转动时，求：

(1) 齿轮啮合力 $\boldsymbol{F}_t$ 及 $\boldsymbol{F}_r$；

(2) 径向轴承 A 和止推轴承 B 的约束力；

(3) 三爪卡盘 E 在 O 处对工件的约束力。

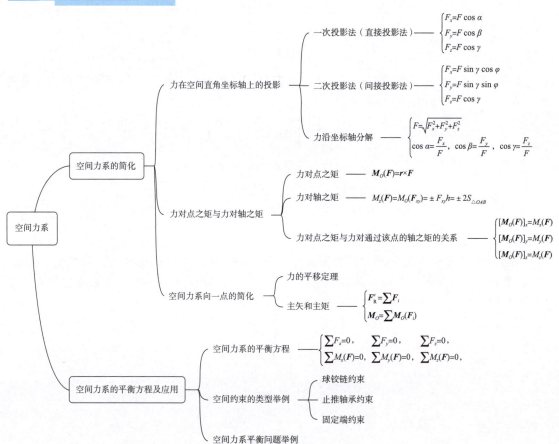

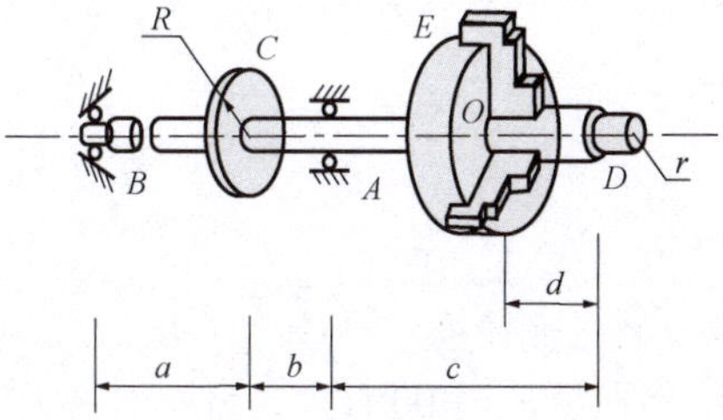

案例分析车床主轴

图 4-14

知识点总结

- 空间力系
  - 空间力系的简化
    - 力在空间直角坐标轴上的投影
      - 一次投影法（直接投影法）—— $F_x=F\cos\alpha$，$F_y=F\cos\beta$，$F_z=F\cos\gamma$
      - 二次投影法（间接投影法）—— $F_x=F\sin\gamma\cos\varphi$，$F_y=F\sin\gamma\sin\varphi$，$F_z=F\cos\gamma$
      - 力沿坐标轴分解 —— $F=\sqrt{F_x^2+F_y^2+F_z^2}$，$\cos\alpha=\dfrac{F_x}{F}$，$\cos\beta=\dfrac{F_y}{F}$，$\cos\gamma=\dfrac{F_z}{F}$
    - 力对点之矩与力对轴之矩
      - 力对点之矩 —— $\boldsymbol{M}_O(\boldsymbol{F})=\boldsymbol{r}\times\boldsymbol{F}$
      - 力对轴之矩 —— $M_z(\boldsymbol{F})=M_O(\boldsymbol{F}_{xy})=\pm F_{xy}h=\pm 2S_{\triangle OAB}$
      - 力对点之矩与力对通过该点的轴之矩的关系 —— $[\boldsymbol{M}_O(\boldsymbol{F})]_x=M_x(\boldsymbol{F})$，$[\boldsymbol{M}_O(\boldsymbol{F})]_y=M_y(\boldsymbol{F})$，$[\boldsymbol{M}_O(\boldsymbol{F})]_z=M_z(\boldsymbol{F})$
    - 空间力系向一点的简化
      - 力的平移定理
      - 主矢和主矩 —— $\boldsymbol{F}'_R=\sum\boldsymbol{F}_i$，$\boldsymbol{M}_O=\sum\boldsymbol{M}_O(\boldsymbol{F}_i)$
  - 空间力系的平衡方程及应用
    - 空间力系的平衡方程 —— $\sum F_x=0$，$\sum F_y=0$，$\sum F_z=0$，$\sum M_x(\boldsymbol{F})=0$，$\sum M_y(\boldsymbol{F})=0$，$\sum M_z(\boldsymbol{F})=0$，
    - 空间约束的类型举例
      - 球铰链约束
      - 止推轴承约束
      - 固定端约束
    - 空间力系平衡问题举例

思考题

4-1　若将两个等效的空间力系分别向 A_1、A_2 两点简化得到 $\boldsymbol{F}'_{R_1}$、$\boldsymbol{M}_1$ 及 $\boldsymbol{F}'_{R_2}$、$\boldsymbol{M}_2$。因两力系等效，故有 $\boldsymbol{F}'_{R_1}=\boldsymbol{F}'_{R_2}$，$\boldsymbol{M}_1=\boldsymbol{M}_2$，试问该结论是否正确？

4-2　平面力系能用两个力来平衡，空间力系是否也总可用两个力来平衡？为什么？

4-3　如果一力系向任一点简化的主矩都相等，则该力系可能是什么力系？

4-4　空间力系向三个相互垂直的坐标平面投影可以得到三个平面一般力系，每个平面一般力系都有三个独立的平衡方程，这样力系就共有九个平衡方程，那么能否求解九个未知量？为什么？

习　题

4-1　习题 4-1 图所示为对称三角支架，已知 A、B、C 三点在半径 $r=0.5$ m 的圆周上，$l=1$ m，在铰链 O 上作用一个水平力 $F=400$ N，该力与杆 AO 位于同一铅垂平面内。不计各杆质量，试求三根杆所受的力。

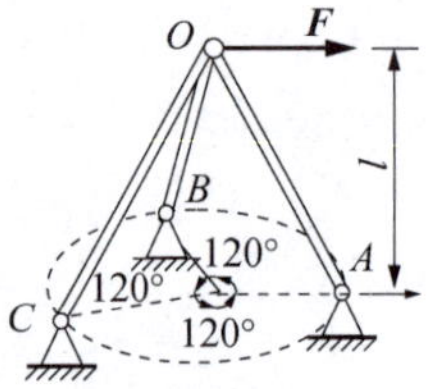

习题 4-1 图

4-2　平板 $OABD$ 上作用空间平行力系如习题 4-2 图所示，问 x、y 应等于多少，才能使该力系合力作用线通过平板中心 C？

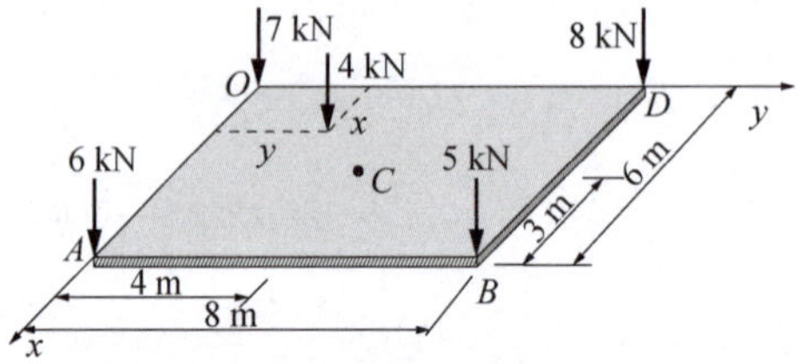

习题 4-2 图

4-3　如习题 4-3 图所示，三脚圆桌的半径 $r=500$ mm，重 $P=600$ N。圆桌的三脚 A、B、C 形成等边三角形。若在中线 CD 上距离等边三角形 ABC 中心为 a 的点 E 处作用一铅垂力 $F=1\ 500$ N，试求使圆桌不致翻倒的最大距离 a。

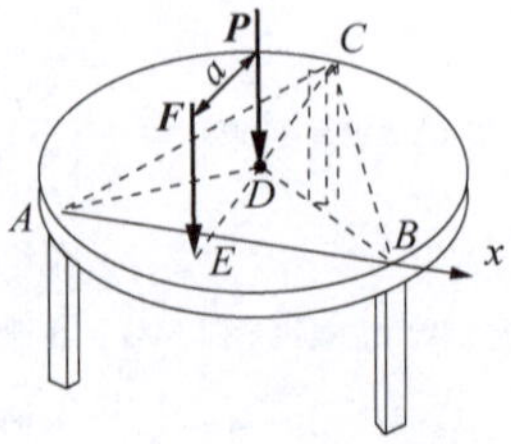

习题 4-3 图

4-4 *AB*、*AC*、*AD* 三连杆支撑一重物如习题 4-4 图所示。已知 $P=10$ kN，$AB=4$ m、$AC=3$ m，且 *ABEC* 在同一水平面内，试求三根连杆所受的力。

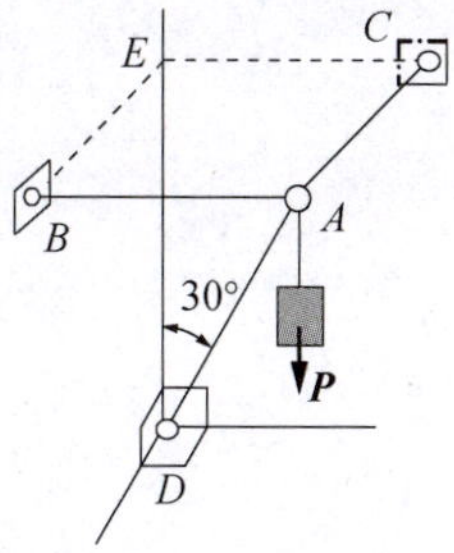

习题 4-4 图

4-5 正方形平板 *ABCD* 由六根直杆支撑，六根直杆均可视为二力杆，正方形平板质量不计，在 *A* 处作用一水平推力 ***F***，如习题 4-5 图所示。试求在力 ***F*** 作用下各杆的约束力。

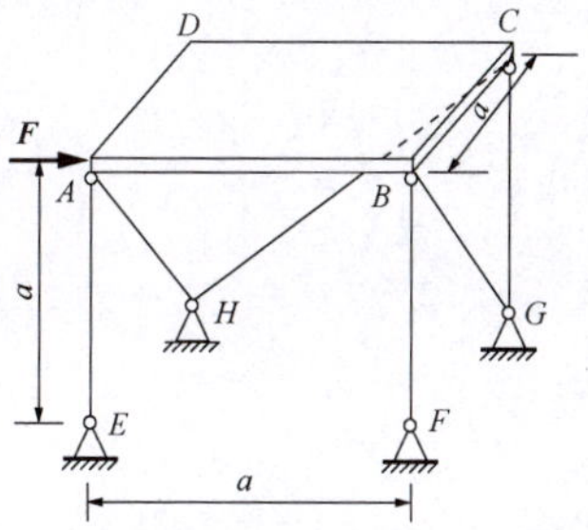

习题 4-5 图

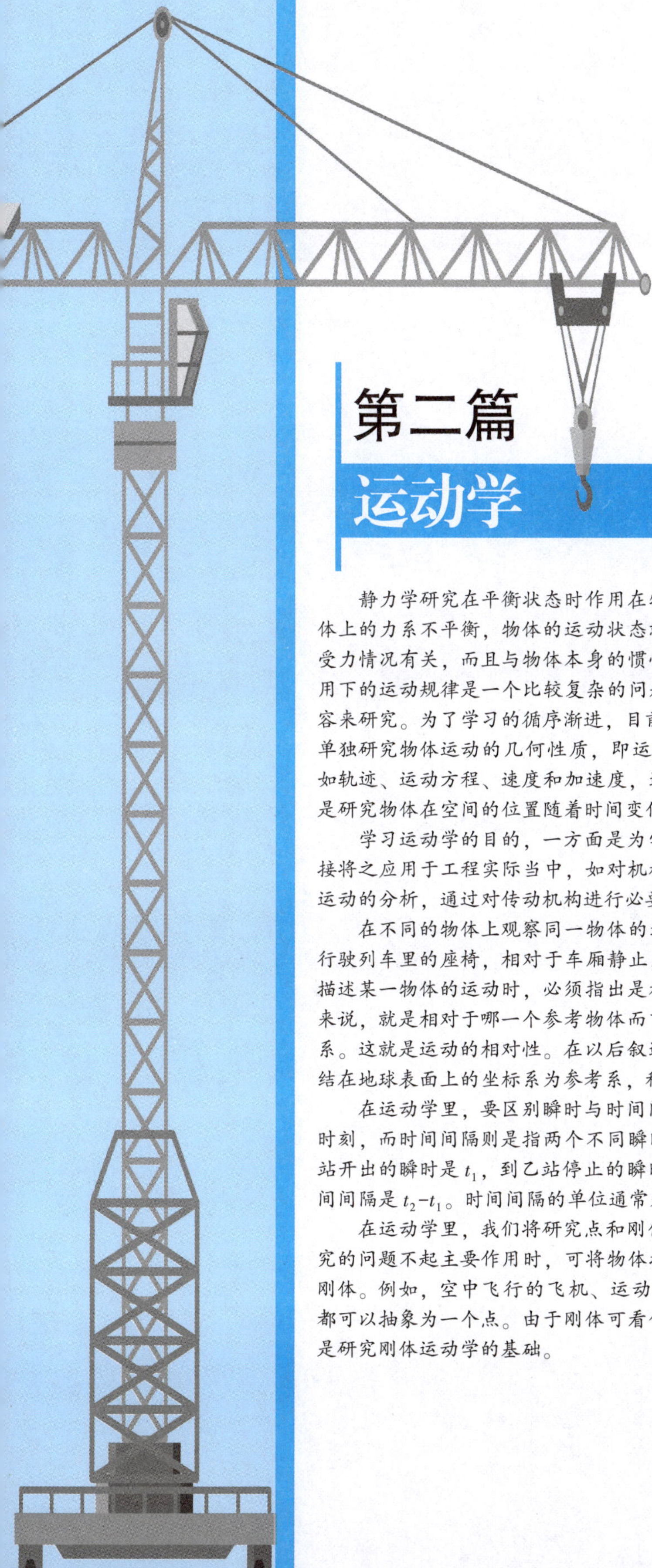

第二篇 运动学

静力学研究在平衡状态时作用在物体上力系的平衡条件。如果作用在物体上的力系不平衡，物体的运动状态就会发生变化。物体的运动规律不仅与受力情况有关，而且与物体本身的惯性和初始运动状态有关。物体在力的作用下的运动规律是一个比较复杂的问题，通常分为运动学和动力学两部分内容来研究。为了学习的循序渐进，目前暂不考虑物理因素对物体运动的影响，单独研究物体运动的几何性质，即运动学任务是研究物体运动的几何性质，如轨迹、运动方程、速度和加速度，这部分内容称为运动学。因此，运动学是研究物体在空间的位置随着时间变化的几何性质的科学。

学习运动学的目的，一方面是为学习动力学奠定基础；另一方面可以直接将之应用于工程实际当中，如对机械机构的传递系统、自动控制系统中的运动的分析，通过对传动机构进行必要的运动分析，以达到预定的运动要求。

在不同的物体上观察同一物体的运动时，将得到不同的结果。例如，在行驶列车里的座椅，相对于车厢静止，而相对于地面则是运动的。因此，在描述某一物体的运动时，必须指出是相对于哪一个物体而言，用力学的术语来说，就是相对于哪一个参考物体而言，与参考物体固连的坐标系称为参考系。这就是运动的相对性。在以后叙述中，如果不加说明的话，一般是取固结在地球表面上的坐标系为参考系，称为静坐标系或定坐标系。

在运动学里，要区别瞬时与时间间隔这两个不同的概念。瞬时是指某一时刻，而时间间隔则是指两个不同瞬时之间的一段时间。例如，设火车从甲站开出的瞬时是 t_1，到乙站停止的瞬时是 t_2，则火车由甲站到乙站运行的时间间隔是 t_2-t_1。时间间隔的单位通常采用 s，相应地，瞬时也用 s 来表示。

在运动学里，我们将研究点和刚体的运动，当物体的形状和大小对所研究的问题不起主要作用时，可将物体描述成为一个几何点。否则，就应看作刚体。例如，空中飞行的飞机、运动中的拖拉机，研究它们的运动轨迹时，都可以抽象为一个点。由于刚体可看作由无数个点所组成，所以点的运动学是研究刚体运动学的基础。

第5章 点的运动学

内容提要

本章研究点的运动随时间变化的规律及动点的运动轨迹、速度和加速度的关系及表达方法。点的运动学知识既可以直接用于某些工程实际问题，又是研究一般物体运动的基础。描述动点的运动，常用的方法有矢量分析法、直角坐标法和自然坐标法。

素质目标

提升力学思维和逻辑思维能力，培养独立自主、开拓创新的科学精神，激发民族自豪感和爱国情怀。

案例导读

1.“月宫之吻”：人类首次月球无人交会对接

2020年，38万公里之外的“月宫之吻”，使中国实现人类航天史上首次月球轨道无人交会对接和样品转移。嫦娥五号上升器与轨道器和返回器组合体成功实现交会对接，样品容器顺利地从上升器转移至返回器中。在交会对接过程中，需要对两航天器的轨迹、速度、加速度等运动参数进行精确测量控制，使其能够沿着预定的轨道运动，以准确到达对接位置。针对此次距离38万公里之外的月球轨道交会对接，为提高远距离测量的精度，科学家采用地面远程导引和近程自主控制相结合的方式，来最终精准确定两航天器的相对运动参数。其中，由中国航天科工集团有限公司研制的嫦娥五号交会对接微波雷达，作为探测器在月球轨道中远距离测量的唯一手段，成功引导探测器实现首次月球轨道无人交会对接，该对接技术是嫦娥五号任务中四大关键技术之一。嫦娥五号航天系统工程，在一次任务中连续实现了多个重大突破，为探月工程“绕、落、回”三步走发展规划画上了圆满句号。

2. 天宫空间站：探索宇宙，筑梦“太空之家”

天宫空间站，是我国建成的国家级太空实验室，用于进行科学研究、技术测试和国际合作。目前，天宫空间站的应用与发展阶段各项工作正按计划稳步推进，已经圆满完成了多次货运飞船补给、载人飞船发射和返回任务，航天员乘组接续飞天圆梦、长期安全驻留，空间科学实验成果丰硕。此外，中国还规划了未来的载人航天任务，包括更多的载人飞行任务和货运飞船补给任务，并正在积极推进载人月球探测工程登月阶段的各项研制建设工作，以实现 2030 年前中国人首次登陆月球的目标。在天宫空间站的设计和运行中，点的运动学原理对于确定飞行轨迹、控制飞行姿态和速度等至关重要。天宫空间站的建设和运营标志着中国在航天领域取得的重大进步，同时也为未来的空间科学研究和国际合作提供了重要平台。

任务驱动

完成本章学习，填写表 5-1。

表 5-1 “点的运动学”知识点

知识点	运动学分析方法		
	矢量分析法	直角坐标法	自然坐标法
运动方程			
轨迹	矢径末端连线	消除时间 t	已知轨迹
点的速度			
点的加速度			

§5-1 矢量分析法

1. 运动方程和轨迹

选取参考系上某确定点 O 为坐标原点，设动点 M 相对于参考系做空间曲线运动，则动点 M 某一瞬时 t 相对于该坐标的位置可用从坐标原点 O 引到动点 M 的矢量 $\boldsymbol{r}$ 表示，如图 5-1 所示，该矢量完全确定了动点 M 的位置。$\boldsymbol{r}$ 称为矢径。当动点 M 运动时，$\boldsymbol{r}$ 的大小和方向随时间 t 变化。因此，$\boldsymbol{r}$ 是时间 t 的函数，即

$$\boldsymbol{r}=\boldsymbol{r}(t) \tag{5-1}$$

式(5-1)就是点的矢量形式的运动方程，它包含了动点的全部运动学信息。矢径 $\boldsymbol{r}$ 随动点 M 在空间划过的矢径曲线，即为动点 M 的运动轨迹。

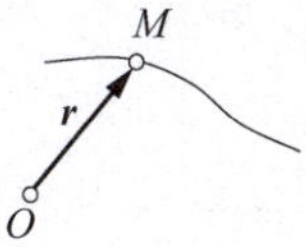

图 5-1

矢量分析法——运动方程和轨迹

2. 点的速度

设动点在瞬时 t 的位置由矢径 $\boldsymbol{r}$ 确定为 M，在瞬时 $(t+\Delta t)$ 的位置 M' 由矢量 $\boldsymbol{r}'$ 确定，如图 5-2 所示，则矢径 $\boldsymbol{r}$ 的增量 $\Delta\boldsymbol{r}=\boldsymbol{r}'-\boldsymbol{r}$ 即为动点在时间间隔 Δt 内的位移。比值 $\Delta\boldsymbol{r}/\Delta t$ 称为动点在时间间隔 Δt 内的平均速度，用 $\boldsymbol{v}^*$ 表示。当 $\Delta t\to 0$ 时，平均速度 $\boldsymbol{v}^*$ 的极限就是动点在瞬时 t 的速度，用 $\boldsymbol{v}$ 表示，即

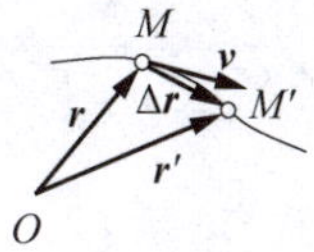

图 5-2

矢量分析法——点的速度

$$\boldsymbol{v}=\lim_{\Delta t\to 0}\frac{\Delta\boldsymbol{r}}{\Delta t}=\frac{\mathrm{d}\boldsymbol{r}}{\mathrm{d}t}=\dot{\boldsymbol{r}} \tag{5-2}$$

可见，动点的速度等于它的矢径对时间的一阶导数。速度是矢量，它的大小等于 $\dot{\boldsymbol{r}}$ 的大小，常称为速率。速度的方向沿轨迹在该点的切线，指向动点的运动方向。速度的单位是 m/s。

3. 点的加速度

速度对时间的变化率称为加速度。设动点 M 在瞬时 t 的速度为 $\boldsymbol{v}$，在瞬时 $(t+\Delta t)$ 的速度为 $\boldsymbol{v}'$，如图 5-3(a) 所示。速度在 Δt 时间内的改变量为 $\Delta\boldsymbol{v}=\boldsymbol{v}'-\boldsymbol{v}$，如图 5-3(b) 所示。比值 $\Delta\boldsymbol{v}/\Delta t$ 称为动点在时间间隔 Δt 内的平均加速度，用 $\boldsymbol{a}^*$ 表示。当 $\Delta t\to 0$ 时，平均加速度 $\boldsymbol{a}^*$ 的极限就是动点在瞬时 t 的加速度，用 $\boldsymbol{a}$ 表示，即

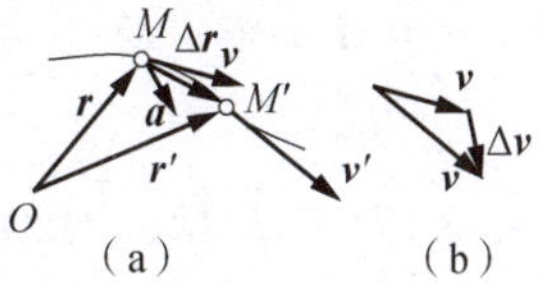

图 5-3

矢量分析法——点的加速度

$$\boldsymbol{a}=\lim_{\Delta t\to 0}\frac{\Delta\boldsymbol{v}}{\Delta t}=\frac{\mathrm{d}\boldsymbol{v}}{\mathrm{d}t}=\dot{\boldsymbol{v}}=\ddot{\boldsymbol{r}} \tag{5-3}$$

可见，动点的加速度等于该点的速度对时间的一阶导数，或等于该点的矢径对时间的二阶导数。加速度是矢量，其大小等于 $|\boldsymbol{a}|$，方向沿 $\Delta t\to 0$ 时 $\Delta\boldsymbol{v}$ 的极限方向。加速度的单位是 $\mathrm{m/s^2}$。

速度和加速度表示为矢径对时间的一阶和二阶导数，形式简洁，宜用于推演公式时应用。然而在具体进行运动学计算时，常需应用它们在适当的坐标系（如直角坐标系或自然坐标系）上投影的公式。

§5-2　直角坐标法

1. 运动方程和轨迹

任选固定的直角坐标系，$\boldsymbol{i}$、$\boldsymbol{j}$、$\boldsymbol{k}$ 是沿各坐标轴正向的单位矢量，动点 M 在瞬时 t 的位置不仅可以用它相对于坐标原点 O 的矢径 $\boldsymbol{r}$ 表示，还可以由三个直角坐标 x、y、z 确定，如图 5-4 所示。

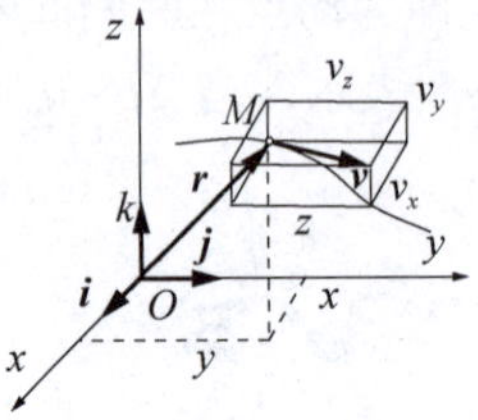

图 5-4

直角坐标法——运动方程和轨迹

当动点 M 运动时，它的三个直角坐标 x、y、z 随时间 t 变化，都是时间 t 的单值连续函数，即

$$\begin{cases} x = f_1(t) \\ y = f_2(t) \\ z = f_3(t) \end{cases} \tag{5-4}$$

这就是点的直角坐标形式的运动方程。从这些方程中消去时间 t，即可得用 x、y、z 之间两个表示的关系式，如式(5-5)，它们描述一条空间曲线，这就是动点的轨迹方程。

$$\begin{cases} F_1(x,\ y) = 0 \\ F_2(x,\ z) = 0 \end{cases} \tag{5-5}$$

由图 5-4 可知

$$\boldsymbol{r} = x\boldsymbol{i} + y\boldsymbol{j} + z\boldsymbol{k} \tag{5-6}$$

2. 点的速度

根据式(5-2)，并考虑到 $\boldsymbol{i}$、$\boldsymbol{j}$、$\boldsymbol{k}$ 为常矢量，对时间 t 的导数均为零，有

$$\boldsymbol{v} = \dot{\boldsymbol{r}} = \dot{x}\boldsymbol{i} + \dot{y}\boldsymbol{j} + \dot{z}\boldsymbol{k} \tag{5-7}$$

根据矢量的性质，速度 $\boldsymbol{v}$ 又可写成下列形式：

$$\boldsymbol{v} = v_x\boldsymbol{i} + v_y\boldsymbol{j} + v_z\boldsymbol{k} \tag{5-8}$$

直角坐标法——点的速度

式中，v_x、v_y、v_z 分别为速度 $\boldsymbol{v}$ 在固定直角坐标轴上的投影，比较以上两式有

$$\begin{cases} v_x = \dot{x} \\ v_y = \dot{y} \\ v_z = \dot{z} \end{cases} \tag{5-9}$$

即动点的速度在各坐标上的投影分别等于该点的对应坐标对时间的一阶导数。

由此可得速度 $\boldsymbol{v}$ 的大小为

$$v=\sqrt{v_x^2+v_y^2+v_z^2} \tag{5-10}$$

速度 $\boldsymbol{v}$ 的方向由其方向余弦确定，即

$$\begin{cases}\cos(\boldsymbol{v},\ \boldsymbol{i})=v_x/v\\ \cos(\boldsymbol{v},\ \boldsymbol{j})=v_y/v\\ \cos(\boldsymbol{v},\ \boldsymbol{k})=v_z/v\end{cases} \tag{5-11}$$

3. 点的加速度

设动点 M 的加速度 $\boldsymbol{a}$ 在直角坐标上的投影为 a_x、a_y、a_z，即

$$\boldsymbol{a}=a_x\boldsymbol{i}+a_y\boldsymbol{j}+a_z\boldsymbol{k} \tag{5-12}$$

直角坐标法——点的加速度

又知

$$\boldsymbol{a}=\dot{\boldsymbol{v}}$$

因此将式(5-7)代入式(5-12)得

$$\begin{aligned}\boldsymbol{a}&=\frac{\mathrm{d}}{\mathrm{d}t}(v_x\boldsymbol{i}+v_y\boldsymbol{j}+v_z\boldsymbol{k})\\&=\dot{v}_x\boldsymbol{i}+\dot{v}_y\boldsymbol{j}+\dot{v}_z\boldsymbol{k}\\&=\ddot{x}\boldsymbol{i}+\ddot{y}\boldsymbol{j}+\ddot{z}\boldsymbol{k}\end{aligned} \tag{5-13}$$

比较式(5-12)和式(5-13)得

$$\begin{cases}a_x=\dot{v}_x=\ddot{x}\\ a_y=\dot{v}_y=\ddot{y}\\ a_z=\dot{v}_z=\ddot{z}\end{cases} \tag{5-14}$$

可见，点的加速度在直角坐标轴上的投影分别等于对应速度投影对时间的一阶导数，或动点的各对应坐标对时间的二阶导数。

由此，点的加速度 $\boldsymbol{a}$ 的大小为

$$\begin{aligned}a&=\sqrt{a_x^2+a_y^2+a_z^2}\\&=\sqrt{\ddot{x}^2+\ddot{y}^2+\ddot{z}^2}\end{aligned} \tag{5-15}$$

加速度 $\boldsymbol{a}$ 的方向由其余弦方向确定，即

$$\begin{cases}\cos(\boldsymbol{a},\ \boldsymbol{i})=a_x/a\\ \cos(\boldsymbol{a},\ \boldsymbol{j})=a_y/a\\ \cos(\boldsymbol{a},\ \boldsymbol{k})=a_z/a\end{cases} \tag{5-16}$$

由上述可见，已知动点的运动方程式(5-4)，通过对时间求一阶、二阶导数，可求出动点的速度、加速度；反之，已知动点的加速度和运动的初始条件，通过积分可以求出动点的速度方程、运动方程和轨迹方程。

§5-3 自然坐标法

1. 运动方程

在许多工程实际问题中，动点的运动轨迹往往是已知的。当点的运动轨迹已知时，可结合轨迹确定动点的位置。设在轨迹上选取一点 O 作为原点，并规定在点 O 的某一侧为正向，如图 5-5 所示，则动点 M 在轨迹上的位置可以用弧长 s 来确定，$s=OM$；s 称为动点 M 在轨迹曲线上的弧坐标。当点 M 运动时，弧坐标 s 是时间 t 的单值连续函数，即

$$s=f(t) \tag{5-17}$$

式(5-17)称为点的弧坐标形式的运动方程(或称点沿已知轨迹的运动方程)。如果已知点的运动方程式(5-6)，可以求出任一瞬时点的弧坐标 s 的值，即确定了该瞬时动点在轨迹上的位置。

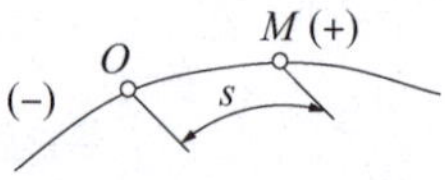

图 5-5

自然坐标法——运动方程和轨迹

2. 自然轴系

在点的运动轨迹曲线上取极为接近的两点 M 和 M_1，其间的弧长为 Δs，这两点切线的单位矢量分别为 $\boldsymbol{\tau}$ 和 $\boldsymbol{\tau}_1$，其指向与弧坐标正向一致，如图 5-6 所示，则 $\boldsymbol{\tau}$ 和 $\boldsymbol{\tau}_1$ 决定一平面，当 M_1 点无限趋近点 M 时，该平面的极限平面称为平面在点 M 的密切面。过点 M 作一垂直于密切面的平面称为法平面，法平面与密切面的交线称为曲线在 M 点的主法线。取主法线的单位矢量为 $\boldsymbol{n}$，正向指向曲线凹侧。过点 M 且垂直于切线及主法线的直线称副法线，其单位矢量为 $\boldsymbol{b}$，其方向与 $\boldsymbol{\tau}$ 和 $\boldsymbol{n}$ 满足右手定则，即

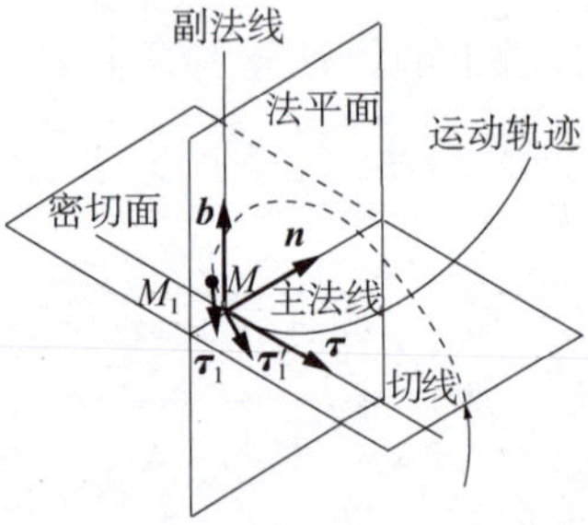

自然轴系

图 5-6

$$\boldsymbol{b}=\boldsymbol{\tau}\times\boldsymbol{n} \tag{5-18}$$

以点 M 为原点，以切线、主法线和副法线为坐标轴组成的正交坐标系称为曲线在点 M 的自然坐标系或自然轴系，这三个轴称为自然轴，如图 5-6 所示。需要注意的是，它与前面的直角坐标系不同，随着点 M 位置在轨迹上运动，$\boldsymbol{b}$、$\boldsymbol{\tau}$ 和 $\boldsymbol{n}$ 的方向也在不断变化，因而自然坐标系是沿曲线而变动的游动坐标系。

3. 点的速度

建立了自然坐标系后，点 M 的速度矢量表达式(5-2)进行如下变换

$$\boldsymbol{v} = \frac{\mathrm{d}\boldsymbol{r}}{\mathrm{d}t} = \frac{\mathrm{d}\boldsymbol{r}}{\mathrm{d}s} \cdot \frac{\mathrm{d}s}{\mathrm{d}t} \tag{5-19}$$

其中

$$\left|\frac{\mathrm{d}\boldsymbol{r}}{\mathrm{d}s}\right| = \lim_{\Delta t \to 0}\left|\frac{\Delta \boldsymbol{r}}{\Delta s}\right| = \lim_{\Delta s \to 0}\left|\frac{\Delta \boldsymbol{r}}{\Delta s}\right| = 1 \tag{5-20}$$

$\dfrac{\mathrm{d}\boldsymbol{r}}{\mathrm{d}s}$ 的方向是当 $\Delta t \to 0$ 时，$\Delta \boldsymbol{r}$ 的极限方向，即沿轨迹在点 M 的切线方向 $\boldsymbol{\tau}$，如图 5-7 所示。则式(5-19)可表示为

$$\boldsymbol{v} = \frac{\mathrm{d}s}{\mathrm{d}t}\boldsymbol{\tau} = v\boldsymbol{\tau} \tag{5-21}$$

由此可得结论：动点速度的大小等于弧坐标对时间的一阶导数，其方向沿轨迹的切线方向，当 $\dfrac{\mathrm{d}s}{\mathrm{d}t} > 0$ 时，指向与 $\boldsymbol{\tau}$ 相同，反之则指向与 $\boldsymbol{\tau}$ 相反。

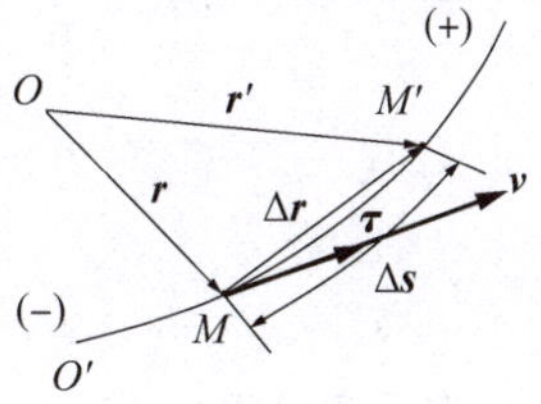

自然坐标法——点的速度

图 5-7

4. 点的加速度

因为点 M 的加速度等于点的速度对时间的导数，所以

$$\boldsymbol{a} = \frac{\mathrm{d}\boldsymbol{v}}{\mathrm{d}t} = \frac{\mathrm{d}(v\boldsymbol{\tau})}{\mathrm{d}t} = \frac{\mathrm{d}v}{\mathrm{d}t}\boldsymbol{\tau} + v\frac{\mathrm{d}\boldsymbol{\tau}}{\mathrm{d}t} \tag{5-22}$$

式(5-22)中右端两项都是矢量，第一项是反映速度大小变化的加速度，其方向沿轨迹在点 M 的切线方向，称为切向加速度，记为 $\boldsymbol{a}_\tau$，即

$$\boldsymbol{a}_\tau = \frac{\mathrm{d}v}{\mathrm{d}t}\boldsymbol{\tau} \tag{5-23}$$

第二项是反映速度方向变化的加速度，记为 $\boldsymbol{a}_n$，即

$$\boldsymbol{a}_n = v\frac{\mathrm{d}\boldsymbol{\tau}}{\mathrm{d}t} = v\lim_{\Delta t \to 0}\frac{\Delta \boldsymbol{\tau}}{\Delta t} = v\lim_{\Delta t \to 0}\left(\frac{\Delta \boldsymbol{\tau}}{\Delta s} \cdot \frac{\Delta s}{\Delta t}\right) = v^2 \lim_{\Delta t \to 0}\frac{\Delta \boldsymbol{\tau}}{\Delta s} = v^2\frac{\mathrm{d}\boldsymbol{\tau}}{\mathrm{d}s} \tag{5-24}$$

由图 5-8 可知

$$|\Delta \boldsymbol{\tau}| = |\boldsymbol{\tau}' - \boldsymbol{\tau}| = 2|\boldsymbol{\tau}|\sin\frac{\Delta\varphi}{2} = 2\sin\frac{\Delta\varphi}{2} \tag{5-25}$$

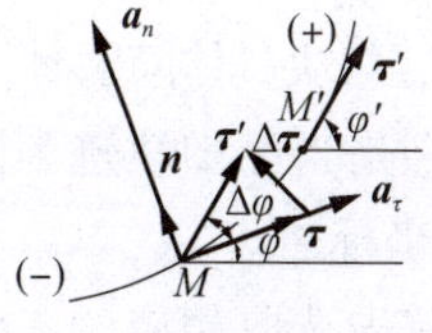

自然坐标法——点的加速度

图 5-8

当 $\Delta t\to 0$ 时，$\Delta s\to 0$，$\sin\dfrac{\Delta\varphi}{2}\approx\dfrac{\Delta\varphi}{2}$，又 $|\boldsymbol{\tau}|=1$，于是 $|\Delta\boldsymbol{\tau}|\approx\Delta\varphi$，则有

$$\frac{\mathrm{d}\boldsymbol{\tau}}{\mathrm{d}s}=\lim_{\Delta s\to 0}\frac{\Delta\boldsymbol{\tau}}{\Delta s}=\lim_{\Delta s\to 0}\frac{\Delta\varphi}{\Delta s}\cdot\frac{\Delta\boldsymbol{\tau}}{\Delta\varphi}=\lim_{\Delta s\to 0}\frac{\Delta\varphi}{\Delta s}\cdot\lim_{\Delta\varphi\to 0}\frac{\Delta\boldsymbol{\tau}}{\Delta\varphi}=\lim_{\Delta s\to 0}\frac{\Delta\varphi}{\Delta s}=\frac{1}{\rho}\tag{5-26}$$

式中，ρ 为曲线在 M 点的曲率半径。当 $\Delta t\to 0$ 时，$\Delta\varphi\to 0$，则 $\Delta\boldsymbol{\tau}$ 和 $\boldsymbol{\tau}$ 之间的夹角 $\left(\dfrac{\pi}{2}-\dfrac{\Delta\varphi}{2}\right)\to\dfrac{\pi}{2}$，并指向曲率中心，即沿主法线 $\boldsymbol{n}$ 的方向，所以称 $\boldsymbol{a}_n$ 为法向加速度，即

$$\boldsymbol{a}_n=\frac{v^2}{\rho}\boldsymbol{n}\tag{5-27}$$

因而点的加速度也称全加速度可写成

$$\boldsymbol{a}=\boldsymbol{a}_\tau+\boldsymbol{a}_n=\frac{\mathrm{d}v}{\mathrm{d}t}\boldsymbol{\tau}+\frac{v^2}{\rho}\boldsymbol{n}\tag{5-28}$$

由此可见，点的加速度在副法线上的投影恒为零，即全加速度在密切面内。全加速度的大小为

$$a=\sqrt{a_\tau^2+a_n^2}\tag{5-29}$$

它与主法线间夹角

$$\alpha=\arctan\frac{|a_\tau|}{a_n}\tag{5-30}$$

综上所述，加速度可以分解为切向加速度和法向加速度，切向加速度描述了速度大小随时间的变化率，法向加速度描述了速度方向随时间的变化率，切向加速度与法向加速度在任一瞬时都互相垂直。全加速度是切向加速度和法向加速度的矢量和。

§5-4 点的运动学应用

点的运动学问题大致有三类：

(1)已知点的运动方程，求点的速度和加速度，归结为求导数运算；

(2)已知点的速度或加速度的变化规律，求点的运动方程或速度，归结为求积分运算；

(3)已知点运动的初始条件及一些约束条件，求点的运动方程、轨迹、速度、加速度等。问题的解法：先建立合适的坐标系，将动点置于轨迹的一般位置，并写出其几何坐标，再根据已知条件将几何坐标改写为时间 t 的连续函数，即得点的运动方程，以后的解题步骤同第(1)类问题。

需要注意：

(1)矢量分析法主要用于理论推导，解决具体问题时，大多采用直角坐标法或自然坐标法。

(2)当点的运动轨迹已知时，特别是当已知轨迹为圆时，采用自然坐标法较为方便；当点的运动轨迹未知时，则应采用直角坐标法。

(3)在建立点的运动方程时，应首先选取相应的参考系(坐标系)，所选取的参考系(坐标系)必须固定不动。

(4)在建立点的运动方程时，通常应将动点置于一般位置上，而不能将动点置于坐标原点或运动初始出发点。

(5)在自然坐标法中，点的运动方程中的 s 是用来确定动点瞬时位置的弧坐标，而不是动点在一段时间内通过的路程。

例 5-1 如图 5-9 所示，半径为 r 的车轮在直线轨道上只滚动而不滑动，其轮心 A 做匀速直线运动，速度为 $\boldsymbol{v}_A$。求：轮缘上一点 M 的运动方程和轨迹，以及当点 M 在最高位置和最低位置时的速度和加速度。

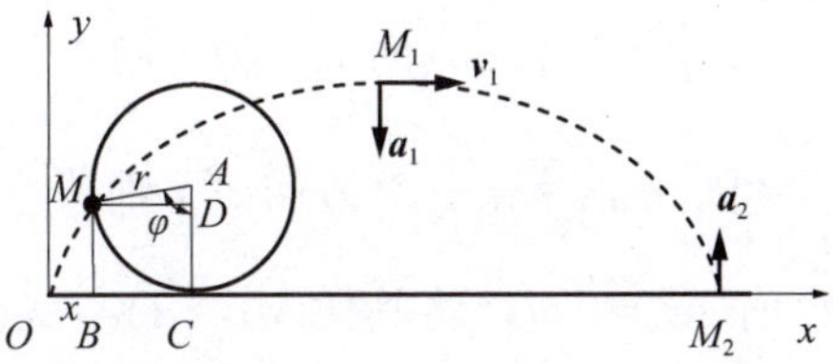

图 5-9

例 5-1 动画

解： 本例属于第(1)类问题。

(1)求运动方程和轨迹。为了求点 M 的运动方程、速度和加速度，取坐标系如图 5-9 所示。

需要注意，在建立点的运动方程时，必须把动点 M 放在任意瞬时 t 的一般位置来分析，而不能放在某一特定位置进行分析。

设点 M 的初瞬时($t=0$)位于坐标原点 O，任一瞬时 t 位于图示位置。由图示几何关系可得点 M 的坐标为

$$\begin{cases} x = OB = OC - MD = r\varphi - r\sin\varphi \\ y = BM = AC - AD = r - r\cos\varphi \end{cases} \tag{a}$$

因轮心 A 以速度 $\boldsymbol{v}_A$ 做匀速直线运动，因而有

$$OC = \overset{\frown}{MC} = r\varphi = v_A t$$
$$\varphi = \frac{v_A t}{r} \tag{b}$$

把 φ 值代入式(a)，则点 M 的运动方程为

$$\begin{cases} x = v_A t - r\sin\dfrac{v_A t}{r} \\ y = r - r\cos\dfrac{v_A t}{r} \end{cases} \tag{c}$$

此运动方程同时也是轨迹的参数方程，其轨迹为旋轮线(又称摆线)。

(2)求速度：将式(c)对时间求一阶导数，可得速度方程

$$\begin{cases} v_x = v_A - v_A\cos\dfrac{v_A t}{r} \\ v_y = v_A\sin\dfrac{v_A t}{r} \end{cases} \tag{d}$$

(3)求加速度：将式(d)对时间求导数，可得加速度方程

$$\begin{cases} a_x = \dfrac{v_A^2}{r}\sin\dfrac{v_A t}{r} \\ a_y = \dfrac{v_A^2}{r}\cos\dfrac{v_A t}{r} \end{cases} \tag{e}$$

当点 M 处于最高位置 M_1 时，$\varphi = \dfrac{v_A t}{r} = \pi$，将它代入式(d)与式(e)得

$$v_{M_1} = 2v_A，\quad 方向沿\ x\ 轴正向$$

$$a_{M_1x} = 0，\ a_{M_1y} = -\frac{v_A^2}{r}，\quad 方向沿\ y\ 轴负方向$$

当点 M 处于最低位置 M_2 时，$\varphi = 2\pi$，将其代入式(d)与式(e)得

$$v_{M_2} = 0，\ a_{M_2x} = 0，\ a_{M_2y} = \frac{v_A^2}{r}$$

a_{M_2y} 的方向沿 y 轴正向，即沿着车轮的半径，指向轮心 A，这是车轮只作滚动不滑动的特征。

例 5-2 如图 5-10 所示摆动机构，曲柄 OA 长为 r，绕 O 轴转动，转角 φ 与时间 t 的关系为 $\varphi=2t$(φ 以弧度计)，通过滑块 A 带动导杆 O_1B 绕 O_1 轴摆动。设导杆 $O_1B=2.5r$，距离 $OO_1=r$。试求点 B 的运动方程、速度及加速度。

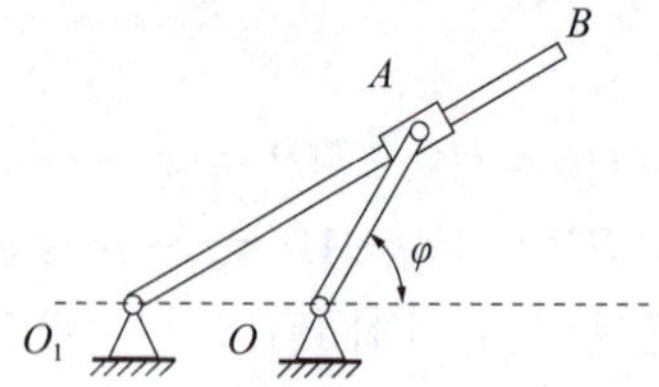

图 5-10

例 5-2 动画

例 5-3 如图 5-11 所示，当液压减震器工作时，它的活塞在套筒内做直线运动。设活塞的加速度 $\boldsymbol{a} = -k\boldsymbol{v}$($\boldsymbol{v}$ 为活塞的速度，k 为比例常数)，初速度为 $\boldsymbol{v}_0$，求活塞的运动规律。

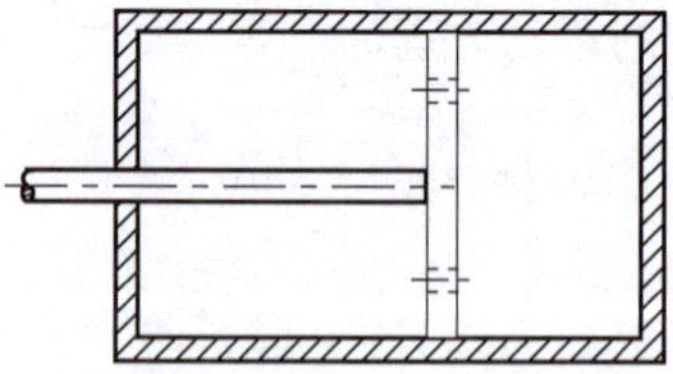

图 5-11

【案例分析 5-1】如图 5-12 所示雷达与火箭发射台的距离为 l，观察铅垂上升的火箭发射，测得角 θ 的变化规律为 $\theta=Ct$(C 为常数)。试写出火箭的运动方程，并计算当 $\theta=\pi/6$ 和 $\theta=\pi/3$ 时，火箭的速度和加速度。

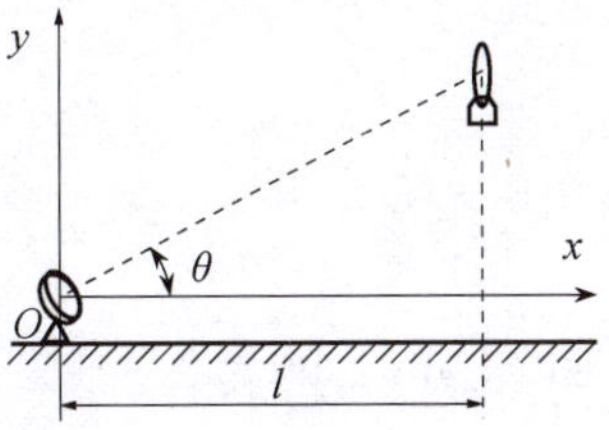

案例分析 5-1 动画　　案例分析 5-1 火箭上升

图 5-12

【案例分析 5-2】如图 5-13 所示，细杆 O_1A 绕轴 O_1 以 $\varphi=\omega t$（ω 为已知常数）运动，杆上套有一小环 M，同时小环 M 又套在半径为 r 的固定圆圈上。试求小环 M 的运动方程、速度和加速度。

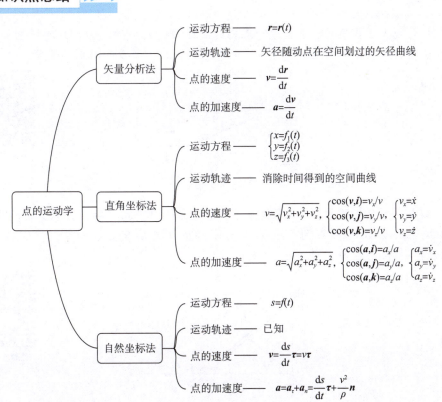

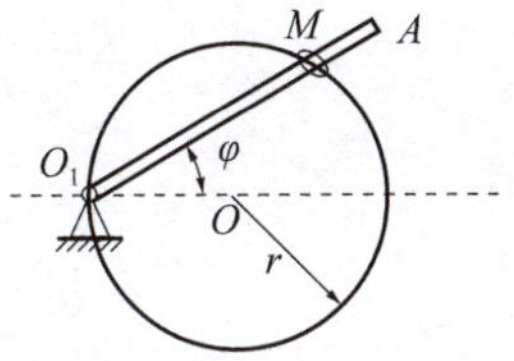

案例分析 5-2 动画　　案例分析 5-2 细杆与小环

图 5-13

知识点总结

- 点的运动学
  - 矢量分析法
    - 运动方程——$\boldsymbol{r}=\boldsymbol{r}(t)$
    - 运动轨迹——矢径随动点在空间划过的矢径曲线
    - 点的速度——$\boldsymbol{v}=\dfrac{\mathrm{d}\boldsymbol{r}}{\mathrm{d}t}$
    - 点的加速度——$\boldsymbol{a}=\dfrac{\mathrm{d}\boldsymbol{v}}{\mathrm{d}t}$
  - 直角坐标法
    - 运动方程——$\begin{cases}x=f_1(t)\\y=f_2(t)\\z=f_3(t)\end{cases}$
    - 运动轨迹——消除时间得到的空间曲线
    - 点的速度——$v=\sqrt{v_x^2+v_y^2+v_z^2}$，$\begin{cases}\cos(\boldsymbol{v},\boldsymbol{i})=v_x/v\\\cos(\boldsymbol{v},\boldsymbol{j})=v_y/v,\\\cos(\boldsymbol{v},\boldsymbol{k})=v_z/v\end{cases}$ $\begin{cases}v_x=\dot{x}\\v_y=\dot{y}\\v_z=\dot{z}\end{cases}$
    - 点的加速度——$a=\sqrt{a_x^2+a_y^2+a_z^2}$，$\begin{cases}\cos(\boldsymbol{a},\boldsymbol{i})=a_x/a\\\cos(\boldsymbol{a},\boldsymbol{j})=a_y/a,\\\cos(\boldsymbol{a},\boldsymbol{k})=a_z/a\end{cases}$ $\begin{cases}a_x=\dot{v}_x\\a_y=\dot{v}_y\\a_z=\dot{v}_z\end{cases}$
  - 自然坐标法
    - 运动方程——$s=f(t)$
    - 运动轨迹——已知
    - 点的速度——$\boldsymbol{v}=\dfrac{\mathrm{d}s}{\mathrm{d}t}\boldsymbol{\tau}=v\boldsymbol{\tau}$
    - 点的加速度——$\boldsymbol{a}=\boldsymbol{a}_\tau+\boldsymbol{a}_n=\dfrac{\mathrm{d}s}{\mathrm{d}t}\boldsymbol{\tau}+\dfrac{v^2}{\rho}\boldsymbol{n}$

思考题

5-1　点做直线运动时，若其速度为零，加速度是否也一定为零？点做曲线运动时，其速度大小不变，加速度是否一定为零？

5-2　在计算点的速度和加速度时，v、$\boldsymbol{v}$ 和 v_x 有何不同？$\dfrac{\mathrm{d}v}{\mathrm{d}t}$、$\dfrac{\mathrm{d}\boldsymbol{v}}{\mathrm{d}t}$ 和 $\dfrac{\mathrm{d}v_x}{\mathrm{d}t}$ 有何不同？

5-3　点沿思考题5-3图所示的曲线运动，所设的速度 $\boldsymbol{v}$ 和加速度 $\boldsymbol{a}$ 的情况哪些正确，哪些不正确？并说明理由。

5-4　点 M 沿螺旋线自外向内运动，如思考题5-4图所示，且走过的弧长与时间成正比，问该点的加速度是越来越大，还是越来越小？该点越跑越快，还是越跑越慢，还是快慢不变？

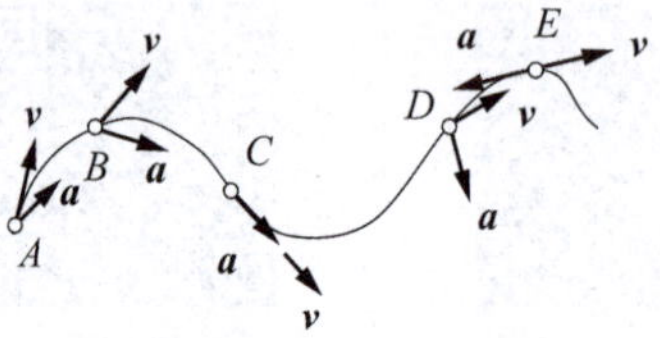

思考题 5-3 图

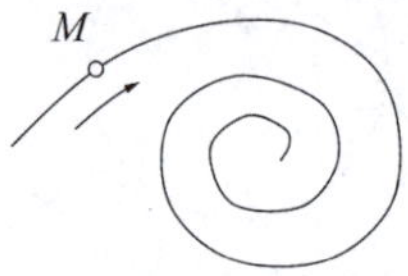

思考题 5-4 图

习　题

5-1　如习题5-1图所示，曲柄连杆机构的曲柄 $OA=r$，连杆 $AB=l$，连杆上有一点 M，$AM=b$。如曲柄转动时 $\varphi=\omega t$（ω 为常数），求 M 点的运动方程及 $t=0$ 时的速度。

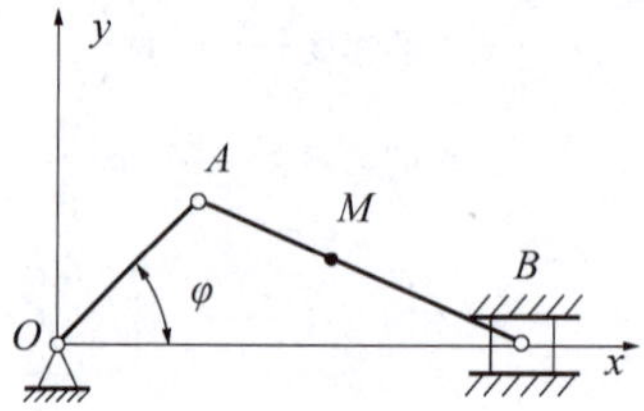

习题 5-1 图

习题 5-1 动画

5-2　如习题5-2图所示，椭圆规的曲柄 AO 可绕轴 O 转动，端点 A 以铰链连接于规尺 BC 上，规尺上的点 B 和点 C 可分别沿互相垂直的滑槽运动。已知 $AO=AC=AB=a/2$，$CM=b$。试确定规尺上点 M 的轨迹。

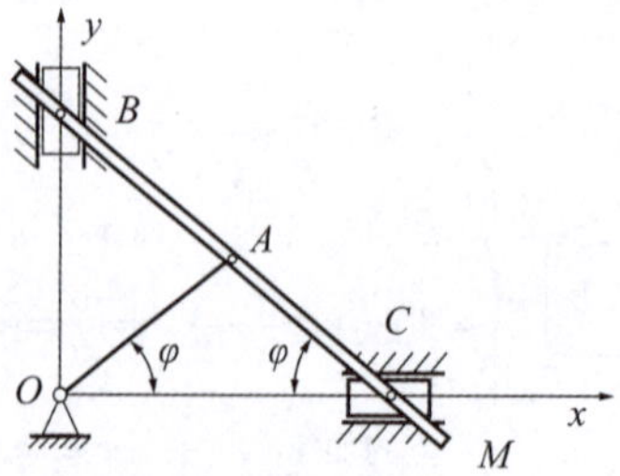

习题 5-2 图

习题 5-2 动画

5-3　如习题 5-3 图所示，偏心凸轮半径为 R，绕 O 轴转动，转角 $\varphi=\omega t$（ω 为常量），偏心距 $OC=e$，凸轮带动顶杆 AB 沿直线做往复运动。试求顶杆的运动方程和速度。

5-4　如习题 5-4 图所示，摇杆机构的滑杆 AB 在某段时间以等速 $\boldsymbol{u}$ 向上运动，试分别用直角坐标法和自然坐标法建立摇杆上点 C 的运动方程，并求此点在 $\varphi=\dfrac{\pi}{4}$ 时的速度大小。假设初瞬时 $\varphi=0$，摇杆长 $OC=a$，距离 $OD=l$。

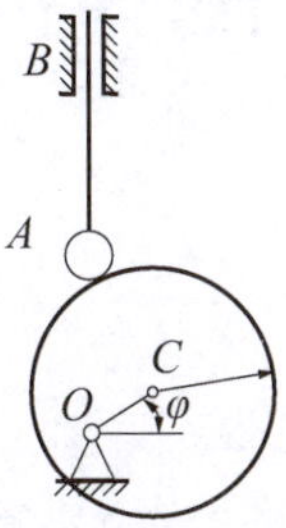

习题 5-3 图

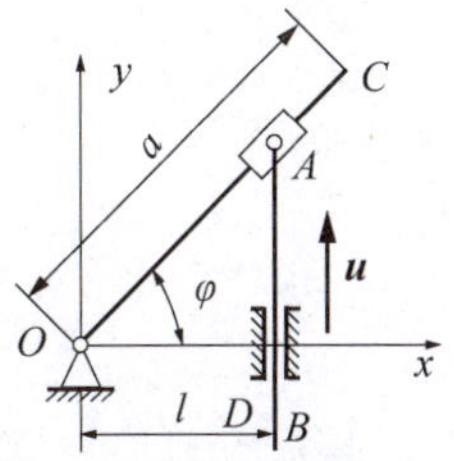

习题 5-4 图

5-5　小型润滑油泵中采用的曲柄导杆机构如习题 5-5 图所示。电动机带动曲柄 OM 匀速转动，滑块 M 铰接在曲柄上，并可在导杆的滑槽内滑动，从而带动导杆及活塞 C 做往复运动。已知曲柄 OM 长为 R，导杆 BC 长为 l，$\varphi=\omega t+\varphi_0$。试求活塞 C 的运动方程，以及它在最右端时的速度和加速度。

习题 5-5 动画

5-6　如习题 5-6 图所示，梯子的 A 端放在水平地面上，另一端 B 靠在竖直墙面上。梯子保持在铅垂平面内沿墙面滑下。已知 A 端的速度 v_0 为常量，M 为梯子上的一点，设 $MA=l$、$MB=h$，初始时梯子处于竖直位置。试求当梯子与墙面的夹角为 θ 时，点 M 的速度和加速度。

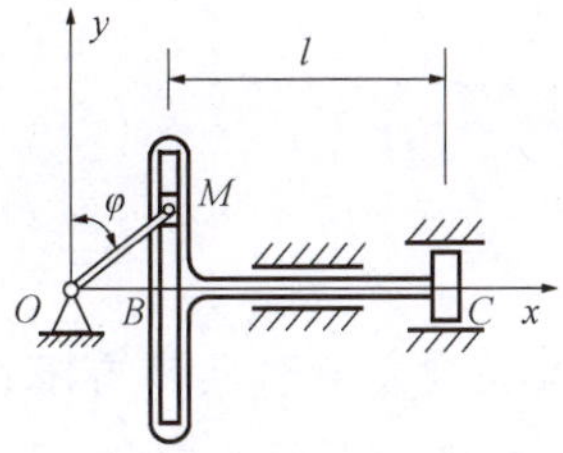

习题 5-5 图

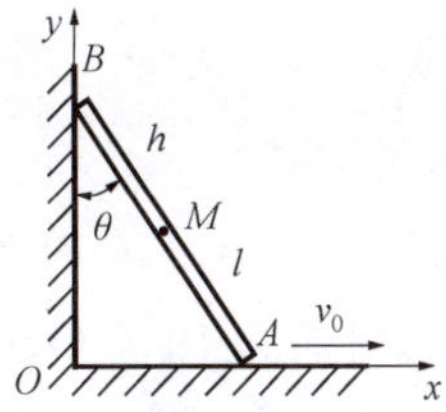

习题 5-6 图

第6章

刚体的基本运动

内容提要

实际工程中常常见到的车轮的转动、车身的移动、车床刀具的移动等，它们不能抽象成点的运动，分析时应看作刚体的运动。刚体是由无数点组成的，因为各点的轨迹、速度和加速度等不一定相同，但是彼此之间并不是孤立的，存在着一定的关系。刚体的运动形式多种多样，其中本章研究的平动和定轴转动两种形式是最简单的，这是工程中最常见的运动，是研究复杂运动的基础。

素质目标

提升工程问题分析和解决能力，培养勇于探索、敢于创新的科学精神，树立为国家科技进步贡献自己力量的坚定信念。

案例导读

1. 中国航空发动机——太行发动机

太行发动机，也叫涡扇10系列发动机，由中国航空发动机集团有限公司沈阳发动机研究所研制，是国产第三代大型军用航空涡轮风扇发动机。太行，号称“天下之脊”，中国第一台大推力涡轮风扇发动机，取名太行，其意义不言自明。太行发动机于1978年预研，1987年立项，2005年12月28日完成设计定型审查考核，历时27年。太行发动机是中国首个具有自主知识产权的高性能、大推力、加力式涡轮风扇发动机，它填补了国产先进涡扇发动机的空白。采用大推力、大涵道比及数字电子控制系统，主要用于战斗机上。涡轮是航空发动机中最核心的部件之一，为优化发动机性能、提高运行稳定性，需要研究涡轮叶片等在高速旋转、加速和减速过程中的运动特性和动态行为。太行发动机的成功研制和使用，意味着中国在航空动力领域具备独立自主的研发和生产能力，而以太行为基础的系列动力装置可用于为我国战斗机、客机以及军舰提供动力，中国成为继美国和俄罗斯之后又一个能够研发大推力军用涡扇发动机的国家。

2. 世界最大风力发电基地——甘肃酒泉千万千瓦级风电基地

甘肃酒泉千万千瓦级风电基地是我国第一个千万千瓦级风电基地，是我国继西气东输、西油东输、西电东送和青藏铁路之后，西部大开发的又一标志性工程，被誉为“风电三峡”。据气象部门风能评估结果表明，酒泉风能资源总储量超过1.5亿kW，可开发量达4 000万kW以上，可利用面积近10 000 km^2。风能是清洁可再生能源，风力发电是现阶段新能源领域中技术最成熟、最具规模开发条件和商业化开发前景的发电方式之一，发展风电对于调整能源结构、减轻环境污染等方面都有重要的意义。风轮是风力发电机的核心部件，风力发电是利用风力带动风轮叶片旋转，把风的动能转化为风轮的机械能，风轮带动发电机发电。风轮的旋转运动是风力发电机的核心运动形式，旋转运动的速度和方向决定了风力发电机的性能和效率。

任务驱动

完成本章学习，填写表6-1、表6-2。

表6-1 “刚体绕定轴转动”知识点

转动方式	转动方程	瞬时角速度	角加速度	转速和角速度的换算关系式	转动示意图
定轴转动					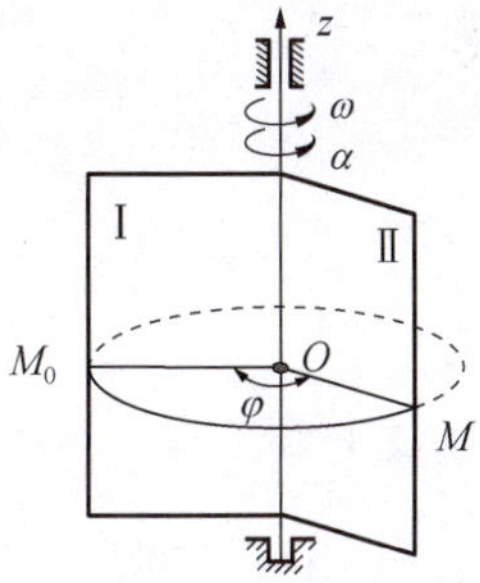

表6-2 “转动刚体内各点的速度和加速度”知识点

转动方式	各点的速度	各点的法向加速度	各点的切向加速度	各点的全加速度	速度示意图	加速度示意图
定轴转动					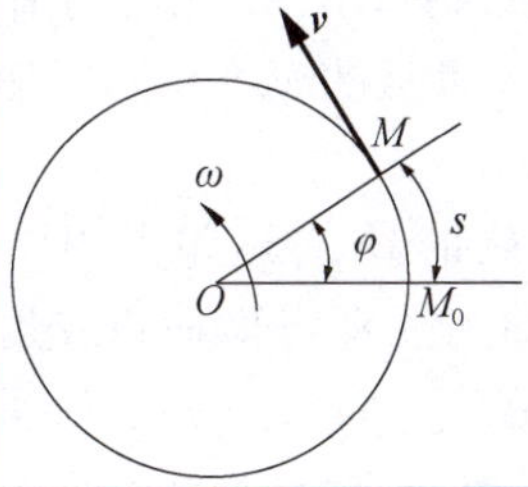	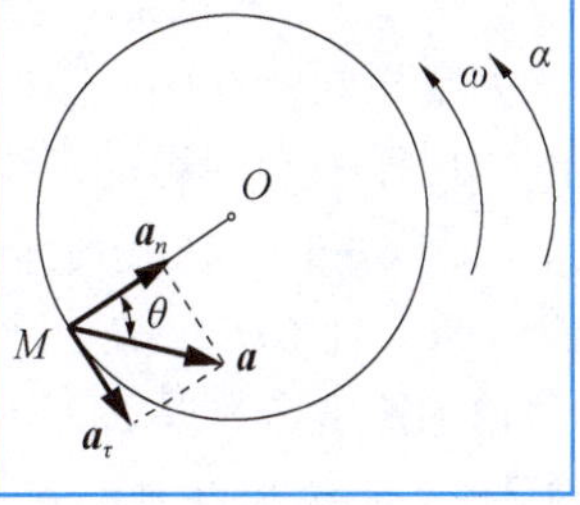

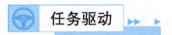

§6-1 刚体的平行移动

如果在运动刚体上任意取一直线，在运动过程中这条直线始终与它的原来位置平行，这种运动称为刚体的平行移动，简称平动。在工程实际中，经常会见到刚体做这样的运动，如叉车货叉的上下移动、车床上刀架的运动、沿直线行驶的列车车厢的运动等。

刚体平动时，如果其体内任一点的轨迹都是直线，则称为直线平动，如平板车车体的运动[图 6-1(a)]；如果任一点的轨迹都是曲线，则称为曲线平动，如振动筛筛子的运动[图 6-1(b)]。

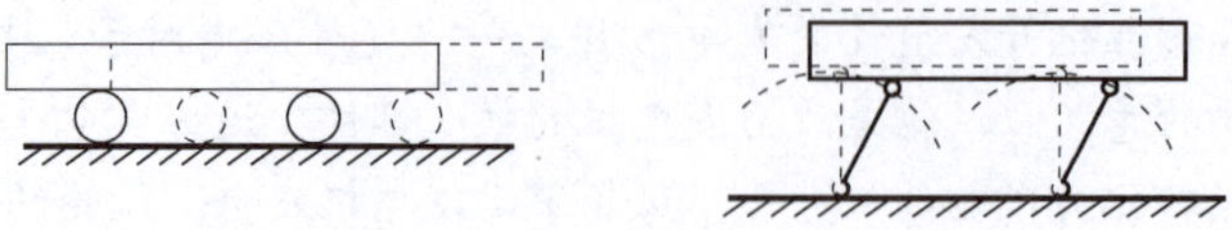

(a) (b)

图 6-1

图 6-1 动画

现在研究刚体做平动时其上各点运动的关系。设刚体做平动，如图 6-2 所示，在刚体内任选两点 A 和 B，用 $\boldsymbol{r}_A$ 和 $\boldsymbol{r}_B$ 分别表示 A 和 B 两点相对于点 O 的矢径，则两个矢量的矢端曲线就是此两点的轨迹。由图中可得到

$$\boldsymbol{r}_A = \boldsymbol{r}_B + \boldsymbol{r}_{BA} \tag{6-1}$$

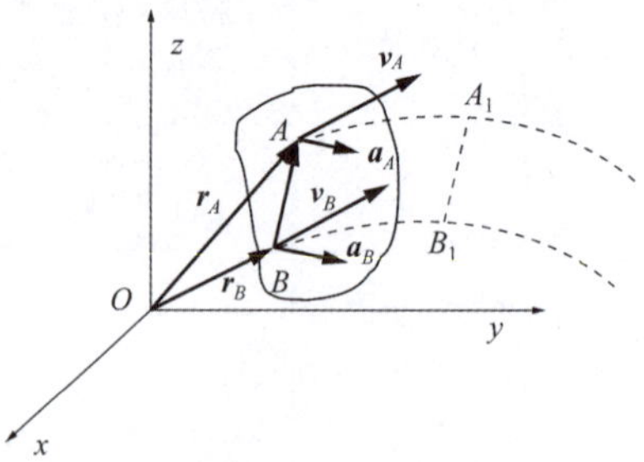

图 6-2

图 6-2 动画

当刚体平动时，线段 AB 的长度和方向均不发生改变，所以 $\boldsymbol{r}_{BA}$ 为常矢量。因此，点 B 的轨迹沿 $\boldsymbol{r}_{BA}$ 移动一段距离后就与点 A 的轨迹完全重合。

将式(6-1)对时间 t 求一阶、二阶导数，因为 $\boldsymbol{r}_{BA}$ = 常矢量，可以得到

$$\boldsymbol{v}_A = \boldsymbol{v}_B,\ \boldsymbol{a}_A = \boldsymbol{a}_B \tag{6-2}$$

式中，$\boldsymbol{v}_A$ 和 $\boldsymbol{v}_B$ 分别表示点 A 和点 B 的速度；$\boldsymbol{a}_A$ 和 $\boldsymbol{a}_B$ 分别表示点 A 和点 B 的加速度。

由于 A、B 两点是任意选择的，因此得到结论：当刚体平行移动时，其上各点的轨迹形状完全相同；在同一瞬时，各点的速度相同、加速度相同。因此，研究刚体的平动，可以用刚体内任一点的运动来确定。

例 6-1 在输送散粒的摆式运输机中，摆杆长 $OA = O_1B = l$，且 $OO_1 = AB$。已知当摆杆与铅垂线成角 θ 时的角速度和角加速度分别是 ω_0 和 α_0，方向如图 6-3 所示。试求运输槽上任一点 M 和点 B 的速度和加速度。

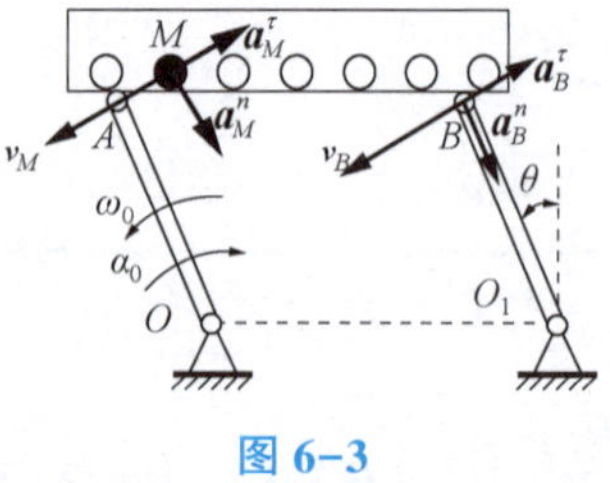

图 6-3

解： 如图 6-3 所示，摆杆 OA 和 O_1B 的长度相等，并且 $OO_1 = AB$，于是运输槽做平动。根据平动刚体的运动特点知，刚体内各点的运动规律都相同，即点 M 和点 B 的速度和加速度均相同，则有

$$v_M = v_B = O_1B \cdot \omega_0 = l\omega_0$$

$$a_M^{\tau} = a_B^{\tau} = \frac{\mathrm{d}v}{\mathrm{d}t} = l\frac{d\omega_0}{\mathrm{d}t} = l\alpha_0$$

$$a_M^n = a_B^n = \frac{v^2}{l} = l\omega_0^2$$

点 M 和点 B 的全加速度的大小及与杆 O_1B 的夹角为

$$a_M = a_B = \sqrt{a_B^{\tau 2} + a_B^{n 2}} = l\sqrt{\alpha_0^2 + \omega_0^4}$$

$$\theta = \arctan\left|\frac{\alpha_0}{\omega_0^2}\right|$$

§6-2 刚体的定轴转动

一、刚体的定轴转动

定轴转动是工程中最为常见的一种运动形式，齿轮传动、机床主轴的转动等都属于刚体绕定轴转动的实例。它们有一个共同的特点，即运动时，在刚体内(或刚体外)有一条直线始终保持不动，则这种运动称为刚体的定轴转动，简称刚体的转动。该固定不变的直线称为刚体的转轴，简称轴。很明显，刚体做转动时，刚体内不在转轴上的各点都在垂直于转轴的平面内做圆周运动，且圆心都在转轴上。

刚体的定轴转动

如图 6-4 所示，设有一刚体绕定轴 z 转动。通过 z 轴作一个固定平面Ⅰ，另作一个平面Ⅱ与刚体固连，随着刚体一起转动，则定轴转动刚体在任一瞬时的位置可以由这两个平面之间的夹角 φ 完全确定，φ 角称为转角，以弧度(rad)表示。考虑到平面Ⅱ有两种转向，所以转角 φ 是一个代数量，其符号通常规定为：从 z 轴正向往负方向看，按逆时针转动的转角为正值，按顺时针转动的转角为负值。

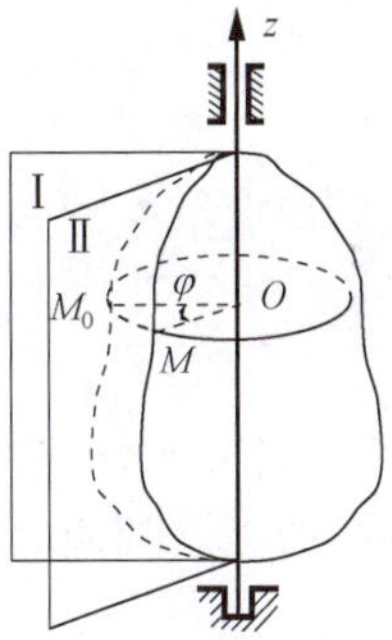

图 6-4

当刚体做定轴转动时，刚体的位置随时间而变化，即转角 φ 随时间而变化。转角 φ 是时间 t 的单值连续函数，即

$$\varphi = \varphi(t) \tag{6-3}$$

式(6-3)称为刚体定轴转动的运动方程，简称刚体的转动方程。

引入角速度的概念来描述刚体转动的快慢程度，转角 φ 随时间 t 的变化率称为角速度，设在 Δt 时间间隔内，转角的改变量为 $\Delta\varphi$，则刚体的瞬时角速度定义为

$$\omega = \lim_{\Delta t \to 0}\frac{\Delta\varphi}{\Delta t} = \frac{\mathrm{d}\varphi}{\mathrm{d}t} = \dot{\varphi} \tag{6-4}$$

即刚体的角速度等于其转角对时间的一阶导数。

角速度是代数量，当 $\omega > 0$ 时，转角 φ 随时间增加而增大；反之，转角 φ 随时间增加而减小。角速度的正负表示了刚体转动的转向。

角速度的单位是弧度/秒(rad/s)，在工程中当刚体做匀速转动时，常用转速 n 表示转动的快慢程度，其单位是转/分(r/min)，角速度与转速之间的换算关系是

$$\omega = \frac{2\pi n}{60} = \frac{\pi n}{30} \tag{6-5}$$

同理，引入角加速度的概念来描述角速度的变化规律，角速度对时间的变化率称为角加速度。设在 Δt 时间间隔内，角速度的改变量为 $\Delta\omega$，则刚体的瞬时角加速度定义为

$$\alpha = \lim_{\Delta t \to 0} \frac{\Delta\omega}{\Delta t} = \frac{\mathrm{d}\omega}{\mathrm{d}t} = \frac{\mathrm{d}^2\varphi}{\mathrm{d}t^2} = \dot{\omega} = \ddot{\varphi} \tag{6-6}$$

即刚体的角加速度等于角速度对时间的一阶导数或等于转角对时间的二阶导数。

角加速度也是代数量，当 $\alpha>0$ 时，表示角加速度的转向与转角的正向一致，当 $\alpha<0$ 时，则相反。

二、刚体内各点的速度和加速度

刚体做定轴转动时，除轴线上的点外刚体内各点都做圆周运动，圆心在转轴上，半径 R 为点 M 到转轴的距离，并称 R 为转动半径，如图 6-5 所示。由于点 M 的运动轨迹已知，故可用自然坐标法来确定点 M 的运动，取固定平面 Ⅰ 与圆周的交点 M_0 为弧坐标的原点，则点 M 的弧坐标 s 与转角 φ 的关系为

$$s = R\varphi \tag{6-7}$$

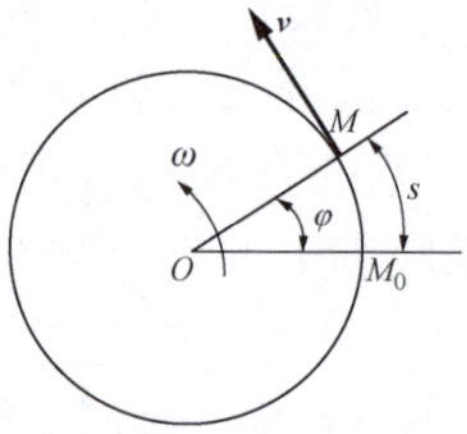

图 6-5

刚体内各点的速度和加速度

根据第 5 章内容可知，点 M 的速度大小为

$$v = \frac{\mathrm{d}s}{\mathrm{d}t} = \frac{R\mathrm{d}\varphi}{\mathrm{d}t} = R\omega \tag{6-8}$$

即刚体转动时，刚体上任一点的速度的大小等于该点到转轴的距离与刚体角速度的乘积，其方向沿该点圆周的切线，并指向转动的一方，如图 6-6 所示。

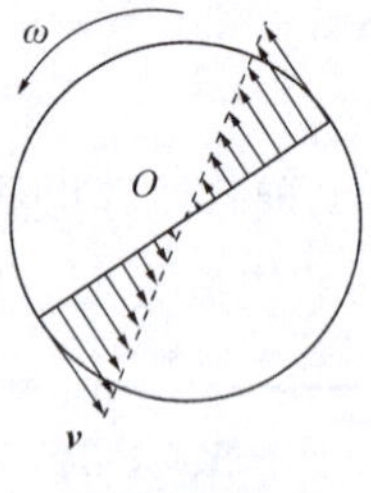

图 6-6

定轴转动刚体内各点的加速度

再由第 5 章内容可求出点 M 的切向加速度和法向加速度的值分别为

$$a_\tau = \frac{\mathrm{d}v}{\mathrm{d}t} = \frac{R\mathrm{d}\omega}{\mathrm{d}t} = R\alpha \tag{6-9}$$

$$a_n = \frac{v^2}{\rho} = \frac{(R\omega)^2}{R} = R\omega^2 \tag{6-10}$$

点 M 的切向加速度 $\boldsymbol{a}_\tau$ 垂直于 OM，指向与角加速度 α 的转向一致；而法向加速度 $\boldsymbol{a}_n$ 总是沿着 OM 指向圆心 O，即指向转轴。如图 6-7(a)所示，点 M 的全加速度的大小及其与半径 OM 的夹角 θ 分别为

$$a=\sqrt{a_\tau^2+a_n^2}=\sqrt{(R\alpha)^2+(R\omega^2)^2}=R\sqrt{\alpha^2+\omega^4} \tag{6-11}$$

$$\theta=\arctan\frac{a_\tau}{a_n}=\arctan\left(\frac{\alpha}{\omega^2}\right) \tag{6-12}$$

由式(6-11)和式(6-12)可知，在某一瞬时，转动刚体内各点的全加速度的大小与转动半径成正比，其方向与其同转动半径的夹角 θ 有关，而与转动半径无关，如图 6-7(b)所示。

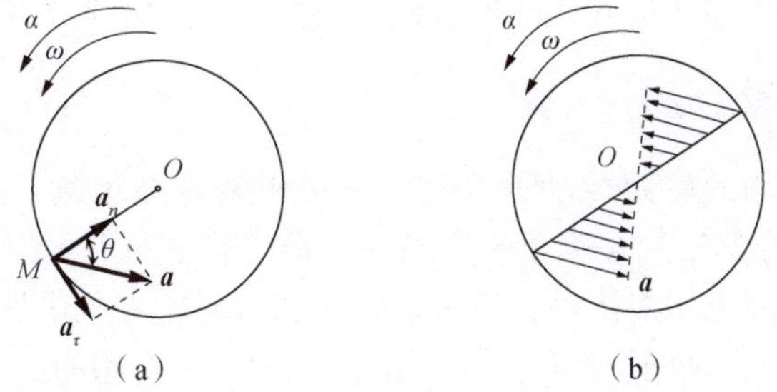

图 6-7

例 6-2　图 6-8 为卷筒提升重物装置，已知卷筒半径 $R=0.2$ m，其转动方程为 $\varphi=3t-t^2$（φ 以 rad 计，t 以 s 计），试求 $t=1$ 时，卷筒边缘上任一点 M 及重物 A 的速度和加速度。

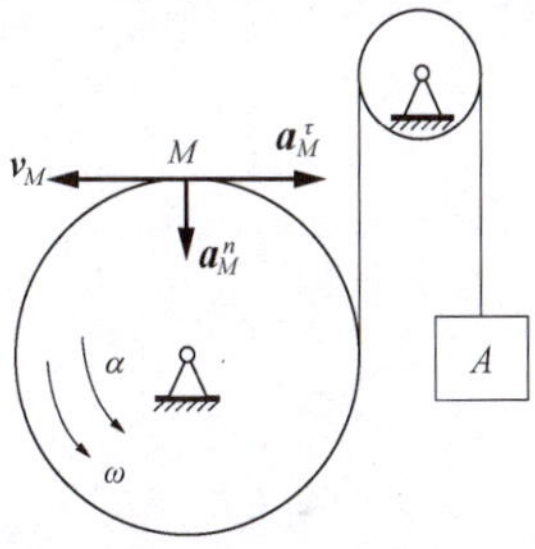

图 6-8

解：(1)先求出卷筒转动的角速度和角加速度。

由已知的转动方程对时间分别求一阶、二阶导数可得

$$\omega=\frac{\mathrm{d}\varphi}{\mathrm{d}t}=3-2t$$

$$\alpha=\frac{\mathrm{d}\omega}{\mathrm{d}t}=-2$$

当 $t=1$ s 时，$\omega=1$ rad/s，$\alpha=-2$ rad/s^2。

可见 α 与 ω 符号相反，可判断出卷筒做减速转动，如图 6-8 所示，α 与假设方向相反。

(2)求出卷筒上任一点 M(如图中最上方的点)的速度和加速度。

$$v_M=R\omega=0.2\cdot 1\ \text{m/s}=0.2\ \text{m/s}$$

$$a_M^\tau=R\alpha=0.2\cdot(-2)\ \text{m/s}^2=-0.4\ \text{m/s}^2(\text{与假设}\ \alpha\ \text{的方向相反})$$

$$a_M^n=R\omega^2=0.2\cdot 1^2\ \text{m/s}^2=0.2\ \text{m/s}^2$$

M 点的全加速度的大小及与半径 OM 的夹角分别为

$$a_M=\sqrt{(a_M^\tau)^2+(a_M^n)^2}=\sqrt{(-0.4)^2+(0.2)^2}\ \text{m/s}^2\approx 0.45\ \text{m/s}^2$$

$$\theta=\arctan\left|\frac{\alpha}{\omega^2}\right|=\arctan\frac{2}{1}=63°26'$$

(3)求重物 A 的速度和加速度。

因为题中不计钢丝绳的伸长，且钢绳与卷筒间无相对滑动，所以重物 A 下降的距离与卷筒边缘上任一点 M 在同一时间内所走过的弧长相等，因此重物 A 的速度与点 M 的速度大小相等，即有

$$v_A = v_M = 0.2\ \text{m/s}$$

同理，重物 A 的加速度与点 M 的切向加速度大小相等，有

$$a_A = a_M^\tau = R\alpha = 0.2 \cdot (-2)\ \text{m/s}^2 = -0.4\ \text{m/s}^2$$

加速度方向与速度相反，即铅垂向上。

§6-3　定轴轮系传动分析

工程中常利用轮系传动来提高或降低机械设备的转速，常见的有齿轮系、带轮系。

一、圆柱齿轮传动

圆柱齿轮传动是常用的轮系传动方式之一，可用来升降转速、改变转动方向。图 6-9(a)、(b)所示分别为外啮合、内啮合的原理图。在定轴圆柱齿轮传动中，齿轮相互啮合，可视为两齿轮的节圆之间无相对滑动，设主动轮 A 和从动轮 B 的节圆半径分别为 r_1、r_2，角速度分别为 ω_1(转速 n_1)、ω_2(转速 n_2)。接触点 M_1、M_2 具有相同的速度 $\boldsymbol{v}$。因此，有

$$v = r_1\omega_1 = \frac{n_1\pi}{30}r_1 = r_2\omega_2 = \frac{n_2\pi}{30}r_2 \tag{6-13}$$

得到

$$\omega_2 = \frac{r_1}{r_2}\omega_1 \quad n_2 = \frac{r_1}{r_2}n_1 \tag{6-14}$$

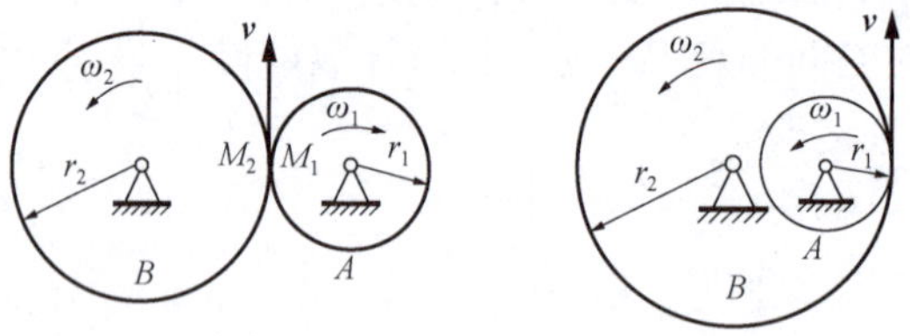

(a)　　(b)

图 6-9

齿轮传动

主动轮的角速度(转速)与从动轮的角速度(转速)之比，通常称为传动比，用 i_{12} 表示，于是

$$i_{12} = \pm\frac{\omega_1}{\omega_2} \tag{6-15a}$$

式中的“-”表示转向相反，为外啮合情形[图 6-9(a)]；“+”表示角速度的转向相同，为内啮合情形[图 6-9(b)]。

设齿轮 A、B 的齿数为 z_1、z_2，由齿数与节圆半径的关系 $\frac{z_1}{z_2} = \frac{r_1}{r_2}$ 可得

$$i_{12} = \pm\frac{\omega_1}{\omega_2} = \pm\frac{n_1}{n_2} = \pm\frac{r_2}{r_1} = \pm\frac{z_2}{z_1} \tag{6-15b}$$

由此可见，互相啮合的两齿轮，齿轮的角速度之比与半径成反比。

例 6-3　图 6-10 所示为二级减速器，轴 I 为主动轴，与电动机相连。已知电动机的转

速 $n_1=1\ 450$ r/min，各齿轮的齿数 $z_1=17$、$z_2=44$、$z_3=21$、$z_4=38$。求该减速器的总传动比 i_{13} 及轴Ⅲ的角速度 ω_3。

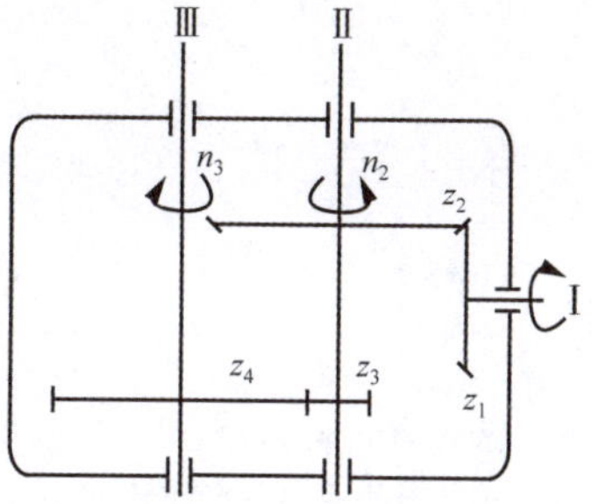

图 6-10

解： 各齿轮均做定轴转动，为定轴轮系传动问题。z_2 和 z_3 同轴，转速相同。

轴Ⅰ与轴Ⅱ的传动比为

$$i_{12}=\frac{n_1}{n_2}=\frac{z_2}{z_1}=\frac{44}{17}$$

轴Ⅱ与轴Ⅲ的传动比为

$$i_{23}=\frac{n_2}{n_3}=\frac{z_4}{z_3}=\frac{38}{21}$$

从轴 1 至轴 3 的总传动比为

$$i_{13}=\frac{n_1}{n_3}=\frac{n_1}{n_2}\cdot\frac{n_2}{n_3}=i_{12}i_{23}=\frac{44}{17}\cdot\frac{38}{21}=4.68$$

轴 3 的角速度

$$\omega_3=\frac{2\pi n_3}{60}=\frac{2\pi n_1}{60 i_{13}}=32.4\ \text{rad/s}$$

二、皮带轮传动

在工程中，常常见到电动机通过皮带使变速箱的轴转动，如图 6-11 所示，在此皮带轮系中，设主动轮和从动轮的半径分别为 r_1 和 r_2，角速度分别为 ω_1 和 ω_2，如不考虑皮带厚度，并假设皮带与带轮之间无相对滑动，则有 $r_1\omega_1=r_2\omega_2$。

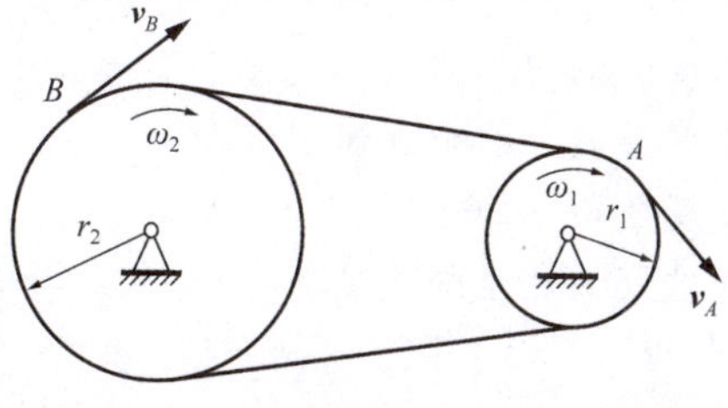

图 6-11

皮带轮传动

所以，皮带轮的传动比公式为

$$i_{12}=\frac{\omega_1}{\omega_2}=\frac{r_2}{r_1}=\pm\frac{z_2}{z_1}$$

即两轮的角速度与其半径成反比，转动方向相同。这个结论与圆柱齿轮传动完全一样，事实上，不仅适用于圆柱齿轮传动，也适用于圆锥齿轮传动、摩擦轮传动、链传动等。

知识点总结

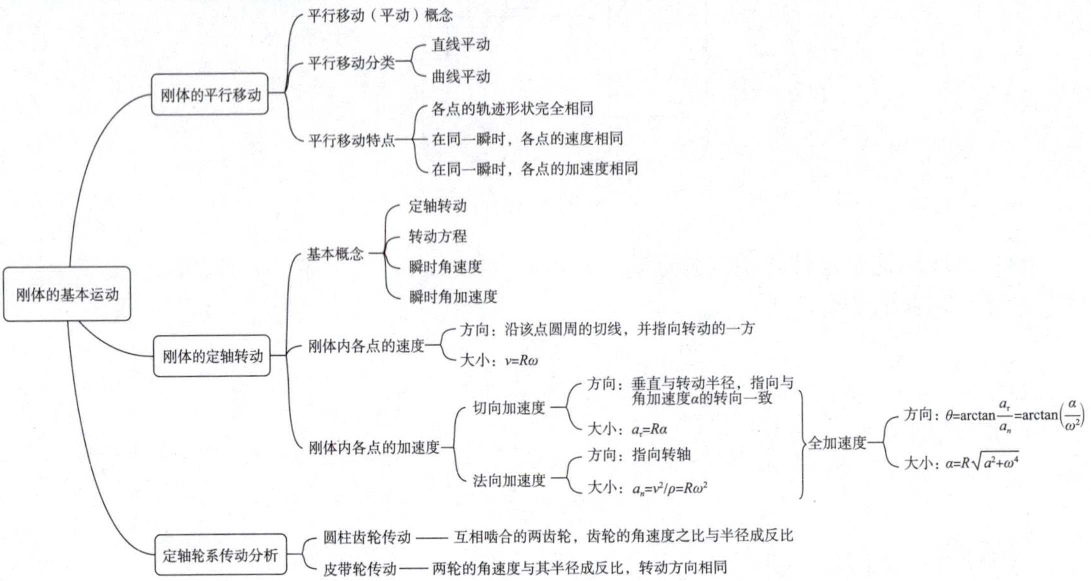

思考题

6-1 “刚体做平动时，刚体内各点的轨迹一定是直线或平行曲线，刚体绕定轴转动时，各点的轨迹一定是圆”这种说法对吗？为什么？

6-2 某瞬时，平动刚体上各点速度的大小相等，但方向可以不同，对吗？

6-3 刚体在运动过程中，若其上有一条直线始终平行于它的初始位置，这种刚体的运动就是平动吗？

6-4 刚体做定轴转动，其上某点 A 到转轴距离为 R。为求出刚体上任一点在某一瞬时的速度和加速度的大小，下述哪组条件是充分的？

(1) 已知点 A 的速度及该点的全加速度方向。

(2) 已知点 A 的切向加速度及法向加速度。

(3) 已知点 A 的切向加速度及该点的全加速度方向。

(4) 已知点 A 的法向加速度及该点的速度。

(5) 已知点 A 的法向加速度及该点全加速度的方向。

习 题

6-1 如习题 6-1 图所示，杆 AO 绕轴 O 转动，转动方程为 $\varphi=4t^2$（t 以 s 计，φ 以 rad 计）；杆 BC 绕轴 C 转动；杆 AO 与杆 BC 平行等长，$AO=BC=0.5$ m。试求当 $t=1$ s 时，直角折杆 $EABD$ 的端点 D 的速度和加速度。

6-2　杆 OA 的长度为 l，可绕轴 O 转动，A 端靠在物块 B 的侧面上，如习题 6-2 图所示，若物块 B 以匀速 $\boldsymbol{v}_0$ 向右平动，且 $x=v_0t$，试求杆 OA 的角速度和角加速度以及 A 端的速度。

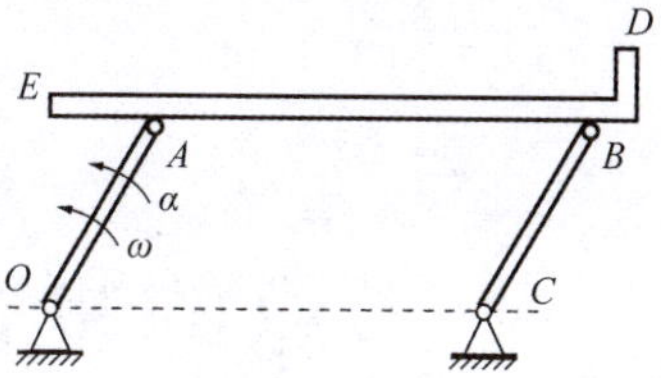

习题 6-1 图

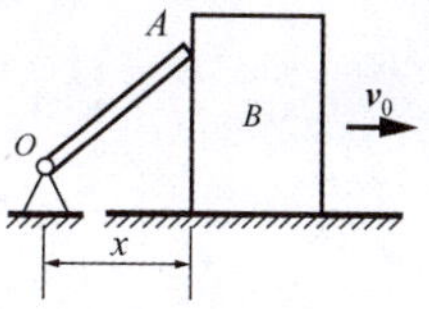

习题 6-2 图

6-3　如习题 6-3 图所示，杆 OA、O_1B 和十字形套筒 D 套结在一起。已知 $OO_1=d=40$ cm，杆 OA 以 $\omega=2$ rad/s 做匀速转动，转向如图。求杆 O_1B 的角速度 ω_1 及套筒 D 的速度 $\boldsymbol{v}_D$。

6-4　习题 6-4 图所示机构可以将工件送入干燥炉内。已知杆 $AO=1.5$ m，在铅垂面内转动；杆 $AB=0.8$ m，A 端为铰链，B 端有放置工件的框架；在机构运动时，工件的速度恒为 0.05 m/s，杆 AB 始终铅垂。设工件开始时，$\varphi=0$。试建立杆 AO 的转动方程，以及点 B 的运动方程和轨迹方程。

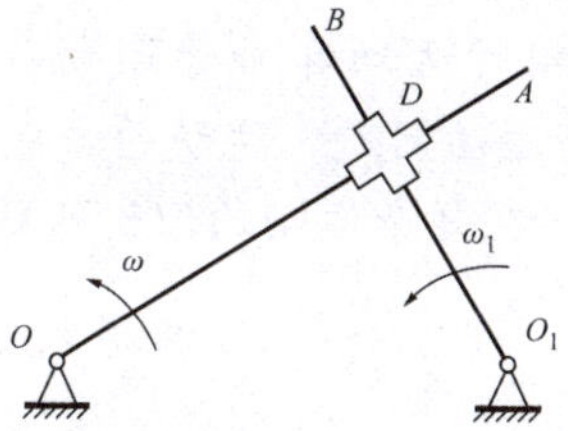

习题 6-3 图

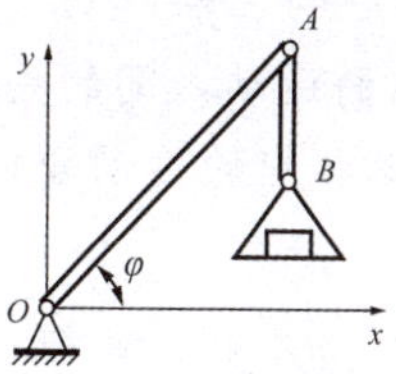

习题 6-4 图

6-5　习题 6-5 图所示电动绞车由皮带轮Ⅰ、Ⅱ和鼓轮Ⅲ组成，鼓轮Ⅲ和皮带轮Ⅱ刚性地固定在同一轴上，各轮半径分别为 $R_1=0.3$ m、$R_2=0.75$ m、$R_3=0.4$ m，轮Ⅰ的转速 $n=100$ r/min。设皮带轮和皮带之间无相对滑动，试求重物 P 上升的速度和皮带上点 A、B、C、D 的加速度。

习题 6-6 动画

6-6　车床的传动装置如习题 6-6 图所示。已知各齿轮的齿数分别为 $z_1=40$、$z_2=84$、$z_3=28$、$z_4=80$；带动刀具的丝杠的螺距为 $h_4=12$ mm。求车刀切削工件的螺距 h_1。

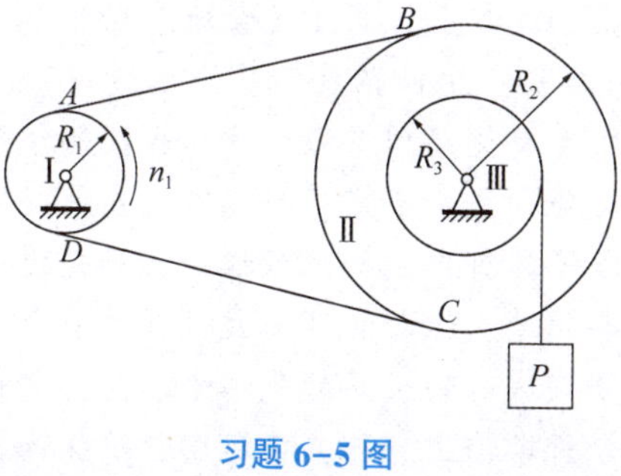

习题 6-5 图

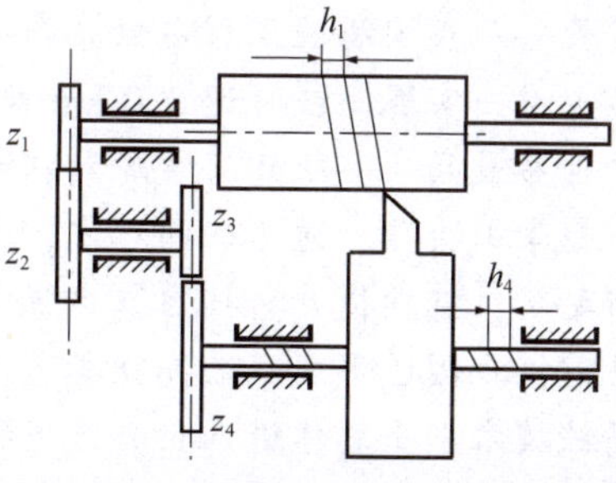

习题 6-6 图

第 7 章
点的复合运动

内容提要

在工程实际中有许多复杂的运动问题。一般情况下，点的复合运动的分析方法，是建立在运动合成和分解的基础之上的。从不同的参考系来观察同一物体的运动，将得到不同的结果。为了建立同一点相对不同参考系的运动之间的关系，需要引入静参考系和一个恰当的动参考系，以及相对应的三种运动：绝对运动、相对运动和牵连运动。研究物体（点、刚体）对于不同参考系的运动之间的关系，称为复合运动问题。运动的合成与分解的方法和理论被广泛地应用于工程中的运动分析问题，它是研究复杂运动的理论基础。

素质目标

提升工程系统思维和综合分析能力，培养精益求精的工匠精神，激发家国情怀和使命感。

案例导读

1. 中国高铁领跑世界

自 2008 年中国第一条高速铁路（简称高铁）投入运营以来，中国高铁网络迅速发展，截至 2024 年，通过持续的投资和建设，我国已成功建设了世界上规模最大、现代化水平最高的高铁网络，“四纵四横”高铁主骨架全面建成，“八纵八横”高铁主通道加密成形。运营里程世界最长——我国高铁里程占世界高铁总里程的 2/3 以上。商业运营速度世界最快——我国是世界上唯一实现高铁时速 350 km 商业运营的国家，向世界展示了中国速度。运营网络通达水平世界最高——从林海雪原到江南水乡，从大漠戈壁到东海之滨，我国高铁跨越大江大河、穿越崇山峻岭、通达四面八方，覆盖全国大部分主要城市。我国铁路发展坚定不移走自主创新之路，持续提升科技自立自强能力，形成了具有自主知识产权的世界先进高铁技术体系。目前，我国已形成涵盖高铁工程建设、装备制造、运营管理三大领域的成套高铁技术体系，高铁技术水平总体进入世界先进行列，部分领域达到世界领先水平。为了更好地控制高铁的运动状态，需要利用运动合成与分解理论分析车轮上点的复杂运动，确保高铁在轨道上的平稳、安全和高效运行。

2. 无人驾驶插秧机，水稻种植“加速度”

无人驾驶插秧机，引领水稻种植进入全新时代，为农业生产带来“加速度”。我国的无人驾驶插秧机采用北斗卫星导航系统和智能操控技术，实现了自主导航、自动插秧，大大提高了水稻机械化移栽作业精准化程度，有效提升了作业效率，减轻了农民劳动强度，减少了对人力资源的依赖。同时，其精准的作业方式也有助于提高水稻产量和品质，为农业生产带来更高的经济效益。无人驾驶插秧机的分插机构是实现高效、准确插秧的关键部件，其模仿人手插秧的动作，按照固定的轨迹运动。为保证插秧的准确性和效率，需运用运动学理论对其进行运动轨迹分析规划与取秧过程中的运动控制，使分插机构能够按照预定的路径和角度进行插秧。无人驾驶插秧机的推广使用，将推动水稻种植业的现代化进程，助力乡村振兴。

任务驱动

完成本章学习，填写表 7-1、表 7-2。

表 7-1　“点的合成运动基本概念”知识点

点的运动	知识点			
	基本概念	速度符号	加速度符号	运动间的关系示意图
绝对运动				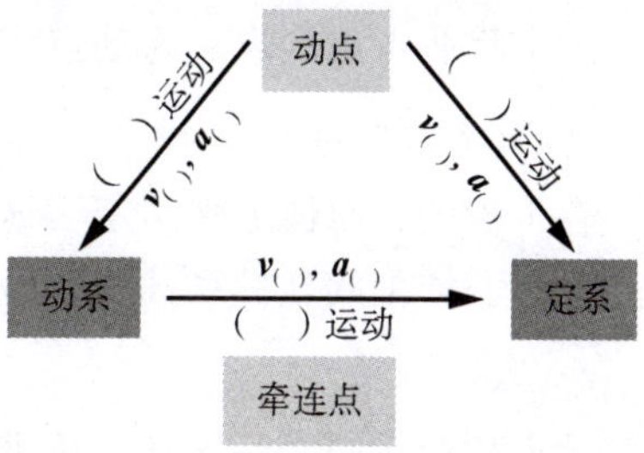
相对运动				
牵连运动				

表 7-2　“点的合成运动”知识点

合成定理	知识点	
	公式	应用
点的速度合成定理		画速度平行四边形，最多求解(　)个未知量
牵连运动为平动时 点的加速度合成定理		使用投影法，最多求解(　)个未知量
牵连运动为转动时 点的加速度合成定理		使用投影法，最多求解(　)个未知量

§7-1 基本概念

在第 5 章和第 6 章中，在研究点和刚体的运动时，都是以地面或固定在地面上的框架为参考系的，然而在实际问题中，同一物体的运动，所选择的参考系不同时，其运动是不同的。例如，观察沿直线轨迹前进的小车后轮上的一点 M 的运动，如图 7-1 所示。若以地面为参考，则该点轨迹为旋轮线，做曲线运动；但若以车轴为参考系，则该点做圆周运动。因此，点 M 的旋轮线运动可以看成是由该点相对于车厢的运动和随同车厢的运动所合成的。点的这种由几个运动组合而成的运动称为点的合成运动。

基本概念

既然点运动可以合成，当然也可以分解。我们常把点的比较复杂的运动看成几个简单运动的组合，先研究这些简单运动，然后把它们合成。这就得到研究点的运动的一种重要方法——运动的分解与合成。运用运动的分解与合成的方法分析点的运动，需要建立新的概念，即“一个动点，两套坐标系，三种运动”。

1. 动点

通常将所考虑的点称为动点。它可以是刚体上的某一点，也可以是刚体的一部分。

2. 定坐标系和动坐标系

在工程中，习惯上将固定于地面的坐标系称为定坐标系，简称定系；把固连在相对地面运动的参考体上的坐标系称为动坐标系，简称动系。

3. 三种运动

动点相对于定系的运动，称为绝对运动；动点相对于动系的运动称为相对运动；动系相对于定系的运动称为牵连运动。例如，图 7-1 中将动系固连在小车车厢上，则轮缘上动点 M 相对于地面的运动即旋轮线运动是绝对运动，动点 M 相对于车轴的圆周运动是相对运动，而车厢相对地面的直线平动是牵连运动。由此可见，动点的绝对运动，是它的相对运动与牵连运动的合成运动。

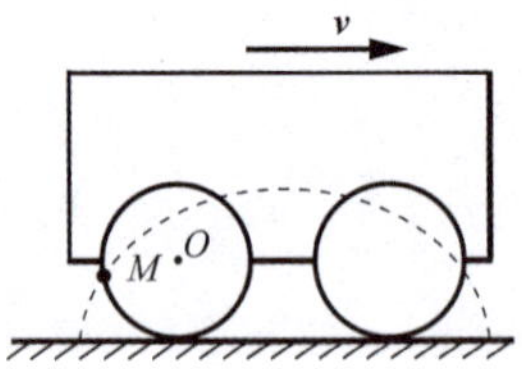

图 7-1

图 7-1 动画

由上述定义可知，动点的绝对运动可看成是相对运动和牵连运动的合成结果；反之，动点的绝对运动可分解为相对运动和牵连运动。必须指出的是，动点的绝对运动和相对运动是指点的运动，可以是直线运动或曲线运动，是同一点相对于定系、动系的运动，应该用点的运动学理论来描述和分析。而牵连运动则是动系的运动，由于动系固结于运动的刚体上，所以牵连运动是刚体的运动，它可以是平动、定轴转动、平面运动或其他复杂的刚体运动，应该用刚体的运动理论来描述与分析。

动点的绝对运动轨迹、速度和加速度，分别称为动点的绝对轨迹、绝对速度 $\boldsymbol{v}_a$ 和绝对加速度 $\boldsymbol{a}_a$。

动点的相对运动轨迹、速度和加速度，分别称为动点的相对轨迹、相对速度 $\boldsymbol{v}_r$ 和相对加速度 $\boldsymbol{a}_r$。

某瞬时，动系与动点相重合的那一点（即牵连点）的速度和加速度，分别称为动点在该瞬时的牵连速度 $\boldsymbol{v}_e$ 和牵连加速度 $\boldsymbol{a}_e$。

研究点的合成运动的主要问题，就是将“一个动点，两套坐标系，三种运动”弄清楚，研究绝对运动、相对运动和牵连运动的关系及这三种运动的速度和加速度之间的关系。解决问题的关键是动点和动系的选取。选择动点、动系和定系的原则如下。

（1）动点、动系和定系分别选在三个不同的物体或点上。

（2）动点和动系的选择应使动点的相对运动轨迹明显而简单（如直线、圆或某一确定的曲线）。

（3）动点宜选为机构中主动件与从动件之间进行运动传递的连接点（或接触点）。

（4）注意动系既不能与动点取在同一个刚体上，也不能固定在对定系静止的物体上。

常见如下：

（1）两个运动物体之间互不关联。此时，可选取其中一个物体上的某点为动点，动系固连于另一个物体上。

（2）一个单独的点在一个运动的物体上做相对运动。此时，可选取该点为动点，动系固连于运动物体上。

（3）两个相对运动物体始终有接触点，而其中一个物体上的接触点固定不变。此时，可选取固定不变的常接触点为动点，动系固连于另一个运动物体上。

（4）两个相对运动物体始终有接触点，但两个物体的接触点均在不断变化。此时，动点、动系的选取需遵循上述基本原则，根据题意具体分析。

（5）两个相对运动物体之间存在着关联物。此时，可选取关联物为动点，动系分别固连于被动点关联的两个相对运动物体上。

§7-2　点的速度合成定理

点的速度合成定理，建立了点的绝对速度、相对速度、牵连速度三者之间的关系。

如图 7-2 所示，设有一动点 M（可看作小球）在一曲线槽 $\overset{\frown}{AB}$ 内运动，曲线槽 $\overset{\frown}{AB}$ 又相对于定系 $Oxyz$ 运动，将动系建立在曲线槽 $\overset{\frown}{AB}$ 上。

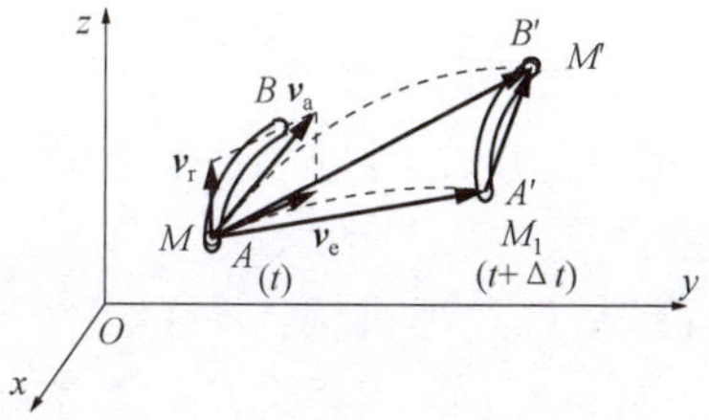

图 7-2

点的速度合成定理

在某瞬时 t，动点 M(小球)在曲线槽 $\overset{\frown}{AB}$ 上的点 M，经过 Δt 时间间隔后，曲线槽 $\overset{\frown}{AB}$ 运动到 $\overset{\frown}{A'B'}$ 位置。同时，动点 M(小球)沿 $\overset{\frown}{A'B'}$ 运动到点 M'。

在瞬时 t 和瞬时 $t+\Delta t$，动点分别在点 M 和 M' 处，则动点的绝对轨迹为 $\overset{\frown}{MM'}$，绝对位移为 $\overrightarrow{MM'}$；动点的相对轨迹为 $\overset{\frown}{M_1M'}$，相对位移为 $\overrightarrow{M_1M'}$；与动点 M 重合的点在瞬时 $t+\Delta t$ 位于 M_1 点，牵连轨迹为 $\overset{\frown}{MM_1}$，牵连位移为 $\overrightarrow{MM_1}$。

由图中的矢量关系可得

$$\overrightarrow{MM'} = \overrightarrow{MM_1} + \overrightarrow{M_1M'} \tag{7-1}$$

由于这些位移都是在同一时间间隔 Δt 内完成的，故将上式除以 Δt，再取极限得

$$\lim_{\Delta t\to 0}\frac{\overrightarrow{MM'}}{\Delta t} = \lim_{\Delta t\to 0}\frac{\overrightarrow{MM_1}}{\Delta t} + \lim_{\Delta t\to 0}\frac{\overrightarrow{M_1M'}}{\Delta t} \tag{7-2}$$

式中，$\lim\limits_{\Delta t\to 0}\dfrac{\overrightarrow{MM'}}{\Delta t}$ 为瞬时 t 动点的绝对速度，记为 $\boldsymbol{v}_{\mathrm{a}}$，方向沿绝对轨迹 $\overset{\frown}{MM'}$ 在 M 处的切线方向；$\lim\limits_{\Delta t\to 0}\dfrac{\overrightarrow{MM_1}}{\Delta t}$ 为瞬时 t 动点的牵连速度，记为 $\boldsymbol{v}_{\mathrm{e}}$，方向沿牵连轨迹 $\overset{\frown}{MM_1}$ 在 M 处的切线方向；$\lim\limits_{\Delta t\to 0}\dfrac{\overrightarrow{M_1M'}}{\Delta t}$ 为瞬时 t 动点的相对速度，记为 $\boldsymbol{v}_{\mathrm{r}}$，方向沿相对轨迹 $\overset{\frown}{AB}$ 在 M 处的切线方向。

因而可得

$$\boldsymbol{v}_{\mathrm{a}} = \boldsymbol{v}_{\mathrm{e}} + \boldsymbol{v}_{\mathrm{r}} \tag{7-3}$$

式(7-3)表示在任一瞬时，动点的绝对速度等于其牵连速度与相对速度的矢量和，这就是点的速度合成定理。按矢量合成的平行四边形定则，绝对速度应该是牵连速度与相对速度所构成的平行四边形的对角线。这一矢量等式共有三个矢量，每个矢量有大小和方向，共有六个要素，若已知其中任意四个量时，便可求出另外两个未知量。

在应用速度合成定理解题时，建议按以下步骤进行。

(1)恰当地选择动点和动系。

(2)分析绝对运动、相对运动和牵连运动。

(3)列写速度合成定理，并分别判断三种速度的大小和方向哪些是已知量，哪些是未知量。

(4)按速度合成定理作出速度矢量的平行四边形，并求解未知量。

速度平行四边形是计算的基础，不能出错，更不能省略不画，在画速度平行四边形时，应注意以下两点。

(1)绝对速度应位于速度平行四边形的对角线上。

(2)绝对速度与牵连速度、相对速度之间是“合成”的关系，而不是“平衡”的关系，不能误认为三个速度矢量“自行封闭”。

例 7-1 图 7-3 所示为平面铰链四边形机构，$O_1A=O_2B=10$ cm，$O_1O_2=AB$，杆 O_1A 以 $\omega=2$ rad/s 绕 O_1 轴做匀速转动。杆 AB 上有一套筒 C，套筒 C 与杆 CD 相铰接。求当 $\varphi=60°$ 时杆 CD 的速度。

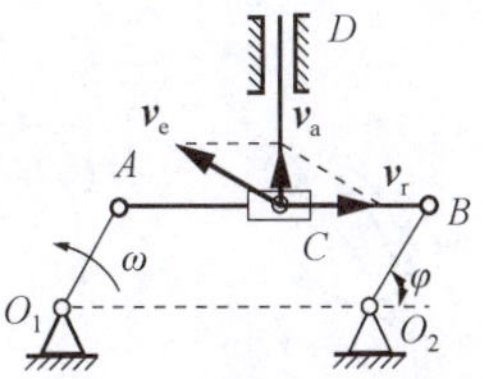

图 7-3

例 7-1 动画

解：(1)确定动点、动系。

杆 O_1A 的转动，带动杆 AB 平动，套筒 C 铰接在 CD 上且相对于 AB 有滑动，因此选套筒 C 为动点，动系固连在杆 AB 上。

(2)分析三种运动。

绝对运动：杆 CD 做铅垂直线运动。

相对运动：套筒 C 在杆 AB 上做直线运动。

牵连运动：杆 AB 做平动。

(3)速度分析及计算。

根据速度合成定理，分析如下：

	$\boldsymbol{v}_a$	=	$\boldsymbol{v}_e$	+	$\boldsymbol{v}_r$
大小：	?		$O_1A\cdot\omega$		?
方向：	√		√		√

其中，$\boldsymbol{v}_e$ 是杆 AB 上与点 C 相重合的牵连点的速度，由于杆 AB 做平动，所以 AB 上各点具有相同的速度，均与点 A 速度相同，而点 A 是以 O_1 为圆心的定轴转动，有 $\boldsymbol{v}_A=O_1A\cdot\omega$，方向垂直于 O_1A。

(4)作速度平行四边形。

由图 7-3 的速度平行四边形可得动点 C 的绝对速度大小为

$$v_a=v_e\sin 30^\circ=\frac{1}{2}\cdot O_1A\cdot\omega=10\ \text{cm/s}$$

§7-3　牵连运动为平动时点的加速度合成定理

在证明点的速度合成定理时，我们对牵连运动未加任何限制，因此该定理对任何形式的牵连运动都适合。但是，加速度合成问题与牵连运动形式有关，对于不同形式的牵连运动有不同的结论。本节研究牵连运动为平动时点的加速度合成定理。

牵连运动为平动时点的加速度合成定理

如图 7-4 所示，设 AB 为动系且相对于定系做平动，动点 M 相对于动系做曲线运动。

在瞬时 t，动点在 M 位置，其绝对速度为 $\boldsymbol{v}_a$，相对速度为 $\boldsymbol{v}_r$，牵连速度为 $\boldsymbol{v}_e$，由速度合成定理有

$$\boldsymbol{v}_a=\boldsymbol{v}_e+\boldsymbol{v}_r \tag{7-4}$$

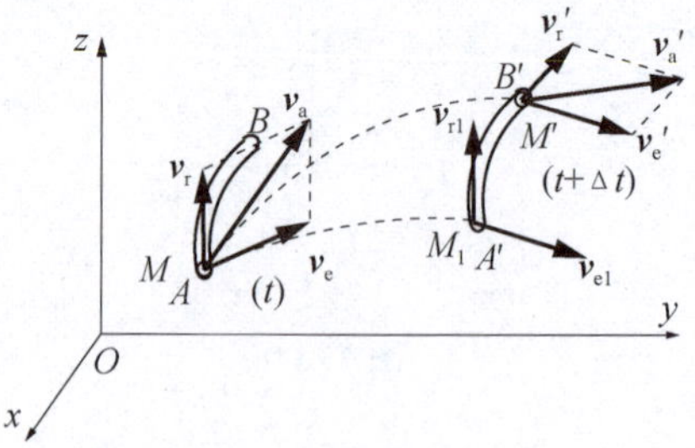

图 7-4

在瞬时 $t+\Delta t$，动点在 M' 位置，其绝对速度为 $\boldsymbol{v}_a'$，相对速度为 $\boldsymbol{v}_r'$，牵连速度为 $\boldsymbol{v}_e'$，由速度合成定理有

$$\boldsymbol{v}_a' = \boldsymbol{v}_e' + \boldsymbol{v}_r' \tag{7-5}$$

由加速度定义，动点的绝对加速度 $\boldsymbol{a}_a$ 可表示为

$$\begin{aligned}\boldsymbol{a}_a &= \lim_{\Delta t\to 0}\frac{\boldsymbol{v}_a' - \boldsymbol{v}_a}{\Delta t} = \lim_{\Delta t\to 0}\frac{(\boldsymbol{v}_e' + \boldsymbol{v}_r') - (\boldsymbol{v}_e + \boldsymbol{v}_r)}{\Delta t} \\ &= \lim_{\Delta t\to 0}\frac{\boldsymbol{v}_e' - \boldsymbol{v}_e}{\Delta t} + \lim_{\Delta t\to 0}\frac{\boldsymbol{v}_r' - \boldsymbol{v}_r}{\Delta t}\end{aligned} \tag{7-6}$$

讨论牵连加速度时，设动点 M 在曲线上没有相对运动，则经过 Δt 时间，由 M 位置到达 M_1 位置，牵连速度由 $\boldsymbol{v}_e$ 变为 $\boldsymbol{v}_{e1}$，由于牵连运动为平动，在同一瞬时动系上各点的速度都相同，即 $\boldsymbol{v}_e' = \boldsymbol{v}_{e1}$，则有

$$\lim_{\Delta t\to 0}\frac{\boldsymbol{v}_e' - \boldsymbol{v}_e}{\Delta t} = \lim_{\Delta t\to 0}\frac{\boldsymbol{v}_{e1} - \boldsymbol{v}_e}{\Delta t} = \boldsymbol{a}_e \tag{7-7}$$

讨论动点相对加速度时，不考虑曲线的牵连运动，经过 Δt 时间，动点 M 由 $A'B'$ 上的 M_1 位置到达 M'位置，相对速度由 $\boldsymbol{v}_{r1}$ 变为 $\boldsymbol{v}_r'$，牵连运动为平动，对动点的相对运动没有影响，有 $\boldsymbol{v}_r = \boldsymbol{v}_{r1}$，则有

$$\lim_{\Delta t\to 0}\frac{\boldsymbol{v}_r' - \boldsymbol{v}_r}{\Delta t} = \lim_{\Delta t\to 0}\frac{\boldsymbol{v}_r' - \boldsymbol{v}_{r1}}{\Delta t} = \boldsymbol{a}_r \tag{7-8}$$

将式(7-7)和式(7-8)代入式(7-6)，可有

$$\boldsymbol{a}_a = \boldsymbol{a}_e + \boldsymbol{a}_r \tag{7-9}$$

该式表明：当牵连运动为平动时，动点的绝对加速度等于牵连加速度与相对加速度的矢量和。这就是牵连运动为平动时点的加速度合成定理。

在应用加速度合成定理解题时，建议按以下步骤进行。

(1)恰当地选择动点和动系。

(2)分析绝对运动、相对运动和牵连运动。

(3)判断牵连运动为平动还是转动，如果牵连运动为平动，根据式(7-9)分析动点的绝对加速度、相对加速度和牵连加速度；如果动系的运动为转动或其他复杂运动，在下一节会做具体讲解。

(4)根据点的加速度分析图计算未知量，必要的时候需要建立投影轴进行计算。

在进行加速度分析时，需要注意以下几点。

(1)由于分析计算加速度时需要用到有关的速度或角速度，因此当速度为未知量时，需要进行点的速度分析，应用速度合成定理求出相关速度或角速度。

(2)注意判断牵连运动为平动还是转动，牵连运动的性质决定了加速度合成定理的不同。

(3)在列写加速度合成定理时，如果确定某加速度需要进行分解，可以直接将该加速度分解成切向加速度和法向加速度。一般情况下，法向加速度方向指向曲率中心，而切向加速度方向只需确定曲线切线所在直线即可。

(4)由于在加速度合成定理分析过程中包含的矢量较多，因此应用加速度分析图进行计算求解时，一般建立合适的投影轴，采用投影法列出投影式，将矢量方程转化为代数方程来求解未知量；需要特别指出的是，各物理量之间根据加速度合成定理进行等式投影，即绝对加速度的投影式写在等号的一边，其他分量的加速度写在等号的另一边；一般情况下，为了解题简捷，选取投影轴与不需求的未知量相垂直，以使投影式中只包含一个未知量，避免解联立方程。

例 7-2　求例 7-1 中当 $\varphi=60°$时杆 CD 的加速度。

解：(1)动点、动系的选择和三种运动的判断已经在例 7-1 进行分析。

(2)加速度分析及计算。

已知牵连运动杆 AB 做平动，因此根据牵连运动为平动的加速度合成定理，分析如下：

	$\boldsymbol{a}_a$	=	$\boldsymbol{a}_e^\tau$	+	$\boldsymbol{a}_e^n$	+	$\boldsymbol{a}_r$
大小：	?		0		$O_1A\cdot\omega^2$		?
方向：	√		无		√		√

作加速度矢量图(图 7-5)。根据投影法，将上式向杆 CD 上投影得

$$a_a=-a_e^n\sin 60°=-20\sqrt{3}\ \text{cm/s}^2(\text{方向向下})$$

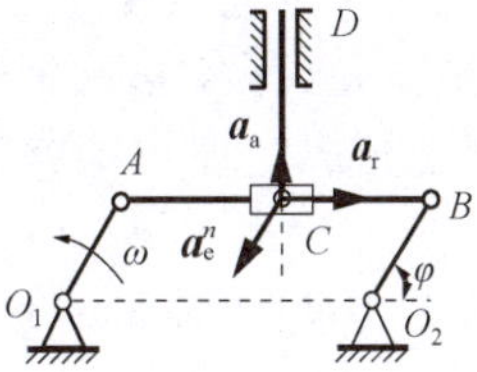

图 7-5

例 7-3　如图 7-6 所示，半径为 R 的半圆形凸轮，当 $O'A$ 与铅垂线成 φ 角时，凸轮以速度 $\boldsymbol{v}_0$、加速度 $\boldsymbol{a}_0$ 向右运动，并推动从动杆沿铅垂方向运动，求此瞬时杆 AB 的速度和加速度。

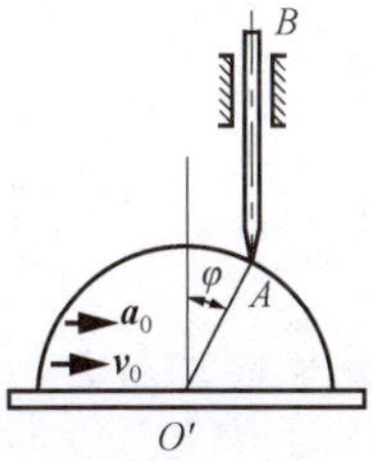

图 7-6

例 7-3 动画

§7-4 牵连运动为转动时点的加速度合成定理

如图7-7所示，动点 M 沿动系 $O'x'y'z'$ 上的相对轨迹曲线 AB 运动，而动系 $O'x'y'z'$ 又绕定系 $Oxyz$ 的 z 轴转动，其角速度矢量为 $\boldsymbol{\omega}$，角加速度矢量为 $\boldsymbol{\alpha}$。设动系的原点与定系的原点重合。动点 M 对定系原点 O 的矢径为 $\boldsymbol{r}$，动系上与动点相重合的一点对定系原点 O 的矢径也是 $\boldsymbol{r}$。

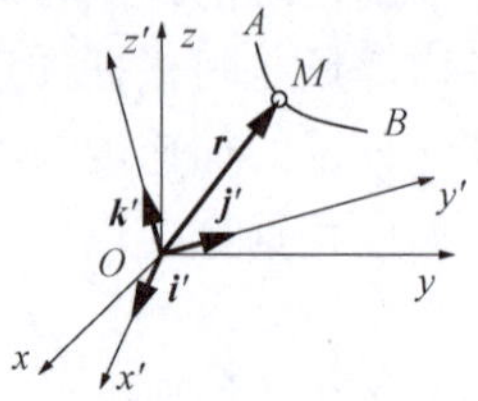

图7-7

牵连运动为转动时点的加速度合成定理

先考虑动点 M 的相对运动。动点 M 的相对速度和相对加速度分别为

$$\boldsymbol{v}_{\mathrm{r}}=\frac{\mathrm{d}x'}{\mathrm{d}t}\boldsymbol{i}'+\frac{\mathrm{d}y'}{\mathrm{d}t}\boldsymbol{j}'+\frac{\mathrm{d}z'}{\mathrm{d}t}\boldsymbol{k}' \tag{7-10}$$

$$\boldsymbol{a}_{\mathrm{r}}=\frac{\mathrm{d}^2x'}{\mathrm{d}t^2}\boldsymbol{i}'+\frac{\mathrm{d}^2y'}{\mathrm{d}t^2}\boldsymbol{j}'+\frac{\mathrm{d}^2z'}{\mathrm{d}t^2}\boldsymbol{k}' \tag{7-11}$$

式中，x'、y'、z' 为动点在相对坐标系的坐标；$\boldsymbol{i}'$、$\boldsymbol{j}'$、$\boldsymbol{k}'$ 是单位矢量。

动点 M 的牵连速度和牵连加速度就是动系上该瞬时与动点相重合的那一点的速度和加速度。现动系做定轴转动，由转动刚体上的点的速度和加速度的矢积表达式，可知动点 M 的牵连速度和牵连加速度可分别表示为

$$\boldsymbol{v}_{\mathrm{e}}=\boldsymbol{\omega}\times\boldsymbol{r} \tag{7-12}$$

$$\boldsymbol{a}_{\mathrm{e}}=\boldsymbol{\alpha}\times\boldsymbol{r}+\boldsymbol{\omega}\times\boldsymbol{v}_{\mathrm{e}} \tag{7-13}$$

最后考虑动点的绝对运动，由速度合成定理，动点 M 的绝对速度为

$$\boldsymbol{v}_{\mathrm{a}}=\boldsymbol{v}_{\mathrm{e}}+\boldsymbol{v}_{\mathrm{r}} \tag{7-14}$$

将式(7-14)对时间 t 求导，得动点 M 的绝对加速度为

$$\boldsymbol{a}_{\mathrm{a}}=\frac{\mathrm{d}\boldsymbol{v}_{\mathrm{a}}}{\mathrm{d}t}=\frac{\mathrm{d}\boldsymbol{v}_{\mathrm{e}}}{\mathrm{d}t}+\frac{\mathrm{d}\boldsymbol{v}_{\mathrm{r}}}{\mathrm{d}t} \tag{7-15}$$

现分别研究式(7-15)最后一个等号的右边两项。

第一项为

$$\frac{\mathrm{d}\boldsymbol{v}_{\mathrm{e}}}{\mathrm{d}t}=\frac{\mathrm{d}}{\mathrm{d}t}(\boldsymbol{\omega}\times\boldsymbol{r})=\frac{\mathrm{d}\boldsymbol{\omega}}{\mathrm{d}t}\times\boldsymbol{r}+\boldsymbol{\omega}\times\frac{\mathrm{d}\boldsymbol{r}}{\mathrm{d}t} \tag{7-16}$$

式中，$\frac{\mathrm{d}\boldsymbol{\omega}}{\mathrm{d}t}=\boldsymbol{\alpha}$，$\frac{\mathrm{d}\boldsymbol{r}}{\mathrm{d}t}=\boldsymbol{v}_{\mathrm{a}}=\boldsymbol{v}_{\mathrm{e}}+\boldsymbol{v}_{\mathrm{r}}$。因此，式(7-16)可写为

$$\frac{\mathrm{d}\boldsymbol{v}_{\mathrm{e}}}{\mathrm{d}t}=\boldsymbol{\alpha}\times\boldsymbol{r}+\boldsymbol{\omega}\times\boldsymbol{v}_{\mathrm{e}}+\boldsymbol{\omega}\times\boldsymbol{v}_{\mathrm{r}}=\boldsymbol{a}_{\mathrm{e}}+\boldsymbol{\omega}\times\boldsymbol{v}_{\mathrm{r}} \tag{7-17}$$

第二项为

$$\frac{\mathrm{d}\boldsymbol{v}_{\mathrm{r}}}{\mathrm{d}t}=\frac{\mathrm{d}}{\mathrm{d}t}\left(\frac{\mathrm{d}x'}{\mathrm{d}t}\boldsymbol{i}'+\frac{\mathrm{d}y'}{\mathrm{d}t}\boldsymbol{j}'+\frac{\mathrm{d}z'}{\mathrm{d}t}\boldsymbol{k}'\right)$$

注意：现在是将 $\boldsymbol{v}_r$ 对定系求导，见式(7-18)因动系做定轴转动，故沿动系的单位矢量 $\boldsymbol{i}'$、$\boldsymbol{j}'$、$\boldsymbol{k}'$ 的方向对定系来说是随时间变化的，是变矢量。

$$\frac{\mathrm{d}\boldsymbol{v}_r}{\mathrm{d}t}=\left(\frac{\mathrm{d}^2x'}{\mathrm{d}t^2}\boldsymbol{i}'+\frac{\mathrm{d}^2y'}{\mathrm{d}t^2}\boldsymbol{j}'+\frac{\mathrm{d}^2z'}{\mathrm{d}t^2}\boldsymbol{k}'\right)+\left(\frac{\mathrm{d}x'}{\mathrm{d}t}\cdot\frac{\mathrm{d}\boldsymbol{i}'}{\mathrm{d}t}+\frac{\mathrm{d}y'}{\mathrm{d}t}\cdot\frac{\mathrm{d}\boldsymbol{j}'}{\mathrm{d}t}+\frac{\mathrm{d}z'}{\mathrm{d}t}\cdot\frac{\mathrm{d}\boldsymbol{k}'}{\mathrm{d}t}\right)\tag{7-18}$$

式(7-18)中的前三项之和即为相对加速度 $\boldsymbol{a}_r$，为了确定第二个括弧内的各项，先分析动系中单位矢 $\boldsymbol{i}'$、$\boldsymbol{j}'$、$\boldsymbol{k}'$ 对时间的一阶导数，则有

$$\frac{\mathrm{d}\boldsymbol{i}'}{\mathrm{d}t}=\boldsymbol{\omega}\times\boldsymbol{i}',\quad\frac{\mathrm{d}\boldsymbol{j}'}{\mathrm{d}t}=\boldsymbol{\omega}\times\boldsymbol{j}',\quad\frac{\mathrm{d}\boldsymbol{k}'}{\mathrm{d}t}=\boldsymbol{\omega}\times\boldsymbol{k}'$$

所以

$$\frac{\mathrm{d}x'}{\mathrm{d}t}\cdot\frac{\mathrm{d}\boldsymbol{i}'}{\mathrm{d}t}+\frac{\mathrm{d}y'}{\mathrm{d}t}\cdot\frac{\mathrm{d}\boldsymbol{j}'}{\mathrm{d}t}+\frac{\mathrm{d}z'}{\mathrm{d}t}\cdot\frac{\mathrm{d}\boldsymbol{k}'}{\mathrm{d}t}=\boldsymbol{\omega}\times\boldsymbol{v}_r$$

代入式(7-18)可得

$$\frac{\mathrm{d}\boldsymbol{v}_r}{\mathrm{d}t}=\boldsymbol{a}_r+\boldsymbol{\omega}\times\boldsymbol{v}_r\tag{7-19}$$

将式(7-17)、式(7-19)代入式(7-15)可得

$$\boldsymbol{a}_a=\boldsymbol{a}_e+\boldsymbol{a}_r+2\boldsymbol{\omega}\times\boldsymbol{v}_r\tag{7-20}$$

式(7-20)中等号右边最后一项 $2\boldsymbol{\omega}\times\boldsymbol{v}_r$ 称为科氏加速度，以 $\boldsymbol{a}_c$ 来表示，即

$$\boldsymbol{a}_c=2\boldsymbol{\omega}\times\boldsymbol{v}_r\tag{7-21}$$

故

$$\boldsymbol{a}_a=\boldsymbol{a}_e+\boldsymbol{a}_r+\boldsymbol{a}_c\tag{7-22}$$

式(7-22)表示：牵连运动为定轴转动时，动点某瞬时的绝对加速度等于该瞬时它的牵连加速度、相对加速度与科氏加速度三者的矢量和。这就是牵连运动为定轴转动时点的加速度合成定理。

科氏加速度的产生，是牵连运动转动和相对运动相互影响导致的。当牵连运动为平动时，不存在这种相互影响，因而不会产生科氏加速度。

科氏加速度

设 $\boldsymbol{\omega}$ 与 $\boldsymbol{v}_r$ 的夹角为 θ，则由矢积的定义可知，科氏加速度的大小为

$$a_c=2\omega v_r\sin\theta$$

方位垂直于 $\boldsymbol{\omega}$ 与 $\boldsymbol{v}_r$ 所决定的平面，指向按右手定则确定[图 7-8(a)]。

下面讨论两种特殊情况。

(1)当 $\boldsymbol{\omega}\parallel\boldsymbol{v}_r$ 时，即相对速度 $\boldsymbol{v}_r$ 与转轴平行，$\theta=0°$ 或 $180°$，$\sin\theta=0$，则 $a_c=0$。

(2)当 $\boldsymbol{\omega}\perp\boldsymbol{v}_r$ 时，即相对速度 $\boldsymbol{v}_r$ 在垂直于转轴的平面内，$\theta=90°$，$\sin\theta=1$，则 $a_c=2\omega v_r$。此时，$\boldsymbol{\omega}$、$\boldsymbol{v}_r$、$\boldsymbol{a}_c$ 三者相互垂直，若把 $\boldsymbol{v}_r$ 顺着 $\boldsymbol{\omega}$ 的转向转过 90°，即为 $\boldsymbol{a}_c$ 的方向[图 7-8(b)]。

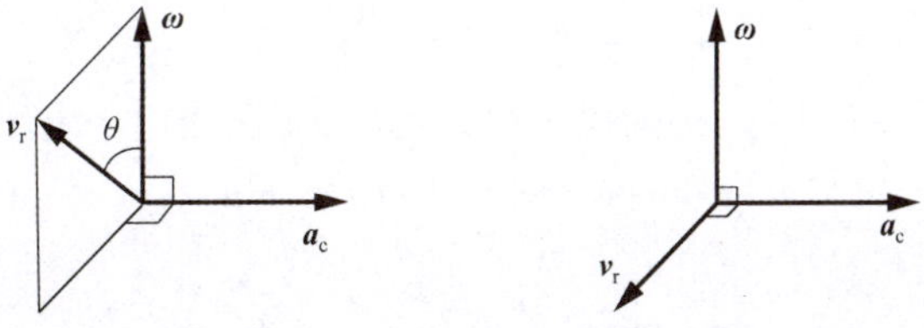

(a)　　(b)

图 7-8

在应用牵连运动为定轴转动时点的加速度合成定理解题时，解题步骤与应用牵连运动为平动时点的加速度合成定理解题相同，只是要注意增加对科氏加速度 $\boldsymbol{a}_c$ 的分析就行。

例 7-4 如图 7-9 所示，曲杆 OBC 绕轴 O 转动，使套在其上的小环 M 沿固定直杆 OA 滑动。已知：$OB=10$ cm，OB 与 BC 垂直，曲杆的角速度 $\omega=0.5$ rad/s。求当 $\varphi=60°$时，小环 M 的速度和加速度。

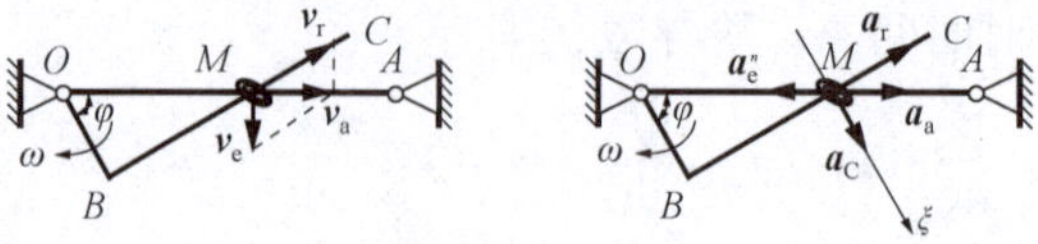

(a)　　(b)

图 7-9

例 7-4 动画

解：(1)确定动点动系。

选小环 M 为动点，动系固连在曲杆 OBC 上，定系与机架固连。

(2)分析三种运动。

绝对运动：小环 M 沿杆 OA 的直线运动。

相对运动：小环 M 沿杆 BC 的直线运动。

牵连运动：曲杆 OBC 绕轴 O 的定轴转动。

(3)速度分析及计算。

根据速度合成定理，分析如下：

	$\boldsymbol{v}_a$	=	$\boldsymbol{v}_e$	+	$\boldsymbol{v}_r$
大小：	?		$OM\cdot\omega$		?
方向：	√		√		√

(4)作速度平行四边形。

由图 7-9(a)中的速度平行四边形可得动点 M 的绝对速度大小为

$$v_a = v_e\tan\varphi = 17.3 \text{ cm/s}\ (\text{方向向右})$$

$$v_r = 2v_e = 20 \text{ cm/s}\ (\text{方向沿杆 } BC \text{ 向上})$$

(5)加速度分析及计算。

已知牵连运动做转动，因此根据牵连运动为转动的加速度合成定理，分析如下：

	$\boldsymbol{a}_a$	=	$\boldsymbol{a}_e^\tau$	+	$\boldsymbol{a}_e^n$	+	$\boldsymbol{a}_r$	+	$\boldsymbol{a}_c$
大小：	?		0		$OM\cdot\omega^2$		?		$2\omega v_r$
方向：	√		无		√		√		√

作加速度矢量如图 7-9(b)。根据投影法，将上式向 ξ 轴上投影得

$$a_a\cos\varphi = -a_e^n\cdot\cos\varphi + a_c$$

则有

$$a_M = a_a = -a_e^n + a_c/\cos\varphi = 35 \text{ cm/s}^2$$

例 7-5 牛头刨床的机构如图 7-10 所示。已知 $O_1A=20$ cm，匀角速度 $\omega=2$ rad/s，求图示位置导杆 OB 的角速度和加速度。

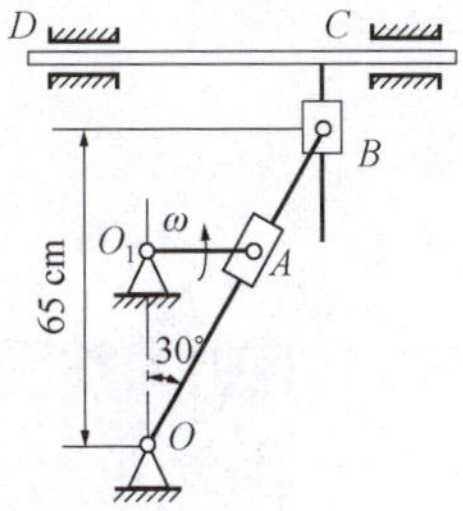

图 7-10

【案例分析 7-1】润滑油泵机构如图 7-11 所示。曲柄 OA 可绕固定轴 O 转动。滑块用销钉 A 与曲柄相连，并可在滑道 BC 中滑动。曲柄转动时通过滑块带动滑道连杆 BCD 沿导槽运动。如曲柄长 $OA=r$，角速度 ω 为常数，试求曲柄与铅垂线成 φ 角时滑道连杆的速度和加速度。

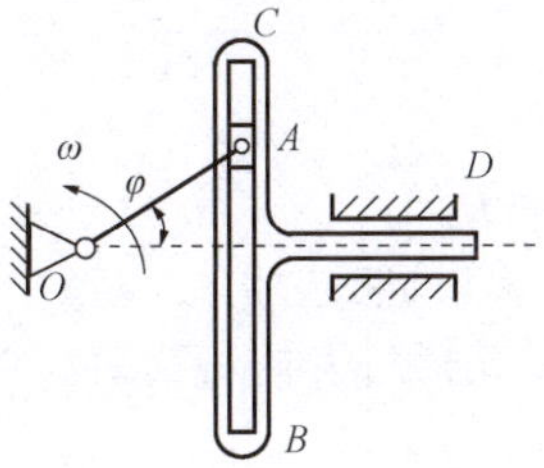

图 7-11

案例分析 7-1 动画

案例分析 7-1 润滑油泵

【案例分析 7-2】图 7-12 为气阀中的凸轮机构，顶杆 AB 沿铅垂导向套筒 D 运动，其端点 A 由弹簧压在凸轮表面上，当凸轮绕 O 轴转动时，推动顶杆上下运动。已知凸轮的角速度为 ω，$OA=b$，该瞬时凸轮轮廓曲线在 A 点的法线 An 同 AO 的夹角为 θ，曲率半径为 ρ。求此瞬时顶杆的速度和加速度。

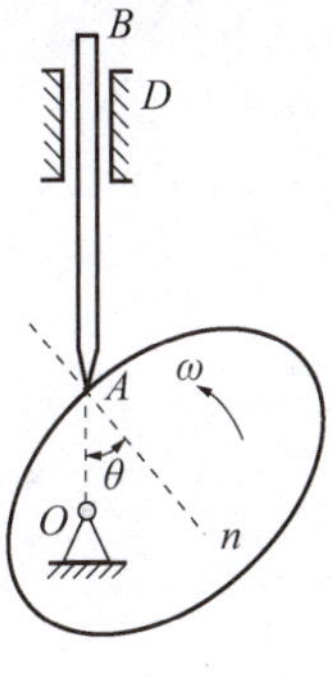

图 7-12

案例分析 7-2 动画

案例分析 7-2 气阀的凸轮机构

【案例分析 7-3】已知：牛头刨床的主动轮 O 以匀转速 $n=30$ r/min 转动，半径为 r，$OA=r=150$ mm，在该瞬时，$OA\perp OO_1$，如图 7-13 所示。求滑块 B 的速度和加速度。

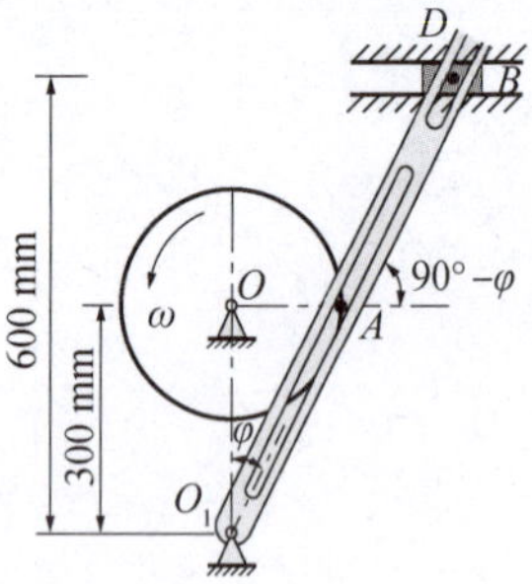

图 7-13

案例分析 7-3 动画

案例分析 7-3 牛头刨床

知识点总结

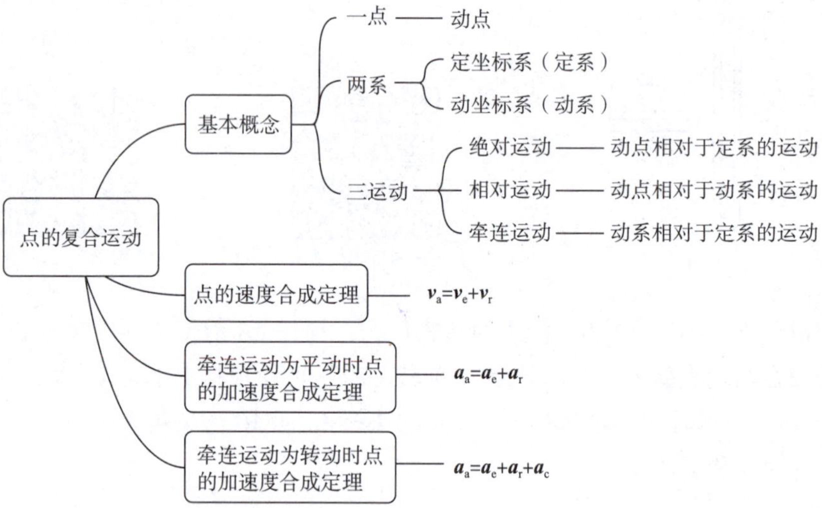

思考题

7-1　选择动系应遵循的原则是什么？

7-2　为什么强调牵连速度和牵连加速度是动系上“与动点重合的点”相对于定系的速度和加速度？

7-3　当牵连运动是转动时，为什么会出现科氏加速度？

习　题

7-1　习题 7-1 图所示两个摇杆机构中，已知 $OO_1=20$ cm，在该瞬时 $\theta=20°$，$\varphi=30°$，$\omega_1=6$ rad/s。求两个机构中 O_1A 的角速度 ω_2 分别为多少。

7-2　习题 7-2 图所示曲柄滑道机构中，杆 BC 为水平，而杆 DE 保持铅垂。曲柄长 $OA=10$ cm，以匀角速度 $\omega=20$ rad/s 绕 O 轴转动，通过滑块 A 使杆 BC 做往复运动。求当曲柄与水平线的交角为 $\varphi=0°$、30°、90°时，杆 BC 的速度。

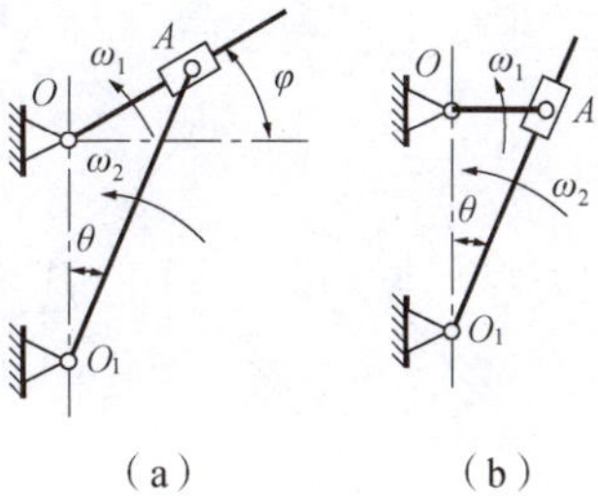

习题 7-1 图

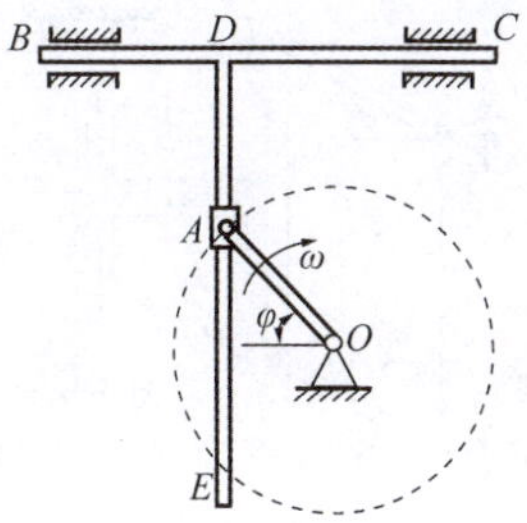

习题 7-2 图

习题 7-2 动画

7-3　如习题 7-3 图所示，曲柄 AO 以匀角速度 ω 绕轴 O 转动，且有 $\varphi=\omega t$；曲柄 AO 上套有小环 M，而小环 M 又在固定的大圆环上运动，大圆环的半径为 R。试求小环 M 的速度和小环 M 相对于曲柄 AO 的速度。

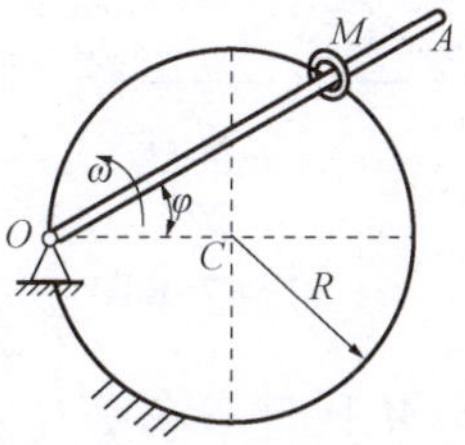

习题 7-3 动画

习题 7-3 图

7-4　具有圆弧形滑道的曲柄滑道机构如习题 7-4 图所示。已知曲柄 OA 以匀转速 $n=120\ \mathrm{r/min}$ 绕 O 轴转动，$OA=10\ \mathrm{cm}$，圆弧形滑道的半径 $R=10\ \mathrm{cm}$。当曲柄转到 $\varphi=30°$ 的图示位置时，试求滑道 BC 的速度和加速度。

7-5　习题 7-5 图的机构中已知点 D 运动的速度 $\boldsymbol{v}$ 和加速度 $\boldsymbol{a}$，试求套筒 C 相对杆 AB 的速度和加速度。

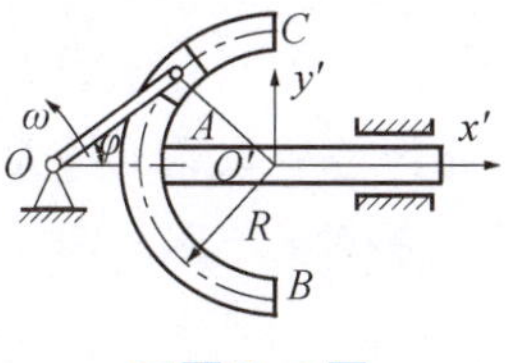

习题 7-4 图

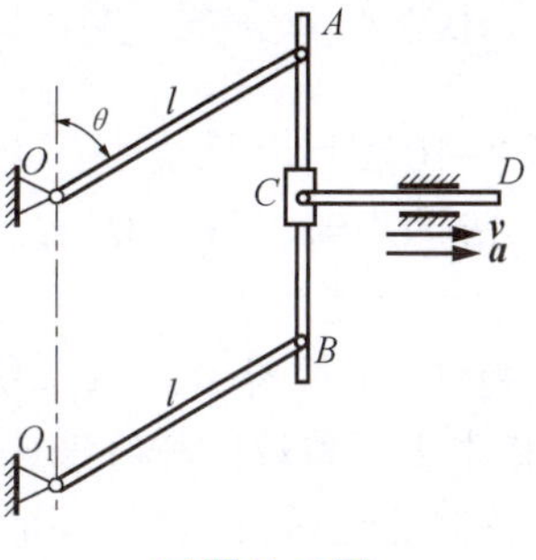

习题 7-5 图

7-6　导槽 EF 与 GH 间有一销子 P 如习题 7-6 图所示，当导槽 EF 运动时带动 P 在固定导槽 GH 中运动。图中 $AB=CD=20\ \mathrm{cm}$。设在图示位置($\theta=30°$)，杆 AB 的角速度为 $2\ \mathrm{rad/s}$，角加速度为 $4\ \mathrm{rad/s^2}$，试求此时 P 的速度与加速度。

7-7　习题 7-7 图所示机构中，$AB=CD=EG=r$。设在图示位置，$\theta=\varphi=45°$，杆 EG 以角速度 ω 匀速转动。试求此时杆 AB 的角速度与角加速度。

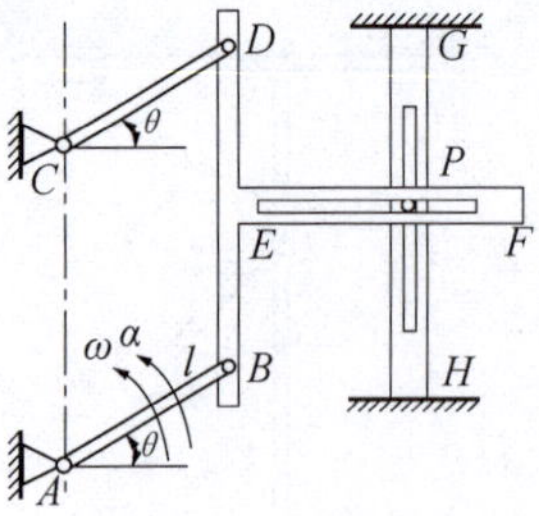

习题 7-6 图

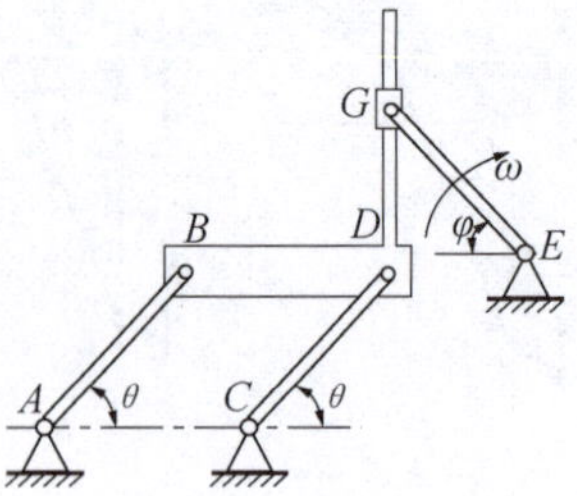

习题 7-7 图

习题 7-7 动画

7-8　习题 7-8 图所示平面机构中，曲柄 $OA=r$，以匀角速度 ω_0 转动。套筒 A 可沿杆 BC 滑动。已知 $BC=DE$，且 $BD=CE=l$。求图示位置时，杆 BD 的角速度和角加速度。

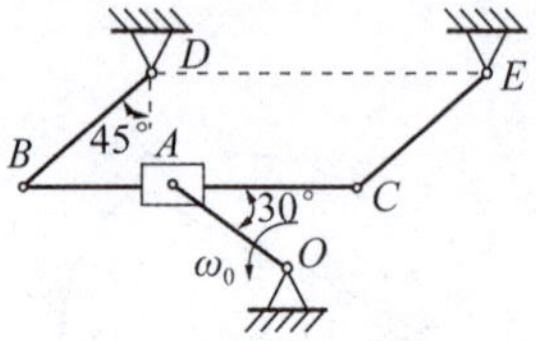

习题 7-8 图

习题 7-8 动画

7-9　如习题 7-9 图所示，小环 M 同时套在半径为 R 的固定半圆 CD 和铅垂杆 AB 上，当杆 AB 移动时，小环 M 沿半圆环 CD 运动，已知杆 AB 沿水平方向向右移动的速度 $\boldsymbol{v}$ 等于常数。试求图示位置时，小环 M 的绝对速度和绝对加速度。

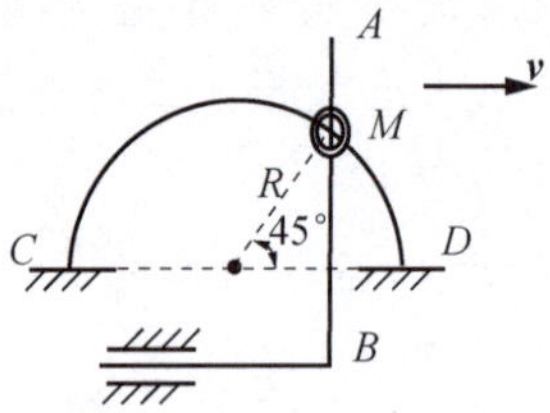

习题 7-9 图

习题 7-9 动画

7-10　习题 7-10 图所示机构中，连杆 BC 与一固定直杆 EF 相接触，在两者接触处套上一小环 M，设 $AB=CD=r$，$BC=AD=l$，已知杆 AB 转动的角速度 ω 为常量。试求图示位置时，小环 M 的速度和加速度。

7-11　如习题 7-11 图所示，半径为 R、偏心距为 e 的凸轮以匀角速度 ω 绕轴 O 转动，顶杆 AB 能在滑槽中上下移动，杆的端点 A 始终与凸轮保持接触，且 OAB 成一直线。求当 O 与轮心 C 在一水平线上的瞬时，杆 AB 的速度和加速度。

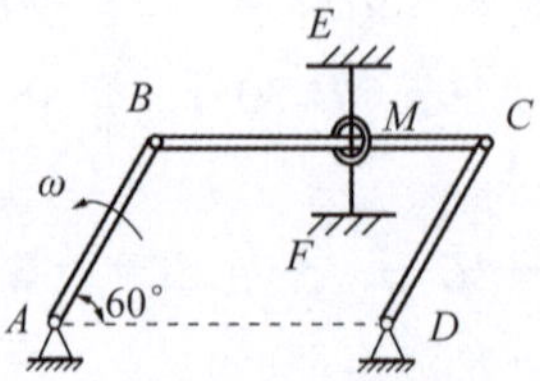

习题 7-10 图

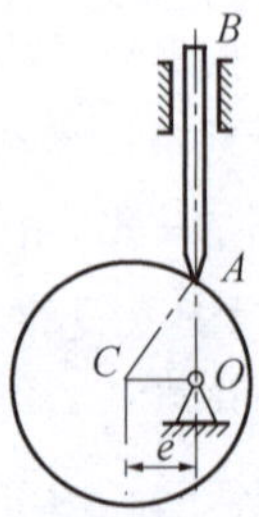

习题 7-11 图

习题 7-11 动画

7-12　习题 7-12 图所示滑道摇杆机构中，当曲柄 OC 以等角速度 ω 绕 O 轴转动时，套筒 A 在曲柄 OC 上移动，求铅垂杆 AB 的速度及加速度。

7-13　如习题 7-13 图所示，小环 M 沿半径为 R 的固定不动的大圆环以大小不变的速度 u 运动，直角曲杆 OAD 穿过小环 M，小环 M 的运动使曲杆 OAB 绕 O 轴转动，已知 $OA=\sqrt{3}r$，$R=2r$。求图示位置 OAB 的角速度和角加速度(设小环 M 逆时针方向运动)。

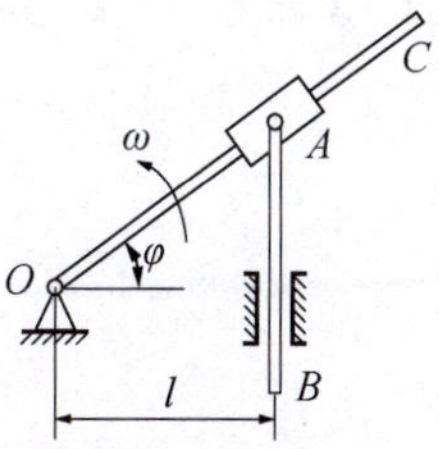

习题 7-12 图

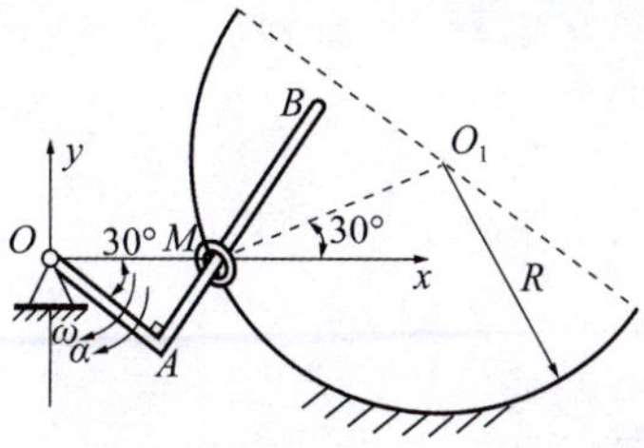

习题 7-13 图

第 8 章 刚体的平面运动

内容提要

刚体的平动和定轴转动是刚体的两种最常见、最基本的运动形式。除了这两种运动形式，刚体的平面运动也是工程中常见的一种运动，它是刚体平动与转动的合成运动。本章主要介绍刚体平面运动的概念、平面运动刚体上任一点速度和加速度的求解方法。

素质目标

提高知识应用和实践能力，培养敢于质疑、开拓创新的科学精神，激发国家荣誉感和科学探索热情。

案例导读

1. 沈阳机床：大国重器，走在世界前列

沈阳机床股份有限公司(以下简称沈阳机床)是中国著名的机床研发制造企业和国家级数控车床产业化基地，代表着中国机床工业发展的最高水平，因而沈阳也被誉为“中国机床之乡”。中华人民共和国第一枚金属国徽，第一台车床、钻床、镗床、国产数控机床及搭载i5数控系统的智能机床都诞生于此。2012年，历经5年攻关，由沈阳机床自行研发的、具有自主知识产权的i5数控系统研发成功，这是世界上首台具有网络智能功能的数控系统。数控系统是数控机床的灵魂，核心技术长期被外国企业垄断，沈阳机床的突破可谓意义深远。自诞生以来，i5数控系统被广泛应用于各种金属切削机床之中。沈阳机床坚持走提升自主创新能力和产品制造技术的长远发展战略之路，致力于提升中国制造业水平，实现用中国装备来装备中国。在机床加工过程中，为提高加工精度和效率，需要研究工件主运动和刀具进给运动的运动规律，以控制机床的加工过程，实现精确的切削和加工。

2. 天宫空间站智能机械臂引领全球航天技术新高度

我国太空空间站——天宫空间站上的机械臂是我国高智能、高难度、高复杂性的空间智能制造系统，具有高精度、应变能力强、可靠性高等诸多优点。该机械臂总质量为738 kg，

拥有七个自由度，可实现航天器对接、太空任务维护、太空科学实验、空间物体捕获等功能。机械臂是天宫空间站的支撑性核心装备，是建设发展空间站的四大关键技术之一。天宫空间站机械臂达到了国际领先水平，整体水平足以媲美空间站机械臂的标杆"加拿大 2 号机械臂"。天宫空间站机械臂的成功研制，是大量优秀工程师和科研人员历经 15 年的不懈努力和创新精神铸就的。在机械臂的设计和控制中，利用刚体运动学，通过测量机械臂各关节的角度和位置，可以计算出机械臂末端执行器的位置和姿态，从而实现对目标物体的精确抓取和操作。同时，还可以用于规划机械臂的运动轨迹和优化机械臂的运动性能。天宫空间站机械臂为中国空间科技产业的发展提供了强有力的技术支持，将极大地促进中国的太空科技产业的发展和推广，提升中国航天技术的整体竞争力。

任务驱动

完成本章学习，填写表 8-1~表 8-3。

表 8-1　"平面图形内各点速度分析"知识点

知识点	图示	公式	含义	应用
基点法	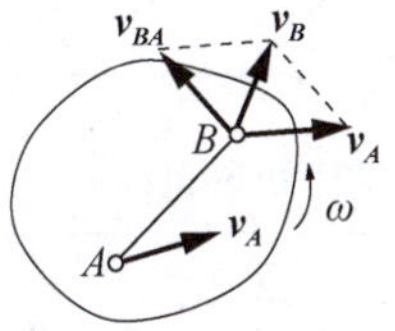			
投影法	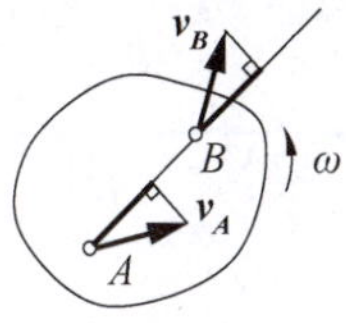			
速度瞬心法	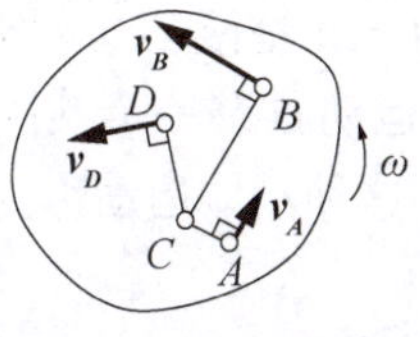			

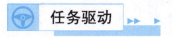

表 8-2 “平面图形内瞬心位置的确定”知识点

知识点	平面图形沿一固定表面做无滑动的滚动(纯滚动)	某瞬时平面图形上 A、B 两点的速度方向	某瞬时平面图形上 A、B 两点的速度平行且垂直于两点连线，速度大小已知且不相等	某瞬时平面图形上 A、B 两点的速度平行，但不垂直于两点连线	某瞬时平面图形上 A、B 两点的速度平行，但不垂直于两点连线，确定速度瞬心
图示	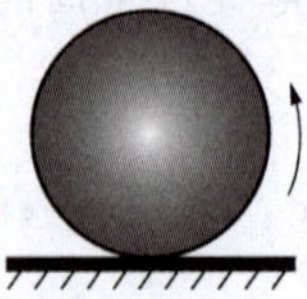	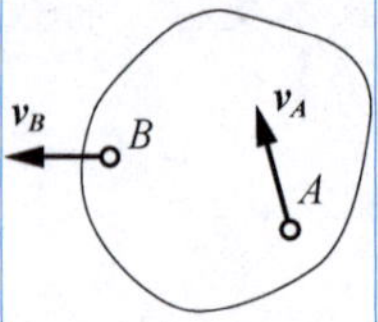	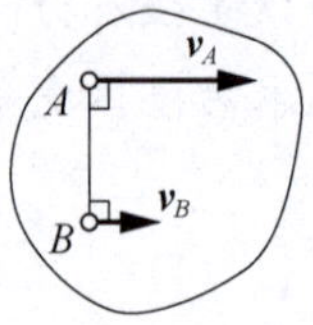	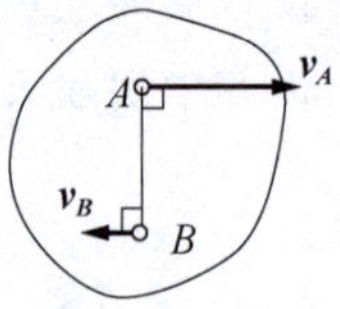	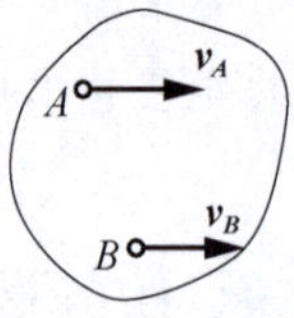
瞬心位置					

表 8-3 “平面图形内各点加速度分析”知识点

知识点	图示	公式	含义	应用
基点法				

§8-1 基本概念

工程中某些机械构件的运动，例如，图 8-1 所示沿直线轨道滚动的车轮以及图 8-2 所示曲柄连杆机构中连杆 AB，既不是平移也不是定轴转动，其运动具有一个共同特征，即在运动过程中，刚体内各点至某一固定平面的距离始终保持不变，这种刚体运动称为平面运动。

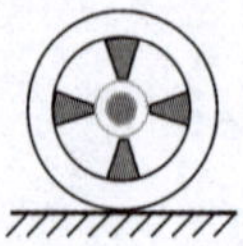

图 8-1

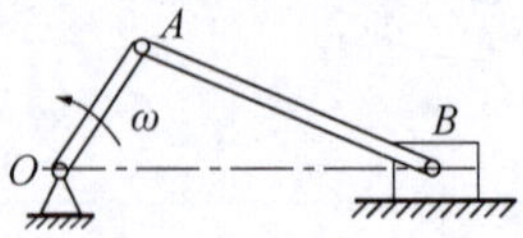

图 8-2

刚体平面运动的简化

设一刚体在做平面运动，其上各点到固定平面Ⅰ的距离保持不变，如图 8-3 所示。作平面Ⅱ平行于固定平面Ⅰ，平面Ⅱ与刚体相交得截面 S(平面图形)。在刚体内取与平面图形 S 垂直的直线 A_1A_2，交平面图形 S 于点 A，则当刚体运动时，直线 A_1A_2 做平动，故其上任一点的运动都相同，都可以用点 A 的运动来代表。因此，平面图形上各点的运动可以代表刚体内所有点的运动。刚体的平面运动可以简化为平面图形在其自身平面内的运动。

为了描述平面图形的运动，在该平面内取静参考系 Oxy。在平面图形上任取一点 O'，称为基点，再以基点 O'为原点建立一动参考系 $O'x'y'$，并使动坐标轴的方向与静坐标轴保持平行，如图 8-4 所示。很显然，要决定平面图形相对于静参考系 Oxy 的位置，只需要确定图形内任一直线 $O'M$ 的位置即可。而直线 $O'M$ 的位置可由点 O'的位置和直线 $O'M$ 与固定坐标轴 Ox 间的夹角 α 来确定，当平面图形运动时，$x_{O'}$、$y_{O'}$、α 都是时间 t 的单值连续函数，可表示为

$$\begin{cases}x_{O'}=f_1(t)\\ y_{O'}=f_2(t)\\ \alpha=f_3(t)\end{cases}\tag{8-1}$$

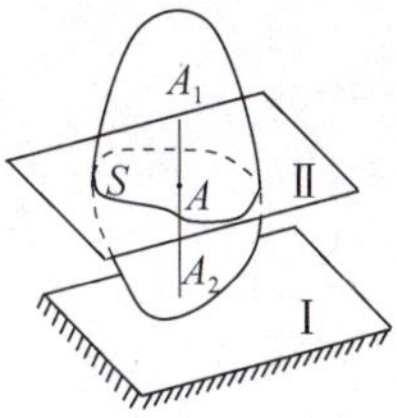

图 8-3

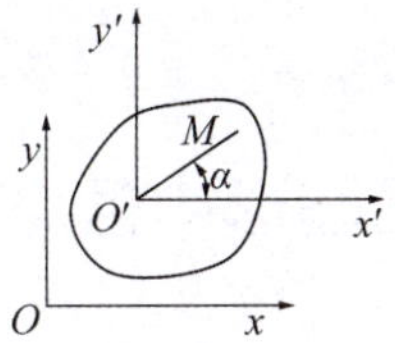

图 8-4

式(8-1)就是平面图形的运动方程，也就是刚体平面运动的运动方程。从平面图形的运动方程可以看出：

(1)若 α 角保持不变，而 $x_{O'}$、$y_{O'}$是时间 t 的单值连续函数，平面图形按点 O'的运动方程做平动；

(2)点若 O'静止不动，而 α 是时间 t 的单值连续函数，刚体会绕着该点做定轴转动。

由此可见平面图形在其自身平面内的运动是平动与转动的合成运动，即平面图形的运动可以看成是随基点 O'的平动(牵连运动)和绕基点 O'的转动(相对运动)的合成运动。

必须指出，基点的选择是任意的，平面图形内任一点均可取为基点。但为了便于研究，一般选取运动情况已知的点作为基点。那么选不同的点作为基点，对平动部分的速度和加速度、转动部分的角速度和角加速度是否有影响呢？

设有一平面图形 S 在与纸面平行的平面内做平面运动，在其上任取两点 M、N 连成直线。t_1 时刻位于 M_1N_1[图 8-5(a)]，t_2 时刻位于 M_2N_2[图 8-5(b)]。先选 M_1 为基点进行研究，这时平面图形的运动可以分解成两部分，一部分是随着基点 M_1 的平动，另一部分是绕着基点 M_1 的转动。Δt 时间段内($\Delta t=t_2-t_1$)，根据随基点 M_1 平动的位移 M_1M_2，绕基点转过的角度 $\Delta\alpha$，得平动部分的速度 v_1 和转动部分的角速度 ω_1 分别为

$$v_1=\lim_{\Delta t\to 0}\frac{M_1M_2}{\Delta t},\quad \omega_1=\lim_{\Delta t\to 0}\frac{\Delta\alpha}{\Delta t}$$

再选 N_1 为基点进行研究，平面图形的运动分解成随着基点 N_1 的平动和绕着基点 N_1 的定轴转动。Δt 时间段内，根据刚体随基点 N_1 平动的位移 N_1N_2，绕基点转过的角度 $\Delta\beta$，得平动部分的速度 v_2 和转动部分的角速度 ω_2 分别为

$$v_2=\lim_{\Delta t\to 0}\frac{N_1N_2}{\Delta t},\quad \omega_2=\lim_{\Delta t\to 0}\frac{\Delta\beta}{\Delta t}$$

又知 $M_1M_2\neq N_1N_2$，$\Delta\alpha=\Delta\beta$，故 $v_1\neq v_2$，$\omega_1=\omega_2$，进而可以推得 $a_1\neq a_2$，$\alpha_1=\alpha_2$。

因此，平面图形的运动可取平面内任一点作为基点而将运动分解为平动和转动，其中平动的速度和加速度与基点的选择有关，而转动的角速度和角加速度与基点的选择无关，以后就称它们为平面图形的角速度和角加速度。

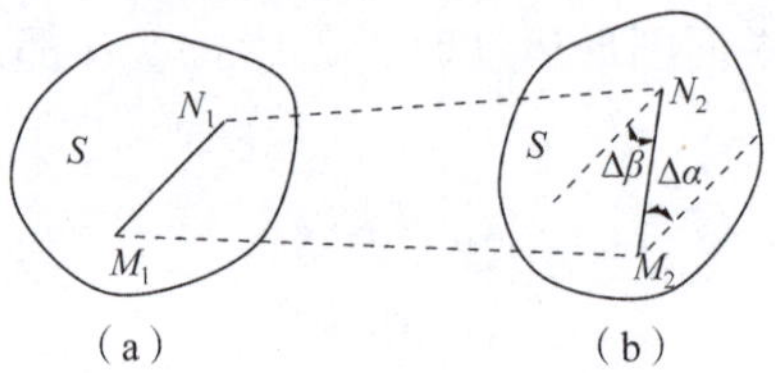

刚体平面运动的分解

图 8-5

§8-2 平面图形内各点的速度分析

一、求平面图形内各点速度的基点法

现求平面图形上一点 B 的速度，如图 8-6 所示。在刚体上任选一点 A 作为基点，并在该点建参考系 $Ax'y'$，根据速度合成定理

$$\boldsymbol{v}_a=\boldsymbol{v}_e+\boldsymbol{v}_r$$

可知，牵连运动即动系相对于静参考系的运动，所以其上任一点的速度都相等，即点 B 的牵连速度等于基点的速度 $\boldsymbol{v}_A$。又因为点 B 的相对运动是以点 A 为圆心的圆周运动，所以点 B 的相对速度就是刚体绕点 A 转动时点 B 的速度，以 $\boldsymbol{v}_{BA}$ 表示，它垂直于 AB 连线而朝向刚体转动的方向，大小为

$$v_{BA}=AB\cdot\omega$$

式中，ω 是刚体转动的加速度的绝对值。

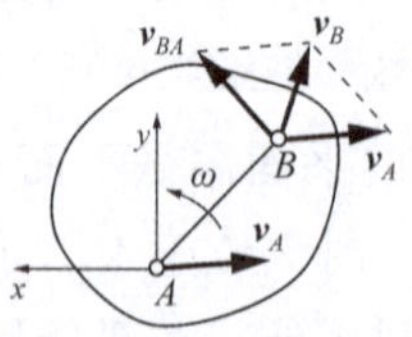

基点法

图 8-6

以速度 $\boldsymbol{v}_A$ 和 $\boldsymbol{v}_{BA}$ 为边做平行四边形，点 B 的绝对速度就由这个平行四边形的对角线确定，即

$$\boldsymbol{v}_B=\boldsymbol{v}_a=\boldsymbol{v}_e+\boldsymbol{v}_r=\boldsymbol{v}_A+\boldsymbol{v}_{BA}\tag{8-2}$$

它的方向垂直于 AB，且朝向图形转动的一方。

因此，平面图形内任一点的速度等于基点的速度与该点随图形绕基点转动速度的矢量和。

例 8-1　图 8-7 为四杆机构，已知曲柄 $OA=r$，以角速度 $\omega=4$ rad/s 转动，连杆 $AB=\sqrt{3}r$，摆杆 $BC=2r$，当杆 OA 铅垂时，$\angle OAB=120°$，且 $AB\perp BC$，试求该瞬时的 ω_{BC} 和 ω_{AB}。

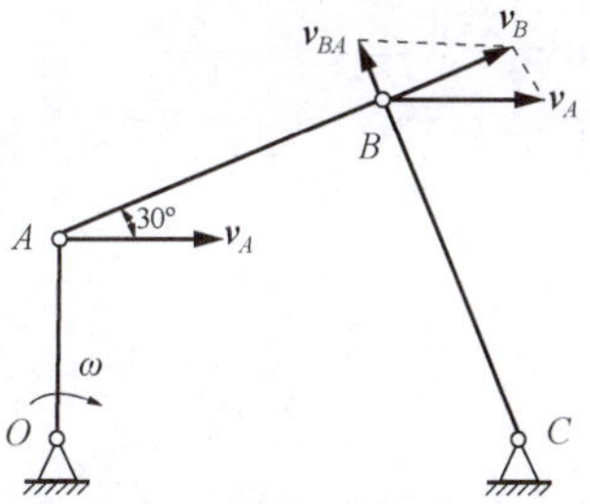

图 8-7

解： 求摆杆 BC 的角速度，须求出点 B 的速度 $\boldsymbol{v}_B$；求连杆 AB 的角速度，须求相对转动角速度 $\boldsymbol{v}_{BA}$。为此，本题可以采用基点法求解，取点 A 为基点，按式(8-2)有

$$\boldsymbol{v}_B=\boldsymbol{v}_A+\boldsymbol{v}_{BA}$$

基点 A 速度的大小和方向，点 B 的速度方向以及 $\boldsymbol{v}_{BA}$ 的速度方向都已知，可作速度平行四边形，由图中的几何关系，求得

$$v_B=v_A\cos 30°=r\omega\cdot\frac{\sqrt{3}}{2}=\frac{\sqrt{3}}{2}r\omega$$

$$v_{BA}=v_A\sin 30°=\frac{1}{2}r\omega$$

因此，杆 BC 和杆 AB 的角速度为

$$\omega_{BC}=\frac{v_B}{BC}=\frac{\frac{\sqrt{3}}{2}r\omega}{2r}=\sqrt{3}\ \text{rad/s}$$

$$\omega_{AB}=\frac{v_{BA}}{AB}=\frac{\frac{1}{2}r\omega}{\sqrt{3}r}=\frac{2}{3}\sqrt{3}\ \text{rad/s}$$

二、求平面图形内各点速度的投影法

根据式(8-2)导出速度投影定理：同一平面图形上任意两点的速度在这两点连线上的投影相等。

证明： 将式(8-2)两端投影到直线 AB 上，如图 8-8 所示，得

$$(\boldsymbol{v}_B)_{AB}=(\boldsymbol{v}_A)_{AB}+(\boldsymbol{v}_{BA})_{AB}$$

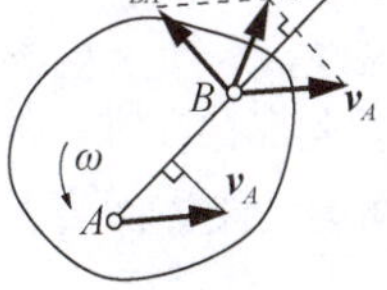

图 8-8

投影法

由于 $\boldsymbol{v}_{BA}$ 垂直于线段 AB，因此 $(\boldsymbol{v}_{BA})_{AB}=0$，于是得到

$$(\boldsymbol{v}_B)_{AB}=(\boldsymbol{v}_A)_{AB}\tag{8-3}$$

速度投影定理适用于刚体的任何运动，它反映了刚体不可变形的性质。

例 8-2　用投影法解例 8-1。

解：将式 $\boldsymbol{v}_B = \boldsymbol{v}_A + \boldsymbol{v}_{BA}$ 两端投影到直线 AB 上，如图8-9所示，则有

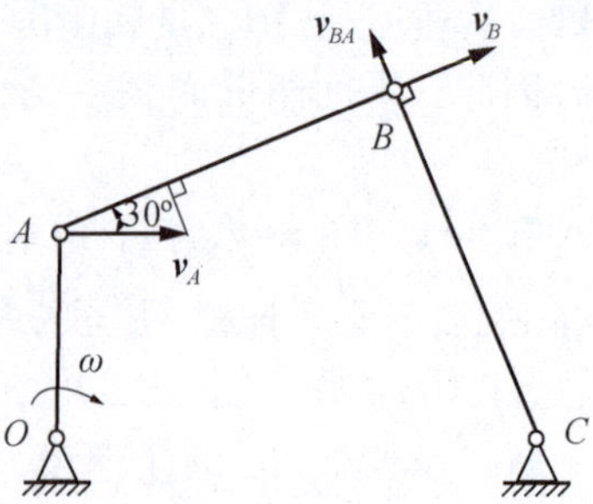

图 8-9

$$(\boldsymbol{v}_B)_{AB} = (\boldsymbol{v}_A)_{AB} + (\boldsymbol{v}_{BA})_{AB}$$

于是得到

$$v_B = v_A \cos 30° = r\omega \times \frac{\sqrt{3}}{2} = \frac{\sqrt{3}}{2} r\omega$$

$$\omega_{BC} = \frac{v_B}{BC} = \frac{\frac{\sqrt{3}}{2} r\omega}{2r} = \sqrt{3}\ \text{rad/s}$$

用速度投影法，由于 $\boldsymbol{v}_{BA}$ 在直线 AB 上投影为零，无法求出 $\boldsymbol{v}_{BA}$ 及 ω_{AB}，因此如果需要求解 $\boldsymbol{v}_{BA}$ 和 ω_{AB} 还是需要采用基点法。

三、求平面图形内各点速度的速度瞬心法

1. 速度瞬心的定义

已知一平面图形的角速度为 ω，转向如图 8-10 所示。取图形上点 A 为基点，该点的速度为 $\boldsymbol{v}_A$，利用基点法求图形上任一点 C 的速度，则

$$\boldsymbol{v}_C = \boldsymbol{v}_A + \boldsymbol{v}_{CA}$$

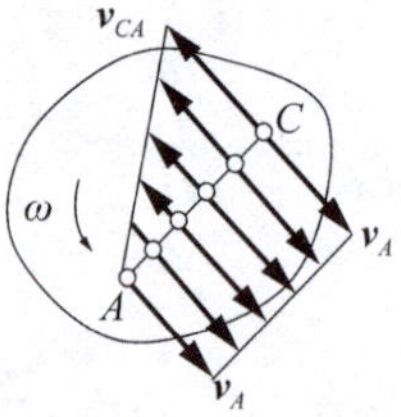

图 8-10

速度瞬心的定义

由上式可知：如果等式右边 $\boldsymbol{v}_A$、$\boldsymbol{v}_{CA}$ 两矢量之和等于零，即两矢量满足大小相等、方向相反时 C 点速度必为零。因此，点 C 必须在通过点 A 而与 $\boldsymbol{v}_A$ 垂直的直线上。显然，在这条直线上只有一个点能使 $\boldsymbol{v}_A$、$\boldsymbol{v}_{CA}$ 的大小相等而方向相反，即合成速度为零，因而速度为零的点 C 位置应满足以下关系：

$$AC \cdot \omega = v_A$$

当满足以上条件时，C 点的绝对速度等于零，即

$$v_C = v_A - AC \cdot \omega = 0$$

一般情况下，在每一瞬时，平面图形上都存在唯一的一个速度为零的点。该速度为零的点称为瞬时速度中心，简称速度瞬心。对平面运动刚体而言，不同的瞬时应该有不同的速度瞬心。

2. 平面图形内各点的速度分布

对平面运动的刚体，在某一瞬时找到速度为零的点即速度瞬心 C 以后，即可选取该点为基点，来求刚体上其他各点的速度。式(8-2)变为

$$\boldsymbol{v}_A = \boldsymbol{v}_C + \boldsymbol{v}_{AC} = \boldsymbol{v}_{AC}$$

即平面图形内任一点的速度等于该点随图形绕速度瞬心转动的速度，速度大小与该点到速度瞬心的距离成正比，速度的方向垂直于该点到速度瞬心的连线，指向图形转动的一方，如图

8-11 所示。

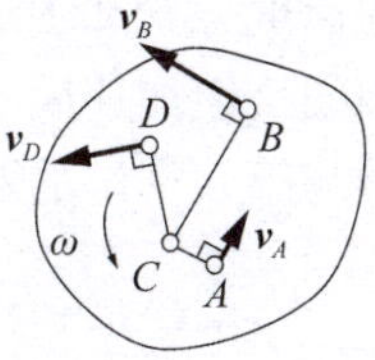

图 8-11

平面图形内各点的速度分布

3. 速度瞬心位置的确定

下面讨论确定速度瞬心位置的几种典型情况。

(1)已知某瞬时平面图形上 A、B 两点的速度方向，如图 8-12 所示。因为每点的速度都垂直于该点与速度瞬心的连线，所以速度瞬心的位置必在每一点速度的垂线上。分别过 A、B 两点作 $\boldsymbol{v}_A$、$\boldsymbol{v}_B$ 的垂线 Aa、Bb，它们的交点 C 即是速度瞬心。

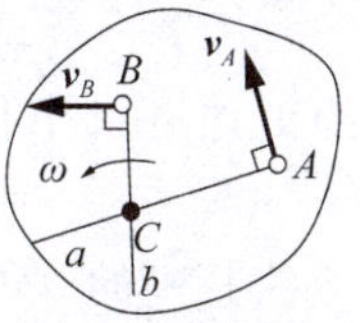

图 8-12

图 8-12 动画

(2)平面图形沿一固定表面做无滑动的滚动(纯滚动)，如图 8-13 所示。因为没有滑动，所以平面图形与固定平面的接触点 C 速度为零。点 C 即为速度瞬心。

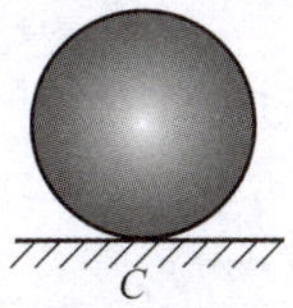

图 8-13

图 8-13 动画

(3)已知平面图形上 A、B 两点的速度相互平行，且都垂直于两点连线，而速度大小已知且不相等，如图 8-14 所示。若平面图形的速度瞬心为 C，则 $AC\perp \boldsymbol{v}_A$、$BC\perp \boldsymbol{v}_B$，所以点 C 必在连线 AB 上。又因为 $\dfrac{v_A}{v_B}=\dfrac{AC}{BC}$，速度瞬心 C 必定在连线 AB 与速度矢 $\boldsymbol{v}_A$ 和 $\boldsymbol{v}_B$ 端点连线的交点上。若 $\boldsymbol{v}_A$、$\boldsymbol{v}_B$ 同向，速度瞬心 C 在 AB 的延长线上，如图 8-14(a)所示；若 $\boldsymbol{v}_A$、$\boldsymbol{v}_B$ 反向，速度瞬心 C 在 AB 两点之间，如图 8-14(b)所示。

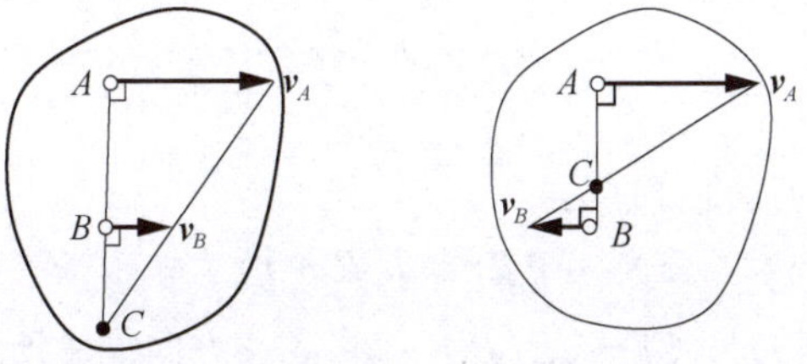

(a)　　(b)

图 8-14

图 8-14 动画

(4)某一瞬时，两点速度相互平行，但不垂直两点连线，如图8-15所示。此时，图形的速度瞬心在无穷远处，图形上各点的速度分布和图形做平动时一样，称为瞬时平动。必须注意，此瞬时平面图形上各点的速度相同，但加速度不同。而且，在过了这个瞬时之后，各点的速度也不再相等，所以说瞬时平动与第6章讲的刚体的平动有本质区别。

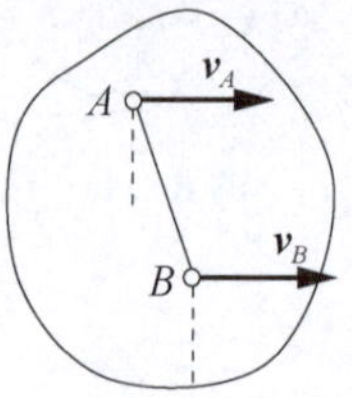

图 8-15

图 8-15 动画

解答此类问题步骤如下。

(1)先分析题目中各物体的运动，哪些物体做平动，哪些物体做定轴转动，哪些物体做平面运动。

(2)分析做平面运动的物体上哪一点的速度大小和方向是已知量，哪一点的速度的方向或大小是已知的。

(3)选择基点法、投影法或速度瞬心法其中的一种方法求解未知量。

例 8-3 行星轮系中，轮Ⅰ固定，半径为 R，轮Ⅱ在轮Ⅰ上只滚不滑，半径为 r，如图8-16所示。系杆 OO_1 的角速度为 ω_1，求轮Ⅱ的角速度 ω 及其上两点 A、B 的速度(点 A 在 OO_1 的延长线上，而点 B 在垂直于 OO_1 的半径上)。

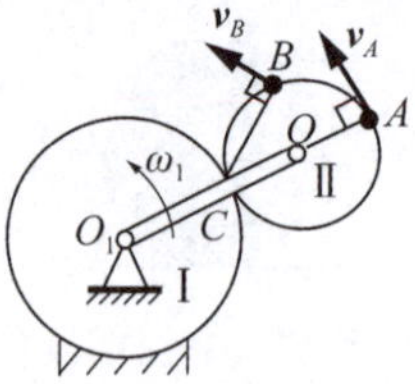

图 8-16

例 8-3 动画

解: 轮Ⅱ做平面运动，又因为在轮Ⅰ上只滚不滑，所以两轮的切点 C 即是轮Ⅱ的速度瞬心，找到速度瞬心以后，相当于此瞬时轮Ⅱ在绕着 C 点做定轴转动。所以，利用速度瞬心法很容易就可解出未知量。

OO_1 做定轴转动，其上一点 O 的速度为

$$v_O = (R + r) \cdot w_1$$

齿轮Ⅱ的角速度为

$$\omega = \frac{v_O}{r} = \frac{(R + r) \cdot \omega_1}{r}$$

齿轮Ⅱ上两点 A、B 的速度分别为

$$v_A = \omega \cdot 2r = 2(R + r) \cdot \omega_1$$

$$v_B = \omega \cdot \sqrt{2}r = \sqrt{2}(R + r) \cdot \omega_1 \text{ (方向如图所示)}$$

例 8-4 小车车轮 A 和滚轮 B 的半径均为 R，车轮 A 与车板用轴 A 连接，滚轮压在车板下。设车轮 A、滚轮 B 与地面之间及滚轮 B 与车板之间均无相对滑动，如图8-17所示，试

求小车以速度 $\boldsymbol{v}_0$ 前进时，车轮 A、滚轮 B 的角速度及轮心 B 的速度。

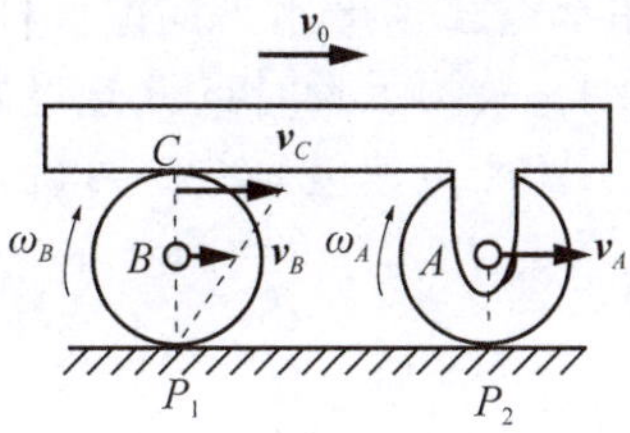

图 8-17

§8-3　平面图形内各点的加速度分析

平面图形上任选一点 A 作为基点，求平面图形上任一点 B 的加速度(图 8-18)。该平面图形的平面运动可分解为随着基点的平动(牵连运动)和绕着基点的转动(相对运动)两部分，根据牵连运动为平动时点的加速度合成定理有

$$\boldsymbol{a}_B=\boldsymbol{a}_{\mathrm{a}}=\boldsymbol{a}_{\mathrm{e}}+\boldsymbol{a}_{\mathrm{r}}$$

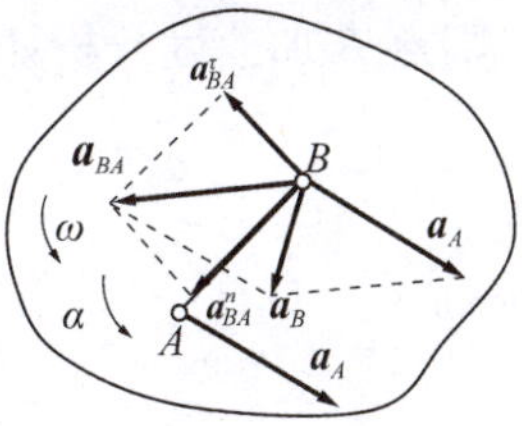

图 8-18

加速度基点法

由于牵连运动为平动，所以牵连加速度等于基点 A 的加速度 $\boldsymbol{a}_A$；点 B 的相对加速度 $\boldsymbol{a}_{BA}$ 是该点随图形绕基点 A 转动的加速度，可分为切向加速度和法向加速度两部分，即

$$\boldsymbol{a}_B=\boldsymbol{a}_A+\boldsymbol{a}_{BA}^{\tau}+\boldsymbol{a}_{BA}^{n} \tag{8-4}$$

式(8-4)为用基点法求点的加速度公式，即平面图形内任一点的加速度等于基点的加速度与该点随图形绕基点转动的切向加速度和法向加速度的矢量和。这种求解加速度的方法称为基点法。

式(8-4)中，$\boldsymbol{a}_{BA}^{\tau}$ 为点 B 绕基点 A 转动的切向加速度，方向垂直于连线 AB，大小等于

$$a_{BA}^{\tau}=AB\cdot\alpha$$

式中，α 为平面图形的角加速度。

$\boldsymbol{a}_{BA}^{n}$ 为点 B 绕基点 A 转动的法向加速度，方向指向基点 A，大小等于

$$a_{BA}^{n}=AB\cdot\omega^2$$

式中，ω 为平面图形的角速度。

例 8-5　图 8-19 所示四连杆机构，曲柄 OA 以匀角速度 ω 绕 O 轴转动。已知 $OA=O_1B=r$。在图示位置，$OA\perp OO_1$，$\angle OAB=\angle BO_1O=45°$。求杆 O_1B 的角速度和角加速度。

例 8-5 动画

解：(1)机构运动分析。

杆 OA 和杆 O_1B 做定轴转动，杆 AB 做平面运动。

(2)速度分析。

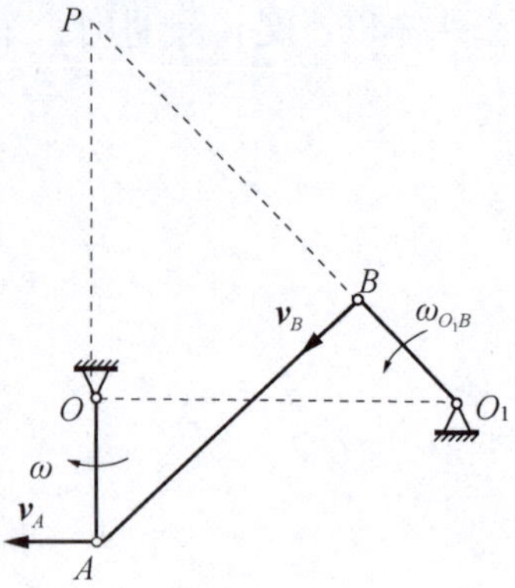

图 8-19

由于杆 OA 做定轴转动，故图示点 A 速度水平向左；杆 OA 顺时针转动带动杆 O_1B 逆时针转动，故图示瞬时点 B 速度垂直于 O_1B，即沿 AB 指向点 A。作 A、B 两点速度垂线，可确定此瞬时杆 AB 做平面运动的速度瞬心为点 P。

求得点 A 速度

$$v_A = \omega \cdot OA = r\omega \text{（方向水平向左）}$$

杆 AB 转动角速度

$$\omega_{AB} = \frac{v_A}{PA} = \frac{r\omega}{(2+\sqrt{2})r} = \frac{(2-\sqrt{2})\omega}{2}$$

点 B 速度

$$v_B = PB \cdot \omega_{AB} = (1+\sqrt{2})r \cdot \frac{\omega}{2+\sqrt{2}} = \frac{\sqrt{2}r\omega}{2}$$

杆 O_1B 转动角速度

$$\omega_{O_1B} = \frac{v_B}{O_1B} = \frac{\sqrt{2}}{2}\omega$$

(3)加速度分析选点 A 为基点，则点 B 加速度分析如下：

	$\boldsymbol{a}_B^\tau$	+	$\boldsymbol{a}_B^n$	=	$\boldsymbol{a}_A^n$	+	$\boldsymbol{a}_{BA}^\tau$	+	$\boldsymbol{a}_{BA}^n$
大小：	?		$O_1B \cdot \omega_{O_1B}^2$		$OA \cdot \omega^2$		?		$AB \cdot \omega_{AB}^2$
方向：	√		√		√		√		√

作加速度矢量图，如图 8-20 所示，将上式向 ξ 轴投影，得

$$-a_B^\tau = a_A^n \cdot \cos 45° - a_{BA}^n$$

式中

$$a_B^\tau = r \cdot \alpha_{O_1B}$$

$$a_A^n = OA \cdot \omega^2 = r\omega^2$$

$$a_{BA}^n = AB \cdot \omega_{AB}^2 = \frac{\sqrt{2}-1}{2}r\omega^2$$

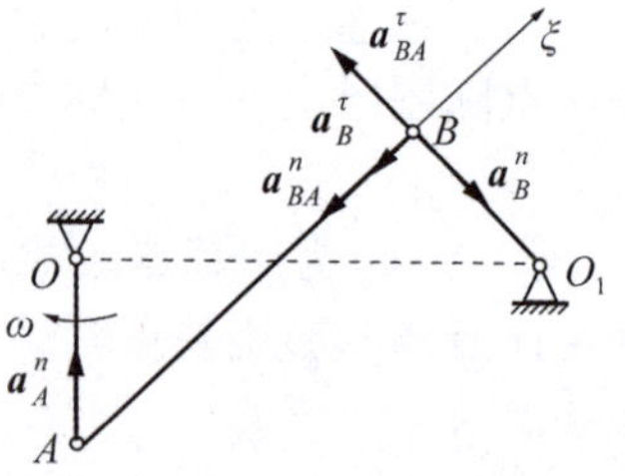

图 8-20

解得

$$\alpha_{O_1B} = -0.5\omega^2$$

例 8-6 车轮沿直线滚动，如图 8-21 所示，已知车轮半径为 R，中心 O 的速度为 $\boldsymbol{v}_O$，加速度为 $\boldsymbol{a}_O$。设车轮与地面接触无相对滑动。求车轮上速度瞬心的加速度。

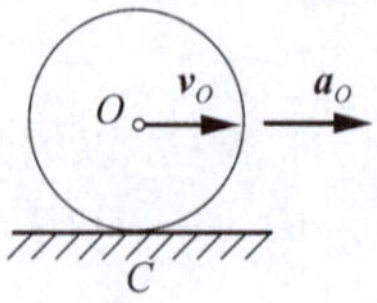

图 8-21

例 8-6 动画

解： 车轮做平面运动，其速度瞬心为与地面的接触点 C。

车轮只滚不滑，所以其角速度和角加速度分别为

$$\omega = \frac{v_O}{R}$$

$$\alpha = \frac{a_O}{R}$$

取中心 O 为基点，如图 8-22 所示，则点 C 的加速度

$$\boldsymbol{a}_C = \boldsymbol{a}_O + \boldsymbol{a}_{CO}^{\tau} + \boldsymbol{a}_{CO}^{n}$$

式中

$$a_{CO}^{\tau} = \alpha R = a_O$$

$$a_{CO}^{n} = \omega^2 R = \frac{v_O^2}{R}$$

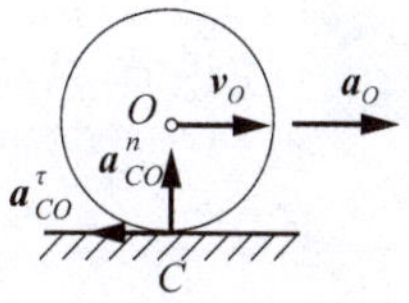

图 8-22

由于 $\boldsymbol{a}_O$ 与 $\boldsymbol{a}_{CO}^{\tau}$ 大小相等、方向相反，于是有

$$a_C = a_{CO}^{n} = \frac{v_O^2}{R}（方向竖直向上）$$

例 8-7　如图 8-23 所示，曲柄 $OA = 10$ cm，$\omega = 1$ rad/s，$O_1C = 20$ cm，$\alpha = 30°$。求图示瞬时构件 BC 的速度，杆件 O_1D 的角速度及 BC 的加速度。

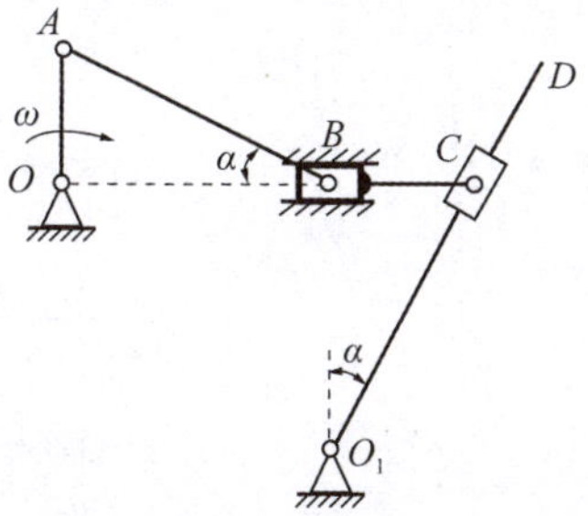

图 8-23

【案例分析 8-1】 图 8-24 所示曲柄滑块机构中，曲柄 $OA = r$，连杆 $AB = \sqrt{3}\,r$。已知 OA 以匀角速度 ω 绕 O 轴转动，求 $OA \perp AB$ 瞬时，滑块 B 的速度和连杆 AB 的角速度。

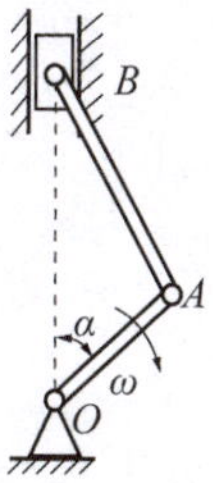

图 8-24

案例分析 8-1 动画

案例分析 8-1 曲柄滑块机构

【案例分析 8-2】 如图 8-25 所示，椭圆规尺的 A 端以速度 $\boldsymbol{v}_A$ 沿 x 轴的负向运动，$AB = l$。求规尺 AB 的角速度和 B 端的加速度。

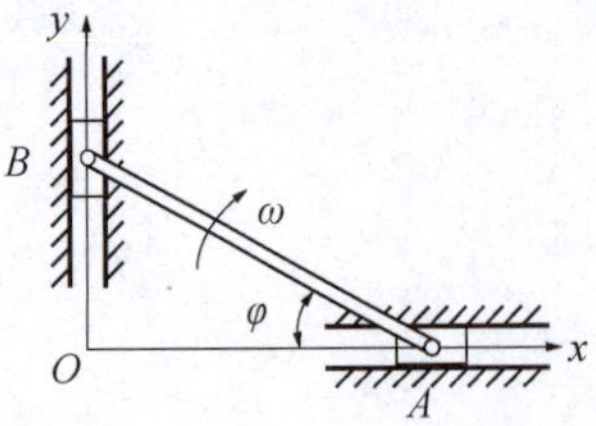

图 8-25

案例分析 8-2 动画

案例分析 8-2 椭圆规尺

知识点总结

- 刚体的平面运动
  - 基本概念
    - 平面运动 —— 刚体内各点至某一固定平面的距离始终保持不变
    - 运动方程 —— $\begin{cases} x_O=f_1(t) \\ y_O=f_2(t) \\ \alpha=f_3(t) \end{cases}$
    - 平面运动的分解
      - 随基点的平动
      - 绕基点的转动
  - 平面图形内各点的速度分析
    - 基点法 —— $\boldsymbol{v}_B=\boldsymbol{v}_A+\boldsymbol{v}_{BA}$
    - 投影法 —— $(\boldsymbol{v}_B)_{AB}=(\boldsymbol{v}_A)_{AB}$
    - 速度瞬心法
      - $v_A=v_{AC}=AC\cdot\omega$
      - 速度瞬心位置的确定
        - 平面图形沿固定表面纯滚动 ——

          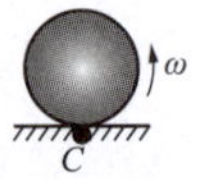

          速度瞬心位于接触点
        - 已知两点速度方向，但不平行 ——

          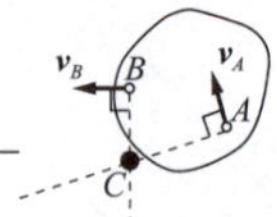

          过两点，作各自速度的垂线，两垂线的交点为速度瞬心
        - 两点速度同向平行，且两点连线与速度方向垂直 ——

          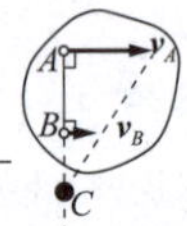

          速度瞬心是速度矢端连线与两点连线的延长线的交点
        - 两点速度反向平行，且两点连线与速度方向垂直 ——

          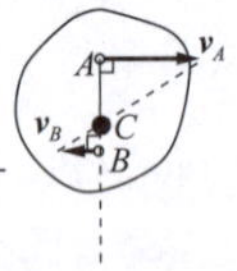

          速度瞬心是速度矢端连线与两点连线的交点
        - 两点速度方向平行，且两点连线与速度方向不垂直 ——

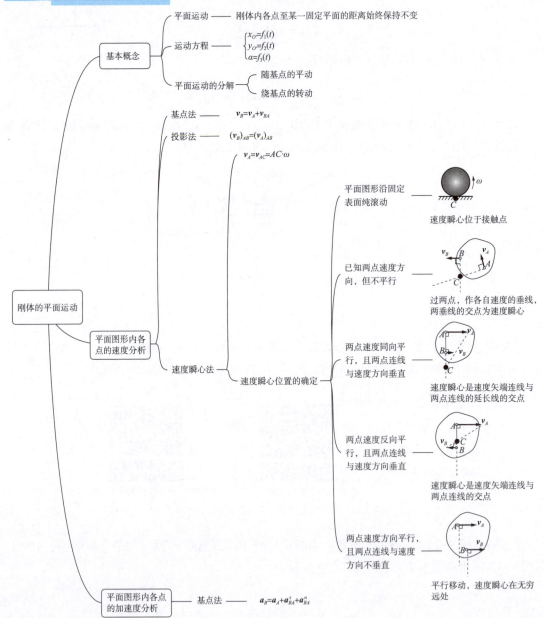

          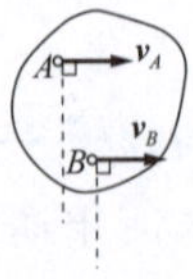

          平行移动，速度瞬心在无穷远处
  - 平面图形内各点的加速度分析 —— 基点法 —— $\boldsymbol{a}_B=\boldsymbol{a}_A+\boldsymbol{a}_{BA}^{\tau}+\boldsymbol{a}_{BA}^{n}$

思考题

8-1 做平面运动的刚体在不同的时刻速度瞬心是否相同？

8-2 平面图形上两点的加速度在此两点连线上的投影是否也相等？

8-3 速度瞬心的速度为零，加速度也为零吗？

8-4 指出下面几种运动的区别：

(1) 圆周曲线平动与定轴转动；

(2) 转动与定轴转动；

(3) 瞬时平动与平动。

8-5 思考题 8-5 图所示两种不同形式的绕线轮，用相同的速度 $\boldsymbol{v}$ 牵动，且使轮子做纯滚动，问哪种情况能使轮子运动得快些？各向哪一边滚动？

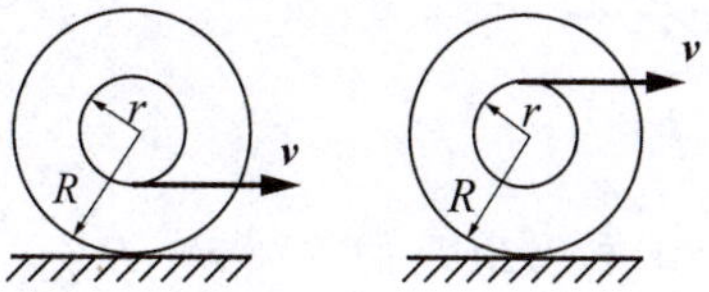

思考题 8-5 图

8-6 思考题 8-6 图所示平面四连杆机构，$O_1A=O_2B$，当 O_1A 和 O_2B 处于铅垂位置时，ω_1 和 ω_2、α_1 和 α_2 是否相等？

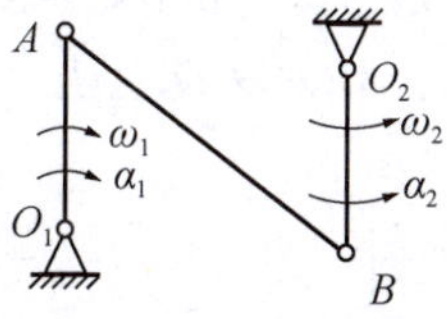

思考题 8-6 图

习 题

8-1 如习题 8-1 图所示，一平面铰链机构，已知杆 OA 长为 $\sqrt{3}r$，角速度 $\omega=\omega_0$，杆 CD 长为 r，角速度 $\omega_D=2\omega$，它们的转向如图所示。在图示位置，杆 OA 与杆 AB 垂直，BC 与 AB 延长线的夹角为 60°，CD 与 AB 平行。试求该瞬时点 B 的速度 $\boldsymbol{v}_B$。

8-2 如习题 8-2 图所示，连杆机构由 OA、AB、BC 三直杆铰接组成。已知 $OA=AB=l$，$BC=\dfrac{1}{2}l$，曲柄 OA 的角速度为 ω_{OA}，$\varphi=30°$，求图示位置杆 BC 的角速度 ω_{BC}。

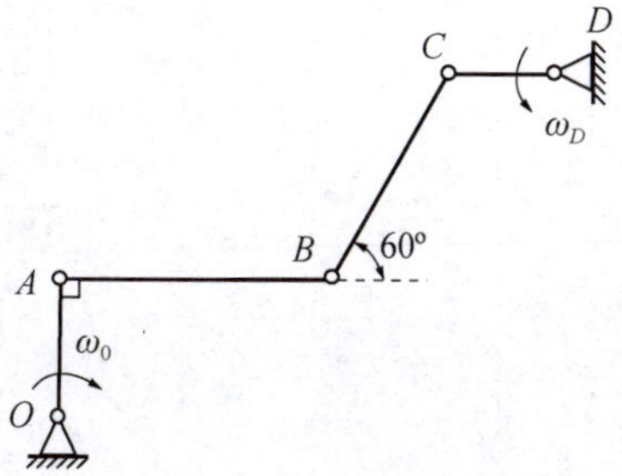

习题 8-1 图

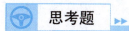

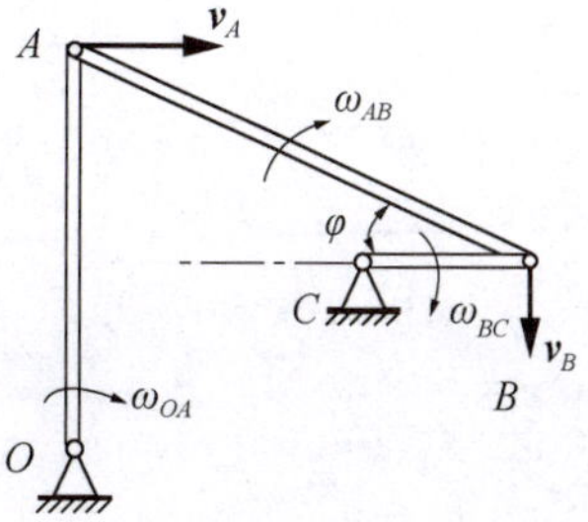

习题 8-2 图

8-3　如习题8-3图所示，印刷机的墨滚 B 由曲柄 OA 带动，在通过轴 O 的水平线上无滑动地滚动，已知 $OA=35$ cm，$AB=50$ cm，滚子半径 $r=10$ cm，曲柄以1 r/s的转速逆时针转动。求 OA 在右边水平位置时，墨滚 B 的角速度大小和转向。

8-4　如习题8-4图所示，换向传动装置具有齿条摇杆 AB，曲柄 OA 以匀角速度 ω_O 绕 O 顺时针转动且长为 R，齿轮 O_1 半径 $r=\dfrac{R}{2}$。求当角 $\alpha=60°$ 时，齿轮 O_1 的角速度大小和方向。

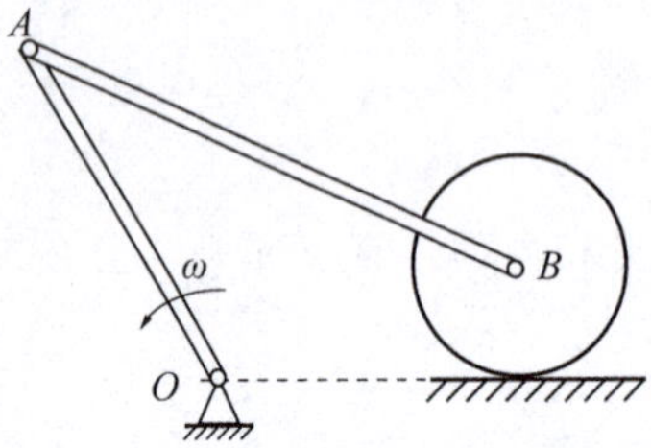

习题8-3图

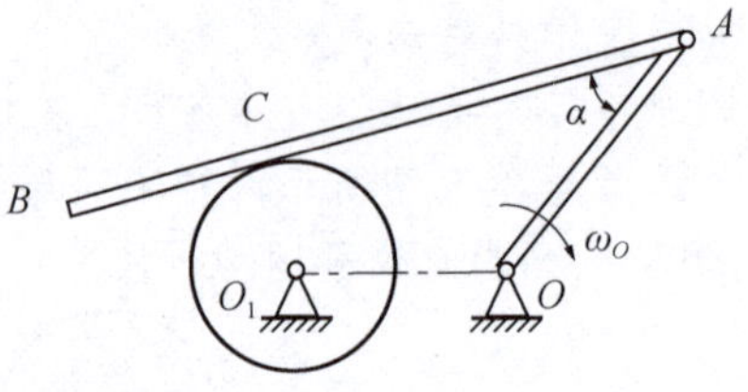

习题8-4图

8-5　如习题8-5图所示，直角杆 BCD 的两端 B、D 分别与直杆 AB 和 DE 铰接。杆 AB 和 DE 可以分别绕轴 A 和 E 转动。设在图示位置，杆 AB 的匀速转动且角速度为 ω，试按图中给定的尺寸，求此时杆 DE 的角速度和角加速度。

8-6　如习题8-6图所示，四连杆机构中，连杆 AB 上固连一块三角板 ABD。机构由曲柄 O_1A 带动。已知：曲柄的角速度 $\omega_{O_1A}=2$ rad/s，曲柄 $O_1A=0.1$ m，水平距离 $O_1O_2=0.05$ m，$AD=0.05$ m，当 O_1A 铅垂时，$AB/\!/O_1O_2$，且 AD 与 AO_1 在同一直线上，$\varphi=30°$。求三角板 ABD 的角速度和点 D 的速度。

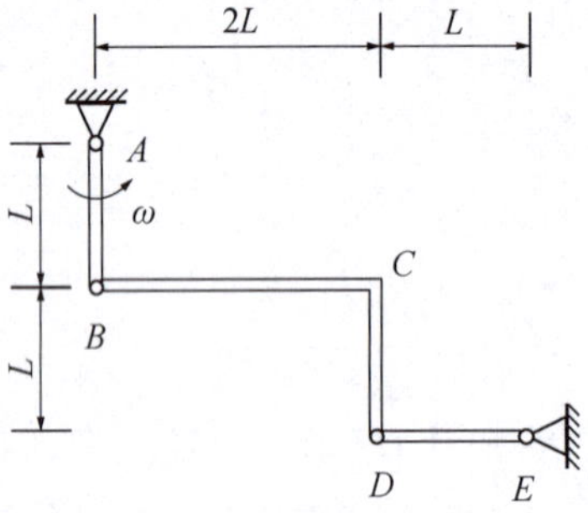

习题8-5图

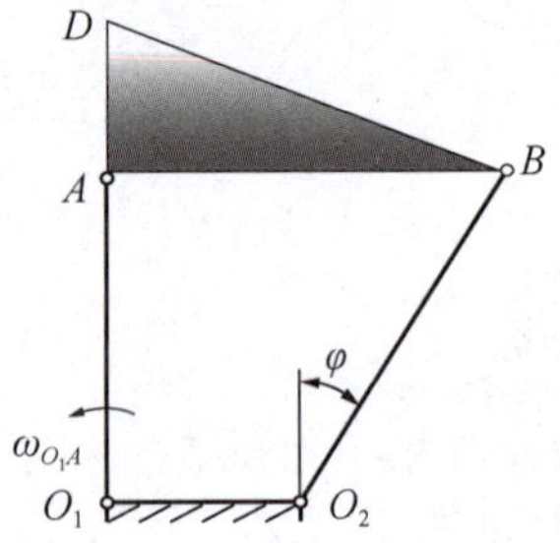

习题8-6图

8-7　如习题8-7图所示，已知 $OA=0.2$ m，$BO_1=0.3$ m，$AB=0.4$ m，OA 以角加速度 $\alpha=5$ rad/s² 转动，图示瞬时 OA 的角速度 $\omega=6$ rad/s，求此时杆 BO_1 的角加速度。

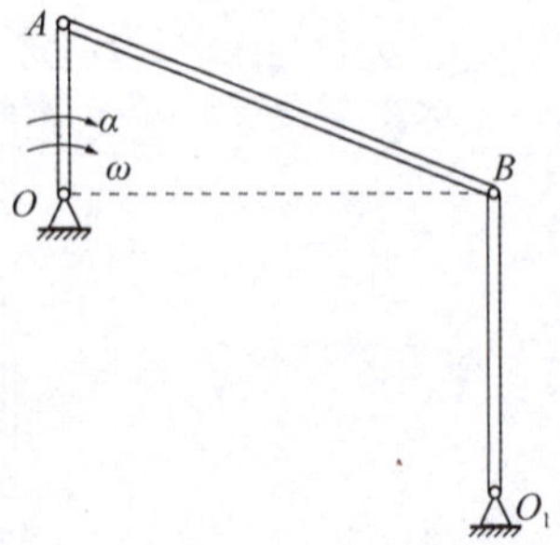

习题8-7图

习题8-7动画

8-8　如习题 8-8 图所示，杆 OA 以匀角速度 ω 绕轴 O 转动，圆轮可沿水平直线做纯滚动。已知圆轮半径为 R，且 $OA=R$，$AB=2R$。试求图示位置圆轮的角速度和圆心 B 的加速度。

8-9　如习题 8-9 图所示，该平面机构中曲柄 AO 以等角速度 $\omega=2$ rad/s 绕轴 O 转动，并通过连杆 AB 带动在半径 $r=0.5$ m 的滚轮半径 $R=1$ m 的圆弧槽中做纯滚动。已知 $AO=AB=1$ m。在图示位置，AO 垂直、AB 水平。试求该瞬时点 B 的速度和加速度。

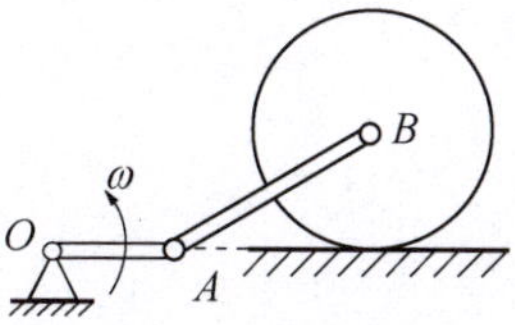

习题 8-8 图

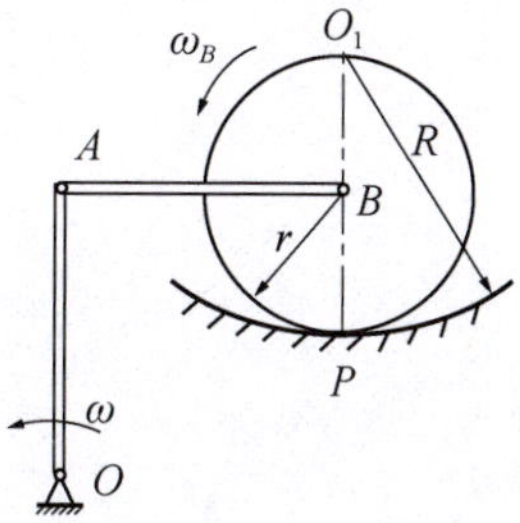

习题 8-9 图

8-10　如习题 8-10 图所示，半径 $R=20$ cm 的圆轮在水平直线轨道上做纯滚动。已知轮心 D 做匀速直线运动，其速度 $v_D=60$ cm/s，方向如图所示。杆 AB 的 A 端与圆轮边缘上点 A 铰接，其 B 端与杆 OB 在点 B 铰接，$OB=40$ cm。试求图示位置时，杆 OB 的角速度及 B 点的加速度。

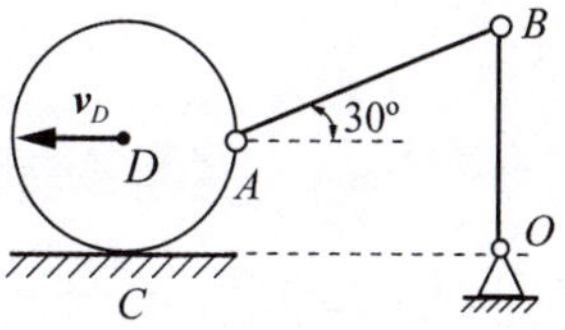

习题 8-10 图

习题 8-10 动画

第三篇

动力学

动力学对物体的机械运动进行全面的分析，研究作用于物体上的力与物体运动之间的关系，建立物体机械运动的普遍规律。

在工程实际中，许多机械和零部件都需要进行动力学的分析和计算，以解决冲击、振动、动载荷、动平衡和机床刚度等复杂的问题，同时机械原理、机械设计等后续课程也需要动力学的知识作为基础，学习动力学的基本理论，对于解决工程实际问题，有着十分重要的意义。

动力学中物体的抽象模型有质点和质点系。一般情况下，在不考虑物体的几何形状和尺寸时，常将具有一定质量的物体抽象为单个质点进行动力学分析，但是在实际问题中，并不是所有的物体都可以抽象为单个的质点，此时可将其视为质点系进行分析。质点系是指由许多(有限多或无限多)相互联系着的质点所组成的系统。任意两质点间的距离都保持不变的质点系，称为刚体。刚体最基本的运动形态就是平动和转动。刚体的复杂运动是由这两种基本运动形态组成的复合运动。因此，对刚体运动的描述归结到以下两种情况。

(1)若为平动，由于刚体内各点运动情况完全相同，完全可以将刚体的运动归结为一个质点的运动，用质点的运动就可以完全描述平动刚体的运动。

(2)若为复杂运动，则可先把整个刚体的质量集中在质心上，视其为质点，研究该质点的运动，则部分地描述了刚体的运动，但对于复杂的物体(如机构或流体)，整体不可能简化为质点，在处理方法上，复杂物体的每一个部位都可视为质点，即每一个部位都适用质点动力学理论，而整体可以看成可变质点系。

因此，动力学可分为质点动力学和质点系动力学两部分。对于质点动力学问题，常采用质点运动微分方程进行求解；对于质点系动力学问题，可以逐个建立各质点的运动微分方程，然后联立求解，这在理论上是可行的，但实际求解很困难。在工程实际中，往往仅需要研究整个质点系运动情况，而并不要求各质点的运动规律，因此可以采用动力学普遍定理或达朗贝尔原理进行分析和求解。动力学普遍定理包括动量定理、动量矩定理、动能定理，它们从不同的角度建立了质点系的运动变化与其作用力之间的关系。

在本篇中，将介绍求解动力学问题的三种方法。

(1)动力学基本方程：质点运动微分方程。

(2)动力学普遍定理：动量定理、动量矩定理、动能定理。

(3)动力学普遍原理：达朗贝尔原理、动力学普遍方程。

第 9 章
动力学基础

内容提要

本章在牛顿运动定律的基础上，根据动力学基本定律得出质点动力学的基本方程，再运用微积分方法，建立三种形式的质点运动微分方程。应用质点运动微分方程可求解质点动力学的两类问题。

素质目标

提升独立思考和创造性解决问题能力，培养尊重科学、重视技术的科学素养，培养团队协作精神和爱国精神。

案例导读

1. 中国四大卫星发射场

酒泉卫星发射中心，是中国科学卫星、技术试验卫星和运载火箭的发射试验基地之一，是中国创建最早、规模最大的综合型导弹、卫星发射中心，也是中国目前唯一的载人航天发射场。太原卫星发射中心是中国试验卫星、应用卫星和运载火箭发射试验基地之一。该发射中心具备了多射向、多轨道、远射程和高精度测量的能力，担负太阳同步轨道气象、资源、通信等多种型号的中、低轨道卫星和运载火箭的发射任务。西昌卫星发射中心，主要承担地球同步轨道卫星以及通信、广播、气象卫星等试验发射和应用发射任务，是中国目前对外开放中规模最大、设备技术最先进、承揽卫星发射任务最多、具备发射多型号卫星能力的新型航天器发射场。文昌航天发射场是中国首个滨海航天发射基地，也是世界上为数不多的低纬度发射场之一。该发射场可以发射长征五号系列火箭与长征七号运载火箭，主要承担地球同步轨道卫星、大质量极轨卫星、大吨位空间站、货运飞船和深空探测卫星等航天器的发射任务。这些卫星发射场在我国航天事业的发展中起到了重要的作用，为我国的科技进步和国家安全做出了巨大贡献。在卫星发射过程中，牛顿运动定律起到了至关重要的作用，特别是牛顿第二定律，火箭发动机产生的推力使卫星产生加速度，从而改变其运动状态，确保卫星能够成功进入预定轨道。

2. 天问一号登陆火星：中国星际探测跨越地月系开启新征程

2021 年 5 月 15 日，天问一号探测器着陆火星，迈出了中国星际探测征程的重要一步，实现了从地月系到行星际的跨越，在火星上首次留下中国人的印迹，这是中国航天事业发展史上一次具有里程碑意义的进展，充分展现了中国航天人的智慧，标志着中国在行星探测领域跨入世界先进行列。天问一号首次实现通过一次任务完成火星环绕、着陆和巡视三大目标，其肩负着探索火星的重要使命，旨在深入了解火星的地形地貌、大气环境以及可能存在的生命迹象。天问一号的发射、飞行和着陆等过程都涉及牛顿运动定律的应用，在探测器飞往火星的过程中，需要不断地调整其轨道和速度，这时就需要利用火箭发动机对其产生推力。根据牛顿第二定律，通过调整推力的大小和方向，可以控制探测器的加速度，从而实现轨道的修正和速度的调整。天问一号任务成功是中国航天事业自主创新、跨越发展的标志性成就。中国开展并持续推进深空探测，对保障国家安全、促进科技进步、提升国家软实力以及提升国际影响力具有重要的意义。

任务驱动

完成本章学习，填写表9-1、表9-2。

表9-1 “动力学基本定律”知识点

知识点	动力学基本定律		
	牛顿第一定律（惯性定律）	牛顿第二定律（力与加速度之间的关系定律）	牛顿第三定律（作用与反作用定律）
内容			
特性	任何物体都有惯性，质量是惯性的度量	物体运动状态的改变与力有关，与惯性有关	说明了两物体间相互作用力关系

表9-2 “质点的运动微分方程”知识点

知识点	运动学分析方法		
	矢量分析法	直角坐标法	自然坐标法
运动方程			
点的速度			

续表

知识点	运动学分析方法		
	矢量分析法	直角坐标法	自然坐标法
点的加速度			
运动微分方程			

§9-1　牛顿运动定律

质点在受非平衡力系作用时，其运动状态将发生改变。质点动力学的基础是三个牛顿运动定律。

牛顿第一定律(惯性定律)： 任何质点如不受力作用，则将保持静止或匀速直线运动状态。物体保持其运动状况不变的固有属性称为惯性。质量为物体惯性的度量，牛顿第一定律亦称“惯性定律”。

牛顿第一定律

牛顿第二定律(力与加速度之间的关系定律)： 在力的作用下物体所获得的加速度的大小与作用力的大小成正比，与物体的质量成反比，方向与力的方向相同，即

$$m\boldsymbol{a}=\boldsymbol{F} \tag{9-1}$$

牛顿第二定律

在国际单位制中，质量的单位为千克(kg)，长度的单位为米(m)，时间的单位为秒(s)，力的单位为牛顿(N)，$1\ \mathrm{N}=1\ \mathrm{kg}\times1\ \mathrm{m/s^2}$。

理解牛顿第二定律时应注意：公式中的 $\boldsymbol{F}$ 表示的是物体所受的合外力，而不是其中某一个或某几个力；公式中的 $\boldsymbol{F}$ 和 $\boldsymbol{a}$ 均为矢量，且二者方向始终相同，所以牛顿第二定律具有矢量性；物体在某时刻的加速度由合外力决定，加速度将随着合外力的变化而变化，这就是牛顿第二定律的瞬时性。

牛顿第三定律(作用与反作用定律)： 两个物体间的作用力与反作用力总是大小相等，方向相反，沿同一直线，且同时分别作用在这两个物体上。

以牛顿运动定律为基础的经典力学是在观察天体运动和生产实践中的一般机械运动的基础上总结出来的，只适用于解决速度远小于光速的宏观物体的运动问题。三个定律适用的参考系称为惯性参考系。在一般的工程问题中，把固定于地面的坐标系或者相对于地面做匀速直线平移的坐标系作为惯性参考系，可以得到相当精确的结果。在研究人造卫星的轨道、洲际导弹的弹道等问题时，地球

牛顿第三定律

自转的影响不可忽略，则应选取以地心为原点，三轴指向三个恒星的坐标系作为惯性参考系。研究天体的运动时，地心运动的影响也不可忽略，又需取以太阳为原点，三轴指向三个恒星的坐标系作为惯性参考系。在本书中，如无特别说明，均取固定在地球表面的坐标系为惯性参考系。

§9-2 质点的运动微分方程

如图9-1所示，质量为 m 的质点 M，受到 n 个力 $\boldsymbol{F}_1$，$\boldsymbol{F}_2$，…，$\boldsymbol{F}_n$ 作用时，由牛顿第二定律，质点在惯性参考系中的运动微分方程有以下几种形式。

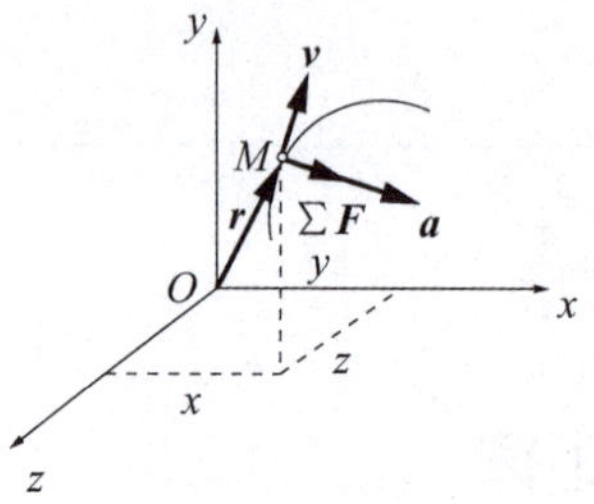

图9-1

1. 矢量形式的微分方程

将式(9-1)中的加速度 $\boldsymbol{a}$ 用质点位矢 $\boldsymbol{r}$ 对时间 t 的二阶导数代替，有

$$m\frac{\mathrm{d}^2\boldsymbol{r}}{\mathrm{d}t^2}=\sum \boldsymbol{F}_i \tag{9-2}$$

式(9-2)称为质点矢量形式的微分方程。应用矢量形式的微分方程便于进行理论分析，但在进行实际问题求解时，需选择合适的坐标系，应用微分方程的投影式。

矢量形式的微分方程

2. 直角坐标形式的微分方程

设矢径 $\boldsymbol{r}$ 在直角坐标轴上的投影分别为 x、y、z，力 $\boldsymbol{F}_i$ 在轴上的投影分别为 F_{ix}、F_{iy}、F_{iz}，则式(9-2)在直角坐标轴上的投影式为

$$\begin{cases} m\dfrac{\mathrm{d}^2x}{\mathrm{d}t^2}=\sum F_{ix} \\ m\dfrac{\mathrm{d}^2y}{\mathrm{d}t^2}=\sum F_{iy} \\ m\dfrac{\mathrm{d}^2z}{\mathrm{d}t^2}=\sum F_{iz} \end{cases} \tag{9-3}$$

直角坐标形式的微分方程

3. 自然坐标形式的微分方程

当点的运动轨迹已知，在点上建立由切线 $\boldsymbol{\tau}$、主法线 $\boldsymbol{n}$、副法线 $\boldsymbol{b}$ 组成的自然坐标系，如图9-2所示。点的全加速度 $\boldsymbol{a}$ 在切线与主法线构成的密切面内，点的加速度在副法线上的投影等于零。

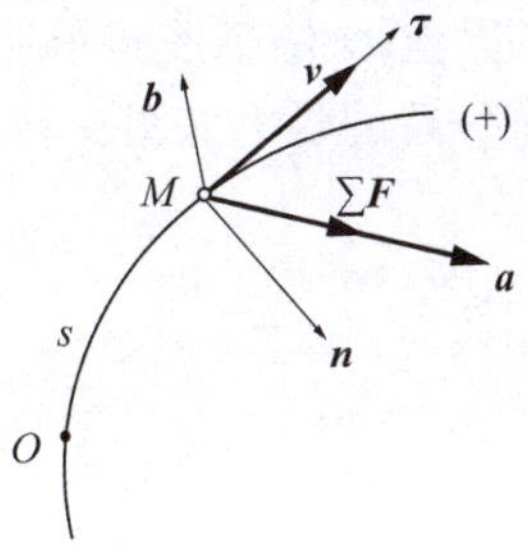

图 9-2

自然坐标形式的微分方程

矢量形式的微分方程(9-2)在自然轴系上的投影式为

$$\begin{cases} m\dfrac{\mathrm{d}v}{\mathrm{d}t}=\sum F_{i\tau} \\ m\dfrac{v^2}{\rho}=\sum F_{in} \\ 0=\sum F_{ib} \end{cases} \tag{9-4}$$

式中，$F_{i\tau}$、F_{in} 和 F_{ib} 分别为作用于质点上各力在切线、主法线和副法线上的投影；ρ 为轨迹的曲率半径。此即自然坐标形式的运动微分方程。

§9-3　质点动力学的两类基本问题及应用

运用质点运动微分方程，可解决质点动力学以下两类基本问题。

(1) 已知质点的运动，求作用于质点的力。

(2) 已知作用于质点的力，求质点的运动。

在解决实际问题时，由于物体往往受到约束的作用，其运动和受力两方面都有已知和未知的因素，这时两类问题不是截然分开的。

质点动力学的两类基本问题

运用质点运动微分方程求解质点动力学的步骤大致如下。

(1) 选取研究对象，将其视为质点。进行质点的受力分析，作出受力图。

(2) 进行质点的运动分析。建立适当的坐标系，画出质点的运动分析图，一般包括广义坐标，加速度、速度在坐标上的分量等。如果是动力学的第二类问题，还需要确定其运动初始条件。

(3) 根据研究对象的运动情况，建立质点运动微分方程。

(4) 求解未知量，并对结果进行分析和讨论。

1. 质点动力学第一类基本问题

质点动力学第一类基本问题：已知质点的运动，求作用于质点的力。在这类问题中，质点的运动方程或速度函数是已知的，只需将其代入质点运动微分方程，便可求出未知的作用力。

例 9-1　小球质量为 m，悬挂于长为 l 的细绳上，绳质量不计。小球在铅垂面内摆动时，在最低处的速度为 $\boldsymbol{v}$；摆到最高处时，绳与铅垂线夹角为 φ，如图 9-3 所示，此时小球速度为零。试分别计算小球在最低处与最高处时绳的拉力。

例 9-1 动画

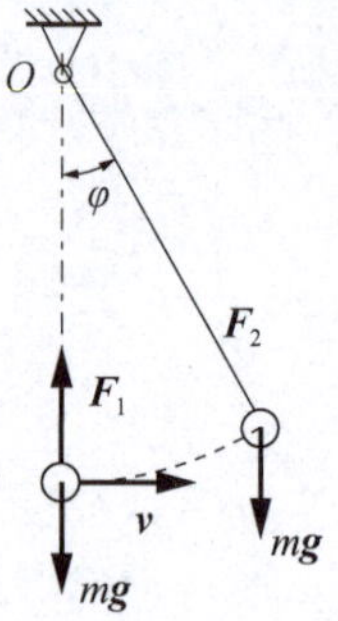

图 9-3

解： 选 φ 为广义坐标，弧坐标原点 O 位于质点静平衡位置(铅垂位置)处，逆时针为正向，质点在任意位置的受力如图 9-3 所示。

(1) 在最低处。

列写该质点自然坐标形式的运动微分方程，即

$$m\frac{v^2}{l}=F_1-mg$$

则绳子的拉力为

$$F_1=mg+m\frac{v^2}{l}$$

(2) 在最高处。

列写该质点自然坐标形式的运动微分方程，即

$$0=F_2-mg\cos\varphi$$

则绳子的拉力为

$$F_2=mg\cos\varphi$$

由小球在最低处的拉力公式可知，拉力由两部分组成，一部分等于物体所受重力，称为静拉力；另一部分由加速度引起，称为附加动拉力。全部拉力称为动拉力。另外，由拉力表达式也可以看出，减小绳子拉力的途径是减小速度或增加绳长。

2. 质点动力学第二类基本问题

质点动力学第二类基本问题：已知作用于质点的力，求质点的运动。这类问题比较复杂，因为作用于质点上的力可以是常力，也可以是与许多物理因素(如时间、位置或速度等)相关的变量。

例 9-2 质量为 m 的小球，在静止的水中缓慢下沉，其初速度为 $\boldsymbol{v}_0$，沿水平方向，如图 9-4 所示。已知水的阻力 $\boldsymbol{F}$ 的大小与球的速度大小成正比，其方向与速度方向相反，即 $\boldsymbol{F}=-\mu\boldsymbol{v}$，$\mu$ 为黏滞阻尼系数。若水的浮力忽略不计，试求小球在重力和阻力作用下的运动速度和运动规律。

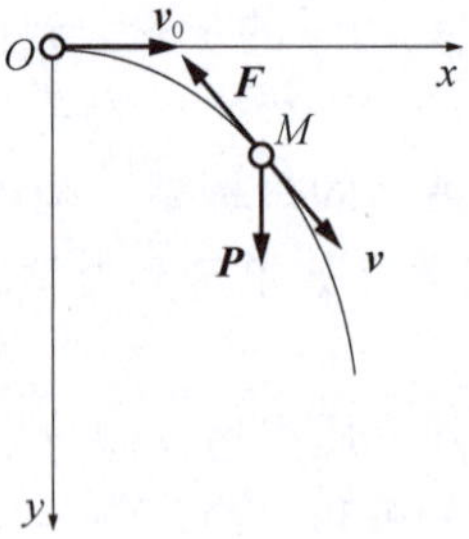

图 9-4

例 9-2 动画

解： 取小球为研究对象。小球在运动过程中受到重力 $\boldsymbol{P}$ 和阻力 $\boldsymbol{F}$ 的作用。在小球运动的铅垂面内建立直角坐标系 Oxy，以小球初始位置为坐标原点 O，y 轴向下为正，如图 9-4 所示。

小球的运动微分方程为

$$m\frac{\mathrm{d}^2x}{\mathrm{d}t^2}=m\frac{\mathrm{d}v_x}{\mathrm{d}t}=-F_x=-\mu\frac{\mathrm{d}x}{\mathrm{d}t}=-\mu v_x \tag{a}$$

$$m\frac{\mathrm{d}^2y}{\mathrm{d}t^2}=m\frac{\mathrm{d}v_y}{\mathrm{d}t}=mg-F_y=mg-\mu\frac{\mathrm{d}y}{\mathrm{d}t}=mg-\mu v_y \tag{b}$$

按题意，$t=0$ 时，$v_x=v_0$，$v_y=0$。式(a)、式(b)的定积分分别为

$$\int_{v_0}^{v_x}\frac{1}{v_x}\mathrm{d}v_x=-\int_0^t\frac{\mu}{m}\mathrm{d}t \tag{c}$$

$$\int_0^{v_y}\frac{1}{\frac{mg}{\mu}-v_y}\mathrm{d}v_y=\int_0^t\frac{\mu}{m}\mathrm{d}t \tag{d}$$

解得小球速度随时间的变化规律为

$$v_x=v_0\mathrm{e}^{-\frac{\mu}{m}t},\ v_y=\frac{mg}{\mu}(1-\mathrm{e}^{-\frac{\mu}{m}t}) \tag{e}$$

按题意，$t=0$ 时，$x=0$，$y=0$。作式(e)的定积分得

$$x=v_0\frac{m}{\mu}(1-\mathrm{e}^{-\frac{\mu}{m}t}),\ y=\frac{mg}{\mu}t-\frac{m^2g}{\mu^2}(1-\mathrm{e}^{-\frac{\mu}{m}t}) \tag{f}$$

3. 质点动力学的混合问题

有的工程问题既需要求质点的运动规律，又需要求未知的约束力，是第一类基本问题与第二类基本问题综合在一起的动力学问题，称为混合问题。

例 9-3　如图 9-5 所示，质量 $m=0.1$ kg 的小球系于长 $l=0.3$ m 的绳上，绳的另一端系在固定点 O，并与铅垂线的角 $\theta=60°$。如小球在水平面内做匀速圆周运动，求小球的速度 $\boldsymbol{v}$ 与绳的张力 $\boldsymbol{F}$ 的大小。

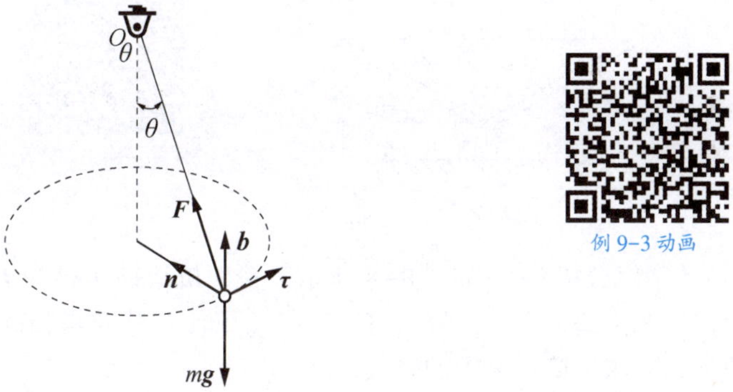

图 9-5

解： 以小球为研究的质点，作用于质点的力有大小为 mg 的重力和绳的拉力 $\boldsymbol{F}$。选取在自然坐标轴上投影的运动微分方程，得

$$m\frac{v^2}{\rho}=F\sin\theta,\ 0=F\cos\theta-mg$$

由于 $\rho=l\sin\theta$，于是解得

$$F=\frac{mg}{\cos\theta}=\frac{0.1\times 9.8}{0.5}\ \mathrm{N}=1.96\ \mathrm{N}$$

$$v=\sqrt{\frac{Fl\sin^2\theta}{m}}=\sqrt{\frac{1.96\times0.3\times\left(\frac{\sqrt{3}}{2}\right)^2}{0.1}}\ \text{m/s}^2=2.1\ \text{m/s}^2$$

绳的张力与拉力 $\boldsymbol{F}$ 的大小相等。

此例表明：对某些混合问题，向自然坐标轴系投影，可使动力学两类基本问题分开求解。

【案例分析 9-1】如图 9-6 所示，桥式起重机跑车吊挂一所受重力为 $\boldsymbol{G}$ 的重物，沿水平横梁做匀速运动，其速度为 $\boldsymbol{v}_0$，重物的重心至悬挂点的距离为 l，由于突然刹车，重物因惯性绕悬挂点 O 向前摆，求重物摆动过程中钢丝绳的最大拉力。

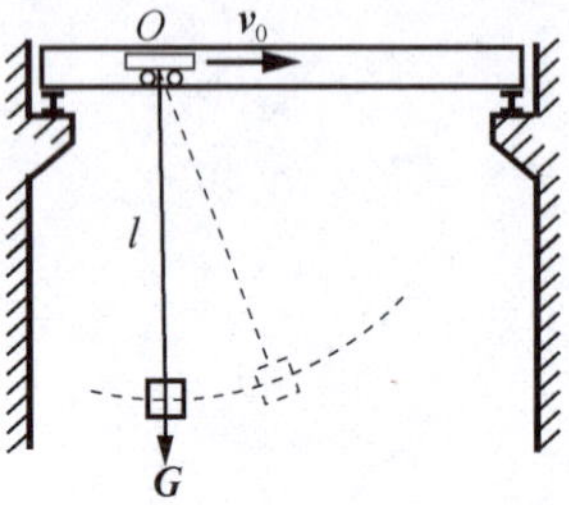

图 9-6

案例分析 9-1 动画

案例分析 9-1 桥式起重机

【案例分析 9-2】如图 9-7 所示，物块 m 置于锥形转盘上，离转动轴的距离为 $r=20$ cm。如物块与锥面间的摩擦系数为 $f=0.3$，问圆盘的每分钟转速应在什么范围内，方能使物块在锥面上保持平衡？假定角加速度可忽略不计。

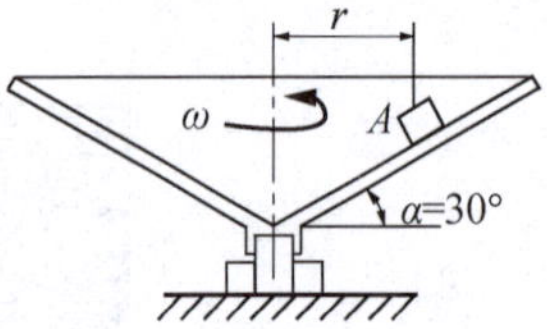

图 9-7

案例分析 9-2 动画

案例分析 9-2 锥形转盘

【案例分析 9-3】如图 9-8 所示，粉碎机滚筒半径为 R，绕通过中心的水平轴匀速转动，筒内铁球由筒壁上的凸棱带着上升。为了使铁球获得粉碎矿石的能量，铁球应在 $\theta=\theta_0$ 时才掉下来。求滚筒每分钟的转数 n。

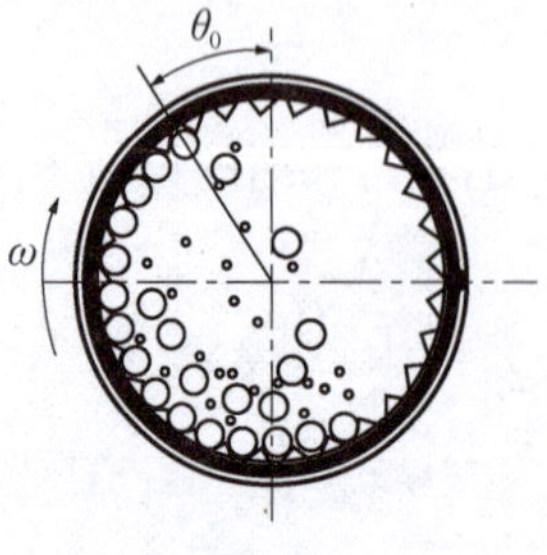

图 9-8

案例分析 9-3 动画

案例分析 9-3 粉碎机

知识点总结

- 动力学基础
  - 牛顿运动定律
    - 牛顿第一定律（惯性定律）
    - 牛顿第二定律（力与加速度之间的关系定律）
    - 牛顿第三定律（作用与反作用定律）
  - 质点的运动微分方程
    - 矢量形式 —— $m\dfrac{d^2\boldsymbol{r}}{dt^2}=\sum \boldsymbol{F}_i$
    - 直角坐标轴投影式 —— $m\dfrac{d^2x}{dt^2}=\sum F_{ix}$，$m\dfrac{d^2y}{dt^2}=\sum F_{iy}$，$m\dfrac{d^2z}{dt^2}=\sum F_{iz}$，
    - 自然坐标轴投影式 —— $m\dfrac{dv}{dt}=\sum F_{i\tau}$，$m\dfrac{v^2}{\rho}=\sum F_{in}$，$0=\sum F_{ib}$
  - 质点动力学的两类基本问题
    - 已知质点的运动，分析作用于质点的力
    - 已知作用于质点的力，分析质点的运动

思考题

9-1　两个质量相同的质点，初始速度大小相同，但方向不同，如果任意时刻两个质点所受外力大小、方向都完全相同，试判断下述各说法的正误：

(1) 任意时刻两质点的速度大小相同；

(2) 任意时刻两质点的加速度相同；

(3) 两质点运动轨迹形状相同；

(4) 两质点的切向加速度相同。

9-2　火车在加速运动时，水箱中的水面是否保持水平？应该是什么形状？试说明将水箱分成许多隔层的优点。

习　题

9-1　如习题 9-1 图所示，轨道的曲率半径为 $\rho=300$ m，列车的速度 $v=12$ m/s，轨道间距 $b=1.6$ m。问：为使列车对铁轨的压力垂直于路基，外轨与内轨之间的高度 h 应为多少？

9-2　如习题 9-2 图所示，摆动输送机由曲柄带动货架 AB 输送木箱 M，两曲柄等长，即 $O_1A=O_2B=1.5$ m，且 $O_1O_2=AB$，设该机构在 $\theta=45°$ 处由静止开始启动，已知曲柄 O_1A 的初角加速度 $\alpha_0=5$ rad/s^2，如启动瞬时木箱不产生滑动，求木箱与货架之间的静摩擦系数最小值。

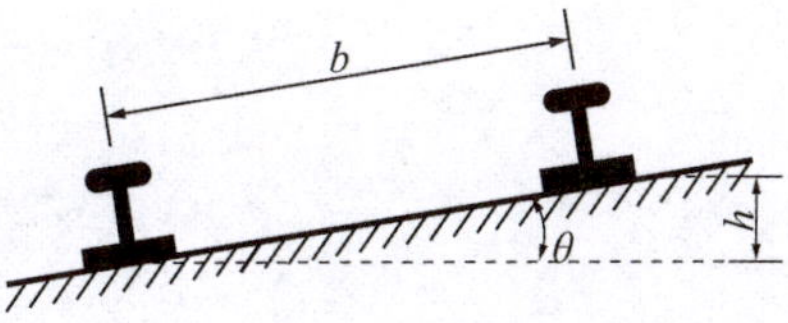

习题 9-1 图

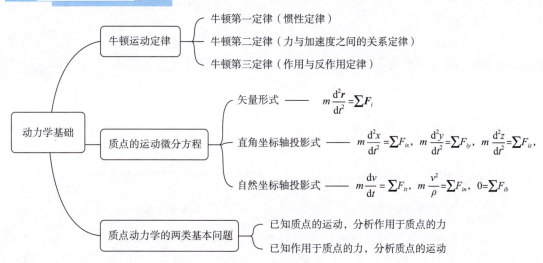

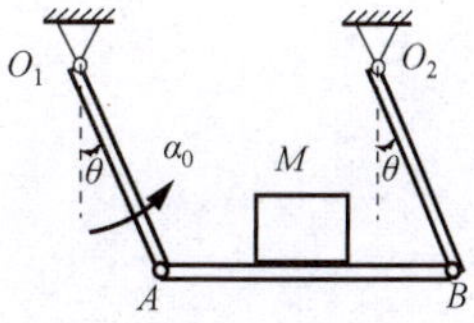

习题 9-2 图

9-3　雪橇和运动员总质量为 90 kg，沿光滑坡道下滑，如习题 9-3 图所示，坡道用方程 $y=0.08x^2$ 表示。设在 $x=10$ m 时，雪橇的速度为 $v=5$ m/s。求该瞬时速度的增长率及雪橇作用于滑道的正压力。

9-4　如习题 9-4 图所示，一小球从半径为 R 的光滑半圆柱体的顶点无初速地沿柱体下滑。写出小球沿圆柱体的运动微分方程，并求小球脱离圆柱体时的角度 θ。

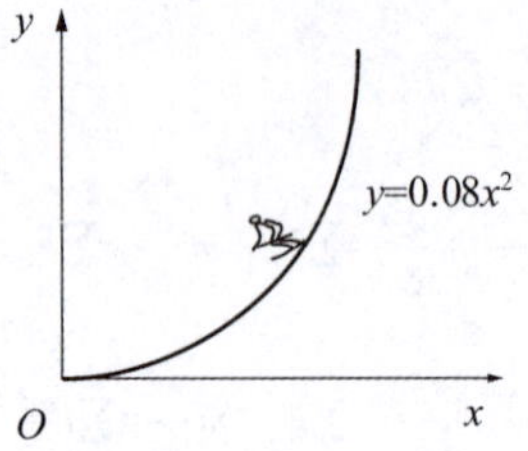

习题 9-3 图

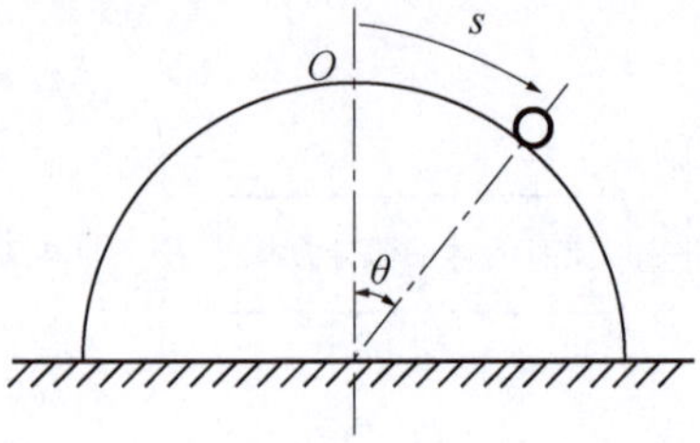

习题 9-4 图

9-5　如习题 9-5 图所示，该机构中偏心轮绕 O 轴以匀角速度 ω 转动，同时推动导板 AB 沿铅垂滑道运动，导板顶部放有一质量为 m 的物体 D。设偏心距 $OC=e$，在运动开始时 OC 位于水平位置。试求物体 D 对导板的最大压力和此时轮心 C 的位置以及使物体 D 不离开导板的偏心轮转动角速度 ω 的最大值 ω_{max}。

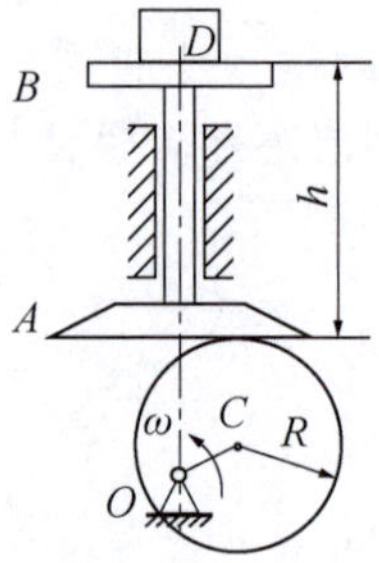

习题 9-5 图

第 10 章 动量定理

内容提要

质点系的动量定理，建立了动量的改变与冲量之间的关系，并进一步推出了动量守恒定律和质心运动定理。质点系动量定理和质心运动定理也是流体动力学及变质量质点系动力学的理论基础。

素质目标

提升综合应用科学方法分析问题和解决问题的能力，培养不断探索、勇于创新的科学精神，培育民族创造精神和奉献精神。

案例导读

1. 北斗卫星导航系统：中国自主研发的全球卫星导航系统

北斗卫星导航系统是中国自主研发的全球卫星导航系统，它采用先进的卫星技术和加密算法，提供高精度、高可靠性、高安全性的定位、导航和授时服务。该系统覆盖全球范围，具备短报文通信、星基增强等特色功能，广泛应用于交通运输、农业、气象、国土资源等多个领域，为经济社会发展提供了重要支撑。北斗卫星导航系统的建成，标志着中国在卫星导航领域取得了重大突破，对提升国家综合实力和国际竞争力具有重要意义。北斗卫星在轨道上运行时，会受到地球引力、太阳辐射压、大气阻力等多种力的作用。为了确保卫星能够稳定运行在预定的轨道上，需要对这些力进行精确的控制和补偿。动量定理在这种情况下发挥着关键作用，工程师们通过它分析和预测卫星在受到外力作用下的速度变化和轨道偏移，从而采取相应的控制措施，如推力调整、轨道修正等，确保卫星能够按照预定的轨道和速度运行。

2. 中国高铁：引领未来

中国的高铁网络是世界上最发达和最广泛的交通网络之一，具有完全自主知识产权、世界一流水平的技术体系，已成为国家现代化交通体系的重要组成部分，为人们提供了快速、高效、舒适的交通方式。中国高铁具备高速度、高密度网络、先进技术、环保和节能、便利等特点，在改善人们出行方式、促进经济发展和提升生活品质等方面发挥着重要作用。高铁列车在高速运行过程中，需要考虑到列车的动量以及如何通过制动系统有效地控制动量变化，确保列车安全、平稳地停车。这涉及动量定理的应用，即列车制动时，其动量变化等于制动力与时间的乘积。中国高铁已经成为中国的一张名片，展示了中国在交通领域的强大实力和创新精神。未来，随着技术的不断进步和市场的不断扩大，中国高铁有望在全球范围内发挥更大的作用。

任务驱动

完成本章学习，填写表10-1、表10-2。

表10-1 “动量、动量定理、质心运动定理”知识点

动量	动量定理	质心运动定理
动量	动量定理	质心运动定理
冲量	动量守恒定律	质心运动守恒定律

表10-2 “质点和质点系的动量定理”知识点

知识点	质点的动量定理	质点系的动量定理	
		一般式	投影式
微分形式			
积分形式			

§10-1　基本概念

一、动量

1. 质点的动量

质点的质量 m 与速度 $\boldsymbol{v}$ 的乘积称为质点在该瞬时的动量，表示为

$$\boldsymbol{p} = m\boldsymbol{v} \tag{10-1}$$

动量

动量是矢量，其方向与质点的速度方向相同。一般来说，质点的速度 $\boldsymbol{v}$ 是随时间变化的，在各瞬时动量也是不同的。在国际单位制中，动量的单位为千克·米/秒(kg·m/s)。

任取固定坐标系 $Oxyz$，将式(10-1)投影到各轴上，则得到质点的动量在坐标轴上的投影，即

$$p_x = mv_x = m\dot{x}, \quad p_y = mv_y = m\dot{y}, \quad p_z = mv_z = m\dot{z} \tag{10-2}$$

动量是度量物体机械运动强弱程度的一个物理量。例如，高速飞行的子弹，质量虽小，却可以穿透钢板；缓靠码头的轮船虽然速度很低，但质量很大，需要避免撞坏码头和船身；质量相同而速度不同的两辆汽车，要在相同的时间内停下来，则速度大的比速度小的需要更大的制动力。

2. 质点系的动量

质点系内各质点动量的矢量和称为质点系在该瞬时的动量，用 $\boldsymbol{p}$ 表示，即

$$\boldsymbol{p} = \sum m_i \boldsymbol{v}_i \tag{10-3}$$

式中，n 为质点系内的质点数；m_i、$\boldsymbol{v}_i$ 分别表示第 i 个质点的质量、速度。

如质点系中任一质点 i 的矢径为 $\boldsymbol{r}_i$，则其速度为 $\boldsymbol{v}_i = \dfrac{\mathrm{d}\boldsymbol{r}_i}{\mathrm{d}t}$，将其代入式(10-3)中，根据质量 m_i 不随时间变化，则有

$$\boldsymbol{p} = \sum m_i \boldsymbol{v}_i = \sum m_i \frac{\mathrm{d}\boldsymbol{r}_i}{\mathrm{d}t} = \frac{\mathrm{d}}{\mathrm{d}t}\sum m_i \boldsymbol{r}_i \tag{10-4}$$

令 $m = \sum m_i$ 为质点系的总质量，将质心坐标公式 $\boldsymbol{r}_C = \dfrac{\sum m_i \boldsymbol{r}_i}{m}$ 代入式 10-4 得

$$\boldsymbol{p} = \frac{\mathrm{d}}{\mathrm{d}t}\sum m_i \boldsymbol{r}_i = \frac{\mathrm{d}}{\mathrm{d}t} m\boldsymbol{r}_C = m\boldsymbol{v}_C \tag{10-5}$$

式中，$\boldsymbol{v}_C = \dfrac{\mathrm{d}\boldsymbol{r}_C}{\mathrm{d}t}$ 为质点系质心 C 的速度。

由式(10-5)可知，质点系的动量等于质心速度与其全部质量的乘积。这相当于将质点系的总质量集中于质心这个点上，则质心的动量就等于质点系的动量。因此，质点系的动量可视为质心运动的一个特征量。

任取固定坐标系 $Oxyz$，将式(10-5)投影到各轴上，则得到质点系的动量在坐标轴上的投影，即

$$p_x = mv_{Cx} = m\dot{x}_C\,,\quad p_y = mv_{Cy} = m\dot{y}_C\,,\quad p_z = mv_{Cz} = m\dot{z}_C \tag{10-6}$$

3. 刚体的动量

质心是刚体内某一确定点，对于质量均匀分布的规则刚体，质心也就是几何中心。例如，长为 l、质量为 m 的均质细杆，在平面内绕点 O 转动，角速度为 ω，如图 10-1(a)所示，则细杆的动量大小为 $p = mv_C = m\dfrac{l}{2}\omega$。又如图 10-1(b)所示，质量为 m 的均质滚轮，轮心速度为 $\boldsymbol{v}_C$，则其动量大小为 $p = mv_C = mR\omega$。而如图 10-1(c)所示，绕中心转动的均质轮无论有多大的角速度和质量，由于其质心不动，其动量总是零。

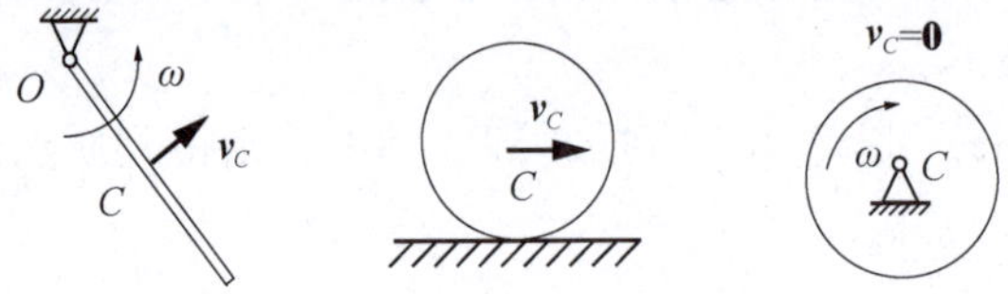

(a)　　(b)　　(c)

图 10-1

二、冲量

力与力作用时间的乘积称为力的冲量，记为 $\boldsymbol{I}$。冲量是矢量，与力的方向一致。

(1)力 $\boldsymbol{F}$ 为常矢量。若力 $\boldsymbol{F}$ 作用的时间为 t，则此力的冲量为

$$\boldsymbol{I} = \boldsymbol{F}t \tag{10-7}$$

(2)力 $\boldsymbol{F}$ 为变矢量(包括大小和时间上的变化)。在微小时间间隔 $\mathrm{d}t$ 内，力 $\boldsymbol{F}$ 的冲量称为元冲量，即

冲量

$$\mathrm{d}\boldsymbol{I} = \boldsymbol{F}\mathrm{d}t$$

而力 $\boldsymbol{F}$ 在作用时间 t 内的冲量是矢量积分

$$\boldsymbol{I} = \int_0^t \boldsymbol{F}\mathrm{d}t \tag{10-8}$$

力的冲量也可在三个直角坐标轴上投影，即

$$I_x = \int_0^t F_x \mathrm{d}t,\ I_y = \int_0^t F_y \mathrm{d}t,\ I_z = \int_0^t F_z \mathrm{d}t \tag{10-9}$$

一般来说，当力是常量或力是时间的函数时，可通过积分来计算力的冲量。在国际单位制中，冲量的单位是千克·米/秒(kg·m/s)或牛顿·秒(N·s)。

(3)合力的冲量。设有 n 个力 $\boldsymbol{F}_1$，$\boldsymbol{F}_2$，…，$\boldsymbol{F}_n$ 作用在质点上，其合力为 $\boldsymbol{F}_R = \sum \boldsymbol{F}_i$，设 $\boldsymbol{F}_R$ 在作用时间 t 内的冲量为 $\boldsymbol{I}$，则有

$$\boldsymbol{I} = \int_0^t \boldsymbol{F}\mathrm{d}t = \int_0^t \sum \boldsymbol{F}_i \mathrm{d}t = \sum \int_0^t \boldsymbol{F}_i \mathrm{d}t = \sum \boldsymbol{I}_i \tag{10-10}$$

即在作用时间 t 内，合力的冲量等于各分力冲量的矢量和。

冲量是力在一时间内的积累作用。物体运动状态的改变，不仅取决于作用在物体上的力

的大小和方向，还与力作用时间的长短有关。例如，人们在铁路上推车厢，当推力大于阻力时，经过一段时间便可使车厢得到一定的速度，而且推得时间越长，车厢的速度会越大；子弹在枪膛内受到火药爆炸所产生的较大的气体推力的作用，虽然作用的时间较短，却使子弹获得很大的速度。

§10-2　动量定理和动量守恒定律

一、质点的动量定理

设质点的质量为 m，速度 $\boldsymbol{v}$，加速度为 $\boldsymbol{a}$，作用在质点上的力为 $\boldsymbol{F}$，根据质点的动力学基本方程有

$$m\boldsymbol{a} = \boldsymbol{F}$$

动量定理

由于 $\boldsymbol{a} = \dfrac{\mathrm{d}\boldsymbol{v}}{\mathrm{d}t}$，可将上式写成

$$\frac{\mathrm{d}}{\mathrm{d}t}(m\boldsymbol{v}) = \boldsymbol{F} \tag{10-11}$$

式(10-11)为质点的动量定理，即质点动量对时间的导数等于作用于质点上的力。式(10-11)又可写为

$$\mathrm{d}(m\boldsymbol{v}) = \boldsymbol{F}\mathrm{d}t = d\boldsymbol{I} \tag{10-12}$$

式(10-12)为质点动量定理的微分形式，即质点动量的微分等于作用在质点上的力的冲量。对上式积分，时间由 t_1 到 t_2，速度由 $\boldsymbol{v}_1$ 到 $\boldsymbol{v}_2$，得

$$m\boldsymbol{v}_2 - m\boldsymbol{v}_1 = \int_{t_1}^{t_2}\boldsymbol{F}\mathrm{d}t = \boldsymbol{I} \tag{10-13}$$

式(10-13)为质点动量定理的积分形式，即在某一时间间隔内，质点动量的改变量等于作用于质点上的力在同一时间间隔内的冲量。

例 10-1　质量 $m=3\ 000$ kg 的锻锤，从高度 $H=1.5$ m 处自由下落到锻件上，如图 10-2 所示，锻件发生变形历时 $\Delta t=0.01$ s，求锻锤对锻件的平均压力。

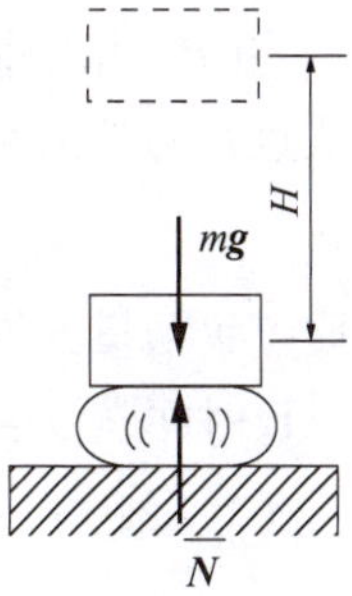

图 10-2

解：取锻锤为研究对象。打击锻件时，作用在锻锤上的力有重力 $m\boldsymbol{g}$ 和锻件的反力 $\boldsymbol{N}$，由于 $\boldsymbol{N}$ 是变力，在极短的时间间隔 Δt 内迅速变化，往往用平均反力 $\overline{\boldsymbol{N}}$ 来代替。

令锻锤自由下落 H 的时间为 T，由运动学知

$$T = \sqrt{\frac{2H}{g}}$$

取铅垂轴 y，向上为正，根据动量定理有

$$m\boldsymbol{v}_2 - m\boldsymbol{v}_1 = \boldsymbol{I}$$

由题意知，当锻锤由静止开始自由下落到锻件完成变形的过程中，$v_1=0$，经过时间$(T+\Delta t)$后，$v_2=0$，重力 $m\boldsymbol{g}$ 的冲量为 $-m\boldsymbol{g}(T+\Delta t)$，平均反力 $\overline{\boldsymbol{N}}$ 的冲量为 $\overline{\boldsymbol{N}}\cdot\Delta t$，于是有

$$0 = -mg(T + \Delta t) + \overline{N} \cdot \Delta t$$

即

$$\overline{N} = mg\left(1 + \frac{T}{\Delta t}\right) = mg\left(1 + \frac{1}{\Delta t}\sqrt{\frac{2H}{g}}\right)$$

代入已知数据得 $\overline{N} = 1\ 656\ \mathrm{kN}$，平均压力是锻锤自重的56倍，可见锻锤对锻件的压力是非常大的。

二、质点系的动量定理

设质点系由 n 个质点组成，第 i 个质点的质量为 m_i，速度为 $\boldsymbol{v}_i$，作用于质点上的外力记为 $\boldsymbol{F}_i^{(e)}$，内力记为 $\boldsymbol{F}_i^{(i)}$。根据质点的动量定理，有

$$\frac{\mathrm{d}}{\mathrm{d}t}(m_i\boldsymbol{v}_i) = \boldsymbol{F}_i^{(e)} + \boldsymbol{F}_i^{(i)} \quad (i = 1,\ 2,\ \cdots,\ n)$$

对于整个质点系，求上述 n 个方程的矢量和，得

$$\sum \frac{\mathrm{d}}{\mathrm{d}t}(m_i\boldsymbol{v}_i) = \sum \boldsymbol{F}_i^{(e)} + \sum \boldsymbol{F}_i^{(i)}$$

更换求和及求导次序，得

$$\frac{\mathrm{d}}{\mathrm{d}t}\sum (m_i\boldsymbol{v}_i) = \sum \boldsymbol{F}_i^{(e)} + \sum \boldsymbol{F}_i^{(i)}$$

式中，$\boldsymbol{p} = \sum m_i\boldsymbol{v}_i$ 为质点系内各质点动量的主矢量，称为质点系的动量；$\sum \boldsymbol{F}_i^{(e)}$ 为外力的主矢量；$\sum \boldsymbol{F}_i^{(i)}$ 为内力的主矢量。

根据牛顿第三定律，内力总是大小相等、方向相反，且成对地出现在质点系内部，所以 $\sum \boldsymbol{F}_i^{(i)} = 0$，于是得

$$\frac{\mathrm{d}\boldsymbol{p}}{\mathrm{d}t} = \sum \boldsymbol{F}_i^{(e)} \tag{10-14}$$

式(10-14)称为质点系动量定理的微分形式，即质点系动量 $\boldsymbol{p}$ 对时间 t 的导数等于作用在质点系的外力系的矢量和(或外力的主矢)。式(10-14)也可写成

$$\mathrm{d}\boldsymbol{p} = \sum \boldsymbol{F}_i^{(e)}\mathrm{d}t = \sum \mathrm{d}\boldsymbol{I}_i^{(e)} \tag{10-15}$$

即质点系动量的增量等于作用于质点系的外力元冲量的矢量和。

设时间从 t_1 到 t_2，质点系的动量从 $\boldsymbol{p}_1$ 到 $\boldsymbol{p}_2$，将式(10-15)积分，得

$$\int_{p_1}^{p_2} \mathrm{d}\boldsymbol{p} = \sum \int_{t_1}^{t_2} \boldsymbol{F}_i^{(e)}\mathrm{d}t = \sum \boldsymbol{I}_i^{(e)}$$

或

$$\boldsymbol{p}_2 - \boldsymbol{p}_1 = \sum \boldsymbol{I}_i^{(e)} \tag{10-16}$$

式(10-16)为质点系动量定理的积分形式，即在某一时间间隔内，质点系动量的改变量等于在这段时间内作用于质点系的外力冲量的矢量和。

由质点系动量定理可见，质点系的内力不能改变质点系的动量。

在应用动量定理时，应取投影式，如式(10-14)和式(10-16)在直角坐标系的投影式为

$$\frac{\mathrm{d}p_x}{\mathrm{d}t}=\sum F_{ix}^{(e)},\quad \frac{\mathrm{d}p_y}{\mathrm{d}t}=\sum F_{iy}^{(e)},\quad \frac{\mathrm{d}p_z}{\mathrm{d}t}=\sum F_{iz}^{(e)} \tag{10-17}$$

$$\begin{cases} p_{2x}-p_{1x}=\sum I_{ix}^{(e)}=\sum\int_{t_1}^{t_2}F_{ix}^{(e)}\mathrm{d}t \\ p_{2y}-p_{1y}=\sum I_{iy}^{(e)}=\sum\int_{t_1}^{t_2}F_{iy}^{(e)}\mathrm{d}t \\ p_{2z}-p_{1z}=\sum I_{iz}^{(e)}=\sum\int_{t_1}^{t_2}F_{iz}^{(e)}\mathrm{d}t \end{cases} \tag{10-18}$$

三、质点系的动量守恒定律

动量守恒定律

如果作用于质点系上的外力的矢量和等于零，即 $\boldsymbol{F}_{\mathrm{R}}^{(e)}=\sum\boldsymbol{F}_i^{(e)}=0$，则由式(10-14)或式(10-15)知，质点系的动量保持不变，即

$$\boldsymbol{p}=\sum m_i\boldsymbol{v}_i=\text{常矢量} \tag{10-19}$$

如果作用于质点系的外力在某一坐标轴上的投影的代数和等于零，如 $\sum F_{ix}^{(e)}=0$，则由式(10-17)或式(10-18)知，质点系的动量在该坐标轴上的投影保持不变，即

$$p_x=\sum m_iv_{ix}=\text{常量} \tag{10-20}$$

以上结论称为质点系的动量守恒定律。由以上讨论可知，要使质点系的动量发生改变，必须要有外力的作用，而内力是不能改变整个质点系的动量的。例如，汽车发动机的驱动力是内力，地面作用在后轮且向前的摩擦力是外力，在此外力的作用下，才可能使汽车的动量发生改变，如果地面绝对光滑，无论发动机的功率有多大，也不会改变汽车的运动。此外，在保持质点系内各质点动量之和不变的条件下，内力可以引起系统内各质点动量的传递，如枪炮的“后座力”，火箭和喷气飞机的反推作用力等都可用动量守恒定律加以研究。

例 10-2　电动机的外壳固定在水平基础上，定子和机壳的质量为 m_1，转子质量为 m_2，如图 10-3 所示。设定子的质心位于转轴的中心 O_1，但由于制造误差，转子的质心 O_2 到 O_1 的距离为 e。已知转子匀速转动，角速度为 ω。求基础的水平及铅垂约束力。

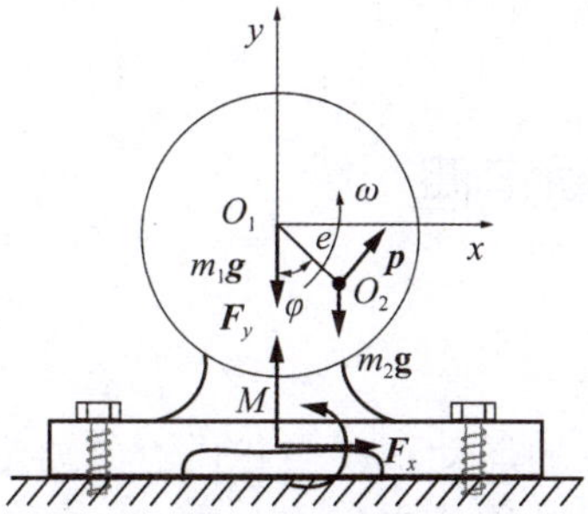

图 10-3

例 10-2 动画

解： 取电动机外壳与转子组成质点系，这样可以不考虑使转子转动的内力，其外力有重力 $m_1\boldsymbol{g}$、$m_2\boldsymbol{g}$，基础的约束力 $\boldsymbol{F}_x$、$\boldsymbol{F}_y$ 和约束力偶 M。机壳不动，质点系的动量就是转子的动量，由式(10-3)可得，其大小为

$$p = m_2 \omega e$$

方向如图所示。而

$$p_x = m_2 \omega e \cos \omega t$$
$$p_y = m_2 \omega e \sin \omega t$$

设 $t=0$ 时，O_1O_2 铅垂，有 $\varphi=\omega t$。由动量定理的投影式(10-11)，得

$$\frac{\mathrm{d}p_x}{\mathrm{d}t} = F_x$$

$$\frac{\mathrm{d}p_y}{\mathrm{d}t} = F_y - m_1 g - m_2 g$$

联立解得基础的约束反力

$$F_x = -m_2 e \omega^2 \sin \omega t$$
$$F_y = (m_1 + m_2)g + m_2 e \omega^2 \cos \omega t$$

电动机不转时，基础的约束力为 $F_x=0$，$F_y=(m_1+m_2)g$，可称为静约束力；电动机转动时的约束力可称为动约束力。动约束力与静约束力的差值是由系统运动产生的，可称为附加动约束力。此例中，由转子偏心引起的附加动约束力：x 方向上为 $-m_2 e\omega^2 \sin \omega t$，$y$ 方向上为 $m_2 e\omega^2 \cos \omega t$，都是谐振力，将会引起电动机和基础的振动。

例 10-3　有一质量为 $m_1=2$ kg 的小车，车上有一装有沙子的箱子，沙子与箱子的总质量 $m_2=1$ kg，小车与沙箱以速度 $v_0=3.5$ km/h 在光滑水平面上做匀速直线运动。现有一质量为 $m_3=0.5$ kg 的物体 A 向下落入沙箱中，如图 10-4 所示，求此后小车的速度。设物体 A 落入，沙箱在小车上滑动 0.2 s，才与车面相对静止，求车面与箱底相互作用的摩擦力的平均值。

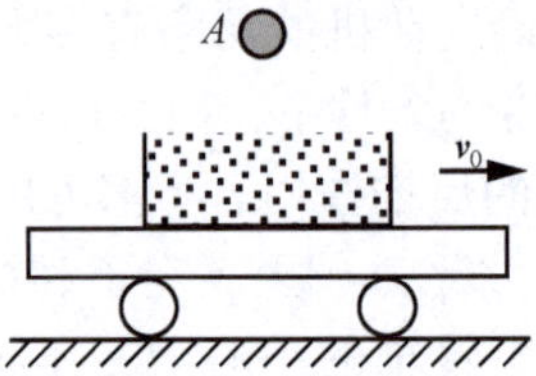

图 10-4

§10-3　质心运动定理

一、质心

在某力系的作用下，质点系的运动不仅与各质点的质量大小有关，而且与质量分布情况有关。质点系的质量中心称为质心，它是表征质点系质量分布情况的一个重要概念。质心的位置由下面的公式决定

质心

$$\boldsymbol{r}_C = \frac{\sum m_i \boldsymbol{r}_i}{\sum m_i} = \frac{\sum m_i \boldsymbol{r}_i}{m} \tag{10-21}$$

计算质心位置时，常采用直角坐标的投影式，即

$$x_C = \frac{\sum m_i x_i}{m}, \quad y_C = \frac{\sum m_i y_i}{m}, \quad z_C = \frac{\sum m_i z_i}{m} \tag{10-22}$$

质心处于质点质量较密集的部位，反映了质量分布的一种特征。在地球表面质心与重心重合。质心的概念及质心运动在质点系(特别是刚体)动力学中具有重要地位。若质点系是由若干个刚体组成的刚体系统，则可以采用组合法先求出各个刚体的质心，再确定整个系统的质心。

例 10-4　图 10-5 所示的曲柄滑块机构中，设曲柄 OA 受力偶作用以匀角速度 ω 转动，滑块 B 沿 x 轴滑动。若 $OA = AB = l$，OA 及 AB 皆为均质杆，质量皆为 m_1，滑块 B 的质量为 m_2。求此系统的质心运动方程、轨迹及动量。

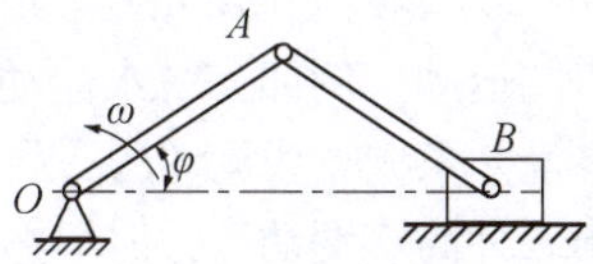

图 10-5

例 10-4 动画

解： 设 $t=0$ 时，杆 OA 水平，则有 $\varphi = \omega t$。质心 C 的坐标为

$$x_C = \frac{m_1 \frac{l}{2} + m_1 \frac{3l}{2} + 2m_2 l}{2m_1 + m_2}\cos\omega t = \frac{2(m_1 + m_2)}{2m_1 + m_2} l\cos\omega t$$

$$y_C = \frac{2m_1 \frac{l}{2}}{2m_1 + m_2}\sin\omega t = \frac{m_1}{2m_1 + m_2} l\sin\omega t$$

上式也就是此系统质心 C 的运动方程。以上两式消去时间 t，可得

$$\left[\frac{x_C}{2(m_1 + m_2)l/(2m_1 + m_2)}\right]^2 + \left[\frac{y_C}{m_1 l/(2m_1 + m_2)}\right]^2 = 1$$

从上式可以看到 C 的运动轨迹为一椭圆。特别指出，系统的质心一般不在其中某一物体上，而是空间的某一特定点。

为求系统的动量，先求系统动量沿 x、y 轴的投影

$$p_x = mv_{Cx} = m\dot{x}_C = -2(m_1 + m_2) l\omega\sin\omega t$$

$$p_y = mv_{Cy} = m\dot{y}_C = m_1 l\omega\cos\omega t$$

系统动量的大小为

$$p = \sqrt{p_x^2 + p_y^2} = l\omega\sqrt{4(m_1 + m_2)^2\sin^2\omega t + m_1^2\cos^2\omega t}$$

动量的方向沿质心轨迹的切线方向，可用其方向余弦表示。

二、质心运动定理的相关知识

将式(10-5)代入质点系动量定理式(10-14)中，可得

$$\frac{\mathrm{d}(m\boldsymbol{v}_C)}{\mathrm{d}t} = \sum \boldsymbol{F}_i^{(e)} \tag{10-23}$$

或

$$m\boldsymbol{a}_C = \sum \boldsymbol{F}_i^{(e)} \tag{10-24}$$

质心运动定理

式(10-24)为质心运动定理，即质点系的质量与质心加速度的乘积等于作用于质点系的外力系的矢量和(即外力的主矢)。

质心运动定理与牛顿第二定律形式相似。质心运动定理表明，质点系质心的运动，可以视为一质点的运动，假想地把质点系的质量集中在质心上，作用于质点系的全部外力也集中在这一点，则质心运动的加速度与所受外力的关系符合牛顿第二定律。质心运动定理是矢量式，应用时取其投影式。

质心运动定理是质点系动量定理的另一种重要表现形式，该定理又可表述为：对于任一质点系，无论做什么形式的运动，其质心的运动都可以看成为一个质点的运动，并设想把整个质点系的质量都集中在质心这个点上，所有外力也集中作用在质心这个点上。

根据质心运动定理可知，只有外力才能改变质心的运动，质点系的内力不能影响质心的运动，但内力可以改变质点系内各质点的运动。例如，跳水运动员在空中完成跳水动作时，整个质点系即人体的质心是在重力的作用下沿一条抛物线运动的，虽然人体内力(如肌肉力等)可以改变运动员在空中的姿态，并在空中做出各种高难度动作，但却不能影响人体质心的运动规律。

质心运动定理在理论上具有重要的意义。当质点系做平动时，只要知道了质心的运动，整个质点系的运动就可以确定，这样可以直接采用质点动力学理论来求解有关质点系平动的问题；当质点系做复杂运动时，由于可将它的运动分解为随同质心的平动和相对于质心的运动，根据质心运动定理，知道了质心的运动后，质点系随同质心的平动也就得到了确定，而质点系相对于质心的运动将在下一章“动量矩定理”中加以研究。

质心运动定理适用于求解已知质点系质心的运动求外力(包括约束反力)，或已知作用在质点系上的外力求质心的运动规律的问题。对于许多动力学问题，内力往往是未知的，由于应用质心运动定理时不需要考虑这些内力，因此可使问题的求解得到简化。

例 10-5　用质心运动定理求解例 10-2。

解：研究定子与转子组成的系统。因电动机机身不动，取静坐标系 O_1xy，如图 10-3 所示。由题意知，各部分运动已知，从而可以求得质心的运动。再由质心运动定理，即可求得螺栓和基础作用于电动机的力。

任一瞬时 t，O_1O_2 与 y 轴夹角为 ωt，所考察的质点系的质心的位置坐标为

$$x_C = \frac{m_2 e\sin \omega t}{m_1 + m_2},\quad y_C = \frac{-m_2 e\cos \omega t}{m_1 + m_2}$$

求 x_C 及 y_C 对 t 的二阶导数，即

$$\ddot{x}_C = \frac{-m_2 e\omega^2 \sin \omega t}{m_1 + m_2},\quad \ddot{y}_C = \frac{m_2 e\omega^2 \cos \omega t}{m_1 + m_2} \tag{a}$$

作用于质点系的外力有两个重力、螺栓和基础对电动机作用的总的水平力 $\boldsymbol{F}_x$、铅垂力 $\boldsymbol{F}_y$ 以及约束力偶 M，则有

$$(m_1 + m_2)\ddot{x}_C = F_x,\quad (m_1 + m_2)\ddot{y}_C = F_y - m_1 g - m_2 g \tag{b}$$

将式(a)代入式(b)，解得

$$F_x = -m_2 e\omega^2 \sin \omega t,\quad F_y = m_1 g + m_2 g + m_2 e\omega^2 \cos \omega t$$

三、质心运动守恒定律

当 $\sum \boldsymbol{F}_i^{(e)} = 0$ 时，即质点系不受外力，或作用于质点系的外力的矢量和恒等于零时，由式(10-24)可得 $a_C = 0$，$\boldsymbol{v}_C =$ 常矢量，即如果开始时运动，

质心运动守恒定律

则质心做惯性运动；如果开始时静止，则质心坐标保持不变。

当 $\sum F_{ix}^{(e)}=0$，即作用于质点系的外力在 x 轴上投影的代数和恒等于零时，由式(10-26)可得 $a_{Cx}=0$，$v_{Cx}=$常量，如果开始时速度在 x 轴上投影等于零，则质心的横坐标 x_C 保持不变。

以上结论称为质心运动守恒定律。由此可见，内力不能改变质心的运动，只有外力才能改变质心的运动。质心运动定理中不包含内力，适用于求解已知质心运动求外力，或已知外力求质心运动规律的问题。而质心运动守恒定律适用于求解那些不受外力或者外力在某轴上投影为零的质点系动力学问题。

例 10-6　设例 10-2 中的电动机没用螺栓固定，如图 10-6 所示，各处摩擦不计，初始时电动机静止，求转子以匀角速度 ω 转动时电动机外壳的运动。

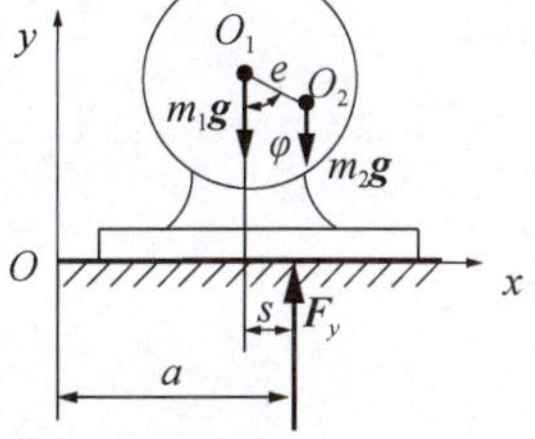

图 10-6

例 10-6 动画 1

例 10-6 动画 2

解：电动机在水平方向没有受到外力，且初始为静止，因此系统质心的坐标 x_C 保持不变。

坐标轴如图 10-12 所示。转子在静止时转子的质心 O_2 在最低点，设 $x_{C1}=a$。当转子转过角度 φ 时，定子应向左移动，设移动距离为 s，则质心坐标为

$$x_{C2}=\frac{m_1(a-s)+m_2(a+e\sin\varphi-s)}{m_1+m_2}$$

因为水平方向质心守恒，所以有 $x_{C1}=x_{C2}$，解得

$$s=\frac{m_2}{m_1+m_2}e\sin\varphi$$

电动机在水平面上往复运动。

顺便指出，支撑面的法线约束力的最小值可由例 10-2 求得为

$$F_{y\min}=(m_1+m_2)g-m_2e\omega^2$$

当 $\omega>\sqrt{\dfrac{m_1+m_2}{m_2e}g}$ 时，有 $F_{y\min}<0$，如果电动机未用螺栓固定，将会离地跳起来。

运用动量定理或质心运动定理求解质点、质点系及刚体动力学问题时，应注意以下几点。

(1)动量定理可以用来分析和解决质点、质点系及刚体动力学的两类问题，一般用于求解物体的加速度和所受的约束力。

(2)动量定理有微分形式和积分形式，积分形式主要用于求解碰撞问题，一般情况下用其微分形式。

(3)动量守恒定律是动量定理的特殊形式，一般用于求解物体速度和位置的变化。在应用动量守恒定律时，要注意其前提条件。

(4)动量、冲量、动量定理和质心运动定理均为矢量形式，计算时一般应采用相应的投影式。

【案例分析】 如图 10-7 所示，有质量为 m_2 的船，长 $AB=2a$，船上有质量为 m_1 的人，设人最初是在船上 A 处，后来沿甲板向右行走，如不计水对于船的阻力。求：当人走到船上 B 处时，船向左方移动多少距离？

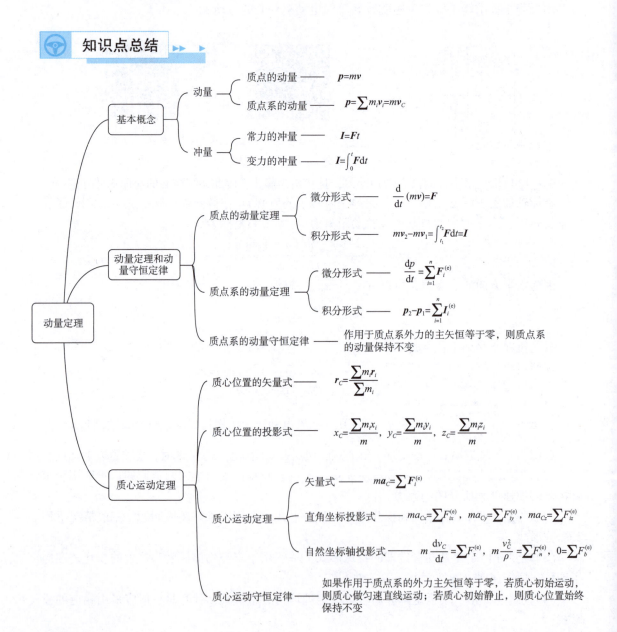

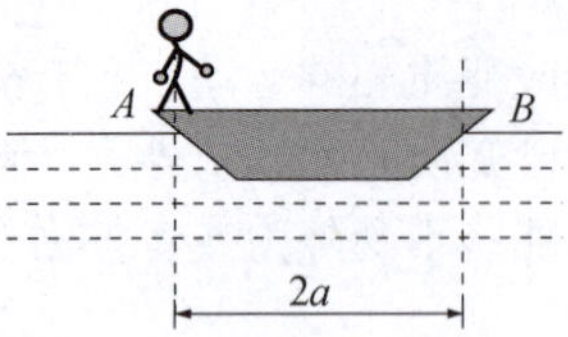

图 10-7

案例分析动画

案例分析人与船

知识点总结

- 动量定理
  - 基本概念
    - 动量
      - 质点的动量 —— $\boldsymbol{p}=m\boldsymbol{v}$
      - 质点系的动量 —— $\boldsymbol{p}=\sum m_i\boldsymbol{v}_i=m\boldsymbol{v}_C$
    - 冲量
      - 常力的冲量 —— $\boldsymbol{I}=\boldsymbol{F}t$
      - 变力的冲量 —— $\boldsymbol{I}=\int_0^t \boldsymbol{F}\mathrm{d}t$
  - 动量定理和动量守恒定律
    - 质点的动量定理
      - 微分形式 —— $\frac{\mathrm{d}}{\mathrm{d}t}(m\boldsymbol{v})=\boldsymbol{F}$
      - 积分形式 —— $m\boldsymbol{v}_2-m\boldsymbol{v}_1=\int_{t_1}^{t_2}\boldsymbol{F}\mathrm{d}t=\boldsymbol{I}$
    - 质点系的动量定理
      - 微分形式 —— $\frac{\mathrm{d}\boldsymbol{p}}{\mathrm{d}t}=\sum_{i=1}^{n}\boldsymbol{F}_i^{(e)}$
      - 积分形式 —— $\boldsymbol{p}_2-\boldsymbol{p}_1=\sum_{i=1}^{n}\boldsymbol{I}_i^{(e)}$
    - 质点系的动量守恒定律 —— 作用于质点系外力的主矢恒等于零，则质点系的动量保持不变
  - 质心运动定理
    - 质心位置的矢量式 —— $\boldsymbol{r}_C=\frac{\sum m_i\boldsymbol{r}_i}{\sum m_i}$
    - 质心位置的投影式 —— $x_C=\frac{\sum m_ix_i}{m}$，$y_C=\frac{\sum m_iy_i}{m}$，$z_C=\frac{\sum m_iz_i}{m}$
    - 质心运动定理
      - 矢量式 —— $m\boldsymbol{a}_C=\sum \boldsymbol{F}_i^{(e)}$
      - 直角坐标投影式 —— $ma_{Cx}=\sum F_{ix}^{(e)}$，$ma_{Cy}=\sum F_{iy}^{(e)}$，$ma_{Cz}=\sum F_{iz}^{(e)}$
      - 自然坐标轴投影式 —— $m\frac{\mathrm{d}v_C}{\mathrm{d}t}=\sum F_\tau^{(e)}$，$m\frac{v_C^2}{\rho}=\sum F_n^{(e)}$，$0=\sum F_b^{(e)}$
    - 质心运动守恒定律 —— 如果作用于质点系的外力主矢恒等于零，若质心初始运动，则质心做匀速直线运动；若质心初始静止，则质心位置始终保持不变

思考题

10-1　短跑运动员在起跑时，在很短的时间内由静止过渡到快跑，其动量发生了很大的变化，是什么力使运动员的动量发生这样的变化？

10-2　在冰上拔河结果会如何？绳子拉力取决于什么？

10-3　蹲在磅秤上的人站起来时磅秤指示数会不会发生变化，如何变化？

10-4　如思考题 10-4 图所示，绳索 AB 悬挂一重物 M，重物 M 下又拉一同样的绳索 CD，问在下述两种情况下，AB 与 CD 哪根绳先断？为什么？

(1) 在点 D 加铅垂力 $\boldsymbol{F}$，此力由小到大，逐渐增加；

(2) 在点 D 突然加力，迅速下拉。

10-5　质量为 m 半径为 r 的均质圆轮，所受外力作用如思考题 10-5 图(a)、(b)所示。试问当地面光滑或有摩擦时，圆轮的质心 C 将如何运动？

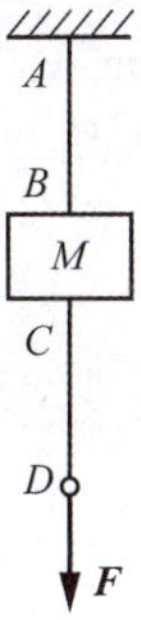

思考题 10-4 图

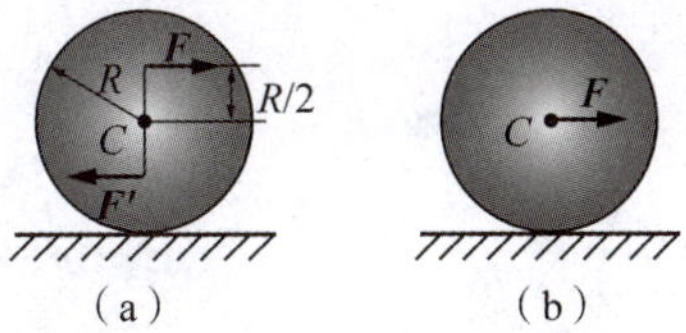

思考题 10-5 图

习　题

10-1　计算下列习题 10-1 图所示情况下系统的动量。

习题 10-1 图(a)：均质圆盘质量为 m，半径为 r，已知角速度为 ω、角加速度为 α。

习题 10-1 图(b)：圆轮质量为 m，半径为 r，质心为 C，绕 O 轴转动，角速度为 ω，$OC=e$。

习题 10-1 图(c)：均质杆质量为 m，绕 O 轴逆时针转动，图示瞬时的角速度和角加速度分别为 ω、α。

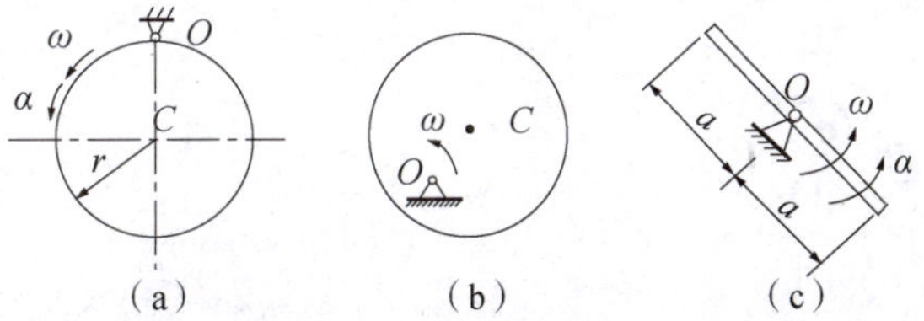

习题 10-1 图

10-2　如习题 10-2 图所示，杆 OA 以匀角速度 ω 绕轴 O 转动，通过杆 BC 带动滚子 B 沿水平面做纯滚动，同时带动滑块 C 在铅垂轨道内运动。杆 OA、杆 BC、滚子 B、滑块 C 质量分别为 m、$2m$、$2m$、$2m$，$OA=AB=AC=r$，且 $OA\perp BC$，试求此系统在图示瞬时的动量 $\boldsymbol{p}$。

10-3　扫雪车(俯视图如习题 10-3 图所示)以 $v=4.5$ m/s 的速度行驶在水平路上，每分钟把 50 t 雪扫至路旁，若雪受推后相对于铲雪刀 AB 以 $v_r=2.5$ m/s 的速度离开，试求轮胎与道路间的侧向力 $\boldsymbol{F}_R$ 和驱动扫雪车工作的牵引力 $\boldsymbol{F}_T$。

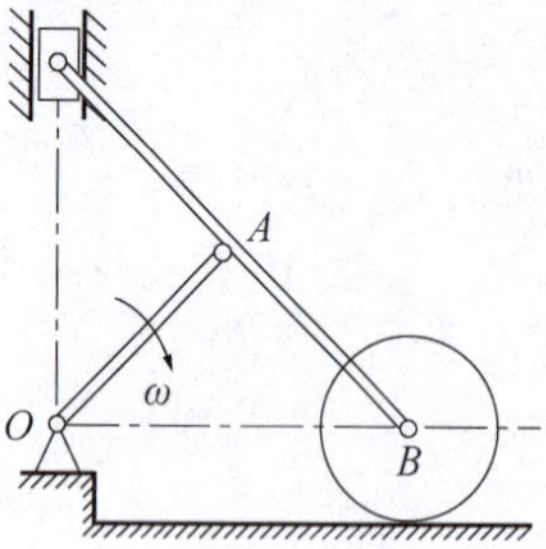

习题 10-2 图

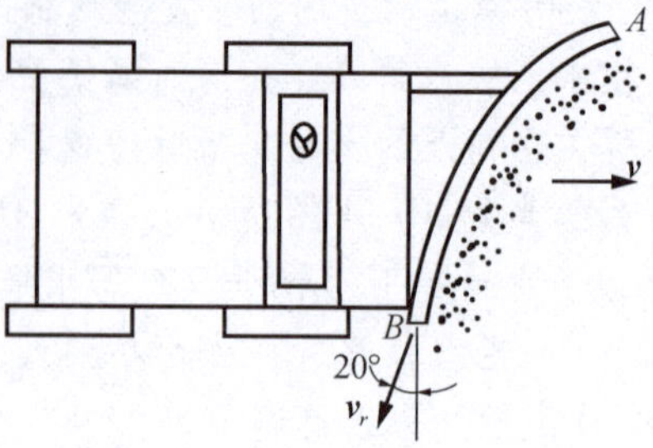

习题 10-3 图

10-4　小车质量 $m_1=100$ kg，在光滑水平直线轨道上以大小 $v_1=1$ m/s 的速度匀速运动，现有一质量 $m_2=50$ kg 的人从高处跳到车上，其速度大小 $v_2=2$ m/s，方向与水平线成 60°，如习题 10-4 图(a)所示，求人跳上车后车的速度。如果该人又从车上向后跳下，跳离车时，相对于车子的速度 $v_r=1$ m/s，方向与水平线成 30°，如习题 10-4 图(b)所示，求人跳离后车子的速度。

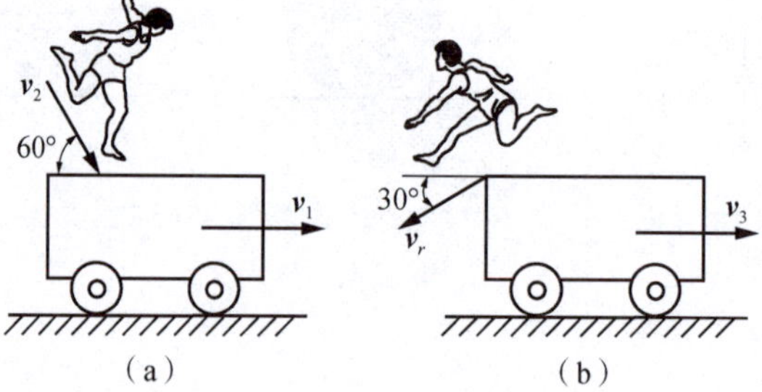

习题 10-4 图

10-5　如习题 10-5 图所示，足球所受重力的大小为 4.45 N，以大小 $v=6.1$ m/s，方向与水平线成 40°的速度向球员飞来，形成头球。球员以头击球后，球的速度大小 $v'=9.14$ m/s，并与水平线成 20°。若球与头碰撞时间为 0.15 s，试求足球作用在运动员头上的平均力的大小与方向。

10-6　如习题 10-6 图所示，浮动起重机举起质量 $m_1=2\ 000$ kg 的重物。设起重机质量 $m_2=20\ 000$ kg，杆长 $OA=8$ m；开始时杆与铅垂位置成 60°，水阻力和杆重均略去不计。当起重杆 OA 转到与铅垂位置成 30°时，求起重机位移。

习题 10-5 图

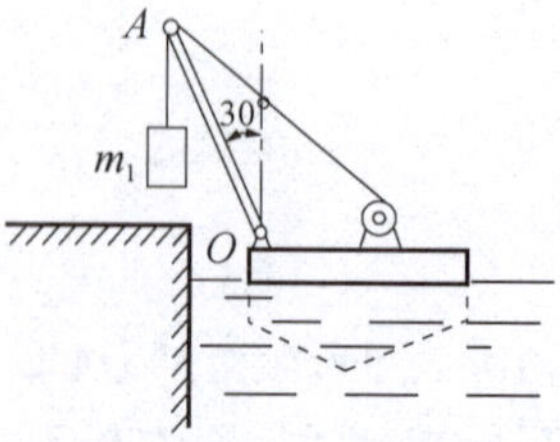

习题 10-6 图

10-7　三个重物 P_1、P_2 及 P_3，其质量分别为 $m_1=20$ kg、$m_2=15$ kg 及 $m_3=10$ kg。四棱柱 $ABCD$ 的质量 $m_4=100$ kg。它们用滑轮及细绳组成习题 10-7 图所示的系统。如略去所有接触面间的摩擦和滑轮、绳子质量，求当重物 P_1 由静止下降 1 m 时四棱柱的位移。

习题 10-7 动画

10-8　如习题 10-8 图所示，质量为 m_1 的平台 AB，放于水平面上，平台与水平面间的滑动摩擦系数为 f。质量为 m_2 的小车 D，由绞车拖动，相对于平台的运动规律为 $s=\dfrac{1}{2}bt^2$，其中 b 为已知常数。不计绞车的质量，求平台的加速度。

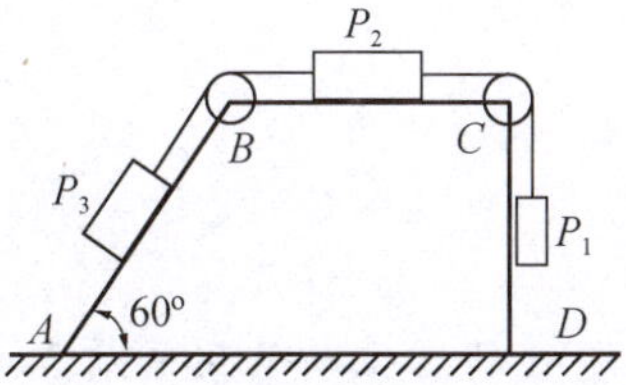

习题 10-7 图

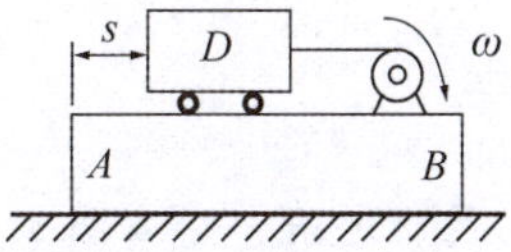

习题 10-8 图

10-9　如习题 10-9 图所示，鼓轮的质量为 m_1，质心位于转轴 O 上，重物 A 的质量为 m_2，重物 B 的质量为 m_3，斜面光滑，倾角为 θ。若已知重物 A 的加速度为 $\boldsymbol{a}$，试求轴 O 处的约束力。

10-10　如习题 10-10 图所示，曲柄滑杆机构中，曲柄以等角速度 ω 绕轴 O 转动。开始时，曲柄 OA 水平向右。已知：曲柄的质量为 m_1，滑块 A 的质量为 m_2，滑杆的质量为 m_3，曲柄的质心在 OA 的中点，$OA=l$，滑杆的质心在点 C，而 $BC=0.5l$。求机构质量中心的运动方程及作用在点 O 的最大水平力。

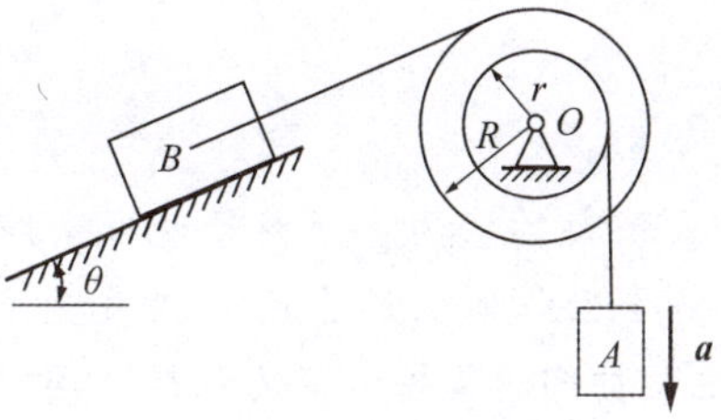

习题 10-9 图

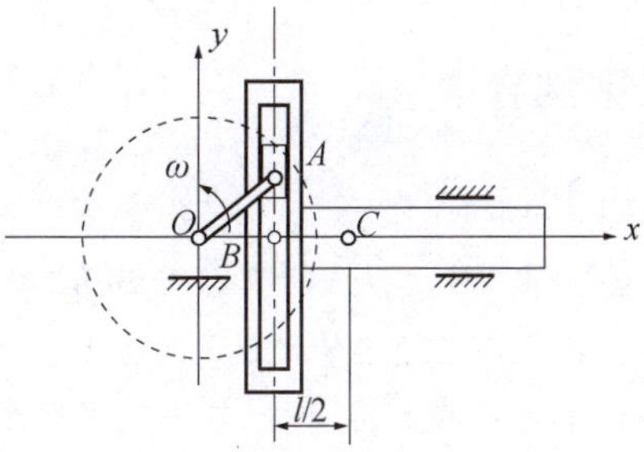

习题 10-10 图

第 11 章
动量矩定理

内容提要

本章研究动量矩定理，建立质点或质点系的动量矩的变化与作用于质点或质点系上外力系的主矩之间的关系。动量矩定理、根据动量矩定理所建立的刚体绕定轴转动微分方程，以及由质心运动定理和相对质心动量矩定理所建立的平面运动微分方程，适用于研究有关质点和质点系转动的动力学问题。

素质目标

提高抽象思维和逻辑思维能力，培养科学求实、严肃认真的科学精神，培养艰苦奋斗的奉献精神。

案例导读

1. 中国跳水“梦之队”在多哈世锦赛中取得丰硕成果

中国跳水“梦之队”在多哈世锦赛跳水项目上展现出强大的实力，斩获了九枚金牌和四枚银牌，再次捍卫了“梦之队”的荣耀。中国跳水队在多哈世锦赛上的出色表现展现了团队的默契和卓越的技术水平。中国跳水队的成功离不开运动员们的坚持和努力训练，同时也与教练和团队的支持与配合有关。他们的付出和汗水换来了这次令人瞩目的成绩，也为中国体育事业的发展做出了重要贡献。动量矩守恒定律在跳水运动中起着至关重要的作用，使运动员可以更好地掌握空中翻腾的技巧，实现更精确和优美的入水动作。运动员在腾空状态时，人体对质心轴的动量矩守恒。运动员在起跳腾空后，会立即曲体，增大旋转速度，从而实现向前空翻多周的高难度跳水动作。运动员在落水前，会伸展身体，减小旋转速度，以实现“压水花”的效果，从而获得更好的成绩。

2. 长征系列运载火箭：中国航天事业的里程碑

长征系列运载火箭是中国自行研制的航天运载工具。该系列火箭拥有退役、现役共计4代20种型号，其中部分型号如长征五号、长征七号等的运载能力达到国际先进水平。长征系列运载火箭成功发射了众多卫星及载人飞船，为中国航天事业的发展做出了巨大贡献。其发射成功率高达96.7%，是中国航天事业的骄傲。在发射过程中，火箭需要保持稳定的姿态以确保其能够准确地进入预定轨道。为此，火箭通常会配备姿态控制系统，该系统通过调整火箭上的推力矢量或利用控制力矩陀螺等装置来产生必要的力矩，这就涉及动量矩定理的应用。系统需要精确计算和控制火箭的动量矩，以确保火箭的稳定性和精度。

任务驱动

完成本章学习，填写表 11-1～表 11-3。

表 11-1 “动量矩、动量矩定理、刚体平面运动微分方程”知识点

动量矩、动量矩定理、刚体绕定轴转动微分方程				刚体平面运动微分方程
刚体对 z 轴的动量矩	质点系的动量矩定理	质点系动量矩守恒定律	刚体绕定轴转动微分方程	
平动刚体 定轴转动刚体 平面运动刚体	对点 O 对 z 轴	如果 $\sum \boldsymbol{M}_O(\boldsymbol{F}_i^{(e)}) \equiv 0$ 如果 $\sum M_z(\boldsymbol{F}_i^{(e)}) \equiv 0$		

表 11-2 “动量矩的概念”知识点

研究对象		动量矩	
		对点 O 的动量矩	对 z 轴的动量矩
质点			
质点系			
刚体	平动刚体		
	定轴转动刚体	—	
	平面运动刚体	—	

表 11-3 “动量矩定理和动量矩守恒定律”知识点

质点的动量矩定理	质点系的动量矩定理	质点系的动量矩守恒定律
对点 O：	对点 O：	
对 z 轴：	对 z 轴：	

§11-1 基本概念

一、质点的动量矩

设质点 Q 某瞬时的动量为 $m\boldsymbol{v}$，质点相对点 O 的位置用矢径 $\boldsymbol{r}$ 表示，如图 11-1 所示。质点 Q 的动量对于点 O 之矩，定义为质点对于 O 点的动量矩，即

$$\boldsymbol{M}_O(m\boldsymbol{v}) = \boldsymbol{r} \times m\boldsymbol{v} \tag{11-1}$$

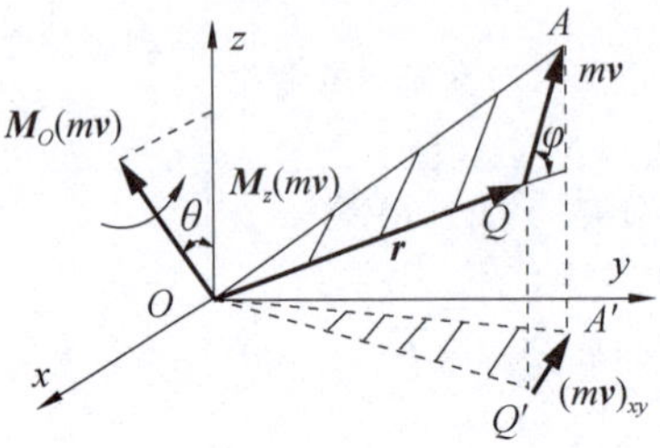

质心的动量矩

图 11-1

质点对于点 O 的动量矩是矢量，它垂直于 $\boldsymbol{r}$ 与 $m\boldsymbol{v}$ 组成的平面，其指向按右手定则确定，作用在点 O，其大小为 $\triangle OQA$ 面积的 2 倍。

质点动量 $m\boldsymbol{v}$ 在 xOy 平面内的投影 $(m\boldsymbol{v})_{xy}$ 对于点 O 之矩，定义为质点动量对定轴 z 之矩，简称为对定轴 z 的动量矩。对定轴的动量矩是代数量，由图 11-1 可见，质点对定点的动量矩和对定轴的动量矩与力对定点和对定轴之矩相似，质点对定点 O 的动量矩矢在通过该点的某一固定轴 z 上的投影等于质点的动量对该固定轴 z 的动量矩，即

$$[\boldsymbol{M}_O(m\boldsymbol{v})]_z = M_z(m\boldsymbol{v}) \tag{11-2}$$

动量矩是度量物体在任一瞬时绕固定点(或轴)转动强弱程度的物理量。在国际单位制中，动量矩的单位为 $\mathrm{kg \cdot m^2/s}$。

二、质点系的动量矩

质点系对某定点 O 的动量矩等于各质点对同一点 O 的动量矩的矢量和，或称为质点系动量对点 O 的主矩，即

$$\boldsymbol{L}_O = \sum \boldsymbol{M}_O(m_i\boldsymbol{v}_i) = \sum \boldsymbol{r}_i \times m_i\boldsymbol{v}_i \tag{11-3}$$

质点系对某定轴 z 的动量矩等于各质点对同一轴动量矩的代数和，即

$$L_z = \sum M_z(m_i\boldsymbol{v}_i) \tag{11-4}$$

质点系的动量矩

利用式(11-2)，得

$$[\boldsymbol{L}_O]_z = L_z \tag{11-5}$$

即质点系对某定点 O 的动量矩矢在通过该点的 z 轴上的投影等于质点系对于该轴的动量矩。

下面讨论刚体动量矩的计算公式。

1. 平动刚体

刚体做平动时，在瞬时，其上各点的速度都相同，即各质点的速度等于质心的速度，有 $\boldsymbol{v}_i=\boldsymbol{v}_C$，由式(11-3)有

$$\boldsymbol{L}_O=\sum \boldsymbol{r}_i\times m_i\boldsymbol{v}_i=\left(\sum m_i\boldsymbol{r}_i\right)\times\boldsymbol{v}_C=\boldsymbol{r}_C\times m\boldsymbol{v}_C=\boldsymbol{M}_O(m\boldsymbol{v}_C)\quad(11-6)$$

平动刚体的动量矩

式中，$\sum m_i\boldsymbol{r}_i=m\boldsymbol{r}_C$，$m=\sum m_i$ 为刚体的质量；$\boldsymbol{r}_C$ 为质心 C 对于点 O 的矢径；$\boldsymbol{v}_C$ 为质心的速度；$\boldsymbol{p}=m\boldsymbol{v}_C$ 为刚体的动量(即质心的动量)。同理，平动刚体对 z 轴的动量矩为

$$L_z=M_z(m\boldsymbol{v}_C)\quad(11-7)$$

即平动刚体对固定点(或固定轴)的动量矩等于刚体质心的动量对该点(或该轴)的动量矩。

2. 定轴转动刚体

设刚体以角速度 ω 绕固定轴 z 转动，如图 11-2 所示。在刚体内任取一质量为 m_i 的质点 M_i，它到轴 z 的距离为 r_i，则它对固定轴 z 的动量矩为

$$L_{zi}=M_z(m_i\boldsymbol{v}_i)=m_iv_ir_i=m_ir_i^2\omega$$

则整个刚体对于固定轴 z 的动量矩为

$$L_z=\sum L_{zi}=\sum m_ir_i^2\cdot\omega=\left(\sum m_ir_i^2\right)\omega\quad(11-8)$$

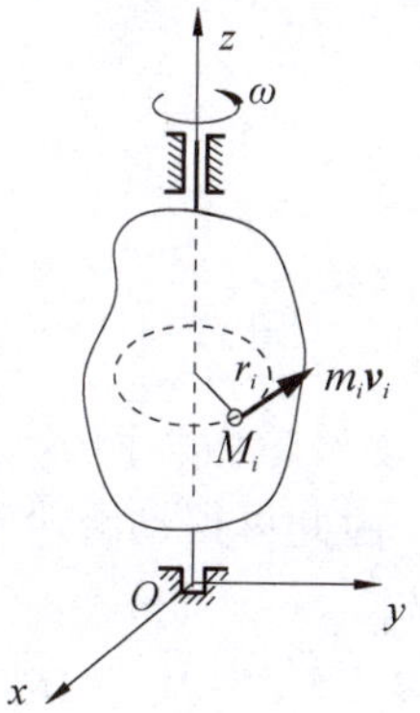

图 11-2

定轴转动刚体的动量矩

令 $J_z=\sum m_ir_i^2$，称为刚体对 z 轴的转动惯量，它是描述刚体的质量对 z 轴分布状态的一个物理量，是刚体转动惯性的度量。于是得

$$L_z=J_z\omega\quad(11-9)$$

即定轴转动刚体对转轴的动量矩等于刚体对转轴的转动惯量与角速度的乘积。

3. 平面运动刚体

若平面运动刚体具有质量对称面，取该平面为平面图形 S，则刚体的运动可由 S 的运动来表示，且质心 C 位于 S 内。设刚体的质量为 m，其对通过质心且垂直于质量对称面的轴(质心轴)z_C 的转动惯量为 J_C，在某瞬时质心的速度为 $\boldsymbol{v}_C$，角速度为 ω，如图 11-3 所示。由于可将刚体的平面运动分解为随质心的平动和绕质心轴的转动，因此刚体对垂直于质量对称面的任一固定轴的动量矩可表示为

$$L_z = M_z(m\boldsymbol{v}_C) + J_C\omega \tag{11-10}$$

即平面运动刚体对垂直于质量对称面的固定轴的动量矩，等于刚体随同质心做平动时质心的动量对该轴的动量矩与绕质心轴做转动时的动量矩之和。

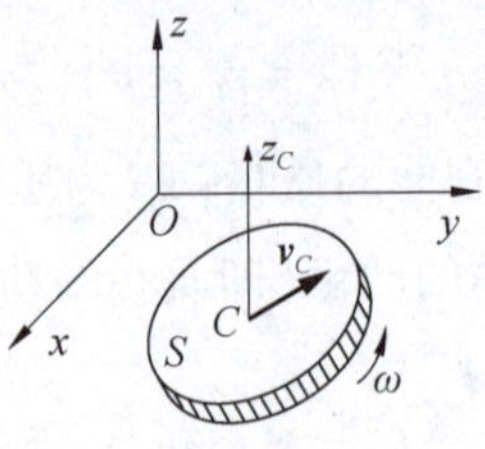

图 11-3

平面运动刚体的动量矩

例 11-1 如图 11-4 所示，已知定滑轮的质量为 m_1，半径为 R_1，对质心 O 的转动惯量为 J_1；动滑轮的质量为 m_2，半径为 R_2，对质心 O' 的转动惯量为 J_2；物块的质量为 m_3，速度为 $\boldsymbol{v}_3$。若 $R_1=2R_2$，试求系统对定轴 O 的动量矩。

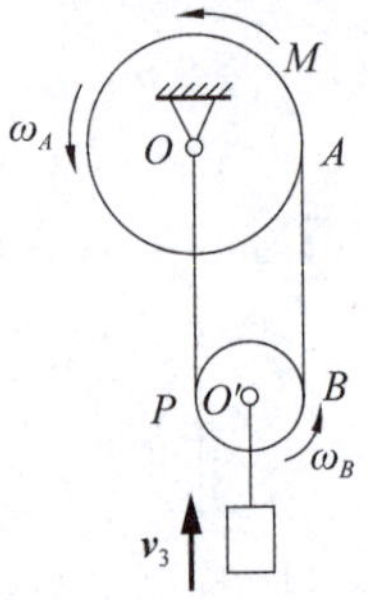

图 11-4

例 11-1 动画

解： 定滑轮绕轴 O 做定轴转动，动滑轮做平面运动，物块做平动。点 P 为动滑轮的速度瞬心，动滑轮的质心速度 $\boldsymbol{v}_{O'} = \boldsymbol{v}_3$，由此可得动滑轮和定滑轮的角速度分别为

$$\omega_B = \frac{v_3}{R_2},\quad \omega_A = \frac{v_A}{R_1} = \frac{v_B}{2R_2} = \frac{v_3}{R_2}$$

所以，系统对定轴 O 的动量矩为

$$L_O = m_3v_3R_2 + (m_2v_O{}'R_2 + J_2\omega_B) + J_1\omega_A = \left(m_2 + m_3 + \frac{J_1 + J_2}{R_2^2}\right)R_2v_3$$

§11-2 动量矩定理和动量矩守恒定律

一、质点的动量矩定理

设质点对定点 O 的动量矩为 $\boldsymbol{M}_O(m\boldsymbol{v})$，作用力 $\boldsymbol{F}$ 对同一点之矩为 $\boldsymbol{M}_O(\boldsymbol{F})$，如图 11-5 所示。

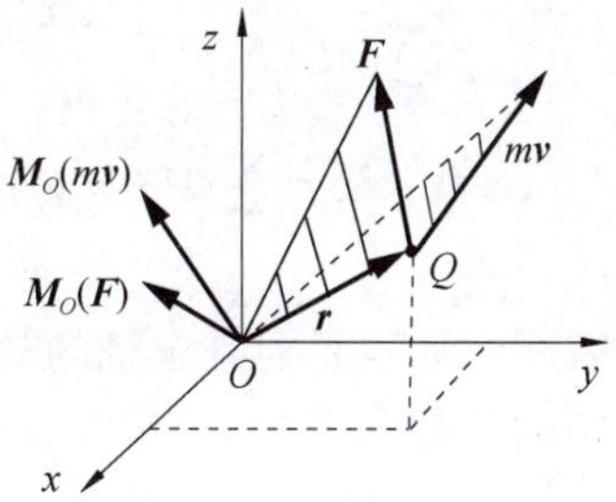

质点的动量矩定理

图 11-5

将式(11-1)对时间求一次导数，有

$$\frac{\mathrm{d}}{\mathrm{d}t}\boldsymbol{M}_O(m\boldsymbol{v})=\frac{\mathrm{d}\boldsymbol{r}}{\mathrm{d}t}\times m\boldsymbol{v}+\boldsymbol{r}\times\frac{\mathrm{d}}{\mathrm{d}t}(m\boldsymbol{v})=\boldsymbol{r}\times\boldsymbol{F}=\boldsymbol{M}_O(\boldsymbol{F})$$

得

$$\frac{\mathrm{d}}{\mathrm{d}t}\boldsymbol{M}_O(m\boldsymbol{v})=\boldsymbol{M}_O(\boldsymbol{F}) \tag{11-11}$$

式(11-11)为质点的动量矩定理，即质点对某定点 O 的动量矩对时间的一阶导数等于作用于质点上的力对该点之矩。

取式(11-11)的投影式，并利用对点的动量矩与对轴的动量矩的关系，得

$$\frac{\mathrm{d}}{\mathrm{d}t}M_x(m\boldsymbol{v})=M_x(\boldsymbol{F}),\quad \frac{\mathrm{d}}{\mathrm{d}t}M_y(m\boldsymbol{v})=M_y(\boldsymbol{F}),\quad \frac{\mathrm{d}}{\mathrm{d}t}M_z(m\boldsymbol{v})=M_z(\boldsymbol{F}) \tag{11-12}$$

即质点对某定轴的动量矩对时间的一阶导数等于作用于质点上的力对于同一轴之矩的代数和。

二、质点系的动量矩定理

设质点系内有 n 个质点，对于任意质点 M_i 有

$$\frac{\mathrm{d}}{\mathrm{d}t}\boldsymbol{M}_O(m_i\boldsymbol{v}_i)=\boldsymbol{M}_O(\boldsymbol{F}_i^{(\mathrm{i})})+\boldsymbol{M}_O(\boldsymbol{F}_i^{(\mathrm{e})})\quad(i=1,\ 2,\ \cdots,\ n)$$

式中，$\boldsymbol{F}_i^{(\mathrm{i})}$ 和 $\boldsymbol{F}_i^{(\mathrm{e})}$ 分别为作用于质点上的内力和外力。

质点系的动量矩定理

对于整个质点系，求 n 个方程的矢量和有

$$\sum\frac{\mathrm{d}}{\mathrm{d}t}\boldsymbol{M}_O(m_i\boldsymbol{v}_i)=\sum\boldsymbol{M}_O(\boldsymbol{F}_i^{(\mathrm{i})})+\sum\boldsymbol{M}_O(\boldsymbol{F}_i^{(\mathrm{e})})$$

由于内力总是大小相等、方向相反地成对出现，因此

$$\sum\boldsymbol{M}_O(\boldsymbol{F}_i^{(\mathrm{i})})=\boldsymbol{0}$$

上式左端 $\sum\frac{\mathrm{d}}{\mathrm{d}t}\boldsymbol{M}_O(m_i\boldsymbol{v}_i)=\frac{\mathrm{d}}{\mathrm{d}t}\sum\boldsymbol{M}_O(m_i\boldsymbol{v}_i)=\frac{\mathrm{d}\boldsymbol{L}_O}{\mathrm{d}t}$，由此得

$$\frac{\mathrm{d}\boldsymbol{L}_O}{\mathrm{d}t}=\sum\boldsymbol{M}_O(\boldsymbol{F}_i^{(\mathrm{e})}) \tag{11-13}$$

式(11-13)为质点系的动量矩定理，即质点系对某定点 O 的动量矩对时间的一阶导数等于作用于质点系的外力对该点之矩的矢量和。

具体应用时，常取其在直角坐标系上的投影式，即

$$\frac{dL_x}{dt}=\sum M_x(\boldsymbol{F}_i^{(e)}),\quad \frac{dL_y}{dt}=\sum M_y(\boldsymbol{F}_i^{(e)}),\quad \frac{dL_z}{dt}=\sum M_z(\boldsymbol{F}_i^{(e)}) \qquad (11-14)$$

式中，$L_x=\sum M_x(m_i\boldsymbol{v}_i)$、$L_y=\sum M_y(m_i\boldsymbol{v}_i)$、$L_z=\sum M_z(m_i\boldsymbol{v}_i)$ 分别表示质点系中各质点动量对于 x、y、z 轴动量矩的代数和。

质点系的动量矩定理的投影式表明，质点系对某定轴的动量矩对时间的一阶导数，等于作用于质点系的所有外力对该轴之矩的代数和。

三、质点系的动量矩守恒定律

质点系的动量矩守恒定律

如果质点系所受的外力对某定点 O(或某定轴)之矩恒等于零，则由式(11-13)、式(11-14)可知，质点系对该点或该轴的动量矩保持不变，即

$$\boldsymbol{L}_O=\text{常矢量} \qquad \text{或} \qquad L_z=\text{常数}$$

这一结论称为质点系的动量矩守恒定律。

从以上讨论可知，质点系的动量矩对时间的改变率只与外力有关，而内力是不可能改变整个质点系的动量矩的。例如，人坐在转椅上，双脚离地，仅用两手转动扶手是不可能使整个质点系(人体与转椅)对转轴的动量矩发生改变的。

例 11-2 高炉运送矿石用的卷扬机如图 11-6 所示。已知鼓轮的半径为 R，转动惯量为 J，作用在鼓轮上的力偶矩为 M。小车和矿石总质量为 m，轨道的倾角为 θ。设绳的质量和各处摩擦均忽略不计，求小车的加速度 $\boldsymbol{a}$。

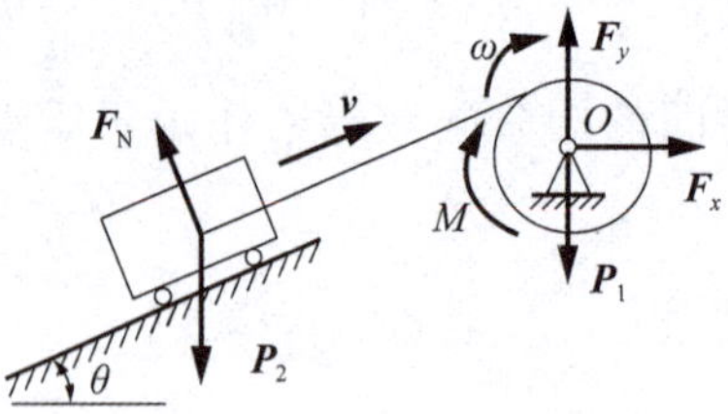

例 11-2 动画

图 11-6

解： 取小车与鼓轮组成质点系，视小车为质点。以顺时针为正，此质点系对轴 O 的动量矩为

$$L_O=J\omega+mvR$$

作用于质点系的外力除力偶矩 M、重力 $\boldsymbol{P}_1$ 和 $\boldsymbol{P}_2$ 外，还有轴 O 的约束力 $\boldsymbol{F}_x$、$\boldsymbol{F}_y$ 和轨道对小车的约束力 $\boldsymbol{F}_N$。其中，$\boldsymbol{P}_1$、$\boldsymbol{F}_x$、$\boldsymbol{F}_y$ 对轴 O 之矩为零。系统外力对轴 O 之矩为

$$M_O^{(e)}=M-mg\sin\theta\cdot R$$

由质点系对轴 O 的动量矩定理，得

$$\frac{d}{dt}(J\omega+mvR)=M-mg\sin\theta\cdot R$$

因为 $\omega=\dfrac{v}{R}$，$\dfrac{dv}{dt}=a$，所以解得

$$a=\frac{MR-mgR^2\sin\theta}{J+mR^2}$$

例 11-3 如图 11-7 所示，质量 $m_1=5$ kg，半径 $r=30$ cm 的均质圆盘，可绕铅垂轴 z 转

动，在圆盘中心用铰链 D 连接一质量 $m_2=4\text{ kg}$ 的均质细杆 AB，杆 AB 长为 $2r$，可绕 D 转动。当杆 AB 在铅垂位置时，圆盘的转速 $n=90\text{ r/min}$。试求杆 AB 转到水平位置碰到销钉 C 而相对静止时，圆盘的角速度。

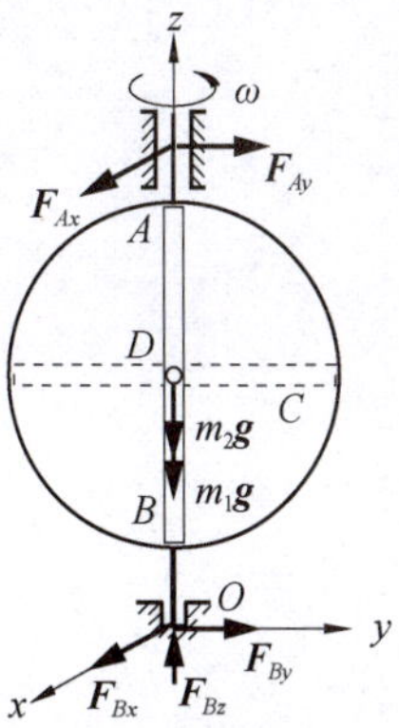

图 11-7

解： 以圆盘、杆 AB 及 z 轴为研究对象，画出其受力图。由受力分析看出，在杆 AB 由铅垂位置转至水平位置的整个过程中，作用在质点系上的所有外力对 z 轴之矩为零，即 $\sum M_z(\boldsymbol{F})=0$。因此，质点系对 z 轴的动量矩守恒。

杆 AB 在铅垂位置时，系统的动量矩只有圆盘对 z 轴的动量矩

$$L_{z0}=J_z\omega=\frac{1}{4}m_1r^2\omega$$

杆 AB 在水平位置时，设系统的角速度为 ω_1，此时系统对 z 轴的动量矩应包含圆盘及杆 AB 对 z 轴的动量矩

$$L_{z1}=\frac{1}{4}m_1r^2\omega_1+\frac{1}{12}m_2(2r)^2\omega_1=\frac{1}{4}m_1r^2\omega_1+\frac{1}{3}m_2r^2\omega_1$$

该系统的动量矩守恒，有 $L_{z0}=L_{z1}$，即

$$\frac{1}{4}m_1r^2\omega=\frac{1}{4}m_1r^2\omega_1+\frac{1}{3}m_2r^2\omega_1$$

$$\omega_1=\frac{\frac{1}{4}m_1}{\frac{1}{4}m_1+\frac{1}{3}m_2}\omega=\frac{\frac{1}{4}\times 5}{\frac{1}{4}\times 5+\frac{1}{3}\times 4}\times\frac{90\pi}{30}\text{ rad/s}=4.56\text{ rad/s}$$

§11-3　刚体绕定轴转动微分方程

设刚体绕固定轴 z 转动，角速度为 ω，作用于刚体上的外力有主动力及轴承约束力，如图 11-8 所示。根据式(11-9)可知，刚体对于固定轴 z 的动量矩为

$$L_z=J_z\omega$$

将上式代入式(11-14)得

$$\frac{\mathrm{d}}{\mathrm{d}t}J_z\omega=\sum M_z(\boldsymbol{F})$$

或

$$J_z\frac{\mathrm{d}\omega}{\mathrm{d}t}=\sum M_z(\boldsymbol{F})$$

上式可改写为

$$J_z\alpha=\sum M_z(\boldsymbol{F})\tag{11-15}$$

或

$$J_z\frac{\mathrm{d}^2\varphi}{\mathrm{d}t^2}=\sum M_z(\boldsymbol{F})\tag{11-16}$$

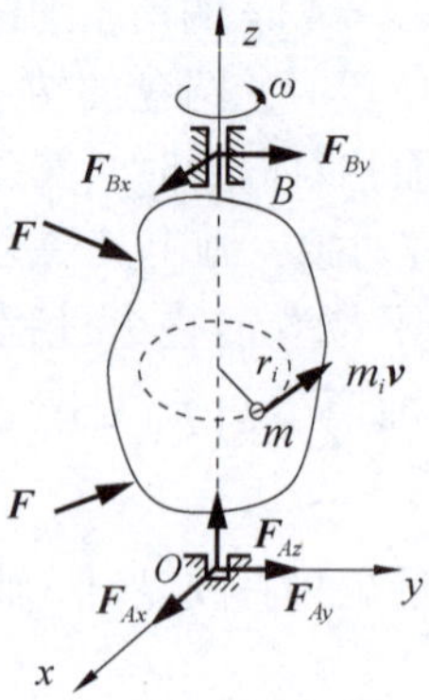

图 11-8

刚体绕定轴转动微分方程

式(11-15)、式(11-16)为刚体绕定轴转动的微分方程，即刚体对定轴的转动惯量与角加速度的乘积，等于作用于刚体的所有外力对该轴之矩的代数和。由于约束力对 z 轴的力矩为零，所以方程中只需考虑主动力之矩。

由刚体绕定轴转动微分方程得到如下结论。

(1) 如果作用于刚体的主动力对转轴之矩的代数和不等于零，则刚体的运动状态一定会发生改变。

(2) 如果作用于刚体的主动力对转轴之矩的代数和等于零，则刚体做匀速转动；如果主动力对转轴之矩的代数和为恒量，则刚体做匀变速运动。

(3) 在一定时间间隔内，当主动力对转轴之矩一定时，刚体的转动惯量越大，其转动状态变化越小；转动惯量越小，其转动状态变化越大。因此，转动惯量是刚体转动惯性的度量。

刚体绕定轴转动微分方程 $J_z\alpha = \sum M_z(\boldsymbol{F})$ 与刚体平动微分方程 $m\boldsymbol{a} = \sum \boldsymbol{F}$ 形式相似，求解问题的方法和步骤也相似。

刚体绕定轴转动微分方程不能求出轴承处的约束反力，轴承处的约束反力需由质心运动定理来求解。

例 11-4 图 11-9 所示的传动系统中，主动轮半径为 R_1，对于转轴 O_1 的转动惯量为 J_1，从动轮半径为 R_2，鼓轮半径为 r，并与从动轮相固结成为一刚体，从动轮连同鼓轮对于其转轴 O_2 的转动惯量为 J_2。鼓轮外缘绕一绳，绳端系一质量为 m 的物体。若在主动轮上作用不变的力矩 M，传动比 $i=R_2 : R_1$，设轴承的摩擦和绳的质量均略去不计，求重物的加速度。

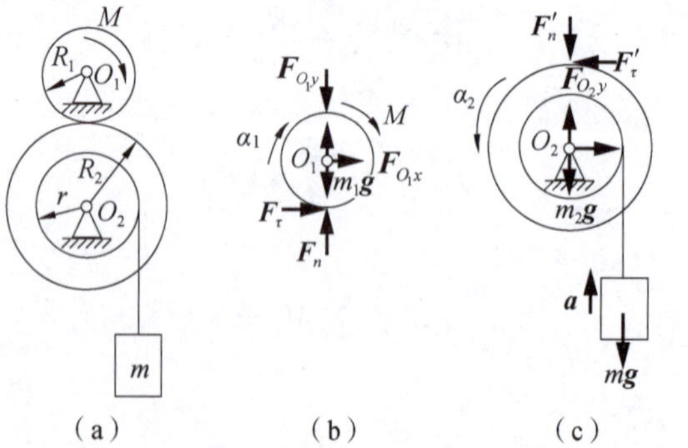

图 11-9

例 11-4 动画

解：分别取主动轮和从动轮为研究对象。

列主动轮绕定轴转动微分方程，有

$$J_1\alpha_1 = M - F_\tau R_1$$

对从动轮和重物组成的系统应用动量矩定理，有

$$\frac{\mathrm{d}}{\mathrm{d}t}(J_1\omega_2 + mvr) = F'_\tau R_2 - mgr$$

因 $F'_\tau = F_\tau$，$\frac{\alpha_1}{\alpha_2} = i = \frac{R_2}{R_1}$，$a = r\alpha_2$，于是上式写为

$$J_2\alpha_2 + mra = F'_\tau R_2 - mgr$$

解得重物的加速度为

$$a = \frac{(Mi - mgr)r}{mr^2 + J_1 i^2 + J_2}$$

例 11-5　均质梁 AB 长 l，所受重力为 $m\boldsymbol{g}$，由铰链 A 和绳所支持，如图 11-10 所示。若突然剪断连接点 B 的软绳，求绳断前后，铰链 A 的约束力的改变量。

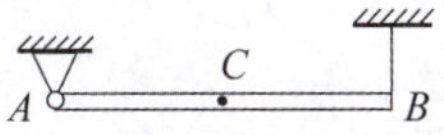

图 11-10

§11-4　刚体对轴的转动惯量

刚体对 z 轴的转动惯量，定义为刚体内各质点的质量与该点到 z 轴距离的平方的乘积之和，其表达式为

$$J_z = \sum m_i r_i^2 \tag{11-17}$$

刚体对轴的转动惯量

如果刚体的质量是连续分布的，则上式可写为积分形式，即

$$J_z = \int_m r^2 \mathrm{d}m \tag{11-18}$$

转动惯量是刚体对轴的转动惯性大小的度量，表征了刚体转动状态改变的难易程度。在工程实际中，常常需要根据某构件的工作状态来确定它的转动惯量。例如，在某些机器(如冲床、剪床等)的转轴上安装有飞轮，设计飞轮时往往将轮缘加厚或者把中间挖去一部分，使得飞轮的转动惯量比较大，当机器受到冲击性载荷时，可获得比较平稳的运转状态；相反，在设计仪表中的转动构件时，则必须使其具有尽可能小的转动惯量，以提高仪表的精确度和灵敏性。

转动惯量恒为正值，它与刚体质量的大小及其分布情况有关，与刚体的运动无关。在国际单位制中其单位为 $\mathrm{kg\cdot m^2}$。

下面介绍计算刚体转动惯量的几种方法。

一、简单形状的均质刚体转动惯量的计算

1. 均质细杆

如图 11-11 所示，长为 l、质量为 m 的均质细长杆，对于过质心 C 且与杆的轴线相垂直

的 z_C 轴的转动惯量为

$$J_{z_C}=\int_{-l/2}^{l/2}\frac{m}{l}x^2\mathrm{d}x=\frac{1}{12}ml^2$$

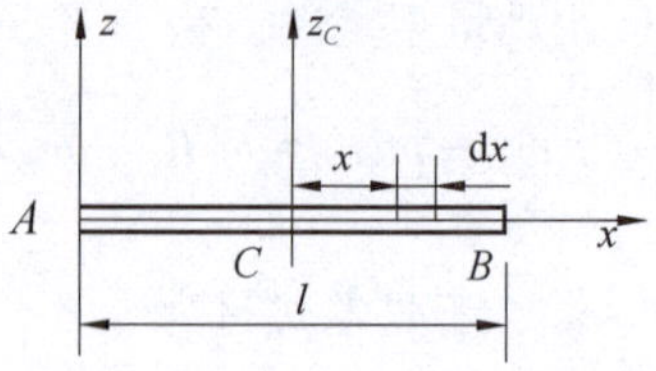

均质细杆的转动惯量

图 11-11

同理，可以得到其对于过端点 A 且与杆的轴线相垂直的 z 轴的转动惯量为 $J_z=\frac{m}{3}l^2$。

2. 均质薄圆环

如图 11-12 所示，半径为 R、质量为 m 的均质薄圆环，对于过中心 O 且与圆环平面相垂直的 z 轴的转动惯量为

$$J_z=\sum m_iR^2=R^2\sum m_i=mR^2$$

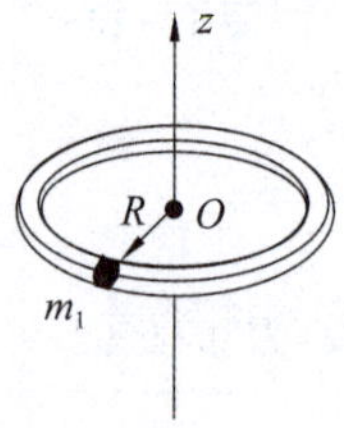

均质薄圆环的转动惯量

图 11-12

3. 均质薄圆盘

如图 11-13(a)所示，半径为 R、质量为 m 的均质薄圆盘，其上圆环的质量为 $\mathrm{d}m=\frac{m}{\pi R^2}2\pi r\mathrm{d}r=\frac{2m}{R^2}r\mathrm{d}r$，于是整个圆盘对于过中心 O 且与圆盘平面相垂直的 z 轴的转动惯量为

$$J_z=\int_0^R\frac{2m}{R^2}r^3\mathrm{d}r=\frac{1}{2}mR^2$$

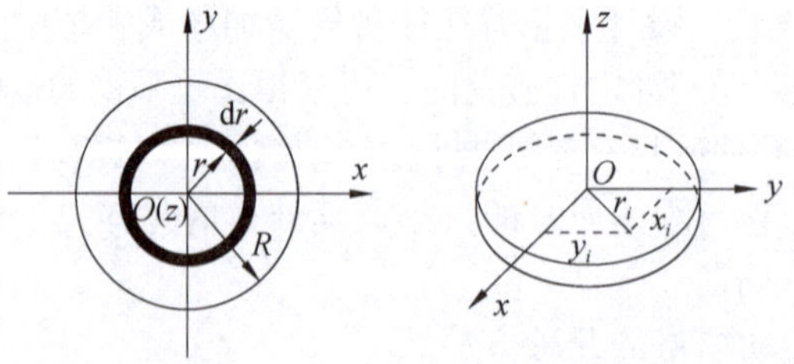

(a)　(b)

均质薄圆盘的转动惯量

图 11-13

如图 11-13(b)所示，利用 J_z 还可以求出均质圆盘对 x 轴和 y 轴的转动惯量 J_x 和 J_y。根据转动惯量的定义

$$J_x = \sum m_i y_i^2,\quad J_y = \sum m_i x_i^2$$

及均质圆盘的对称性，知 $J_x = J_y$，而

$$J_z = \sum m_i r_i^2 = \sum m_i (x_i^2 + y_i^2) = J_x + J_y$$

于是得

$$J_x = J_y = \frac{1}{2} J_z = \frac{1}{4} mR^2$$

二、回转半径(惯性半径)

刚体对转轴的转动惯量可表示为质量与回转半径的平方的乘积，即

$$J_z = m\rho_z^2 \tag{11-19}$$

式中，m 为刚体的质量；ρ_z 为回转半径，$\rho_z = \sqrt{\dfrac{J_z}{m}}$，单位为 m 或 cm。

回转半径

回转半径的物理意义：若将物体的质量集中在以 ρ_z 为半径、O_z 为对称轴的细圆环上，则转动惯量不变。

对于几何形状相同的均质物体，其回转半径的公式也是相同的。例如，细长直杆回转半径 $\rho_z = \dfrac{\sqrt{3}}{3} l$，均质圆环回转半径 $\rho_z = R$，均质圆盘回转半径回转半径 $\rho_z = \dfrac{\sqrt{2}}{2} R$。

三、转动惯量的平行轴定理

定理：刚体对任一轴的转动惯量，等于刚体对通过质心并与该轴平行的轴的转动惯量，加上刚体的质量与两轴间距离平方的乘积，即

$$J_{z'} = J_{z_C} + md^2 \tag{11-20}$$

证明：如图 11-14 所示，设 C 为刚体的质心，刚体对于过质心的轴 z_C 的转动惯量为

$$J_{z_C} = \sum m_i r_i^2 = \sum m_i (x_i^2 + y_i^2)$$

对于与 z_C 轴平行的另一轴 z' 的转动惯量为

$$J_{z'} = \sum m_i r_i'^2 = \sum m_i (x_i'^2 + y_i'^2)$$

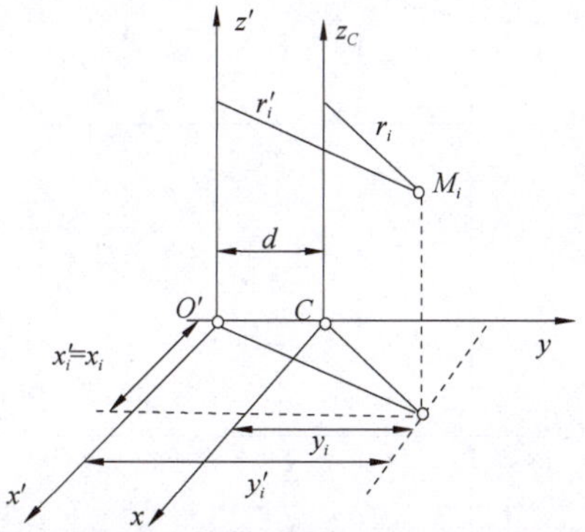

图 11-14

转动惯量的平行轴定理

由于 $x_i' = x_i$，$y_i' = y_i + d$，于是上式变为

$$J_{z'} = \sum m_i[x_i^2 + (y_i + d)^2] = \sum m_i(x_i^2 + y_i^2 + 2dy_i + d^2)$$
$$= \sum m_i(x_i^2 + y_i^2) + 2d\sum m_i y_i + d^2 \sum m_i$$

式中，等号右边第二项中 $\sum m_i y_i = my_C = 0$，于是得

$$J_{z'} = J_{z_C} + md^2$$

由平行轴定理可知，刚体对于诸多平行轴，以通过质心的轴的转动惯量最小。

一般简单形状的均质刚体的转动惯量可以从有关手册中查到，也可用上述方法计算。表11-4列出常见均质物体的转动惯量和回转半径。

表 11-4　常见均质物体的转动惯量和回转半径

形状	简图	转动惯量	回转半径	体积
细直杆	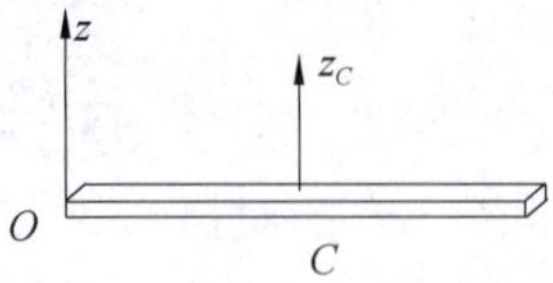	$J_{z_C}=\frac{m}{12}l^2$ $J_z=\frac{m}{3}l^2$	$\rho_{z_C}=\frac{l}{2\sqrt{3}}\approx0.289l$ $\rho_z=\frac{l}{\sqrt{3}}\approx0.578l$	—
薄壁圆筒	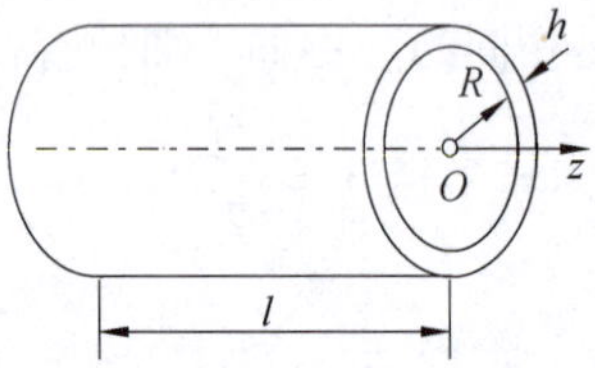	$J_z=mR^2$	$\rho_z=R$	$2\pi Rlh$
圆柱	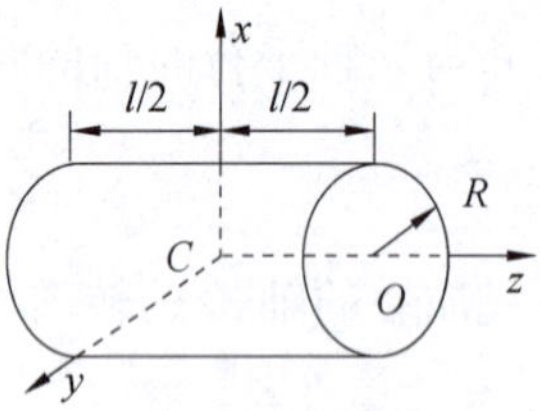	$J_z=\frac{1}{2}mR^2$ $J_x=J_y=\frac{m}{12}(3R^2+l^2)$	$\rho_z=\frac{R}{\sqrt{2}}\approx0.707R$ $\rho_x=\rho_y=\sqrt{\frac{1}{12}(3R^2+l^2)}$	$\pi R^2 l$
空心圆柱	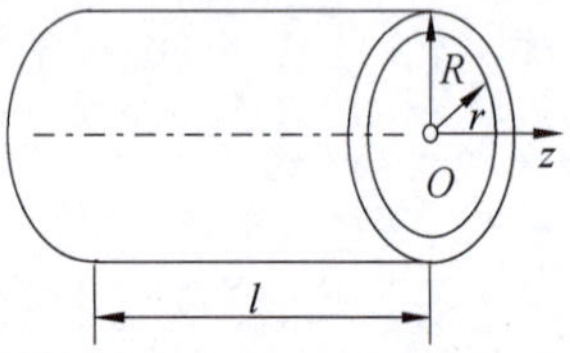	$J_z=\frac{m}{2}(R^2+r^2)$	$\rho_z=\sqrt{\frac{1}{2}(R^2+r^2)}$	$\pi l(R^2-r^2)$
薄壁空心球	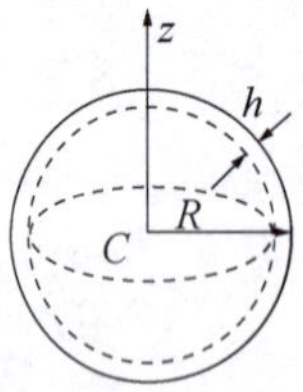	$J_z=\frac{2}{3}mR^2$	$\rho_z=\sqrt{\frac{2}{3}}R\approx0.816R$	$\frac{3}{2}\pi Rh$
实心球	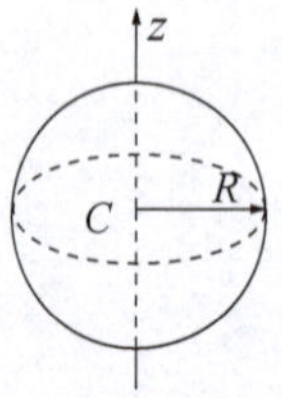	$J_z=\frac{2}{5}mR^2$	$\rho_z=\sqrt{\frac{2}{5}}R\approx0.632R$	$\frac{4}{3}\pi R^3$

续表

形状	简图	转动惯量	回转半径	体积
圆锥体	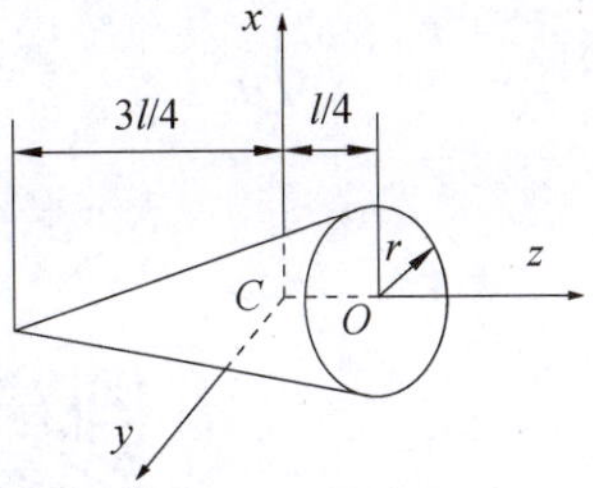	$J_z=\frac{3}{10}mr^2$ $J_x=J_y=\frac{3}{80}m(4r^2+l^2)$	$\rho_z=\sqrt{\frac{3}{10}}r\approx0.548r$ $\rho_x=\rho_y=\sqrt{\frac{3}{80}(4r^2+l^2)}$	$\frac{\pi}{3}r^2l$
圆环	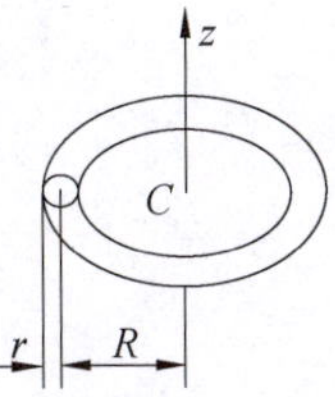	$J_z=m\left(R^2+\frac{3}{4}r^2\right)$	$\rho_z=\sqrt{R^2+\frac{3}{4}r^2}$	$2\pi^2r^2R$
椭圆形薄板	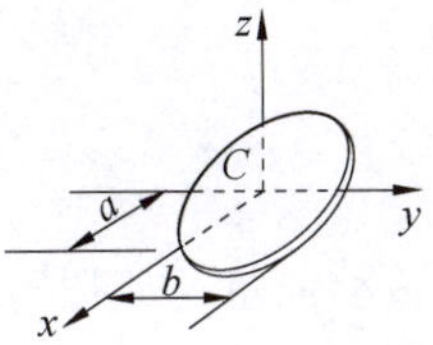	$J_z=\frac{m}{4}(a^2+b^2)$ $J_y=\frac{m}{4}a^2$ $J_x=\frac{m}{4}b^2$	$\rho_z=\frac{1}{2}\sqrt{a^2+b^2}$ $\rho_y=\frac{a}{2}$ $\rho_x=\frac{b}{2}$	πabh
立方体	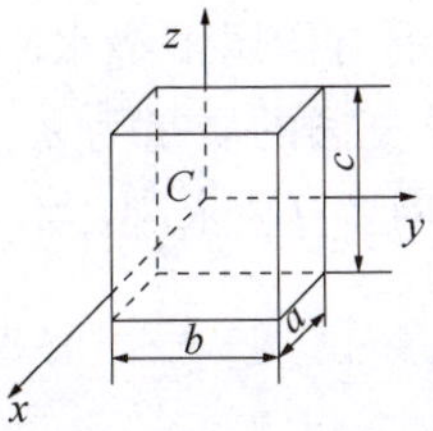	$J_z=\frac{m}{12}(a^2+b^2)$ $J_y=\frac{m}{12}(a^2+c^2)$ $J_x=\frac{m}{12}(b^2+c^2)$	$\rho_z=\sqrt{\frac{1}{12}(a^2+b^2)}$ $\rho_y=\sqrt{\frac{1}{12}(a^2+c^2)}$ $\rho_x=\sqrt{\frac{1}{12}(b^2+c^2)}$	abc
矩形薄板	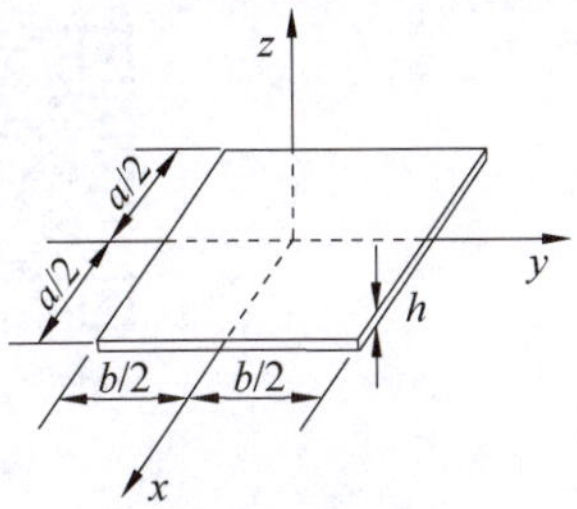	$J_z=\frac{m}{12}(a^2+b^2)$ $J_y=\frac{m}{12}a^2$ $J_x=\frac{m}{12}b^2$	$\rho_z=\sqrt{\frac{1}{12}(a^2+b^2)}$ $\rho_y\approx0.289a$ $\rho_x\approx0.289b$	abh

四、求转动惯量的组合法

例 11-6　钟摆简化如图 11-15 所示。已知均质细杆和均质圆盘的质量分别为 m_1 和 m_2，杆长为 l，圆盘直径为 d。求摆对于通过悬挂点 O 并与钟摆所在的平面垂直轴的转动惯量。

解：摆对轴 O 的转动惯量为

$$J_O=J_{O杆}+J_{O盘}$$

式中

$$J_{O杆} = \frac{1}{3}m_1 l^2$$

$$J_{O盘} = \frac{1}{2}m_2\left(\frac{d}{2}\right)^2 + m_2\left(l + \frac{d}{2}\right)^2 = m_2\left(\frac{3}{8}d^2 + l^2 + ld\right)$$

于是得 $J_O = \frac{1}{3}m_1 l^2 + m_2\left(\frac{3}{8}d^2 + l^2 + ld\right)$。

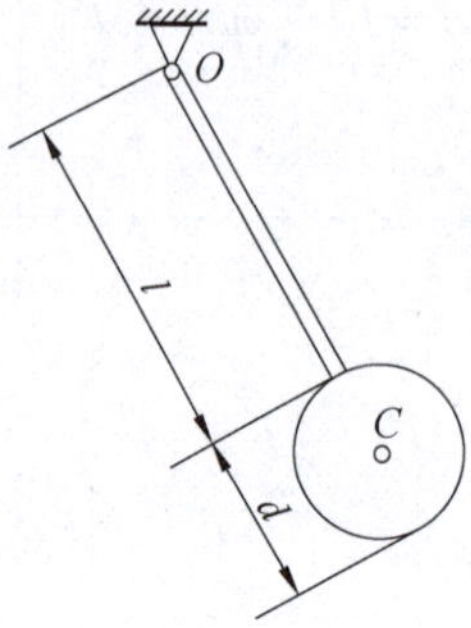

图 11-15

例 11-6 动画

五、求转动惯量的实验方法

工程中对于几何形状复杂的刚体，常用实验的方法测定其转动惯量，如扭转振动法、复摆法、落体观测法等。下面以复摆法和落体观测法为例加以说明。

例 11-7 复摆法测转动惯量。如图 11-16 所示，刚体在重力作用下绕水平轴 O 转动，称为复摆或物理摆。水平轴称为复摆的悬挂轴(或悬挂点)。设复摆的质量为 m，质心为 C，s 为质心到悬挂轴的距离。若已测得复摆绕其平衡位置摆动的周期 T，求刚体对通过质心并平行于悬挂轴的轴的转动惯量。

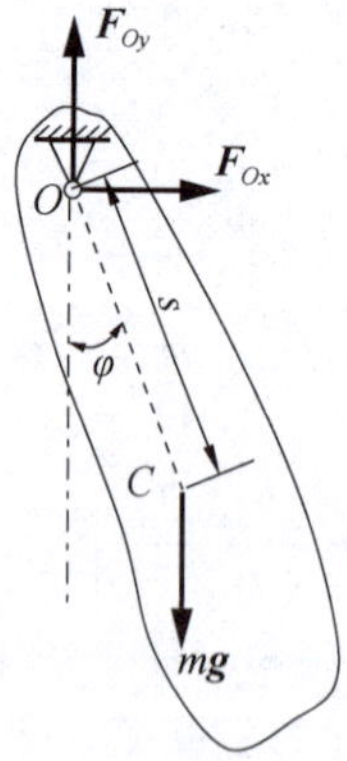

图 11-16

例 11-7 动画

解： 刚体在任意位置的受力图如图 11-16 所示，刚体绕定轴转动微分方程为

$$J_O\ddot{\varphi} = -mgs \cdot \sin\varphi$$

$$\ddot{\varphi} + \frac{mgs}{J_O}\sin\varphi = 0$$

若摆角 φ 很小，$\sin\varphi \approx \varphi$，则运动微分方程线性化为

$$\ddot{\varphi} + \frac{mgs}{J_O}\varphi = 0$$

这与单摆的运动微分方程相似。由此得复摆微小摆动的周期为

$$T = \frac{2\pi}{\omega_n} = \frac{2\pi}{\sqrt{\frac{mgs}{J_O}}} = 2\pi\sqrt{\frac{J_O}{mgs}}$$

若已测得复摆摆动的周期，由平行轴定理可求出刚体的转动惯量，式中

$$J_O = J_C + ms^2$$

可得 $J_C = J_O - ms^2 = mgs\left(\frac{T^2}{4\pi^2} - \frac{s}{g}\right)$。

例 11-8　落体观测法测转动惯量。将半径为 r 的飞轮支承在点 O，然后在绕过飞轮的绳子的一端挂一所受重力为 $\boldsymbol{P}$ 的重物，使重物下降时能带动飞轮转动，如图 11-17 所示。令重物的初速度为零，当重物下降距离为 h 时，记下所需的时间 t，求飞轮的转动惯量。

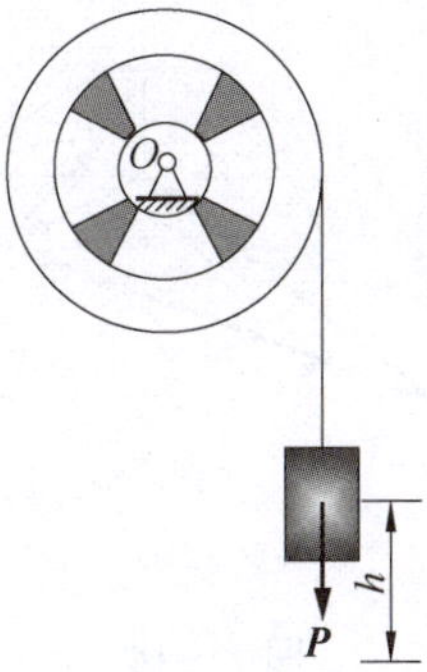

图 11-17

§11-5　质点系相对质心的动量矩定理

前面阐述的动量矩定理只能以惯性参考系中的固定点或固定轴为矩心。对于一般的动点或动轴，动量矩定理具有较复杂的形式。然而，对于质点系的质心或通过质心的动轴，动量矩定理仍保持其简单的形式。

一、质点系相对于固定点 O 与相对于质心 C 的动量矩之间的关系

如图 11-18 所示，O 为定点，C 为质点系的质心，以 C 为坐标原点建一平动参考系，质点系中任一质点 m_i 的绝对速度为 $\boldsymbol{v}_i$，相对速度为 $\boldsymbol{v}_{ir}$，则质点系相对于定点 O 与相对于质心 C 的动量矩分别为

$$\boldsymbol{L}_O = \sum \boldsymbol{M}_O(m_i\boldsymbol{v}_i) = \sum \boldsymbol{r}_i \times m_i\boldsymbol{v}_i$$

$$\boldsymbol{L}_C = \sum \boldsymbol{M}_C(m_i\boldsymbol{v}_{ir}) = \sum \boldsymbol{r}'_i \times m_i\boldsymbol{v}'_i$$

质点系相对于固定点 O 与相对于质心 C 的动量矩之间的关系

图中 C 为质点系的质心，有

$$\boldsymbol{r}_i=\boldsymbol{r}_C+\boldsymbol{r}'_i$$

由速度合成定理，有

$$\boldsymbol{v}_i=\boldsymbol{v}_C+\boldsymbol{v}'_i$$

代入上式后得

$$\boldsymbol{L}_O=\sum(\boldsymbol{r}_C+\boldsymbol{r}'_i)\times m_i\boldsymbol{v}_i=\boldsymbol{r}_C\times\sum m_i\boldsymbol{v}_i+\sum\boldsymbol{r}'_i\times m_i(\boldsymbol{v}_C+\boldsymbol{v}'_i)$$

式中，$\sum m_i\boldsymbol{v}_i=m\boldsymbol{v}_C$，$\sum m_i\boldsymbol{r}'_i=m\boldsymbol{r}'_C$，代入可得

$$\boldsymbol{L}_O=\boldsymbol{r}_C\times m\boldsymbol{v}_C+m\boldsymbol{r}'_C\times\boldsymbol{v}_C+\sum\boldsymbol{r}'_i\times m_i\boldsymbol{v}'_i$$

由于 $\boldsymbol{r}'_C=0$，于是有

$$\boldsymbol{L}_O=\boldsymbol{L}_C+\boldsymbol{r}_C\times m\boldsymbol{v}_C \tag{11-21}$$

式(11-21)表明：质点系对任意点的动量矩，等于质点系对质心的动量矩，与将质点系的动量集中于质心对 O 点的动量矩的矢量和。

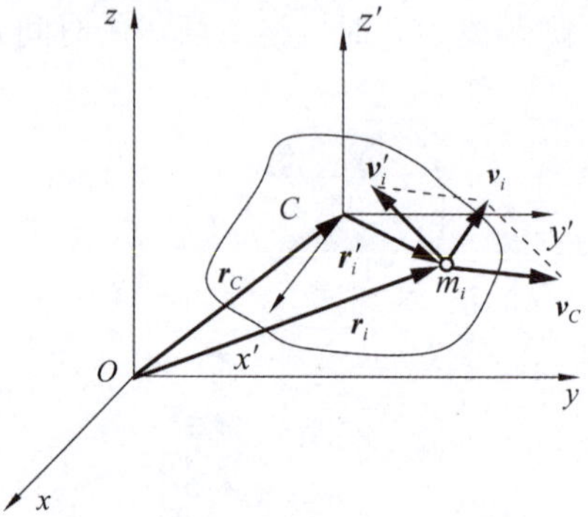

图 11-18

二、质点系相对于质心的动量矩定理

质点系相对于固定点 O 的动量矩可写成

$$\frac{\mathrm{d}\boldsymbol{L}_O}{\mathrm{d}t}=\frac{\mathrm{d}\boldsymbol{L}_C}{\mathrm{d}t}+\frac{\mathrm{d}\boldsymbol{r}_C}{\mathrm{d}t}\times m\boldsymbol{v}_C+\boldsymbol{r}_C\times m\frac{\mathrm{d}\boldsymbol{v}_C}{\mathrm{d}t}=\frac{\mathrm{d}\boldsymbol{L}_C}{\mathrm{d}t}+\boldsymbol{r}_C\times m\boldsymbol{a}_C$$

$$\boldsymbol{M}_O^{(\mathrm{e})}=\sum\boldsymbol{r}_i\times\boldsymbol{F}_i=\sum(\boldsymbol{r}_C+\boldsymbol{r}'_i)\times\boldsymbol{F}_i=\boldsymbol{r}_C\times\sum\boldsymbol{F}_i+\sum\boldsymbol{r}'_i\times\boldsymbol{F}_i$$

质点系相对于质心的动量矩定理

式中，$\sum\boldsymbol{F}_i=\boldsymbol{F}_{\mathrm{R}}^{(\mathrm{e})}$ 为外力系的主矢；$\sum\boldsymbol{r}'_i\times\boldsymbol{F}_i=\boldsymbol{M}_C^{(\mathrm{e})}$ 为外力系对质心 C 的主矩。

由此得

$$\frac{\mathrm{d}\boldsymbol{L}_C}{\mathrm{d}t}+\boldsymbol{r}_C\times m\boldsymbol{a}_C=\boldsymbol{r}_C\times\boldsymbol{F}_{\mathrm{R}}^{(\mathrm{e})}+\boldsymbol{M}_C^{(\mathrm{e})}$$

由质心运动定理知

$$m\boldsymbol{a}_C=\boldsymbol{F}_{\mathrm{R}}^{(\mathrm{e})}$$

所以得

$$\frac{\mathrm{d}\boldsymbol{L}_C}{\mathrm{d}t}=\boldsymbol{M}_C^{(\mathrm{e})} \tag{11-22}$$

式(11-22)为质点系相对于质心的动量矩定理，即质点系相对于质心的动量矩对时间的

导数，等于作用于质点系的外力对质心的主矩。

质点系相对于质心的动量矩的改变，只与作用在质点系上的外力有关，而与内力无关。例如，直线航行中的轮船，为了转弯，可以使舵产生一个偏角，水流作用在舵上的推力对质心的力矩使船对质心的动量矩发生改变，从而引起转弯时存在角加速度；跳水运动员在腾空状态时，只受到重力的作用，由于重力对质心轴的力矩恒为零，因此人体对质心轴的动量矩守恒，即 $J_C\omega$ 为常量，当运动员在空中蜷曲身体时，可使转动惯量 J_C 较小，从而获得较大的角速度 ω；反之，在落水前，应打开身体，使 J_C 较大而 ω 较小，从而有利于落水运动的完成。

§11-6　刚体平面运动微分方程

应用质心运动定理和质点系相对于质心的动量矩定理来研究刚体的平面运动。

刚体的平面运动可简化为具有相同质量的平面图形在固定平面内的运动，如图 11-19 所示，而质心 C 位于平面图形内，作用在刚体上的力有 $\boldsymbol{F}_1$，$\boldsymbol{F}_2$，…，$\boldsymbol{F}_n$，坐标系 $Cx'y'$ 随质心平动。如果选质心 C 为基点，则刚体的平面运动可分解为随质心的平动与绕质心的转动。刚体在相对运动中对质心的动量矩为

$$L_{Cr} = \left(\sum m_i r_i'^2\right)\omega = J_C\omega \tag{11-23}$$

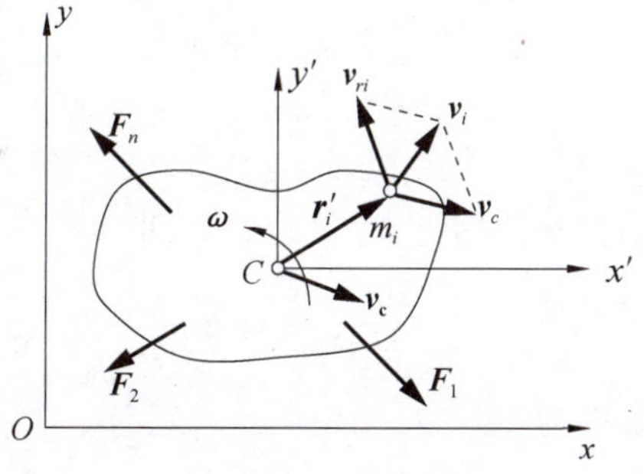

图 11-19

刚体平面运动微分方程

应用质心运动定理和相对质心动量矩定理得

$$\begin{cases} m\boldsymbol{a}_C = \sum \boldsymbol{F}^{(e)} \\ J_C\alpha = \sum M_C(\boldsymbol{F}^{(e)}) \end{cases} \tag{11-24}$$

式(11-24)称为刚体平面运动微分方程。应用时，前一式取其投影式，得

$$\begin{cases} ma_{Cx} = \sum F_x^{(e)} \\ ma_{Cy} = \sum F_y^{(e)} \\ J_C\alpha = \sum M_C(\boldsymbol{F}^{(e)}) \end{cases} \tag{11-25}$$

由刚体平面运动微分方程可知，刚体做平面运动时，随同质心的平动取决于外力系的主矢，而绕质心的转动取决于外力系对质心的主矩。

例 11-9　半径为 r、质量为 m 的均质圆轮沿水平直线纯滚动，如图 11-20 所示。设轮的回转半径为 ρ_C，作用于圆轮上的力矩为 M，圆轮与地面间的静摩擦系数为 f。求：

(1)轮心的加速度；

(2)地面对圆轮的约束力；

(3)在不滑动的条件下力矩 M 的最大值。

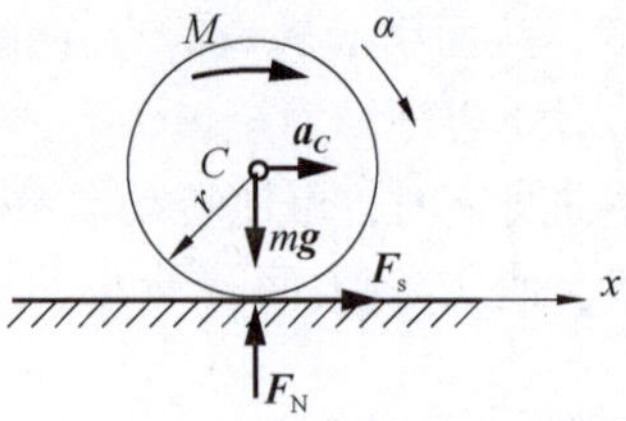

图 11-20

例 11-9 动画

解： 圆轮的受力图如图 11-20 所示。列写圆轮的平面运动微分方程，有

$$ma_{Cx} = F_s$$

$$ma_{Cy} = F_N - mg$$

$$m\rho_C^2\alpha = M - F_s r$$

式中，M 与 α 均以顺时针转向为正。因 $a_{Cy} = 0$，所以 $a_C = a_{Cx}$。

根据纯滚动(即只滚不滑)的条件，有 $a_C = r\alpha$。

以上方程联立求解，得

$$a_C = \frac{Mr}{m(\rho_C^2 + r^2)}$$

$$F_s = ma_C$$

$$F_N = mg$$

欲使圆轮只滚动而不滑动，必须满足 $\boldsymbol{F}_s \leqslant f\boldsymbol{F}_N$，即

$$\frac{Mr}{\rho_C^2 + r^2} \leqslant fmg$$

于是得圆轮只滚不滑的条件为

$$M \leqslant fmg\frac{r^2 + \rho_C^2}{r}$$

应用刚体平面运动微分方程，求解动力学的两类问题，除了列写微分方程，还需写出补充的运动学方程或其他所需的方程，在本题中补充方程为 $a_C = r\alpha$。

例 11-10 长为 l、重 $\boldsymbol{W}$ 的均质杆 AB 和 BD 用铰链连接，并位于铅垂平衡位置。在 D 端作用一水平力 $\boldsymbol{F}$，如图 11-21 所示。求此瞬时两杆的角加速度。

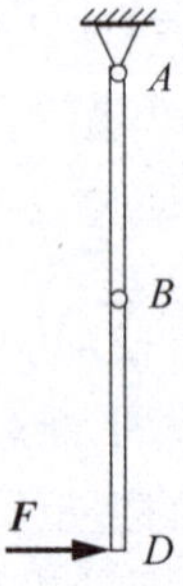

图 11-21

用动量矩定理、刚体绕定轴转动微分方程及刚体平面运动微分方程解动力学问题时需要注意以下几点。

(1)动量矩定理可以用来分析和解决质点、质点系及刚体动力学的两类问题，一般用于求解涉及转动的动力学问题。使用动量矩定理时，所选取之矩轴(矩心)必须为固定轴(固定点)。

(2)刚体绕定轴转动微分方程通常用于求解单个平面运动刚体的动力学问题，其中矩轴必须为转轴。

(3)刚体平面运动微分方程通常用于求解单个平面物体的动力学问题，其中的加速度(速度)必须是刚体质心的加速度(速度)，矩轴必须为垂直于运动平面的质心轴。

(4)动量矩守恒定律是动量矩定理的特殊形式，一般用于求解转动物体角速度的变化。在应用动量矩守恒定律时，要注意其适用前提。

(5)动量矩定理、刚体绕定轴转动微分方程和刚体平面运动微分方程仅在惯性参考系中成立，因此，其相关的速度(角速度)和加速度(角加速度)，均应为相对于惯性参考系的绝对速度(角速度)和绝对加速度(角加速度)。

(6)在用动量矩定理求解多轴轮系的动力学问题时，所选取的研究对象中一般只应包含一根转轴。

(7)在建立动力学方程时，方程两边各个转动量(如角速度、角加速度、动量矩、力矩等)的正负号规定必须保持一致，一般以物体的转动方向作为转动的正方向。

【案例分析 11-1】花样滑冰运动员在光滑的冰面上，可做出许多优美的动作。试分析运动员绕铅垂轴角速度的变化。

【案例分析 11-2】秋千为什么越荡越高？

案例分析 11-1 花样滑冰　　案例分析 11-2 动画　　案例分析 11-2 荡秋千

【案例分析 11-3】如图 11-22 所示，均质正方形薄板质量为 m_1，边长为 a，可绕水平轴 OO_1 转动。现有一质量为 m_2 的一小团胶泥，以速度 $\boldsymbol{v}_0$ 沿垂直于板面的方向投到静止的薄板的中心，并粘在板上与板一起运动。求薄板刚开始扬起这一瞬时的角速度。

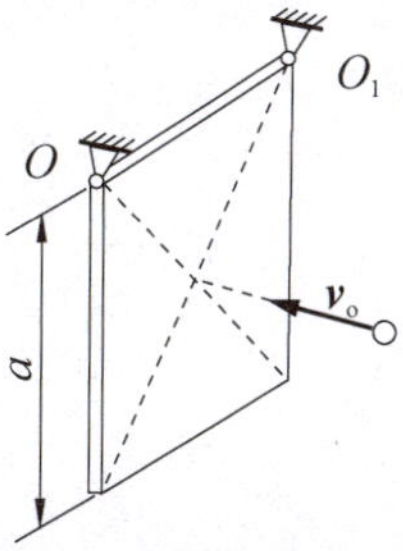

图 11-22

案例分析 11-3 动画　　案例分析 11-3 薄板与胶泥

知识点总结

- 动量矩定理
  - 基本概念
    - 质点的动量矩 —— $\boldsymbol{M}_O(m\boldsymbol{v})=\boldsymbol{r}\times m\boldsymbol{v}$
    - 质点动量对固定轴之矩 —— $[\boldsymbol{M}_O(m\boldsymbol{v})]_z=M_z(m\boldsymbol{v})$
    - 质点系的动量矩 —— $\boldsymbol{L}_O=\sum \boldsymbol{M}_O(m_i\boldsymbol{v}_i)$
    - 质点系动量对固定轴之矩 —— $L_z=\sum M_z(m_i\boldsymbol{v}_i)$
    - 平动刚体的动量矩 —— $L_z=M_z(m\boldsymbol{v}_C)$
    - 定轴转动刚体的动量矩 —— $L_z=J_z\omega$
    - 平面运动刚体的动量矩 —— $L_z=M_z(m\boldsymbol{v}_C)+J_C\omega$
  - 动量矩定理和动量矩守恒定律
    - 质点的动量矩定理 —— $\frac{\mathrm{d}}{\mathrm{d}t}\boldsymbol{M}_O(m\boldsymbol{v})=\boldsymbol{M}_O(\boldsymbol{F})$
    - 质点系的动量矩定理
      - 矢量式 —— $\frac{\mathrm{d}\boldsymbol{L}_O}{\mathrm{d}t}=\sum \boldsymbol{M}_O(\boldsymbol{F}_i^{(e)})$
      - 投影式 —— $\frac{\mathrm{d}L_x}{\mathrm{d}t}=\sum M_x(\boldsymbol{F}_i^{(e)})$，$\frac{\mathrm{d}L_y}{\mathrm{d}t}=\sum M_y(\boldsymbol{F}_i^{(e)})$，$\frac{\mathrm{d}L_z}{\mathrm{d}t}=\sum M_z(\boldsymbol{F}_i^{(e)})$
    - 质点系的动量矩守恒定律 —— 如果质点系所受的外力对某定点O（或某定轴）的矩恒等于零，则质点系对该点或该轴的动量矩保持不变
  - 刚体绕定轴转动微分方程 —— $J_z\alpha=\sum M_z(\boldsymbol{F})$
  - 刚体对轴的转动惯量
    - 转动惯量 —— $J_z=\sum m_ir_i^2$
    - 常见刚体的转动惯量
      - 均质细杆 —— $J_{zC}=\frac{1}{12}ml^2$
      - 均质薄圆环 —— $J_z=mR^2$
      - 均质薄圆盘 —— $J_z=\frac{1}{2}mR^2$
    - 转动惯量的平行轴定理 —— $J_z=J_{zC}+md^2$
  - 质点系相对于质心的动量矩定理 —— $\frac{\mathrm{d}\boldsymbol{L}_C}{\mathrm{d}t}=\boldsymbol{M}_C^{(e)}$
  - 刚体平面运动微分方程
    - 矢量式 —— $m\boldsymbol{a}_C=\sum \boldsymbol{F}^{(e)}$，$J_C\alpha=\sum M_C(\boldsymbol{F}^{(e)})$
    - 直角坐标投影式 —— $ma_{Cx}=\sum F_x^{(e)}$，$ma_{Cy}=\sum F_y^{(e)}$，$J_C\alpha=\sum M_C(\boldsymbol{F}^{(e)})$

思考题

11-1　两人A、B同时爬绳，设两人质量相同，不计绳的质量及摩擦，如思考题11-1图所示。试讨论下面几种情形。

(1)A以绝对速度$\boldsymbol{v}$爬绳，B不爬，问B的绝对速度为多少？

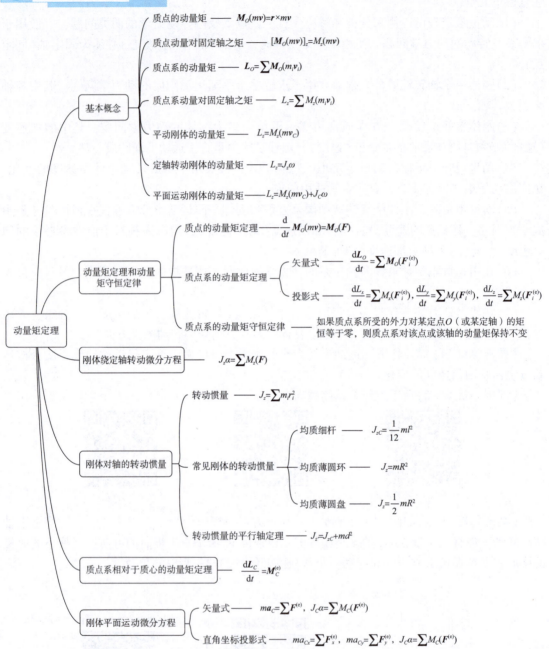

(2) 开始时两人静止在同一高度，而后两人分别以相对于绳子的速度 $\boldsymbol{v}_A$、$\boldsymbol{v}_B$ 同时爬绳，且 $v_A>v_B$，问谁先到达顶点？

(3) 第(2)问中绳子移动的速度为多少？

(4) 像这样的爬绳比赛能比出谁的力气大吗？

11-2　试讨论思考题 11-2 图中，为什么无论力偶加在哪里，圆盘总是绕着质心转动？

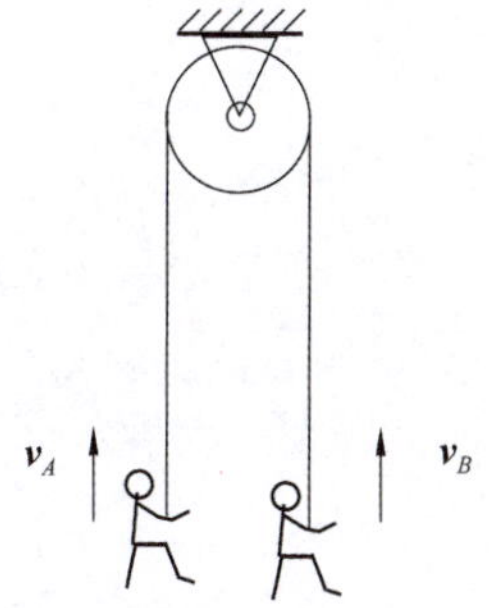

思考题 11-1 图

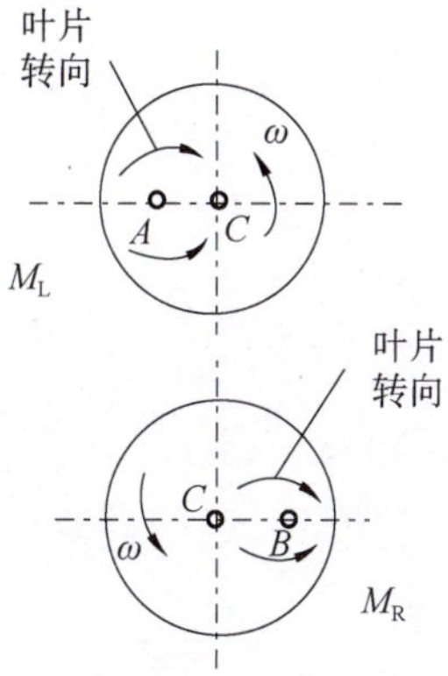

思考题 11-2 图

11-3　跳远运动员怎样使身体在空中不发生转动？

11-4　为什么直升机要有尾桨？如果没有尾桨，直升机飞行时将会怎样？

11-5　两相同的均质圆轮，各绕以细绳，如思考题 11-5 图所示。思考题 11-5 图(a)中绳的末端挂一所受重力为 $\boldsymbol{G}$ 的物块；思考题 11-5 图(b)中绳的末端作用一力 $\boldsymbol{F}$；且 $\boldsymbol{G}=\boldsymbol{F}$。问两轮的角加速度是否相同。

11-6　如思考题 11-6 图所示，半径为 R 的均质圆轮在水平面上做纯滚动。如在圆轮内作用一水平力 $\boldsymbol{F}$，问力作用于什么位置能使地面摩擦力等于零？在什么情况下，地面摩擦力能与 $\boldsymbol{F}$ 同向？

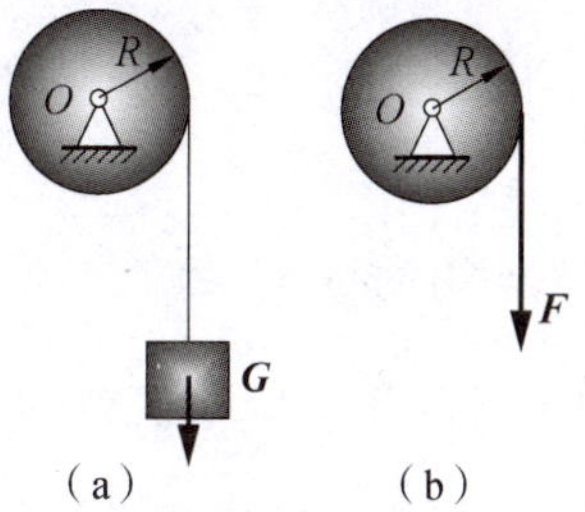

思考题 11-5 图

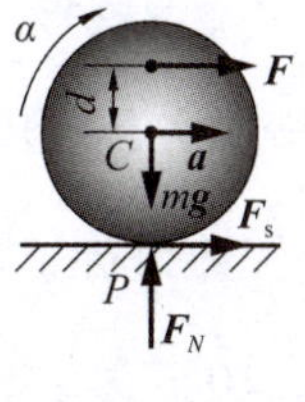

思考题 11-6 图

11-7　质量为 m 的均质圆盘，平放在光滑的水平面上，其受力情况如思考题 11-7 图所示。开始时盘静止，$R=2r$，试说明各圆盘如何运动。

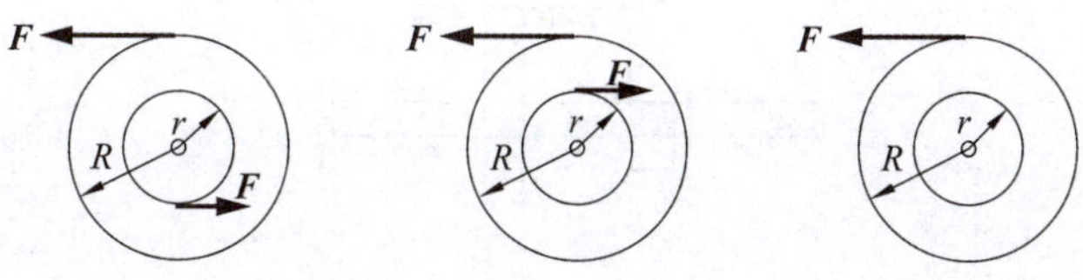

思考题 11-7 图

习　题

11-1　试求习题11-1图所示各均质物体对其转轴 O 的动量矩。

(1)均质圆盘[习题11-1图(a)]质量为 m，半径为 r，已知角速度为 ω、角加速度为 α。

(2)圆轮[习题11-1图(b)]质量为 m，半径为 r，质心为 C，绕轴 O 转动，角速度为 ω，$OC=e$。

(3)均质杆[习题11-1图(c)]质量为 m，绕轴 O 逆时针转动，图示瞬时的角速度和角加速度分别为 ω、α。

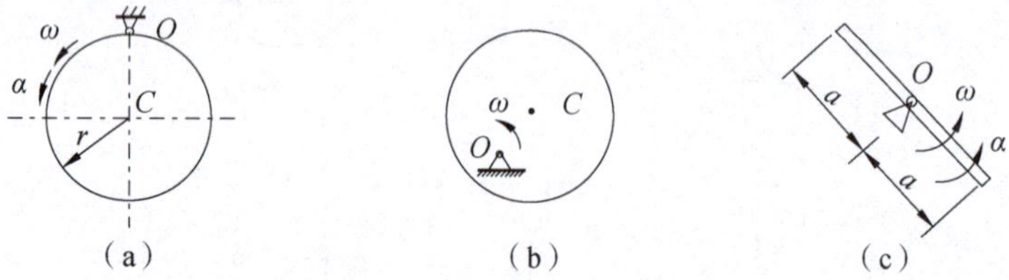

习题11-1图

11-2　如习题11-2图所示，手柄 AB 上施加转矩 M_0，并通过鼓轮 D 来使物体 C 移动。鼓轮可看成均质圆柱，半径为 r，所受重力为 $\boldsymbol{P}_1$，物体 C 所受重力为 $\boldsymbol{P}_2$，它与水平面间的动摩擦系数为 f，手柄、转轴和绳索的质量以及轴承摩擦都可忽略不计，试求物体 C 的加速度。

11-3　飞轮所受重力为 $\boldsymbol{G}$，半径为 R，对转轴 O 的转动惯量为 J_z，以角速度 ω_0 转动，如习题11-3图所示。制动闸块对轮缘的法向压力为 $\boldsymbol{F}_{\mathrm{N}}$。设闸块与轮缘间的滑动摩擦系数 f 保持不变，轴承的摩擦可以略去，求制动所需的时间 t。

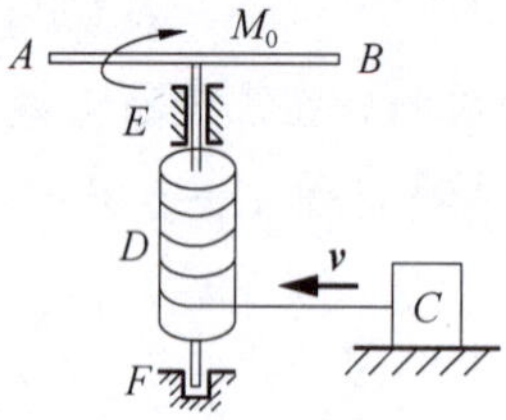

习题11-2图

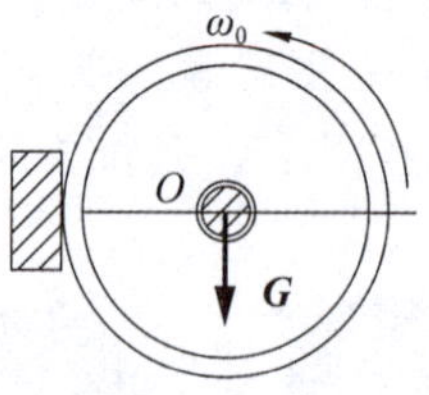

习题11-3图

习题11-3动画

11-4　转动惯量分别为 $J_1=100\ \mathrm{kg\cdot m^2}$ 和 $J_2=80\ \mathrm{kg\cdot m^2}$ 的两个飞轮分别装在轴Ⅰ和轴Ⅱ上，齿数比为 $\dfrac{z_1}{z_2}=\dfrac{3}{2}$ 的两齿轮将转动从轴Ⅰ传到轴Ⅱ，如习题11-4图所示。轴Ⅰ由静止开始以匀加速度转动，10 s后其转速达到1 500 r/min。求需加在轴Ⅰ上的转动力矩及两轮间的切向压力 $\boldsymbol{P}$。已知 $r_1=10$ cm，不计各齿轮和轴的转动惯量。

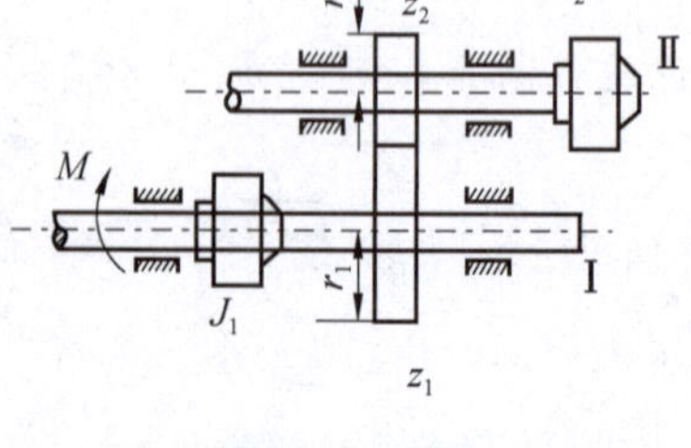

习题11-4图

习题11-4动画

11-5 如习题 11-5 图所示，水平杆 AB 长为 $2a$，可绕铅垂轴 z 转动，其两端各用铰链与长为 l 的杆 AC 及 BD 相连，杆 AC、BD 的杆端各连接所受重力为 $\boldsymbol{P}$ 的小球 C 和 D。起初两小球用细线相连，使杆 AC、BD 均为铅垂，系统绕 z 轴的角速度为 ω_0。如某瞬时此细线拉断后，杆 AC、BD 各与铅垂线成 θ 角。不计各杆质量，求此时系统的角速度。

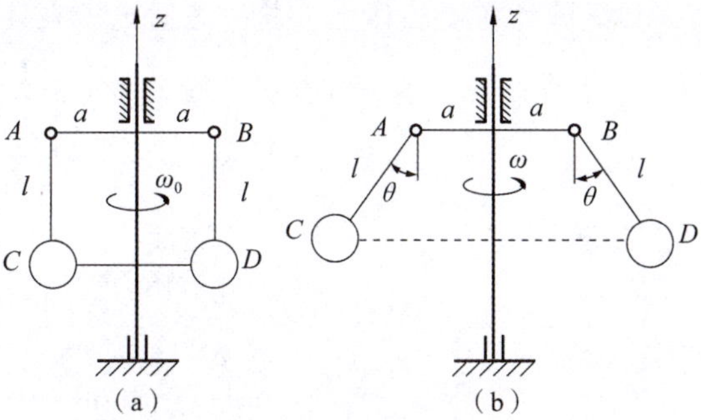

习题 11-5 图

习题 11-5 动画

11-6 如习题 11-6 图所示，传动系统中已知主动轮 A 的半径为 r_1，它与电动机转子对转动轴的转动惯量为 J_1，从动轮 B 的半径为 r_2，它与输出轴对其转动轴的转动惯量为 J_2，均质胶带长为 l，质量为 m。电动机启动后，作用在传动轴上的转动力矩为 M，求主动轮的角加速度。

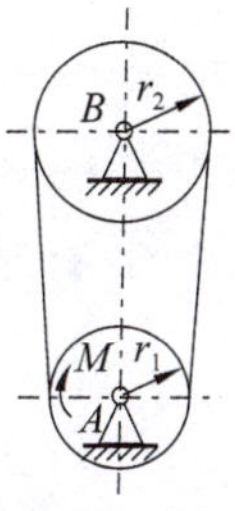

习题 11-6 图

习题 11-6 动画

11-7 如习题 11-7 图所示，质量为 m 的偏心轮在水平面上做平面运动。偏心轮轴心为 A，质心为 C，$AC=e$，半径为 R，对轴心 A 的转动惯量为 J_A。C、A、B 三点在同一铅垂线上。

(1) 当偏心轮只滚不滑时，若 $\boldsymbol{v}_A$ 已知，求该轮的动量和对地面上点 B 的动量矩。

(2) 当偏心轮又滚又滑时，若 $\boldsymbol{v}_A$、ω 已知，求该轮的动量和对地面上点 B 的动量矩。

11-8 重物 A 质量为 m_1，系在绳子上，绳子跨过不计质量的固定滑轮 D，并绕在鼓轮 B 上，如习题 11-8 图所示。由于重物下降带动了轮 C，轮 C 沿水平轨道滚动而不滑动。设鼓轮半径为 r，轮 C 的半径为 R，两者固连在一起，总质量为 m_2，对于其水平轴 O 的回转半径为 ρ。求重物 A 的加速度。

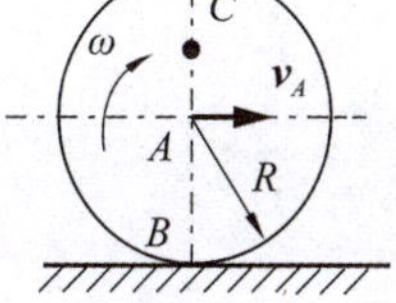

习题 11-7 图

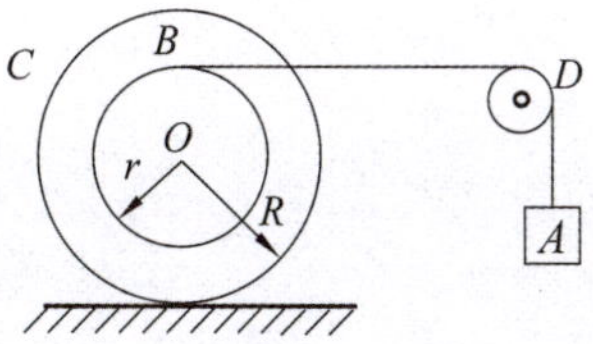

习题 11-8 图

11-9　均质圆柱体 A 的质量为 m，在外圆上绕以细绳，绳的一端 B 固定不动，如习题 11-9 图所示。当 BC 铅垂时圆柱下降，其初速为零。求当圆柱体的轴心降落了高度 h 时轴心的速度和绳子的张力。

习题 11-9 动画

11-10　如习题 11-10 图所示，均质圆柱体的质量为 m，半径为 r，放在倾角为 60° 的斜面上。一细绳缠绕在圆柱体上，其一端固定于点 A，此绳与点 A 相连部分与斜面平行。若圆柱体与斜面间的动摩擦系数 $f=\dfrac{1}{3}$，求其中心沿斜面落下的加速度 $\boldsymbol{a}_C$。

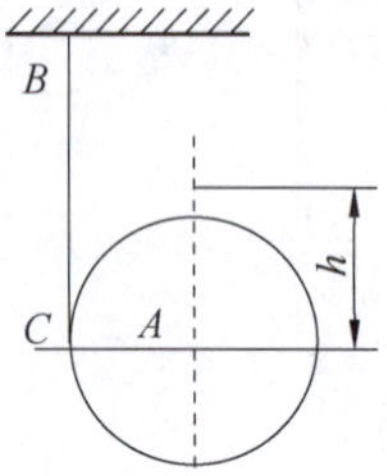

习题 11-9 图

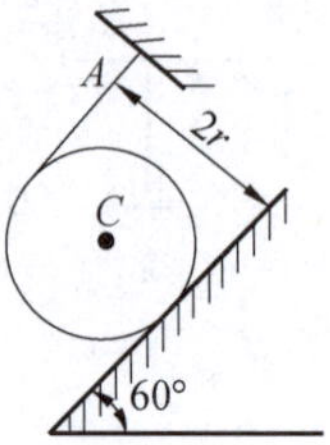

习题 11-10 图

11-11　如习题 11-11 图所示，台球棍击打台球，使台球不借助摩擦而能做纯滚动。假设台球棍对台球施加水平力，台球直径为 d，试求满足上述运动的台球棍位置高度 h。

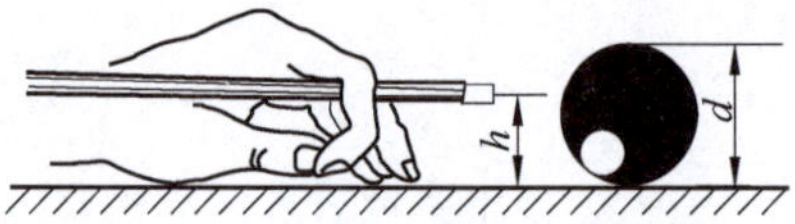

习题 11-11 图

第 12 章
动能定理

内容提要

物体机械运动可以有不同的度量方法，动量和动量矩是运动的矢量形式的度量，动能则是运动的标量形式的度量。动能定理描述了动能与功之间的关系，从能量的角度分析质点和质点系的动力学问题。自然界中各种形式的运动都有与其相对应的能量(如机械能、电能、热能等)，因此动能比动量更具有广泛性。物体做机械运动时所具有的能量称为机械能，包括动能和势能。本章介绍力做的功、动能和势能等概念、动能定理和机械能守恒定律，并综合运用动量定理、动量矩定理和动能定理分析较为复杂的动力学问题。

素质目标

提升系统思维和多学科融合能力，培养勇攀高峰的创新精神，培养胸怀全局、爱国奉献精神。

案例导读

1. 国之重器——三峡工程

三峡工程是迄今世界上规模最大的水利工程和综合效益最广泛的水电工程，其集防洪、发电、航运、水资源利用等为一体，为我国的经济社会发展提供了有力支撑。经过几代人的艰辛探索与不懈奋斗，三峡工程于 1994 年 12 月 14 日正式开工建设，并于 2020 年完成整体竣工验收。至此，三峡工程伟大建设历程画上圆满句号。在绚烂的长江三峡文明史中，三峡工程不仅是治理长江水患、航运畅达、绿色发电、抗旱补水的综合水利枢纽工程，更是实现人水和谐的民生工程。在三峡大坝的运行过程中，动能定理的应用是实现水能向电能转化的关键要素。三峡大坝每次蓄水放水的过程中，会产生巨大的水势能，发电量巨大。水能属于清洁能源，是可持续能源，对于我国的能源结构调整和环境保护具有重要意义。

2. 中国新能源汽车科技革新，引领全球产业崛起

中国新能源汽车行业正在迅速崛起，引领着全球汽车科技的革新。通过先进的电池技

术、电机驱动和智能驾驶等核心科技，中国新能源汽车展现出卓越的性能和智能化水平。同时，相关企业在充电设施、车联网、自动驾驶等领域也在不断探索和创新，推动整个行业的技术进步。这些科技创新不仅提高了新能源汽车的能效和环保性能，也为中国新能源汽车产业的可持续发展提供了强大的技术支撑。2023年，中国新能源汽车产销量接近千万辆。电池储能系统是新能源汽车的核心部件之一，其通过化学反应储存和释放电能。当车辆行驶时，电池组通过向电机提供电能来驱动车辆前进，此时电池组中的化学能转化为电能，再转化为机械能驱动车辆行驶。而当车辆制动或减速时，电机则转变为发电机模式，将车辆的动能转化为电能并储存回电池中，实现能量回收。这一过程中，动能定理的应用至关重要，它帮助工程师们精确计算能量转换效率，优化车辆动力系统和电池组的设计，从而提高新能源汽车的性能和续航里程，推动新能源汽车技术的不断创新和发展。

任务驱动

完成本章学习，填写表12-1~表12-5。

表12-1 “动能定理相关内容”知识点

力做的功	动能	动能定理	机械能守恒定律	功率方程
重力做的功 弹性力做的功 定轴转动刚体上作用力做的功	平动刚体的动能 定轴转动刚体的动能 平面运动刚体的动能	质点的动能定理 质点系的动能定理		

表12-2 “力做的功”知识点

<table>
<tr><th colspan="2">知识点</th><th>力做的功的计算</th><th>力做的功的投影式</th></tr>
<tr><td colspan="2">常力做的功</td><td>—</td><td></td></tr>
<tr><td colspan="2">变力做的功</td><td></td><td></td></tr>
<tr><td rowspan="6">常见力做的功</td><td>重力做的功</td><td>—</td><td></td></tr>
<tr><td>弹性力做的功</td><td>—</td><td></td></tr>
<tr><td>定轴转动刚体上作用力做的功</td><td>—</td><td></td></tr>
<tr><td>平面运动刚体上作用力做的功</td><td></td><td>—</td></tr>
<tr><td>质点系内力做的功</td><td></td><td>—</td></tr>
<tr><td>约束反力做的功</td><td></td><td>—</td></tr>
</table>

表 12-3　“质点和质点系的动能”知识点

知识点		动能计算式
质点		
质点系	平动刚体	
	定轴转动刚体	
	平面运动刚体	

表 12-4　“质点和质点系的动能定理”知识点

知识点	微分形式	积分形式
质点的动能定理		
质点系的动能定理		

表 12-5　“动力学普遍定理相关内容”知识点

知识点	动量定理	动量矩定理	动能定理	
基本定义		平动刚体 定轴转动刚体 平面运动刚体	重力做的功 弹性力做的功 定轴转动刚体上作用力做的功	平动刚体的动能 定轴转动刚体的动能 平面运动刚体的动能
基本定理				
守恒	动量守恒定律	动量矩守恒定律	机械能守恒定律	
特殊定理	质心运动定理 质心运动守恒定律	刚体绕定轴转动微分方程 刚体平面运动微分方程	功率方程	
适用场合				

§12-1　功和动能

一、力的功

作用在物体上的力，使物体的运动状态变化的程度除了与力的大小和方向有关，还与力作用的时间或力作用下物体经过的路程长短有关。冲量描述的是力对物体作用时间的累积效应，而功表示的是力在一段路程上对物体的累积效应。

1. 常力的功

设物体 M 在大小和方向都不变的力 $\boldsymbol{F}$ 作用下，向右做直线运动。经过一段时间，物体由点 M_1 运动到点 M_2，位移为 $\boldsymbol{s}$，如图 12-1 所示。力 $\boldsymbol{F}$ 在位移 $\boldsymbol{s}$ 上所做的功定义为

常力的功

$$W = \boldsymbol{F} \cdot \boldsymbol{s} \tag{12-1}$$

即常力在直线路程上所做的功等于力矢与位移矢的标量积。上式也可写成

$$W = Fs\cos\theta \tag{12-2}$$

式中，θ 是力 $\boldsymbol{F}$ 与直线位移 $\boldsymbol{s}$ 方向之间的夹角。

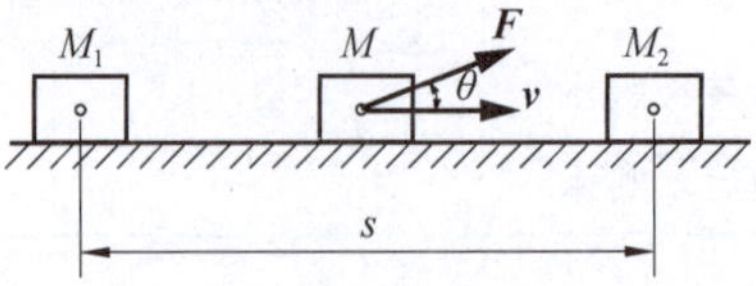

图 12-1

功是标量，它表示力在一段路程上对物体的累积效应，因此功为累积量。由式(12-2)可知：当 $\theta < 90°$、$\theta = 90°$、$\theta > 90°$ 时，力做功分别为正值、零、负值。在国际单位制中，功的单位为焦耳(符号为J)，1 J等于1 N的力在同方向1 m路程上做的功，即 $1\ \mathrm{J}=1\ \mathrm{N\cdot m}=1\ \mathrm{kg\cdot m^2/s^2}$。

2. 变力做的功

设质点 M 在变力 $\boldsymbol{F}$ 作用下沿曲线运动。经过一段时间，质点 M 沿曲线轨迹由点 M_1 运动到点 M_2，如图12-2所示。在无限小位移 $\mathrm{d}\boldsymbol{r}$ 中，力 $\boldsymbol{F}$ 可视为常力，$\mathrm{d}\boldsymbol{r}$ 的大小可视为等于弧长 $\mathrm{d}s$，$\mathrm{d}\boldsymbol{r}$ 的方向可视为沿点 M 的切线方向。在一无限小位移 $\mathrm{d}\boldsymbol{r}$ 中力 $\boldsymbol{F}$ 所做的功称为元功，以 δW 表示，即

变力做的功

$$\delta W = \boldsymbol{F} \cdot \mathrm{d}\boldsymbol{r} = F\cos\theta \cdot \mathrm{d}s \tag{12-3}$$

在一般情况下，元功不表示某个坐标函数的全微分，所以元功用符号 δW 而不用 $\mathrm{d}W$。

力在全路程 M_1M_2 上做的功为力在此路程上元功的总和。即

$$W_{12} = \int_{M_1}^{M_2} \boldsymbol{F} \cdot \mathrm{d}\boldsymbol{r} = \int_0^s F\cos\theta \cdot \mathrm{d}s \tag{12-4}$$

在直角坐标中，沿坐标轴正向的单位矢量分别为 $\boldsymbol{i}$、$\boldsymbol{j}$、$\boldsymbol{k}$，则力 $\boldsymbol{F}$ 和位移 $\mathrm{d}\boldsymbol{r}$ 的解析表达式为

$$\boldsymbol{F} = F_x\boldsymbol{i} + F_y\boldsymbol{j} + F_z\boldsymbol{k},\quad \mathrm{d}\boldsymbol{r} = \mathrm{d}x\boldsymbol{i} + \mathrm{d}y\boldsymbol{j} + \mathrm{d}z\boldsymbol{k}$$

将上式代入式(12-3)可整理得到元功的解析式为

$$\delta W = F_x\mathrm{d}x + F_y\mathrm{d}y + F_z\mathrm{d}z \tag{12-5}$$

则在直角坐标系中力在全路程 M_1M_2 上做的功为

$$W_{12} = \int_{M_1}^{M_2} (F_x\mathrm{d}x + F_y\mathrm{d}y + F_z\mathrm{d}z) \tag{12-6}$$

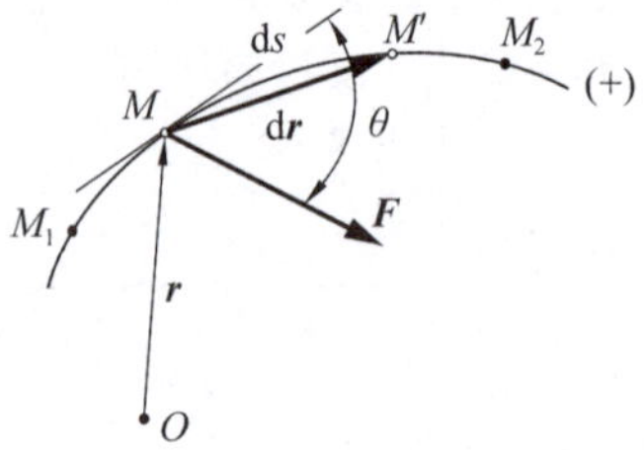

图 12-2

若质点上同时作用 n 个力 $\boldsymbol{F}_1$，$\boldsymbol{F}_2$，…，$\boldsymbol{F}_n$ 作用，而这 n 个力合力为 $\boldsymbol{F}$，则合力 $\boldsymbol{F}_{\mathrm{R}}$ 在任一路程中所做的功为

$$\begin{aligned} W_{12} &= \int_{M_1}^{M_2} \boldsymbol{F}_{\mathrm{R}} \cdot \mathrm{d}\boldsymbol{r} = \int_{M_1}^{M_2} (\boldsymbol{F}_1 + \boldsymbol{F}_2 + \cdots + \boldsymbol{F}_n) \cdot \mathrm{d}\boldsymbol{r} \\ &= \int_{M_1}^{M_2} \boldsymbol{F}_1 \cdot \mathrm{d}\boldsymbol{r} + \int_{M_1}^{M_2} \boldsymbol{F}_2 \cdot \mathrm{d}\boldsymbol{r} + \cdots + \int_{M_1}^{M_2} \boldsymbol{F}_n \cdot \mathrm{d}\boldsymbol{r} = \sum W_i \end{aligned}$$

即合力在任一路程中所做的功等于各分力在同一路程中所做功的代数和。

3. 几种常见力做的功

1) 重力做的功

质量为 m 的质点 M 在重力场中沿轨迹由点 M_1 运动到点 M_2，如图12-3所示。其重力

$\boldsymbol{P} = mg$ 在直角坐标轴上的投影为

$$F_x = 0,\ F_y = 0,\ F_z = -mg$$

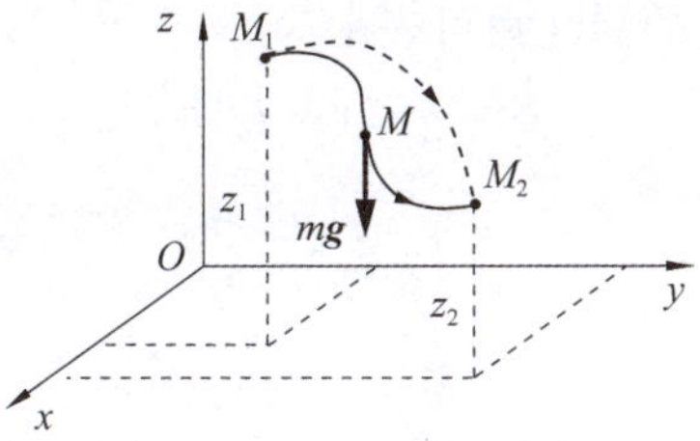

图 12-3

重力做的功

将上式代入式(12-6)整理得到重力做的功为

$$W_{12} = \int_{z_1}^{z_2} -mg\mathrm{d}z = mg(z_1 - z_2)$$

可见，重力做的功取决于重力的大小和质点始末位置的高度差 $(z_1 - z_2)$，而与质点运动轨迹的形状无关。

对于质点系，质点 i 的质量为 m_i，其运动始末位置的高度差为 $(z_{i1} - z_{i2})$，则质点系重力做的功等于各质点重力做功之和，即

$$\sum W_{12} = \sum m_i g(z_{i1} - z_{i2})$$

质心坐标公式 $mz_C = \sum m_i z_i$，则上式可整理得

$$\sum W_{12} = mg(z_{C1} - z_{C2}) \tag{12-7}$$

式中，m 为质点系的质量；$(z_{C1} - z_{C2})$ 为质点系运动始末位置质心 C 的高度差。

质点系重力做的功也与质心运动轨迹的形状无关，即图 12-3 中由 M_1 运动到 M_2 时，沿实线运动和虚线运动重力做功是相同的。质心下降时重力做正功，反之做负功。

2) 弹性力做的功

设物体 M 连接于弹簧的一端，弹簧另一端固定，如图 12-4 所示。弹簧原长为 l_0，刚度系数为 k。在弹簧的弹性极限内，弹性力 $\boldsymbol{F}$ 的大小与弹簧的变形量 δ 成正比，则 $F = k\delta$。

弹性力做的功

为了计算物体 M 由点 M_1 运动到点 M_2 过程中，作用于物体上的弹性力所做的功，取弹簧原长处为坐标原点，Ox 轴如图 12-4 所示。点 M_1 处的弹簧有初始变形量 δ_1，点 M_2 处的弹簧有末变形量 δ_2，在此过程中的任意位置，弹簧的变形量设为 x，则作用于物体的弹性力在 x 轴上的投影为 $F_x = -kx$。因此，由式(12-6)可得此运动过程中，弹性力所做的功为

$$W_{12} = \int_{\delta_1}^{\delta_2} -kx \cdot \mathrm{d}x = \frac{k}{2}(\delta_1^2 - \delta_2^2)$$

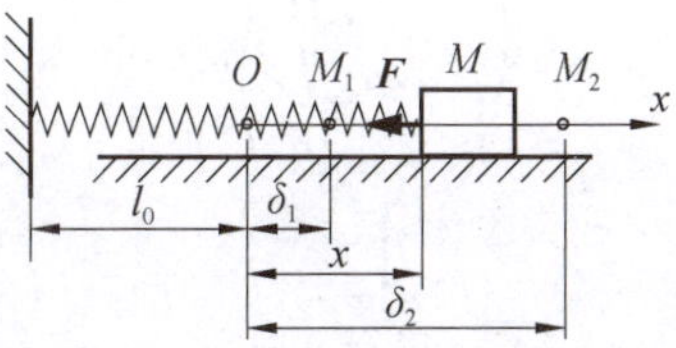

图 12-4

图 12-4 动画

当物体上弹性力的作用点从点 M_1 沿曲线运动到点 M_2 时，质点受指向固定中心 O 的弹性力作用，如图 12-5 所示。设质点矢径方向的单位矢量为 $\boldsymbol{e}_r$，则任意位置处质点的矢径可表示为 $\boldsymbol{r}=r\boldsymbol{e}_r$。因此，点 M 处的弹性力可表示为

$$\boldsymbol{F}=-k(r-l_0)\boldsymbol{e}_r$$

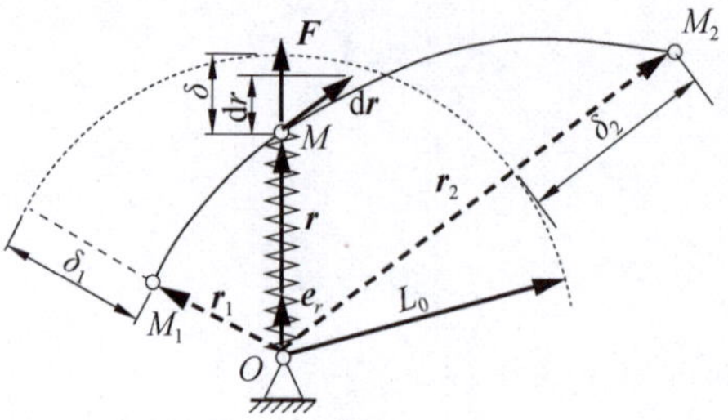

图 12-5

由式(12-5)得弹性力在全路程 M_1M_2 上做的功为

$$W_{12}=\int_{M_1}^{M_2}\boldsymbol{F}\cdot\mathrm{d}\boldsymbol{r}=\int_{M_1}^{M_2}-k(r-l_0)\boldsymbol{e}_r\cdot\mathrm{d}\boldsymbol{r}$$

因为 $\boldsymbol{e}_r\cdot\mathrm{d}\boldsymbol{r}=\dfrac{\boldsymbol{r}}{r}\cdot\mathrm{d}\boldsymbol{r}=\dfrac{1}{2r}\mathrm{d}(\boldsymbol{r}\cdot\boldsymbol{r})=\dfrac{1}{2r}\mathrm{d}r^2=\mathrm{d}r$，则上式整理得弹性力在全路程 M_1M_2 上做的功为

$$W_{12}=\int_{r_1}^{r_2}-k(r-l_0)\mathrm{d}r=\frac{1}{2}k[(r_1-l_0)^2-(r_2-l_0)^2]=\frac{1}{2}k(\delta_1^2-\delta_2^2) \tag{12-8}$$

式中，δ_1、δ_2 分别为质点在起点、终点处弹簧的变形量。

由弹性力功表达式可知：弹性力在有限路程上做的功只与弹簧初始和终了位置的变形量有关，而与质点的运动路径无关。当初始变形量 δ_1 大于末变形量 δ_2 时，弹性力做功为正；当初始变形量 δ_1 小于末变形量 δ_2 时，弹性力做功为负，与弹簧实际受拉伸还是压缩无关。

3) 定轴转动刚体上作用力做的功

工程中大量用到齿轮、皮带轮等转动物体，其上作用有力或力偶。下面计算力和力偶在刚体转动过程中所做的功。

设刚体可绕固定轴 z 转动，力 $\boldsymbol{F}$ 作用于刚体的点 A 处，如图 12-6 所示。将力 $\boldsymbol{F}$ 分解成相互正交的三个分力：平行于轴 z 的轴向力 $\boldsymbol{F}_z$、沿转动半径 r 的径向力 $\boldsymbol{F}_n$ 和沿点 A 轨迹切线的切向力 $\boldsymbol{F}_\tau$。当刚体有一微小转角 $\mathrm{d}\varphi$ 时，力作用点 A 的位移沿轨迹切线，即 $\mathrm{d}\boldsymbol{r}$ 为

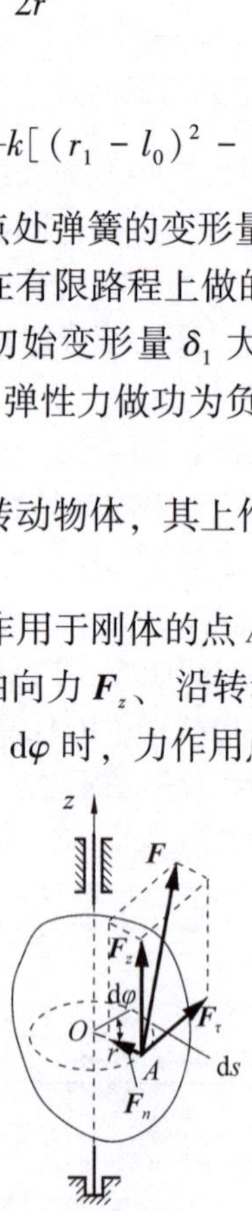

图 12-6

定轴转动刚体上作用力做的功

$$\mathrm{d}\boldsymbol{r} = \mathrm{d}s\boldsymbol{\tau} = r\mathrm{d}\varphi\boldsymbol{\tau}$$

力 $\boldsymbol{F}$ 做的元功为分力 $\boldsymbol{F}_z$、$\boldsymbol{F}_n$ 和 $\boldsymbol{F}_\tau$ 在位移 $\mathrm{d}\boldsymbol{r}$ 上做的元功之和。因分力 $\boldsymbol{F}_z$ 和 $\boldsymbol{F}_n$ 均与 $\mathrm{d}\boldsymbol{r}$ 垂直，因此分力 $\boldsymbol{F}_z$ 和 $\boldsymbol{F}_n$ 在位移 $\mathrm{d}\boldsymbol{r}$ 上做功为零，则力 $\boldsymbol{F}$ 做的元功仅为 $\boldsymbol{F}_\tau$ 在位移 $\mathrm{d}\boldsymbol{r}$ 上元功，即

$$\delta W = \boldsymbol{F}\cdot\mathrm{d}\boldsymbol{r} = F_\tau\boldsymbol{\tau}\cdot\mathrm{d}s\boldsymbol{\tau} = F_\tau r\mathrm{d}\varphi$$

式中，$F_\tau r$ 是力 $\boldsymbol{F}$ 对 z 轴之矩 $M_z(\boldsymbol{F})$。

因此，作用于定轴转动刚体上的力 $\boldsymbol{F}$ 做的元功

$$\delta W = M_z(\boldsymbol{F})\mathrm{d}\varphi = M_z\mathrm{d}\varphi \tag{12-9}$$

当刚体由 φ_1 转至 φ_2 时，作用于刚体上力 $\boldsymbol{F}$ 的功为

$$W_{12} = \int_{\varphi_1}^{\varphi_2} M_z\mathrm{d}\varphi \tag{12-10}$$

由式(12-9)可见，作用于转动刚体上力做的功可以通过力对转轴之矩的功来计算。如果作用在转动刚体上的是力偶，且作用在垂直于转轴的平面内，此时力偶的功可用上述公式计算，其中力矩应为力偶矩 M。

4）平面运动刚体上作用力做的功

当刚体做平面运动时，设刚体上作用有多个力，任一力 $\boldsymbol{F}_i$ 作用点为 M_i，如图 12-7 所示。取刚体的质心 C 为基点，当刚体有无限小位移时，任一力 $\boldsymbol{F}_i$ 作用点 M_i 的无限小位移 $\mathrm{d}\boldsymbol{r}_i$ 可分解为随质心 C 的平动位移 $\mathrm{d}\boldsymbol{r}_C$ 和绕质心 C 的转动位移 $\mathrm{d}\boldsymbol{r}_{iC}$，则 $\mathrm{d}\boldsymbol{r}_i$ 可写为

$$\mathrm{d}\boldsymbol{r}_i = \mathrm{d}\boldsymbol{r}_C + \mathrm{d}\boldsymbol{r}_{iC}$$

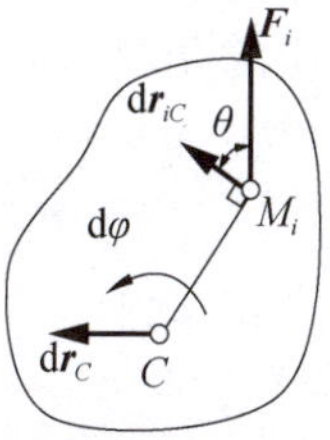

图 12-7

作用于点 M_i 上的力 $\boldsymbol{F}_i$ 做的元功为

$$\delta W_i = \boldsymbol{F}_i\cdot\mathrm{d}\boldsymbol{r} = \boldsymbol{F}_i\cdot\mathrm{d}\boldsymbol{r}_C + \boldsymbol{F}_i\cdot\mathrm{d}\boldsymbol{r}_{iC}$$

若平面图形有一微小转角 $\mathrm{d}\varphi$，则转动位移 $\mathrm{d}\boldsymbol{r}_{iC}\perp M_iC$，且大小为 $M_iC\cdot\mathrm{d}\varphi$。设力 $\boldsymbol{F}_i$ 与转动位移 $\mathrm{d}\boldsymbol{r}_{iC}$ 之间的夹角为 θ，则力 $\boldsymbol{F}_i$ 对质心 C 之矩 $M_C(\boldsymbol{F}_i) = F_i\cos\theta\cdot M_iC$。因此，有

$$\boldsymbol{F}_i\cdot\mathrm{d}\boldsymbol{r}_{iC} = F_i\cos\theta\cdot M_iC\cdot\mathrm{d}\varphi = M_C(\boldsymbol{F}_i)\cdot\mathrm{d}\varphi$$

作用于刚体上的全部力做的元功为

$$\delta W = \sum\boldsymbol{F}_i\cdot\mathrm{d}\boldsymbol{r}_C + \sum M_C(\boldsymbol{F}_i)\cdot\mathrm{d}\varphi = \boldsymbol{F}_\mathrm{R}\cdot\mathrm{d}\boldsymbol{r}_C + M_C\cdot\mathrm{d}\varphi \tag{12-11}$$

式中，$\boldsymbol{F}_\mathrm{R}$ 为力系的主矢；M_C 为力系对质心 C 的主矩。

刚体质心 C 由 C_1 移动至 C_2，同时刚体又由 φ_1 转至 φ_2 角度时，力系做功为

$$W_{12} = \int_{C_1}^{C_2}\boldsymbol{F}_\mathrm{R}\cdot\mathrm{d}\boldsymbol{r}_C + \int_{\varphi_1}^{\varphi_2} M_C\cdot\mathrm{d}\varphi \tag{12-12}$$

即平面运动刚体上力系的功，等于力系向质心简化所得的主矢与主矩做功之和。

5）质点系内力做的功

设质点系中任意两质点 A、B 之间有相互作用的内力 $\boldsymbol{F}_A$ 和 $\boldsymbol{F}_B$，如图 12-8 所示。A、B

两点对于固定点 O 的矢径分别为 $\boldsymbol{r}_A$ 和 $\boldsymbol{r}_B$，由图可知 $\boldsymbol{r}_B=\boldsymbol{r}_A+\overrightarrow{AB}$。

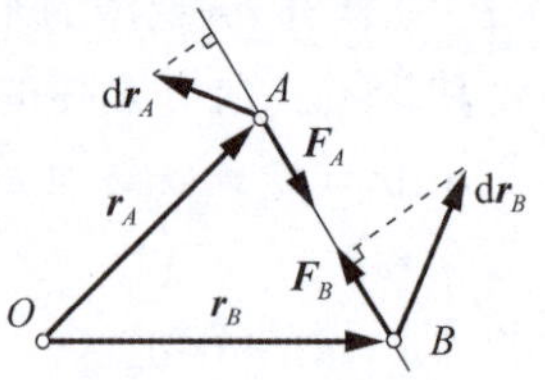

图 12-8

质点系内力做的功

内力 $\boldsymbol{F}_A$ 和 $\boldsymbol{F}_B$ 做的元功之和为

$$\delta W=\boldsymbol{F}_A\cdot \mathrm{d}\boldsymbol{r}_A+\boldsymbol{F}_B\cdot \mathrm{d}\boldsymbol{r}_B$$

因为内力 $\boldsymbol{F}_A=-\boldsymbol{F}_B$，上式整理得

$$\delta W=\boldsymbol{F}_A\cdot \mathrm{d}\boldsymbol{r}_A-\boldsymbol{F}_A\cdot \mathrm{d}\boldsymbol{r}_B=\boldsymbol{F}_A\mathrm{d}(\boldsymbol{r}_A-\boldsymbol{r}_B)=\boldsymbol{F}_A\mathrm{d}(\overrightarrow{BA})=-\boldsymbol{F}_A\mathrm{d}(\overrightarrow{AB}) \tag{12-13}$$

式中，$\mathrm{d}(\overrightarrow{BA})$ 为质点系内 A、B 两质点间距离的变化量。

当 A、B 之间的距离保持不变时，内力做的元功之和为零。对于刚体而言，任意两质点 A、B 之间的距离将保持不变，即 $\mathrm{d}(\overrightarrow{AB})=0$，则由式(12-13)可知：内力做的元功之和为零，即刚体内力做功之和恒等于零。

当 A、B 之间的距离有变化时，内力做的元功之和不为零。例如，汽车发动机汽缸内膨胀的气体对活塞和汽缸的作用力都是内力，内力做的功之和不为零，且内力做的功使汽车的动能增加；机器中轴与轴承之间相互作用的摩擦力对于整个机器是内力，但摩擦力与位移相反，所以摩擦力做功均为负功。

6)约束反力做的功

质点系内力做的功之和一般不为零，因此在计算力做的功时，将作用力分为外力和内力并不方便。若将作用于质点系中的力分为主动力和约束力，在许多情况下约束力做的元功之和等于零，即 $\sum\delta W=0$，这样会使功的计算得到简化，这种约束称为理想约束。常见的理想约束：光滑固定面和轴承约束；连接两个刚体的铰链约束；柔性而不可伸长的绳索约束，其约束力做的元功之和均等于零。

约束反力做的功

因此，在理想约束的情形下，若将作用力分为主动力和约束力，可使功的计算得到简化。若是非理想约束，例如，考虑摩擦力做的功时，可将摩擦力当作主动力来处理。特别说明，滚子做纯滚动时，水平面的支持力和摩擦力都不做功，该约束为理想约束。

例 12-1 如图 12-9 所示，杆长为 l，质量为 m，弹簧原长为 l_0，刚度系数为 k，把杆压在图示高度 h 处，若松手后杆能达到竖直位置，求此时弹性力、重力做的功。

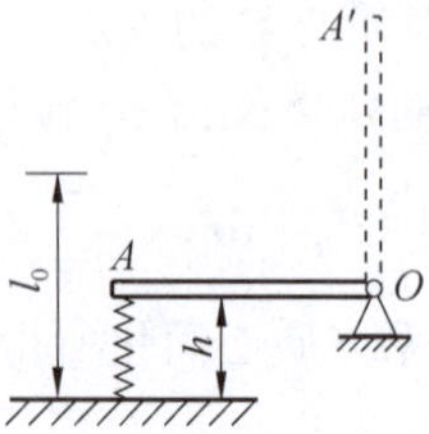

图 12-9

例 12-1 动画

解：(1)计算弹簧弹性力 $\boldsymbol{F}_k$ 的功。

弹簧初始变形为 $\delta_1 = l_0 - h$，弹簧把杆弹出去之后，弹簧恢复到原长，即 $\delta_2 = 0$，弹性力做的功为

$$W_{F_k} = \frac{k}{2}(\delta_1^2 - \delta_2^2) = \frac{k}{2}[(l_0 - h)^2 - 0] = \frac{k}{2}(l_0 - h)^2$$

(2)计算重力做的功。

重力做功只与质心始末位置高度差有关，重力做的功为

$$W_{mg} = mg(z_{C1} - z_{C2}) = mg\left(0 - \frac{1}{2}l\right) = -\frac{1}{2}mgl$$

例 12-2　如图 12-10 所示，质量 $m = 20$ kg 的物块 M 置于倾角 $\alpha = 30°$ 的斜面上，并用刚度系数 $k = 120$ N/m 的弹簧系住。斜面的滑动摩擦系数 $f_d = 0.2$。试计算物块由弹簧原长位置 M_0 沿斜面下移 $s = 0.5$ m 到达 M_1 位置时，作用于物块 M 上各力做的功及合力做的功。

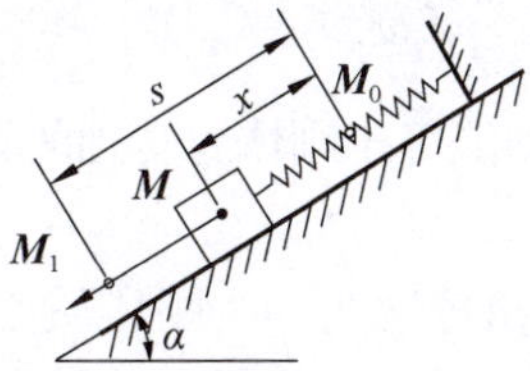

图 12-10

二、质点和质点系的动能

1. 质点的动能

动能是从运动的角度描述物体机械能的一种形式，也是物体做功能力的一种度量。质点的动能定义为质点质量与速度平方乘积的一半。设质点的质量为 m，运动速度为 $\boldsymbol{v}$，则质点的动能 T 为

质点和质点系的动能

$$T = \frac{1}{2}mv^2 \tag{12-14}$$

动能 T 恒为正值，动能的单位是 kg · m²/s²。在国际单位制中，与功的单位相同，常用单位也是焦耳(J)。

2. 质点系的动能

设质点系由 n 个质点组成，任一质点 M_i 的质量为 m_i，在某瞬时速度值为 v_i，则质点系内所有质点动能的总和定义为该瞬时质点系的动能，即

$$T = \sum \frac{1}{2}m_i v_i^2 \tag{12-15}$$

刚体是由无数质点构成的质点系。刚体做不同的运动时，各质点的速度分布不同。因此，刚体动能计算公式还可根据刚体的运动形式写成具体的表达式。

1)平动刚体的动能

当刚体平动时，刚体上各点(包括质心)速度彼此相同，因此可以用质心的速度 $\boldsymbol{v}_C$ 代表刚体运动的速度，如果用 m 表示刚体的总质量，于是平动刚体的动能为

$$T=\sum\frac{1}{2}m_iv_i^2=\frac{1}{2}\sum m_iv_C^2=\frac{1}{2}mv_C^2 \tag{12-16}$$

上式表明：平动刚体的动能等于刚体总质量与质心速度平方乘积的一半。

2) 定轴转动刚体的动能

当刚体绕固定轴 z 转动时，设刚体的瞬时角速度为 ω，如图 12-11 所示。其上任一质点质量为 m_i，转动半径为 r_i，速度大小为 $v_i=r_i\omega$，则刚体的动能为

$$T=\sum\frac{1}{2}m_iv_i^{\ 2}=\sum\frac{1}{2}m_i\ (r_i\omega)^2=\frac{1}{2}\omega^2\sum m_ir_i^{\ 2}$$

式中，$\sum m_ir_i^{\ 2}$ 表示刚体对轴 z 的转动惯量，用 J_z 表示，则定轴转动刚体的动能为

$$T=\frac{1}{2}J_z\omega^2 \tag{12-17}$$

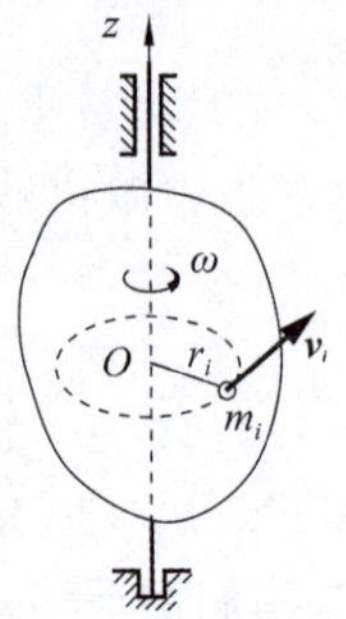

图 12-11

上式表明：绕定轴转动刚体的动能等于刚体对转轴的转动惯量与角速度平方乘积的一半。

3) 平面运动刚体的动能

当刚体做平面运动时，设瞬时角速度为 ω，刚体质心 C 所在的平面图形，速度瞬心在点 P，如图 12-12 所示。将通过速度瞬心 P 且垂直于运动平面的轴线称为瞬时转轴。由运动学可知，此瞬时刚体内各点速度分布与绕点 P 转动的刚体相同，刚体对瞬时转轴的转动惯量设为 J_P，则动能可写为

$$T=\frac{1}{2}J_P\omega^2 \tag{12-18}$$

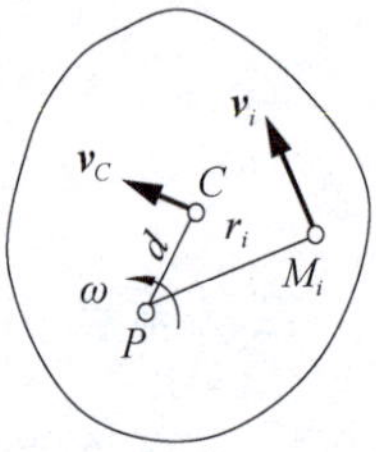

图 12-12

根据转动惯量的平行轴定理有

$$J_P=J_C+md^2$$

式中，J_C 为刚体对平行于瞬时转轴的质心轴的转动惯量；d 为刚体质心轴与瞬时转轴的距离。于是，式(12-18)可以表示为

$$T=\frac{1}{2}J_P\omega^2=\frac{1}{2}(J_C+md^2)\omega^2=\frac{1}{2}J_C\omega^2+\frac{1}{2}md^2\omega^2$$

式中，ωd 是质心 C 的速度 v_C 的大小，即$=\omega d$。于是得

$$T=\frac{1}{2}mv_C^2+\frac{1}{2}J_C\omega^2 \tag{12-19}$$

上式表明：平面运动刚体的动能等于随着质心平动的动能与绕质心轴转动的动能之和。

例 12-3 计算图 12-13 所示各物体的动能。

(1) 均质圆轮[图 12-13(a)]的质量为 m，半径为 r，绕轮心 C 做匀角速转动，角速度为 ω。

(2) 均质圆轮[图 12-13(b)]的质量为 m，半径为 r，绕轮缘一点 O 做匀角速转动，角速度为 ω。

(3) 均质圆轮[图 12-13(c)]的质量为 m，半径为 r，沿水平面做纯滚动，轮心速度始终为 $\boldsymbol{v}_C$。

(4)均质杆 AB[图 12-13(d)]长为 l，质量为 m，可绕轴 O 做匀速转动，角速度为 ω_0，C 为杆 AB 的质心。$OA=l/3$，$AC=l/2$。

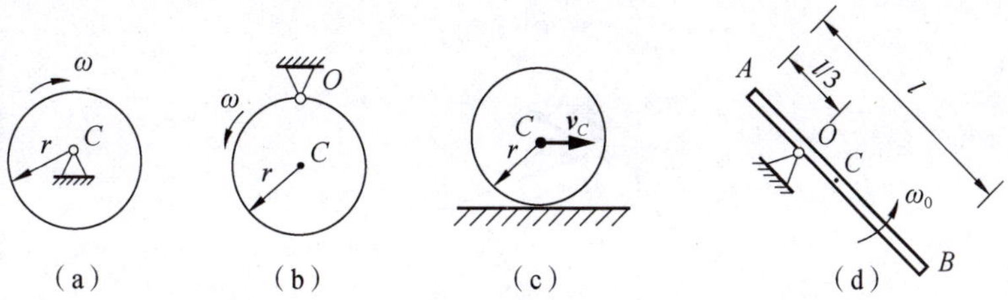

图 12-13

解：(1)均质轮做定轴转动，对轴 C 的转动惯量 $J_C=\frac{1}{2}mr^2$。其动能按式(12-17)计算得

$$T=\frac{1}{2}J_C\omega^2=\frac{1}{4}mr^2\omega^2$$

(2)均质轮做定轴转动，对轴 O 的转动惯量为

$$J_O=J_C+mr^2=\frac{3}{2}mr^2$$

其动能也按式(12-17)计算得

$$T=\frac{1}{2}J_O\omega^2=\frac{3}{4}mr^2\omega^2$$

(3)均质轮做平面运动，其动能按式(12-19)计算得

$$T=\frac{1}{2}mv_C^2+\frac{1}{2}J_C\omega^2=\frac{1}{2}mv_C^2+\frac{1}{2}\cdot\frac{1}{2}mr^2\cdot\left(\frac{v_C}{r}\right)^2=\frac{3}{4}mv_C^2$$

(4)均质杆 AB 做定轴转动，对轴 O 的转动惯量根据平行轴定理得

$$J_O=J_C+md^2=\frac{1}{12}ml^2+m\left(\frac{l}{6}\right)^2=\frac{1}{9}ml^2$$

其动能也按式(12-17)计算得

$$T=\frac{1}{2}J_O\omega^2=\frac{1}{18}ml^2\omega^2$$

§12-2　质点和质点系的动能定理

动能定理建立了物体动能的变化与作用于物体上力做的功之间的关系。动能定理从能量的角度建立了质点或质点系的运动变化和受力之间的关系。

一、质点动能定理

质点动能定理建立了质点动能的变化与作用于质点上力做的功之间的关系。

设质量为 m 的质点在力 $\boldsymbol{F}$ 作用下沿曲线从点 M_1 运动到点 M_2，如图 12-14 所示。在任

一瞬时，速度为 $\boldsymbol{v}$，根据牛顿第二定律有

$$m\frac{\mathrm{d}\boldsymbol{v}}{\mathrm{d}t}=\boldsymbol{F}$$

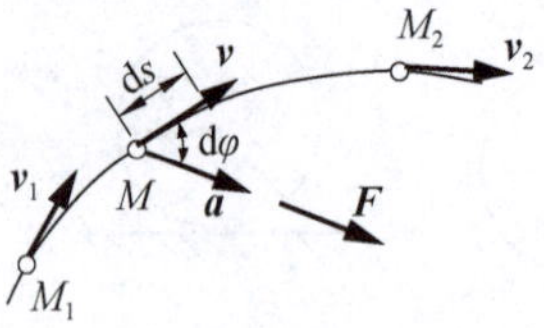

图 12-14

质点动能定理

上式两边点乘质点的无限小位移 $\mathrm{d}\boldsymbol{r}$，得

$$m\frac{\mathrm{d}\boldsymbol{v}}{\mathrm{d}t}\cdot\mathrm{d}\boldsymbol{r}=\boldsymbol{F}\cdot\mathrm{d}\boldsymbol{r}$$

因 $\boldsymbol{v}=\dfrac{\mathrm{d}\boldsymbol{r}}{\mathrm{d}t}$，于是上式可写为 $m\boldsymbol{v}\cdot\mathrm{d}\boldsymbol{v}=\boldsymbol{F}\cdot\mathrm{d}\boldsymbol{r}$，即

$$\mathrm{d}\left(\frac{1}{2}mv^2\right)=\delta W \tag{12-20}$$

式中，$\dfrac{1}{2}mv^2$ 为质点的动能；$\delta W=\boldsymbol{F}\cdot\mathrm{d}\boldsymbol{r}$ 为力做的元功。

上式表明：质点动能的增量等于作用于质点上力做的元功，这是质点的动能定理的微分形式。

设质点在点 M_1 和点 M_2 的速度分别为 $\boldsymbol{v}_1$ 和 $\boldsymbol{v}_2$。将式(12-20)在有限路程 M_1 至 M_2 上积分，得

$$\int_{v_1}^{v_2}\mathrm{d}\left(\frac{1}{2}mv^2\right)=\int_{M_1}^{M_2}\delta W$$

即

$$\frac{1}{2}mv_2^2-\frac{1}{2}mv_1^2=W_{12} \tag{12-21}$$

式中，等号左边是动能在有限路程上的改变量；等号右边是力 $\boldsymbol{F}$ 在有限路程上做的功，即 $W_{12}=\int_{M_1}^{M_2}\boldsymbol{F}\cdot\mathrm{d}\boldsymbol{r}$。

上式表明：质点动能的改变量等于作用于质点上的力在有限路程上做的功，这是质点的动能定理的积分形式。

二、质点系的动能定理

质点系的动能定理建立了质点系动能的变化与作用于质点系上的力做的功之间的关系。

质点系的动能定理

设质点系由 n 个质点组成，其中任意一质点 i 的质量为 m_i，速度为 $\boldsymbol{v}_i$，作用于该质点上的力为 $\boldsymbol{F}_i$。根据质点的动能定理的微分形式，有

$$\mathrm{d}\left(\frac{1}{2}m_iv_i^{\,2}\right)=\delta W_i\quad(i=1,\ 2,\ \cdots,\ n)$$

质点系中每个质点都满足上式，因此将 n 个方程相加，得

$$\sum \mathrm{d}\left(\frac{1}{2}m_i v_i^{\ 2}\right) = \sum \delta W_i$$

即

$$\mathrm{d}\left[\sum\left(\frac{1}{2}m_i v_i^{\ 2}\right)\right] = \sum \delta W_i$$

式中，$\sum \frac{1}{2}m_i v_i^{\ 2}$ 为质点系内各质点动能之和，即质点系的动能，用 T 表示；$\sum \delta W_i$ 为作用于质点系上所有力做的元功之和。

上式可改写为

$$\mathrm{d}T = \sum \delta W_i \tag{12-22}$$

上式表明：质点系动能的增量等于作用于质点系的全部力所做的元功之和，这是质点系的动能定理的微分形式。

如果质点系从状态 1（初始状态）经过有限路程运动到状态 2（末状态），则对式（12-22）积分得

$$T_2 - T_1 = \sum W_i \tag{12-23}$$

式中，T_1 和 T_2 分别表示质点系在初始状态和末状态的动能。

上式表明：质点系在有限路程中动能的改变量，等于作用于质点系的全部力在这段路程中所做功的和，此为质点系的动能定理的积分形式。

动能定理直接建立了速度、力和路程之间的关系，应用动能定理可以求解与这些量相关的动力学问题。

例 12-4　如图 12-15 所示，物块 A 质量为 m_1，定滑轮 O 质量为 m_2，半径为 r，可视为均质圆盘；滑块 B 质量为 m_3，置于光滑水平面上；弹簧刚度系数为 k，绳与滑轮间无相对滑动。当系统处于静平衡时，若给物块 A 以向下的速度 $\boldsymbol{v}_0$，试求物块 A 下降距离为 h 时的速度。

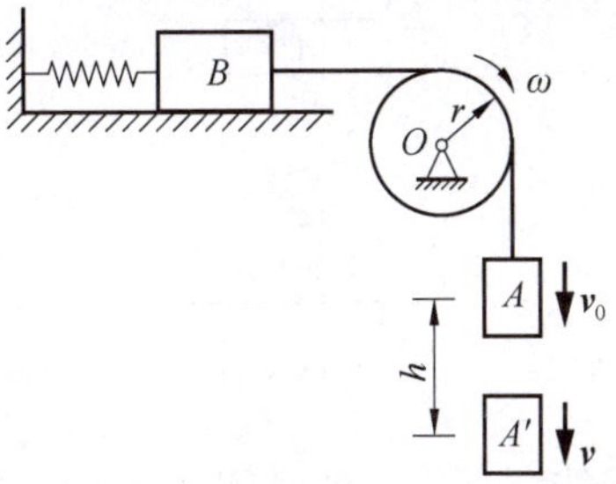

图 12-15

解：以整个系统为研究对象。系统处于静平衡时，弹簧的变形量为 $\delta_s = m_1 g/k$。物块 A 的速度为 $\boldsymbol{v}_0$，滑块 B 的速度与物块 A 的速度相等，定滑轮 O 的角速度为 $\omega = v_0/r$，则初始位置系统的动能为

$$T_1 = \frac{1}{2}m_A v_A^2 + \frac{1}{2}J_O\omega^2 + \frac{1}{2}m_B v_B^2 = \frac{1}{2}m_1 v_0^2 + \frac{1}{2}\cdot\frac{1}{2}m_2 r^2\cdot\left(\frac{v_0}{r}\right)^2 + \frac{1}{2}m_3 v_0^2$$

$$= \frac{1}{4}(2m_1 + m_2 + 2m_3)v_0^2$$

物块 A 下降距离 h 时，设物块 A 的速度为 $\boldsymbol{v}$，定滑轮 O 的角速度为 $\omega = v_0/r$，则系统末动能

$$T_2 = \frac{1}{2}m_A v_A^2 + \frac{1}{2}J_O\omega^2 + \frac{1}{2}m_B v_B^2 = \frac{1}{2}m_1 v^2 + \frac{1}{2}\cdot\frac{1}{2}m_2 r^2\cdot\left(\frac{v}{r}\right)^2 + \frac{1}{2}m_3 v^2$$

$$= \frac{1}{4}(2m_1 + m_2 + 2m_3)v^2$$

末位置时，弹簧的变形量为

$$\delta = \delta_s + h = \frac{mg}{k} + h$$

系统受到理想约束且内力做功之和为零。主动力只有重力和弹性力，则这一过程中主动力做功为

$$W_{12} = mgh + \frac{1}{2}k\cdot(\delta_1^2 - \delta_2^2) = mgh + \frac{1}{2}k\cdot\left[\left(\frac{mg}{k}\right)^2 - \left(\frac{mg}{k}+h\right)^2\right] = -\frac{kh^2}{2}$$

由动能定理 $T_2 - T_1 = W_{12}$，得

$$\frac{1}{4}(2m_1 + m_2 + 2m_3)v^2 - \frac{1}{4}(2m_1 + m_2 + 2m_3)v_0^2 = -\frac{kh^2}{2}$$

解得物块 A 下降 h 时的速度为

$$v = \sqrt{v_0^2 - \frac{2kh^2}{2m_1 + m_2 + 2m_3}}$$

例 12-5 质量为 2 kg 的物块 A 在弹簧上静止，如图 12-16 所示。弹簧的刚度系数 k=400 N/m。现将质量为 4 kg 的物块 B 放置在物块 A 上，刚接触就释放它。求：

(1)弹簧对两物块的最大作用力；

(2)两物块得到的最大速度。

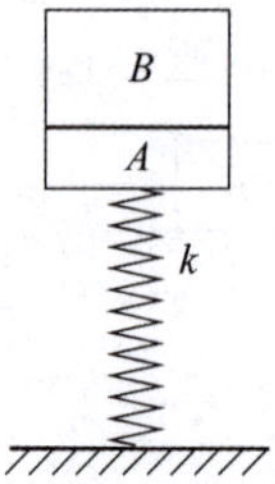

图 12-16

综合以上各例，总结应用动能定理解题的步骤如下。

(1)明确研究对象，一般以整个系统为研究对象。

(2)分析系统的受力，区分主动力与约束力，在理想约束的情况下约束力不做功。

(3)分析系统运动，计算系统在任意位置的动能或在初始和末位置的动能。

(4)计算力做的功，若用动能定理的积分形式，则计算主动力在有限路程上做的功；若用动能定理的微分形式，则计算力做的元功。

(5)应用动能定理建立系统的受力与运动间的动力学方程，求解未知量。

对具有理想约束且只有一个自由度的刚体系统，可特别简便地用动能定理求任一位置质点系的运动(速度、加速度、角速度、角加速度)，因为动能定理没有投影式，只有一个方程可直

接求得系统的运动量。对多刚体系统，往往还要补充运动关系方程。一般情况下，选用动能定理的积分形式为好。若求的是瞬间位置的加速度，选用动能定理的微分形式比较简单。

§12-3　机械能守恒定律

一、势力场

势力场

物体在地球表面的任何位置都受到一个确定的重力作用；物体在大气层内外附近的空间任何位置都受到地心的引力作用，引力的大小取决于物体相对于地心的距离；星球在太阳周围的任何位置都受到太阳的引力作用，引力的大小和方向取决于此星球相对于太阳的位置；物体受到弹簧的弹性力的大小和方向也取决于此物体所在的空间位置。因此，如质点在某空间内任一位置都受到一个大小和方向完全由所在位置确定的力作用，具有这种特性的空间就称为力场。

在计算某一力场中作用于质点上的力做的功时发现，力场中力做的功只与作用点的初始和末位置有关，而与质点运动的路径无关，这些力的大小和方向完全由受力质点所在的空间位置确定，具有这种特性的力称为有势力或保守力(如重力、弹性力和万有引力)，具有这种特性的空间就称为势力场或保守力场。而摩擦力没有上述特征，它的功与路径有关，因此它不是有势力。

二、势能和势能函数

1. 势能

势能

在势力场中，当质点的位置改变时，有势力就要做功，势力场中每一确定的位置反映了有势力具有的做功能力。因此，在势力场中，把质点从某一点 M 运动至选定的参考点 M_0 的过程中，有势力所做的功定义为质点在该位置所具有的势能，以 V 来表示，即

$$V=\int_{M}^{M_0}\boldsymbol{F}\cdot\mathrm{d}\boldsymbol{r}=\int_{M}^{M_0}(F_x\mathrm{d}x+F_y\mathrm{d}y+F_z\mathrm{d}z) \qquad (12-24)$$

因为参考点 M_0 点的势能 $V_0=\int_{M_0}^{M_0}F\cdot\mathrm{d}r=0$，故称 M_0 为零势能点。在势力场中，势能的大小是相对于参考点 M_0 而言的。当零势能点 M_0 被确定以后，质点在任一位置的势能则被唯一确定。零势能点 M_0 可以任意选取，对于不同的零势能点，质点在同一位置的势能可有不同的数值。

2. 势能函数

势能函数

因为质点或质点系的势能仅与质点或质点系质心的位置有关，在一般情形下，质点或质点系的势能只是质点或质心坐标的单值连续函数，这个函数称为势能函数，可表示为

$$V=V(x,\ y,\ z) \qquad (12-25)$$

在势力场中，所有势能相等的点所组成的曲面称为等势面，表示为

$$V=V(x, y, z)=C$$

例如，重力场的等势面是不同高度的水平面，弹性力场的等势面是以弹簧固定端为中心的球面，地球引力场的等势面是以地心为中心的不同半径的同心球面。零等势点所在的等势面称为零等势面。

当 $V=0$ 时的等势面称为零等势面，若选零等势面为势能的基面(零势面)，某一位置的势能就等于势能函数在该位置的函数值。例如，在重力场中，一般选水平面为零势面；在弹性力场中选弹簧自由长度，初始变形为零处为零势能位置；万有引力场中选无穷远处为零势能位置。

3. 几种常见的势能

1) 重力场中的势能

在重力场中，取 $M_0(x_0, y_0, z_0)$ 为零势能点。质量为 m 的质点在重力场中点 M 处，如图 12-17 所示。其所受重力 $m\boldsymbol{g}$ 在直角坐标轴上的投影为

$$F_x=0,\ F_y=0,\ F_z=-mg$$

将上式代入式(12-24)中整理得到点 M 的重力势能为

$$V=\int_z^{z_0}-mg\mathrm{d}z=mg(z-z_0) \tag{12-26}$$

重力场中的势能

若取 xOy 平面上的点为零势能点，因 $z_0=0$，则点 M 的重力势能为

$$V=mgz$$

对于质点系或刚体

$$V=mgz_C$$

式中，m 为系统的总质量；z_C 是质点系或刚体质心的坐标。

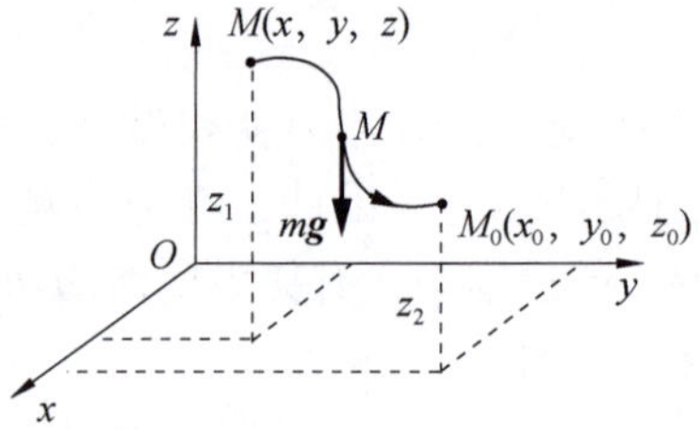

图 12-17

2) 弹性力场中的势能

在弹性力场中，设弹簧的一端固定，另一端与物体连接，弹簧的刚度系数为 k，如图 12-18 所示。取点 M_0 为零势能点，则点 M 的势能为

$$V=\frac{1}{2}k(\delta^2-\delta_0^2) \tag{12-27}$$

式中，δ 和 δ_0 分别为弹簧端点在 M 和 M_0 时弹簧的变形量。

若取弹簧的自然位置为零势能点，有 $\delta_0=0$，于是得 M 点的热能为

$$V=\frac{1}{2}k\delta^2$$

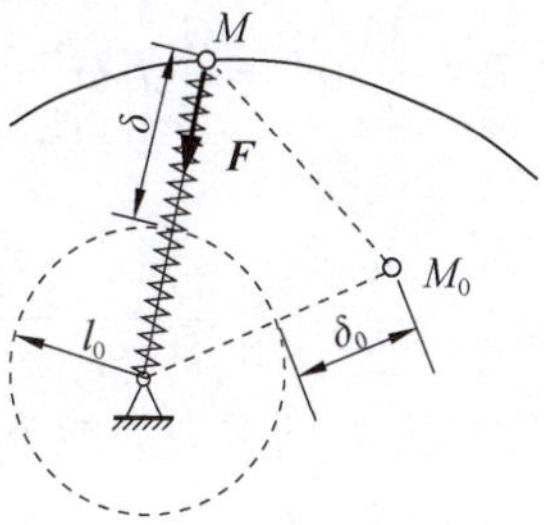

图 12-18

3) 万有引力场中的势能

设点 O 为固定中心，质量为 m_2 的质点 M 受到质量为 m_1 的质点 O 的万有引力为 $\boldsymbol{F}$，如图 12-19 所示。根据万有引力定律，引力 $\boldsymbol{F}$ 为

$$\boldsymbol{F}=-\frac{fm_1 m_2}{r^2}\boldsymbol{e}_r$$

式中，f 为引力常数；$\boldsymbol{e}_r$ 为质点矢径方向的单位矢量，$\boldsymbol{e}_r=\boldsymbol{r}/r$，其中 $\boldsymbol{r}$ 为质点 M 对于点 O 的矢径。

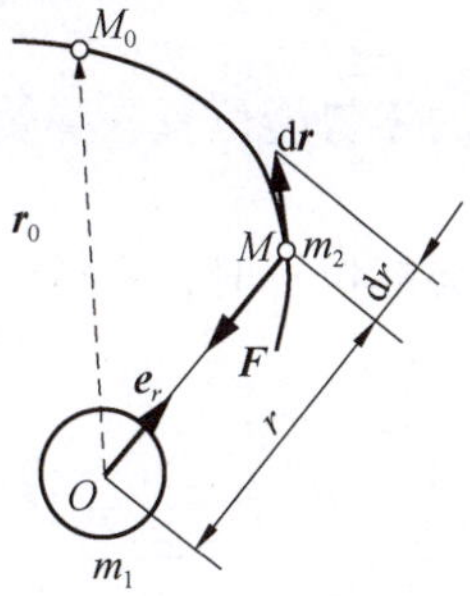

图 12-19

由式(12-24)得引力 $\boldsymbol{F}$ 做的元功为

$$\delta W=\boldsymbol{F}\cdot \mathrm{d}\boldsymbol{r}=-\frac{fm_1 m_2}{r^2}\frac{\boldsymbol{r}}{r}\mathrm{d}\boldsymbol{r}=-\frac{fm_1 m_2}{r^2}\mathrm{d}r$$

取 $M_0(\boldsymbol{r}_0)$ 点为零势能点，则质点在 $M(\boldsymbol{r})$ 点的万有引力势能为

$$V=\int_M^{M_0}\boldsymbol{F}\cdot \mathrm{d}\boldsymbol{r}=\int_r^{r_0}-\frac{fm_1 m_2}{r^2}\cdot \mathrm{d}r=fm_1 m_2\left(\frac{1}{r_0}-\frac{1}{r}\right) \tag{12-28}$$

若取无穷远处为零势能点，则 $r_0=\infty$，因此有

$$V=-\frac{fm_1 m_2}{r}$$

例 12-6 半径为 r，质量为 m 的均质圆柱体在半径为 R 的圆槽内做纯滚动，如图 12-20 所示，计算该系统的动能与势能。

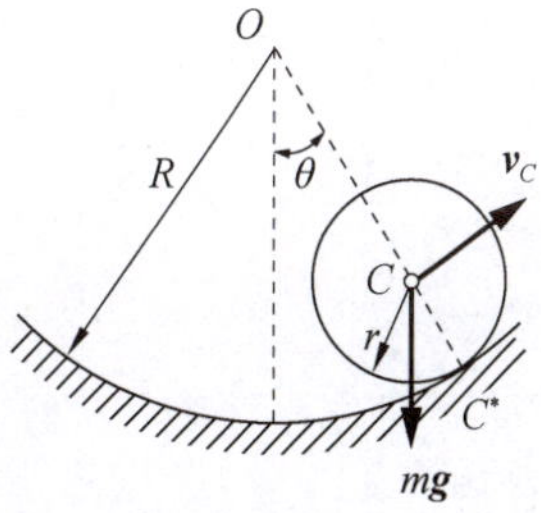

图 12-20

解： 设轮心 C 的速度为 $\boldsymbol{v}_C$，角速度为 ω，则

$$v_C=(R-r)\dot{\theta},\ \omega=\frac{(R-r)\dot{\theta}}{r}$$

圆柱体做平面运动，其动能为

$$T=\frac{1}{2}mv_C^2+\frac{1}{2}J_C\omega^2$$

整理得

$$T=\frac{1}{2}m(R-r)^2\dot{\theta}^2+\frac{1}{2}\cdot\frac{1}{2}mr^2\cdot\frac{(R-r)^2\dot{\theta}^2}{r^2}=\frac{3}{4}m(R-r)^2\dot{\theta}^2$$

选圆柱体质心 C 的最低位置为零势面，则重力势能为

$$V=mg(R-r)(1-\cos\theta)$$

讨论：(1)刚体做平面运动时，动能 $T=\frac{1}{2}mv_C^2+\frac{1}{2}J_C\omega^2$，其中 ω 为相对平动系的角速度，即“绝对”角速度。图 12-20 中 C^* 为速度瞬心，所以圆柱体的角速度 $\omega=(R-r)\dot{\theta}/r$。

(2)重力势能 $V=mg(z-z_0)$，z_0 为零势面的铅垂坐标(以向上为正)，z 为系统质心坐标。零势面可自由选定，所以势能为一相对值。重力势能取决于质心位置与零势面之间的高度差。在本例中也可定其他面为零势面，如定过圆槽中心的水平面为零势面，则势能为 $V=-mg(R-r)\cos\theta$。

例 12-7　质量为 m，长为 l 的均质杆 AB，A 端铰支，B 端由无重弹簧拉住，并于水平位置平衡，此时弹簧已有拉长量 δ_0，弹簧刚度系数为 k，如图 12-21 所示。杆向下摆动微小角度 φ 时，试求：

(1)取杆水平位置处为重力势能的零势能位置，弹簧以自然位置 O 为零势能点时，系统的势能；

(2)取杆的平衡位置为系统的零势能位置时，系统的势能。

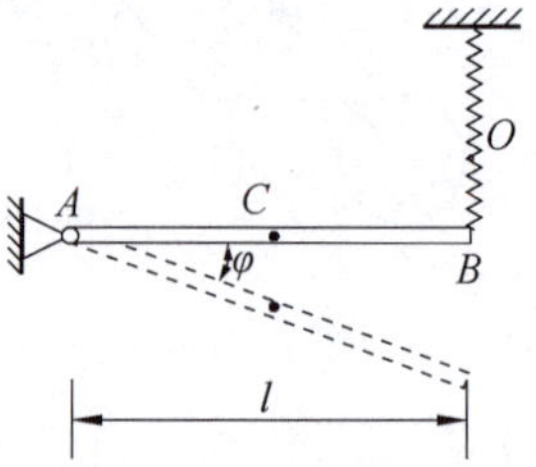

图 12-21

三、机械能守恒定律的相关知识

具有理想约束，且所受的主动力皆为有势力的质点系称为保守系统。设质点在势力场中运动，如图 12-22 所示。从点 M_1 至点 M_2 处，有势力做的功为 W_{12}；从点 M_1 至点 M_0 处，有势力做的功为 W_{10}；从点 M_2 至点 M_0 处，有势力做的功为 W_{20}。由于有势力做功与路径无关，因此有

$$W_{10}=W_{12}+W_{20} \tag{12-29}$$

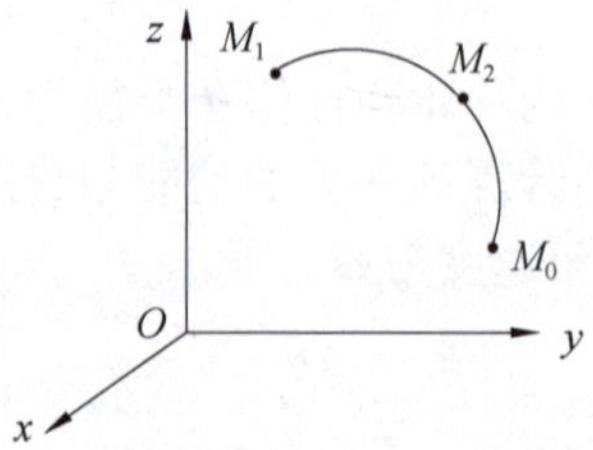

图 12-22

机械能守恒定律

如果选取点 M_0 处为质点势能的零势能位置，点 M_1 和点 M_2 处势能设为 V_1 和 V_2，则由势能的定义有

$$W_{10}=V_1 \tag{12-30}$$

$$W_{20}=V_2 \tag{12-31}$$

将式(12-30)和式(12-31)代入式(12-29)整理得

$$W_{12}=V_1-V_2 \tag{12-32}$$

上式表明：质点在势力场中运动时，有势力在有限路程中做的功等于各质点在运动过程的始末位置的势能差。

设质点始末位置的动能分别为 T_1 和 T_2。根据动能定理得

$$T_2-T_1=W_{12} \tag{12-33}$$

由式(12-32)和式(12-33)得

$$T_2-T_1=W_{12}=V_1-V_2 \tag{12-34}$$

则对于质点系从点 M_1 运动到点 M_2 时，有

$$T_2-T_1=\sum W_{12}=V_1-V_2 \tag{12-35}$$

式中，V_1 和 V_2 分别为质点系在点 M_1 时的势能和在点 M_2 时的势能；$\sum W_{12}$ 为所有有势力从点 M_1 到点 M_2 过程中所做的功。即

$$T_1+V_1=T_2+V_2=E(常量) \tag{12-36}$$

式中，T_1+V_1 表示质点系在点 M_1 时的机械能；T_2+V_2 表示质点系在位置 M_2 时的机械能。即质点系在某瞬时的动能与势能的代数和称为机械能。

式(12-36)表明：质点或质点系在势力场中运动时，其动能和势能之和保持不变，称此为机械能守恒定律。也就是说，保守系统在运动过程中，其机械能保持不变。或者说，质点系的动能和势能可以互相转化，动能的增加(或减少)，必然伴随着势能的减少(或增加)，而且增加和减少的量相等，即总的机械能保持不变。这样的系统称为保守系统。

质点系在非保守力作用下运动时机械能不守恒。例如，摩擦力做功会使机械能减少，但是减少的能量并未消失，而是转化为另一形式的能量(热能)，因此总的能量(即机械能与其他形式的能量之和)仍然是守恒的。这就是说能量不能消失，也不能创造，它只能从一种形式转换成另一种形式，这称为能量守恒定律，机械能守恒定律只是它的特殊形式。

例 12-8　图 12-23(a)所示系统由两根长度都是 l 的均质杆 AC 和 BC 组成。点 C 为光滑销钉，杆在铅垂平面内运动，点 A 和点 B 与光滑水平面接触。如果初始时点 C 离水平面的高度为 h，然后无初速度释放，试求点 C 着地时的速度。

解：系统所受的约束力不做功，只有重力做功，系统机械能守恒。取水平面为零势面，则初始时系统的势能为

$$V_1=2\times mg\frac{h}{2}=mgh$$

式中，m 为杆的质量。由于初始时系统静止，故动能 $T_1=0$。

系统开始运动后，杆 AC 和杆 BC 的运动都是平面运动，由对称性可知销钉 C 必沿铅垂线运动。

研究杆 BC，由图 12-23(b)可见，当点 C 着地时，点 C 的速度 $\boldsymbol{v}_C$ 为铅垂向下，而点 B 的速度 $\boldsymbol{v}_B$ 则恒为水平方向，此时杆 BC 的速度瞬心 P 与点 B 重合，该瞬时系统的总动能为

$$T_2 = 2 \times \frac{1}{2} J_P \omega^2 = 2 \times \frac{1}{2} \cdot \frac{1}{3} ml^2 \cdot \omega^2$$

式中，ω 为杆 BC 在此瞬时的角速度，由图 12-30(b)可知 $v_C = l\omega$。

因此

$$T_2 = \frac{1}{3} ml^2 \cdot \omega^2 = \frac{1}{3} mv_C^2$$

当点 C 着地时，系统的势能为 $V_2 = 0$。

根据机械能守恒定律 $T_1 + V_1 = T_2 + V_2$，有

$$0 + mgh = \frac{1}{3} mv_C^2 + 0$$

由此得点 C 着地时的速度

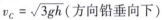

$$v_C = \sqrt{3gh}\text{（方向铅垂向下）}$$

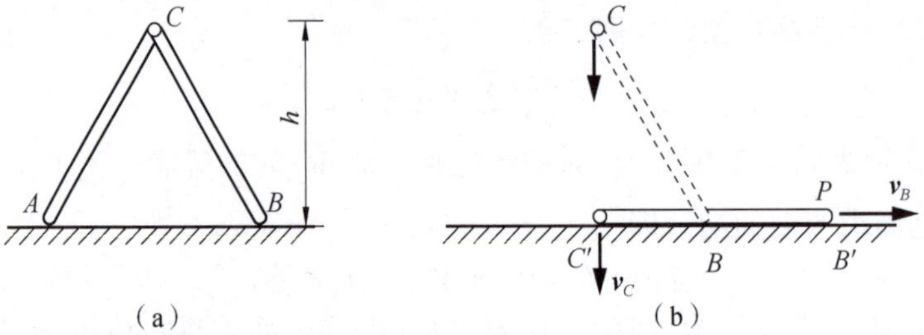

图 12-23

例 12-9 质量为 m 的链条长度为 l，放在光滑的桌面上，如图 12-24 所示。初瞬时链条静止，并有长度为 a 的一段下垂。求链条离开桌面时的速度。

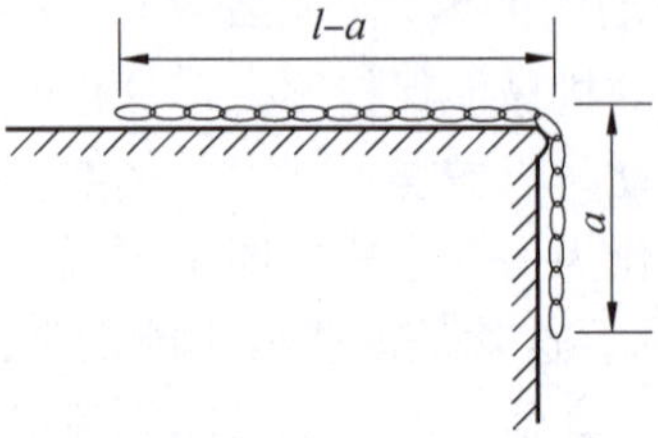

图 12-24

例 12-9 动画

§12-4 功率和功率方程

一、功率

在工程中，不仅要计算力做的功，而且要知道力做功的快慢程度。功率用于衡量机器做功的快慢程度，是衡量机器性能的一项重要指标。把力在单位时间内所做的功称为功率，以 P 表示，即

$$P = \frac{\delta W}{\mathrm{d}t} \tag{12-37}$$

功率

因为力 $\boldsymbol{F}$ 做的元功 $\delta W=\boldsymbol{F}\cdot \mathrm{d}\boldsymbol{r}$，因此力做的功率可表示为

$$P=\frac{\delta W}{\mathrm{d}t}=\frac{\boldsymbol{F}\cdot \mathrm{d}\boldsymbol{r}}{\mathrm{d}t}=\boldsymbol{F}\cdot \boldsymbol{v}=F_{\tau}v \tag{12-38a}$$

式中，$\boldsymbol{v}$ 是力 $\boldsymbol{F}$ 作用点的速度。

上式表明：力做的功率等于切向力(力在速度方向上的投影)与速度的乘积。机床在切削工件时，由于功率是一定的，因此要获得大的切削力，就应该降低切削速度；车辆在爬坡时，需要大的牵引力，就应该降低行驶速度。

因为作用于转动刚体上力 $\boldsymbol{F}$ 做的元功为 $\delta W=M_z\mathrm{d}\varphi$，因此力做的功率也可表示为

$$P=\frac{\delta W}{\mathrm{d}t}=\frac{M_z\mathrm{d}\varphi}{\mathrm{d}t}=M_z\omega \tag{12-38b}$$

式中，M_z 是力 $\boldsymbol{F}$ 对转轴 z 之矩；ω 是刚体转动的角速度。

上式表明：作用于转动刚体上力做的功率等于力对转轴之矩与物体转动角速度的乘积。

在国际单位制中，功率的单位是为瓦(W)。1 W 表示每秒做 1 J 的功，即 1 W=1 J/s=1 N·m/s。

例 12-10　如图 12-25 所示，汽车自卸部分的车厢重 $G_1=11$ kN，满载砂石的车厢重心 C 与铰链 O 的水平距离为 $a=1.5$ m，砂石的密度为 $\rho=2.3\times10^3$ kg/m^3，体积 $V=3$ m^3，试计算车厢自水平位置抬高到倾角 $\theta_{\max}=60°$时，车体对车厢所做的功。若车厢翻转的角速度为 $\omega=3°$/s，求装卸车的最大功率。

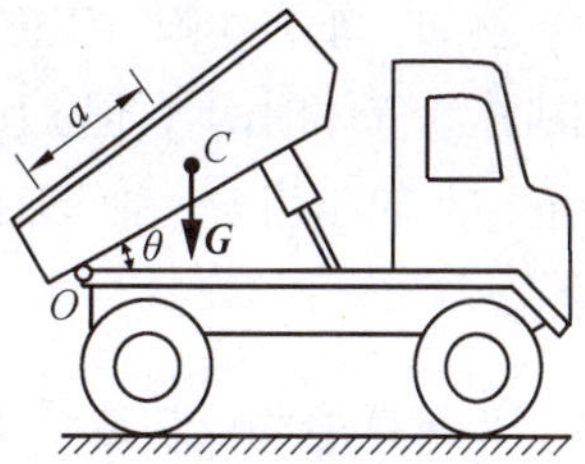

图 12-25

解： 载砂车厢的总重：$G=G_1+\rho Vg=(11+2.3\times3\times9.8)$ kN $=78.6$ kN。

车体所做的功：$W=G\cdot a\sin\theta_{\max}=78.6\times1.5\times\frac{\sqrt{3}}{2}$ kJ $=102$ kJ。

作用在车厢上的油缸顶力的力矩 $M=G\cdot a\cos\theta$。

车厢翻转的角速度：$\omega=3°/\mathrm{s}\approx0.052\ 3$ rad/s。

将汽车自卸部分的车厢视为绕轴 O 转动的刚体，则油罐顶力做的功率为

$$P=M\omega=G\cdot a\cos\theta\cdot\omega$$

车厢箱体水平时，$\theta=0$，$\cos\theta=1$，对应于最大功率，得到

$$P_{\max}=Ga\omega=78.6\times1.5\times0.052\ 3\ \mathrm{kW}=6.17\ \mathrm{kW}$$

二、功率方程

为了研究质点或质点系的动能变化与其作用力做的功率之间的关系，将质点系动能定理的微分形式两端除以 dt，即将式(12-22)两端除以 dt，得

$$\frac{\mathrm{d}T}{\mathrm{d}t}=\sum\frac{\delta W_i}{\mathrm{d}t}=\sum P_i \tag{12-39}$$

功率方程

上式称为功率方程，它表示质点系动能对时间的一阶导数，等于作用于质点上的所有力做的功率的代数和。

功率方程可以用来研究机器的能量变化、能量转化问题。机器工作时需要输入一定的功率，用于克服阻力或输出功率，以及使机器加速运转等。任何机器工作时必须输入一定的功率，如机床在接通电源后，电磁力使转子转动，则电能转化为动能，电磁力功率称为输入功率，用 $P_{输入}$ 表示；机器运转存在摩擦，摩擦力做负功，使一部分动能转化为热能而损失部分功率，这部分功率称为无用功率，用 $P_{无用}$ 表示；机床加工工件时也需要消耗能量，这部分功率称为有用功率或输出功率，用 $P_{有用}$ 表示，则

$$\frac{\mathrm{d}T}{\mathrm{d}t}=P_{输入}-P_{有用}-P_{无用} \tag{12-40a}$$

或

$$P_{输入}=P_{有用}+P_{无用}+\frac{\mathrm{d}T}{\mathrm{d}t} \tag{12-40b}$$

式(12-40b)表示任一机器输入功率等于有用功率、无用功率和系统动能变化率的和。

输入功率：属于输入功率的驱动力、力矩有各种表现形式，例如，液压传动中液体的压力、驱动电动机的转矩、内燃机汽缸中的燃气压力等。有用功率：在生产过程中会遇到各种阻力，例如，车刀切削时工件的切削阻力、冲床加工时工件的冲压阻力、起重机的载荷重力、压缩机压缩气体时的气体压力等。无用功率(损耗功率)：在机械传动部件之间，例如，传动带和带轮、齿轮与齿轮、轴与轴承之间有摩擦，摩擦消耗能量，传动系统的相互碰撞也要损失一些能量。

当机器启动或加速运动时，$\frac{\mathrm{d}T}{\mathrm{d}t}>0$，故要求 $P_{输入}>P_{有用}+P_{无用}$，即输入功率要大于输出功率；当机器停车或负荷突然增加时，机器做减速运动，$\frac{\mathrm{d}T}{\mathrm{d}t}<0$，此时 $P_{输入}<P_{有用}+P_{无用}$，即输入功率小于输出功率；当机器匀速运转时，机器在正常工作，$\frac{\mathrm{d}T}{\mathrm{d}t}=0$，$P_{输入}=P_{有用}+P_{无用}$，即输入功率和输出功率相等，称为功率平衡。

例 12-11 圆盘和滑块的质量均为 m，圆盘为匀质，其半径为 r。如图 12-26 所示，杆 OA 用铰与圆盘及滑块相连，OA 平行于斜面，杆的质量不计。斜面的倾斜角为 θ，滑块与斜面间的滑动摩擦系数为 f，圆盘在斜面上做无滑动的滚动，求滑块的加速度。

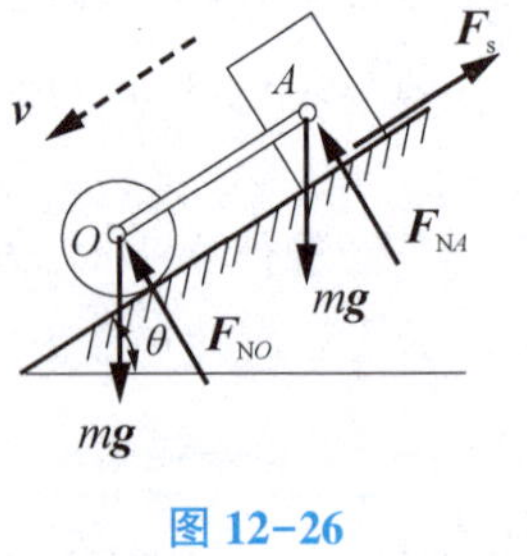

图 12-26

解： 圆盘做平面运动，滑块做平动，系统任意位置动能为

$$T=\frac{1}{2}\cdot\frac{1}{2}mr^2\cdot\left(\frac{v}{r}\right)^2+\frac{1}{2}mv^2+\frac{1}{2}mv^2=\frac{5}{4}mv^2$$

外力所做的元功为

$$\delta W=(2mg\sin\theta-mgf\cos\theta)\mathrm{d}s$$

由功率方程 $\frac{\mathrm{d}T}{\mathrm{d}t}=\frac{\delta W}{\mathrm{d}t}$ 得

$$\frac{5}{4}\cdot 2mv\frac{\mathrm{d}v}{\mathrm{d}t}=(2mg\sin\theta-mgf\cos\theta)\frac{\mathrm{d}s}{\mathrm{d}t}$$

即得滑块的加速度为

$$\frac{\mathrm{d}v}{\mathrm{d}t}=a=\frac{2g(2\sin\theta-f\cos\theta)}{5}$$

三、机械效率

任何机器都要由外界提供能量，即由外部输入功率；机器工作时要输出功率，机器的输出功率分为有用输出功率(有效功率)和无用输出功率(无效功率)两部分。

机械效率

工程上把机器的有效功率与输入功率之比称为机械效率，用 η 表示，即

$$\eta=\frac{有效功率}{输入功率}=\frac{P_{有用}+\dfrac{\mathrm{d}T}{\mathrm{d}t}}{P_{输入}} \tag{12-41}$$

一般情况下机械效率 $\eta<1$。机械效率是评定机器质量优劣的重要指标。如果机械效率高，说明机器对输入功率的有效利用程度高，浪费少、节省能源。

例 12-12　龙门刨床如图 12-27 所示。工作台和工件的总质量 $m=2\ 000$ kg，切削速度 $v=0.5$ m/s，切削力 $F_c=9.92$ kN，进给力 $F_f=0.23F_c$。设工作台与水平导轨间的动摩擦系数 $f_d=0.1$，龙门刨床总机械效率 $\eta=0.78$。求切削力和摩擦力消耗的功率，刨床主电动机的功率。

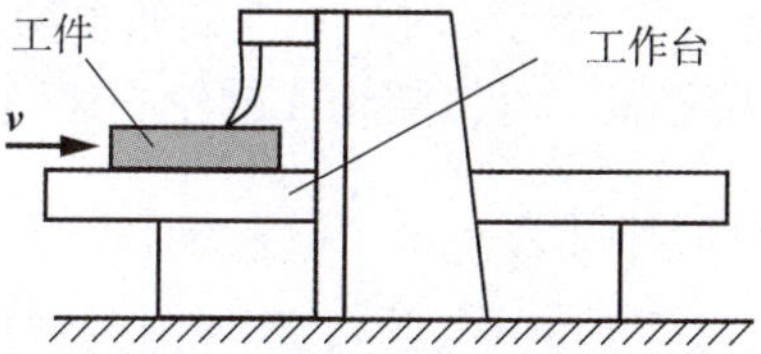

图 12-27

§12-5　动力学普遍定理综合应用

动力学普遍定理包括质点和质点系的动量定理、动量矩定理和动能定理。动量定理和动量矩定理都是矢量形式的，同时反映出速度大小和方向的变化。动能定理是标量形式的，只反映速度大小的变化。它们以不同的形式建立了质点系的运动与受力之间的关系，每个定理只反映出这种关系的一个方面。例如，动量定理给出质点系动量的变化与外力系的主矢之间的关系，动量矩定理给出质点系动量矩的变化和外力系主矩之间的关系，动能定理给出质点系的动能与作用于质点系上力做的功之间的关系。

在所涉及的力方面，质点系内力不能改变系统的动量和动量矩，因此在应用动量和动量矩定理时，将系统受力按外力和内力分类，分析时只需考虑系统所受的外力。在理想约束的情形下约束力做的功之和为零，因此在应用动能定理时，一般将系统受力按主动力和约束力分类。

动力学普遍定理提供了解决质点系动力学问题的一般方法。动力学普遍定理的综合应用，大体上包括两方面的含义：一是能根据问题的已知条件和待求量，选择适当的定理求解，包括各种守恒情况的判断，相应守恒定理的应用，同时避开那些无关的未知量，直接求得需求的结果；二是对比较复杂的问题，能根据需要合理地选择其中的某一定理或多个定理联立求解。

例 12-13 匀质圆轮 A 和 B 的半径均为 r，圆轮 A 和 B 以及物块 D 所受重力均为 $\boldsymbol{G}$，圆轮 B 上作用有力偶矩为 M 的力偶，如图 12-28(a)所示。圆轮 A 在固定斜面上由静止向下做纯滚动，斜面倾角为 30°，不计圆轮 B 的轴的摩擦力。求：

(1) 物块 D 的加速度；

(2) 两圆轮之间的绳索所受拉力；

(3) 圆轮 B 处的轴承约束力。

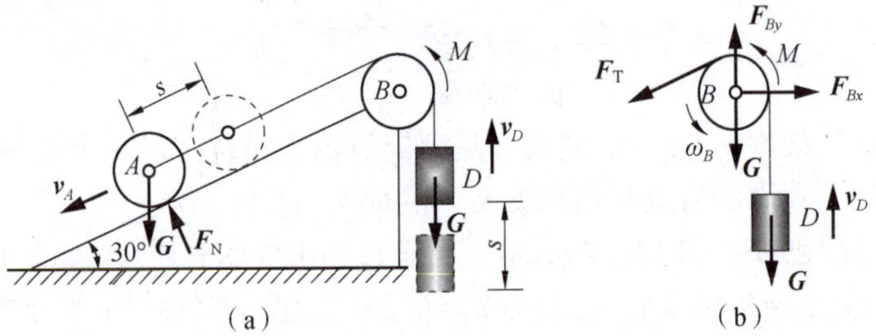

例 12-13 动画

图 12-28

解：(1) 取整体为研究对象，系统初始时静止，初始动能 $T_1=0$。

设圆轮 A 的轮心沿斜面下降距离 s 时，圆轮 A 的轮心速度为 $\boldsymbol{v}_A$，圆轮 A 的角速度为 ω_A，圆轮 B 的角速度为 ω_B，物块 D 的速度为 $\boldsymbol{v}_D$。因 $v_A=v_D$，$\omega_A=\omega_B=\dfrac{v_D}{r}$，则末动能

$$T_2=\frac{1}{2}m_Dv_D^2+\frac{1}{2}J_B\omega_B^2+\frac{1}{2}m_Av_A^2+\frac{1}{2}J_A\omega_A^2$$

$$=\frac{1}{2}\frac{G}{g}v_D^2+\frac{1}{2}\left(\frac{1}{2}\frac{G}{g}r^2\right)\omega_B^2+\frac{1}{2}\frac{G}{g}v_A^2+\frac{1}{2}\left(\frac{1}{2}\frac{G}{g}r^2\right)\omega_A^2=\frac{3}{2}\frac{G}{g}v_D^2$$

这一过程，圆轮 B 转过的转角为 $\varphi_B=\dfrac{s}{r}$。主动力只有重力和力矩做功，则外力做功为

$$W=-Gs+G\sin 30^\circ s+M\varphi_B=\left(\frac{M}{r}-\frac{G}{2}\right)s$$

由动能定理 $T_2-T_1=\sum W$ 得

$$\frac{3}{2}\frac{G}{g}v_D^2-0=\left(\frac{M}{r}-\frac{G}{2}\right)s$$

又因 $v_D=v_A=\dot{s}$，$\omega_A=\omega_B=\dfrac{v_D}{r}=\dfrac{\dot{s}}{r}$，$\varphi_B=\dfrac{s}{r}$。

上式两端对时间求一次导数得

$$\frac{3}{2}\frac{G}{g}\cdot 2v_D\frac{\mathrm{d}v_D}{\mathrm{d}t}=\left(\frac{M}{r}-\frac{G}{2}\right)\frac{\mathrm{d}s}{\mathrm{d}t}$$

其中，$a_D=\dfrac{\mathrm{d}v_D}{\mathrm{d}t}$，$v_D=\dfrac{\mathrm{d}s}{\mathrm{d}t}$，则

$$a_D=\frac{2M-rG}{6rG}g$$

(2)为求两轮之间绳子的拉力，取圆轮 B 和物块 D 为研究对象，如图 12-28(b)所示，系统的动量矩为

$$L_B=\frac{1}{2}\frac{G}{g}r^2\omega_B+\frac{G}{g}v_Dr$$

外力对圆轮 B 的轴取矩为

$$M_B(F_i)=M-(G-F_\mathrm{T})r$$

则由动量矩定理 $\dfrac{\mathrm{d}L_B}{\mathrm{d}t}=M_B(F_i)$，得

$$\frac{1}{2}\frac{G}{g}r^2\alpha_B+\frac{G}{g}a_Dr=M-(G-F_\mathrm{T})r$$

整理得

$$\frac{3}{2}\frac{G}{g}a_D=\frac{M}{r}-G+F_\mathrm{T}$$

将已求得的 a_D 代入上式整理得

$$F_\mathrm{T}=\frac{1}{2}\left(\frac{3}{2}G-\frac{M}{r}\right)$$

(3)为求 B 轴的约束反力，以圆轮 B 和物块 D 为研究对象，由动量定理得

$$\frac{\mathrm{d}P_x}{\mathrm{d}t}=F_x,\quad 0=F_{Bx}-F_\mathrm{T}\cos 30^\circ$$

$$\frac{\mathrm{d}P_y}{\mathrm{d}t}=F_y,\quad \frac{G}{g}a_D=F_{By}-2G-F_\mathrm{T}\sin 30^\circ$$

解得

$$F_{Bx}=F_\mathrm{T}\cos 30^\circ=\frac{1}{2}\left(\frac{3}{2}G-\frac{M}{r}\right)\cos 30^\circ=\frac{\sqrt{3}}{4}\left(\frac{3}{2}G-\frac{M}{r}\right)$$

$$F_{By}=\frac{1}{12}\left(\frac{53G}{2}+\frac{M}{r}\right)$$

例 12-14　如图 12-29 所示，质量为 m_1 的三棱柱放在光滑水平面上，质量为 m_2 的均质圆柱体 O 由静止沿三棱柱的斜面向下纯滚动，求三棱柱的加速度。

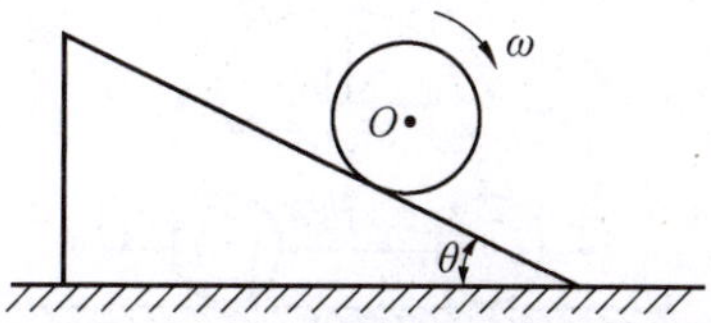

图 12-29

例 12-14 解答文件

例 12-15　如图 12-30 所示，均质杆 OA 长 $l=1$ m，质量 $m=6$ kg，可绕轴 O 在铅垂面内自由转动。当杆 OA 铅垂时，角速度为 $\omega_0=10$ rad/s，转至水平处恰好将弹簧压缩了 $\delta=$

0.1 m，此时角速度为零。试求：

(1)弹簧的刚度系数 k；

(2)杆 OA 水平时，轴承 O 处的约束反力。

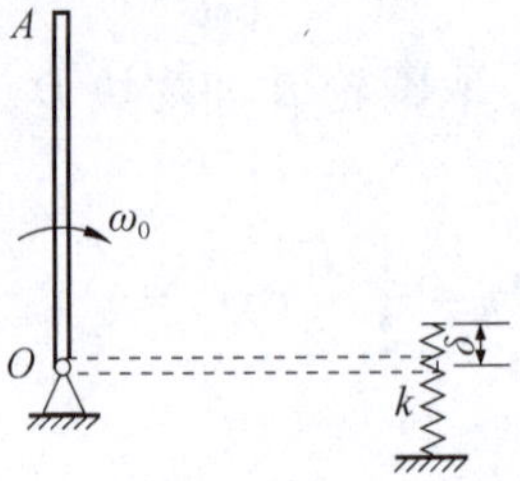

图 12-30

例 12-16　均质杆 OA 长为 l，质量为 m，可绕轴 O 转动，如图 12-31 所示。杆的 A 端铰接一质量为 $2m$、半径为 r 的均质圆盘，初始时杆 OA 水平，杆 OA 和盘静止。求：

(1)杆 OA 落至与水平线成 θ 角时的角速度 ω、角加速度 α；

(2)杆 OA 落至与水平线成 θ 角时轴承 O 处约束反力；

(3)初始杆 OA 水平时轴承 O 处约束反力。

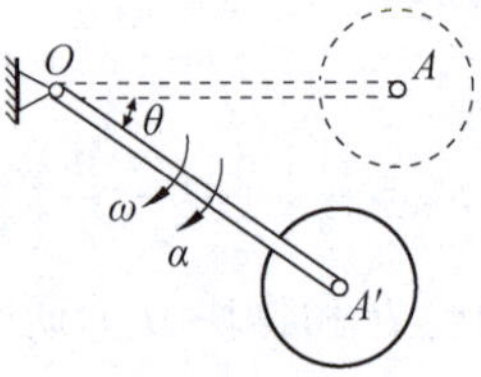

图 12-31

综合应用动力学普遍定理一般的解题的思路：在理想约束的情形下，如果待求的运动量为速度或角速度，通常可以应用动能定理，在主动力为有势力的情形下还可以应用机械能守恒定律；如果待求的运动量为加速度或角加速度，可以应用功率方程、动量定理或动量矩定理等；如果待求量为约束力，通常应用动量定理、质心运动定理或刚体平面运动微分方程；如果待求量有多个，通常将几个定理联合应用，才能进行求解。

【案例分析】如图 12-32 所示，汽车以速度 $v=120$ km/h 向前行驶，汽车紧急制动，设制动后轮子只滑动不滚动，轮子与路面的动摩擦系数 $f_{d1}=0.7$，求汽车从制动到停止所经过的距离 d_1。下小雨时路面的动摩擦系数 $f_{d2}=0.4$，求汽车从制动到停止经过的距离 d_2。

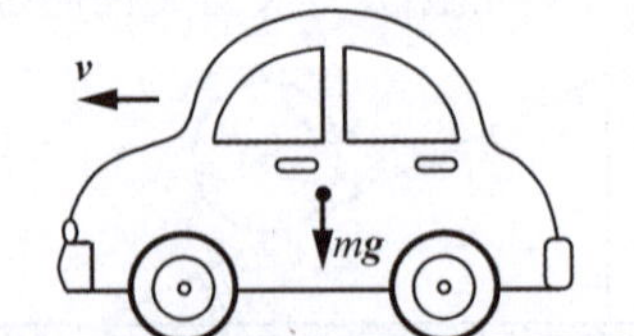

图 12-32

案例分析 12-1 汽车制动

知识点总结

- 动能定理
  - 功和动能
    - 力的功
      - 常力的功
      - 变力的功
      - 几种常见力的功
        - 重力的功
        - 弹性力的功
        - 定轴转动刚体上作用力的功
        - 平面运动刚体上作用力的功
        - 质点系内力的功
        - 约束反力的功
    - 质点和质点系的动能
      - 质点的动能
      - 质点系的动能
        - 平动刚体的动能
        - 定轴转动刚体的动能
        - 平面运动刚体的动能
  - 质点和质点系的动能定理
    - 质点的动能定理
      - 微分形式：$\mathrm{d}\left(\frac{1}{2}mv^2\right)=\delta W$
      - 积分形式：$\frac{1}{2}mv_2^2-\frac{1}{2}mv_1^2=W_{12}$
    - 质点系的动能定理
      - 微分形式：$\mathrm{d}T=\sum\delta W_i$
      - 积分形式：$T_2-T_1=\sum W_i$
  - 机械能守恒定律
    - 势力场
    - 势能和势能函数
      - 势能
      - 势能函数
      - 几种常见的势能
        - 重力场中的势能
        - 弹性力场中的势能
        - 万有引力场中的势能
    - 机械能守恒定律
  - 功率和功率方程
    - 功率
    - 功率方程
    - 机械效率
  - 动力学普遍定理综合应用
    - 动量定理的应用
    - 动量矩定理的应用
    - 动能定理的应用

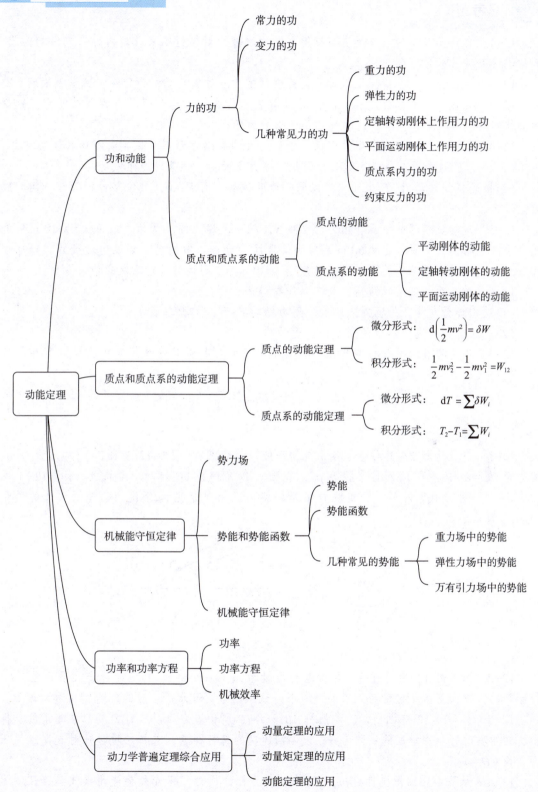

思考题

12-1　自行车刹车时，其闸皮与钢圈之间的摩擦力对自行车来说是内力，它做功为零，这种说法正确吗？为什么？

12-2　摩擦力在什么情况下做功？能否说摩擦力永远做负功？为什么？试举例说明。

12-3　动能和功的单位是相同的，并且动能是物体由于运动而具有的做功能力，这说明物体的动能和功是一回事，这种说法正确吗？为什么？

12-4　圆轮在粗糙地面上做纯滚动，地面对盘的摩擦力为 $\boldsymbol{F}$。试判断下述各说法对错：

(1) 由于 $\boldsymbol{F}$ 的作用点是速度瞬心，因此摩擦力不做功，但滚动摩阻做功；

(2) 圆轮做纯滚动时，$\boldsymbol{F}$ 也随轮心以同一速度运动，而 $F\neq 0$，其位移也不为零，因此摩擦力做功。

12-5　运动员踢球的平均作用力为 200 N，把一个静止的质量为 1 kg 的球以 10 m/s 的速度踢出，球在水平面上运动 60 m 后停下。求运动员对球做的功？如果运动员踢球时球以 10 m/s 的速度迎面飞来，踢出后球的速度仍为 10 m/s，则运动员对球做的功为多少？

12-6　跳高运动员在起跳后，具有动能和势能，问：

(1) 这些能量是由于地面对人脚的作用力做功而产生的吗？

(2) 什么力使跳高运动员的质心向上运动？

12-7　甲将弹簧由原长拉伸 0.03 m，乙在甲之后再将弹簧继续拉伸 0.03 m。问甲、乙两人做的功是否相同，为什么？

习　题

12-1　计算习题 12-1 图所示各系统的动能。偏心圆盘[习题 12-1 图(a)]的质量为 m，偏心距 $OC=e$，对质心的回转半径为 ρ_C，绕轴 O 以角速度 ω_0 转动。滑块 A[习题 12-1 图(b)]沿水平面以速度 $\boldsymbol{v}_1$ 移动，重块 B 沿滑块斜面以相对速度 $\boldsymbol{v}_2$ 下滑，已知滑块 A 的质量为 m_1，重块 B 的质量为 m_2。

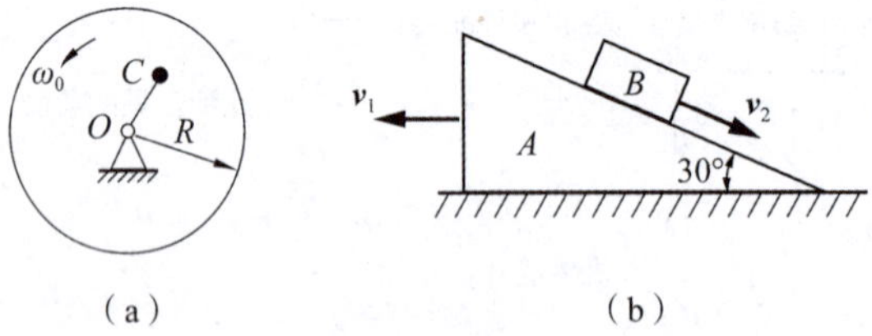

习题 12-1 图

12-2　如习题 12-2 图所示，匀质圆柱质量为 m，半径为 r，初始时静止在台边上，CA 处于铅垂位置，受微小扰动后无滑动地滚下。试求圆柱离开水平台时的角速度 ω 和角度 θ。

12-3　如习题 12-3 图所示，均质杆 AB 长为 l，所受重力为 $\boldsymbol{Q}$，杆 D 处靠在光滑的支撑上，初始瞬时杆与铅垂线的夹角为 α，设无初速度的将杆释放，求初始瞬时杆对支撑点的压力。设 $CD=a$。

12-4　水平均质细杆质量为 m，长为 l，C 为杆的质心。杆 A 处为光滑铰支座，B 端为一挂钩，如习题 12-4 图所示。当 B 端突然脱落，杆转到铅垂位置时，问：b 值多大能使杆有最大角速度？

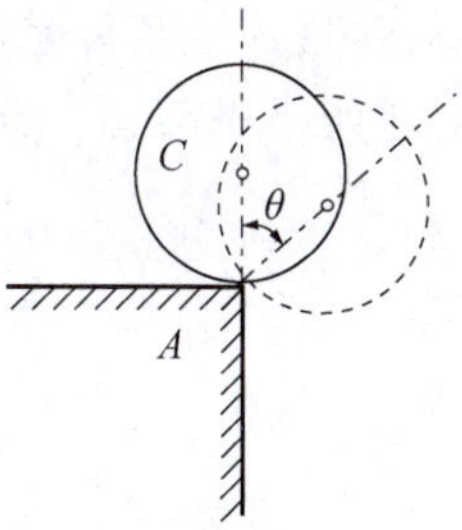

习题 12-2 图

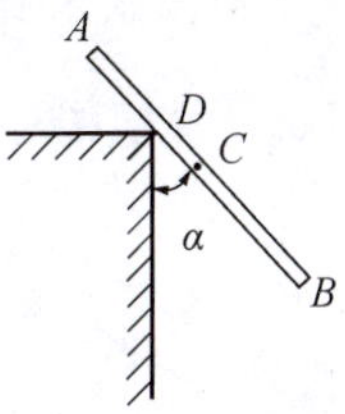

习题 12-3 图

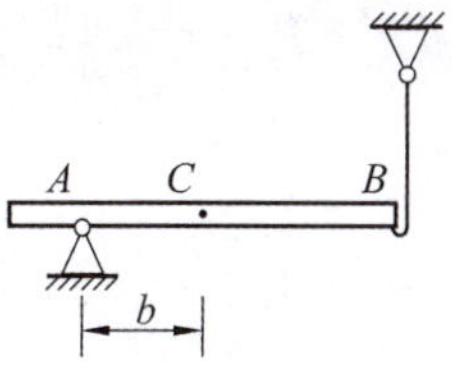

习题 12-4 图

12-5　如习题 12-5 图所示，光滑 1/4 圆弧半径 $R=0.8$ m，有一质量 $m=1.0$ kg 的物体自点 A 从静止开始下滑到点 B，然后沿水平面前进 $x=4$ m，到达点 C 停止。求：(1) 物体与水平面间的动摩擦系数；(2) 在物体沿水平面运动过程中摩擦力做的功。

12-6　如习题 12-6 图所示，重物 A 质量为 $3m$，均质滑轮 B 和均质圆柱 O 质量均为 m，半径均为 R，弹簧刚度系数为 k，初始时弹簧为原长，系统从静止释放。若圆柱 O 在斜面上做纯滚动，且绳与滑轮 B 之间无相对滑动，弹簧与绳的倾斜段与斜面平行。试求当重物 A 下降距离 h 时，重物的速度 $\boldsymbol{v}$ 和加速度 $\boldsymbol{a}$。

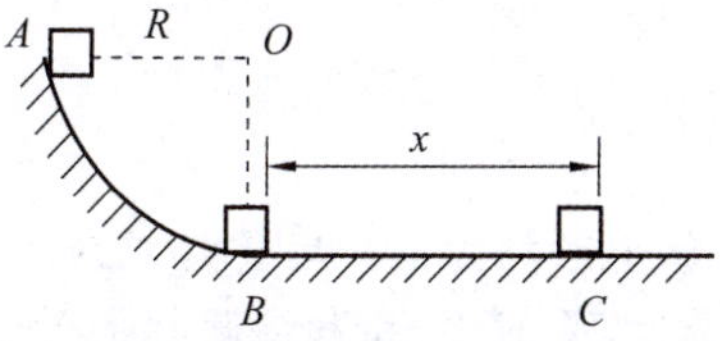

习题 12-5 图

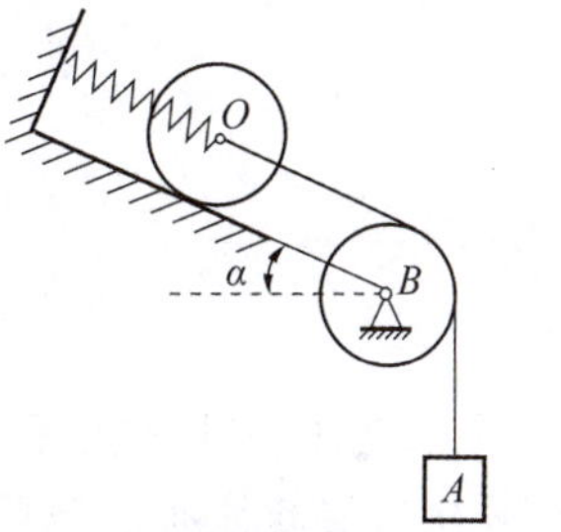

习题 12-6 图

12-7　均质圆盘质量为 m，半径为 R，弹簧刚度为 k，原长为 R。圆盘由习题 12-7 图所示位置无初速释放，求圆盘在最低位置时的：(1) 角速度 ω；(2) 角加速度 α；(3) O 点的约束力。

12-8　匀质细杆长为 l，质量为 $2m$，其一端固连质量为 m 的小球，小球可看作质点，如习题 12-8 图所示。此系统可绕水平轴 O 转动。开始时杆与小球位于最低位置，并获得初角速度 ω_0，当 ω_0 取何值时，能使：(1) 杆与小球达到铅垂最高位置 OA 时，角速度为零；(2) 杆与小球通过位置 OA 时，支点 O 的反力为零。

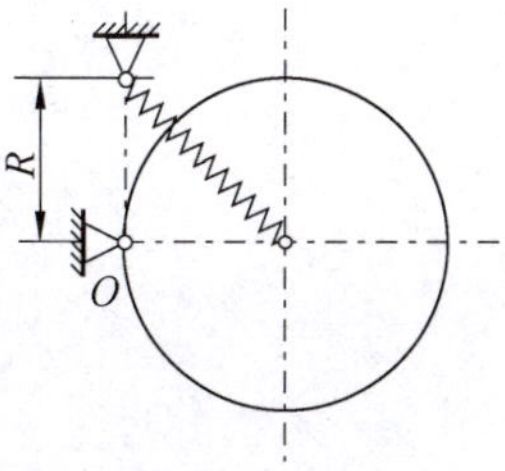

习题 12-7 图

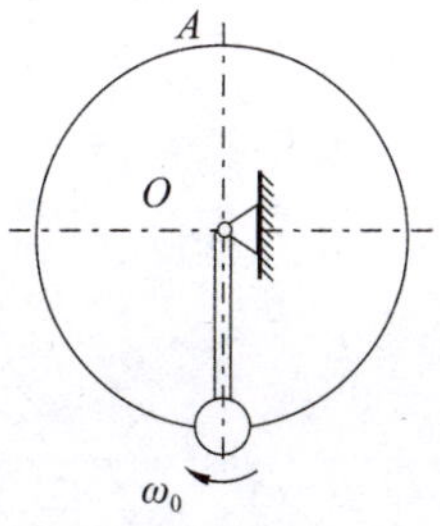

习题 12-8 图

12-9　如习题12-9图所示，质量为m_1的物块A下端与刚度系数为k的弹簧相连，使其产生静变形δ，同时物块又用绳系住绕在鼓轮O上。已知鼓轮质量为m_2，半径为r，可视为均质圆柱体；物块与斜面间的动摩擦系数为f_d，弹簧和绳的倾斜段都与倾角为α的斜面平行。若鼓轮上作用一常力偶，其力偶矩为M，试求物块由静止开始沿斜面上升距离为$s(s>\delta)$时鼓轮的角速度。

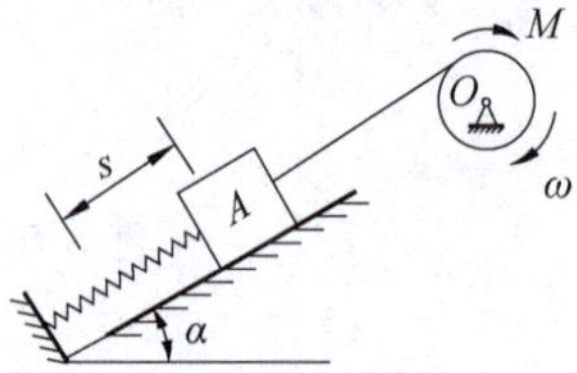

习题12-9图

12-10　自动卸料车连同物料共重$\boldsymbol{G}$，如习题12-10图所示。料车无初速度地沿倾角为$\alpha=30°$的斜面滑下，滑至底端与弹簧相撞，其初始位置到弹簧的距离为l。当料车把弹簧压缩到最大变形δ_m时，有控制机构固定料车。待卸料后，松开料车，压缩弹簧的弹性力刚好使空料车沿斜面弹回到初始原位置。设空车重$\boldsymbol{P}$，弹簧的刚度系数为k，摩擦阻力为车重的0.2倍，问$\boldsymbol{G}$与$\boldsymbol{P}$比值应多大，才能实现这种运料方式。

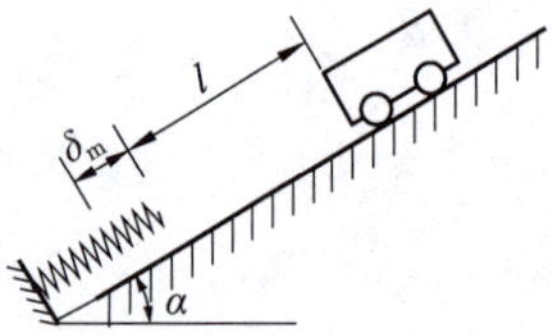

习题12-10图

12-11　如习题12-11图所示，圆柱C和轮O半径均为R，质量均为m，圆柱C的质量均匀分布，轮O的质量分布在轮缘上。轮O在常力偶M作用下将圆柱C由静止沿斜坡上拉，圆盘C在倾角为α的斜面上纯滚动。求：(1)圆柱中心C经过路程s时的速度和加速度；(2)CA段绳子的拉力；(3)点O的约束力。

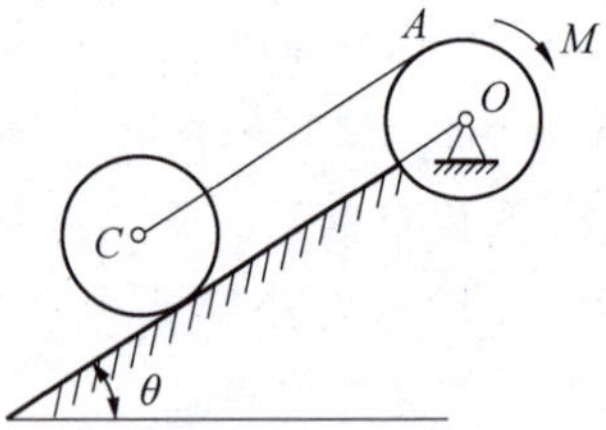

习题12-11图

习题12-11动画

第 13 章 达朗贝尔原理

内容提要

本章介绍研究动力学问题的动静法。动静法将较为复杂的动力学问题从形式上转化成较为简单的静力学平衡问题，简化了对动力学问题的分析处理，在工程中有着广泛的应用。本章内容包括惯性力的概念及惯性力系的简化，质点、质点系的达朗贝尔原理，并研究用动静法求解质点、质点系、平动刚体、定轴转动刚体和平面运动刚体的动力学问题。

素质目标

提升工程设计开发能力，培养顽强拼搏和团结协作精神，激发家国担当和社会责任感。

案例导读

1. 祝融号火星车：中国航天新里程碑，探索火星的火神使者

祝融号火星车是中国首辆在火星表面巡视探测的车辆。它以中国古代神话中的火神祝融命名，寓意着点燃探索宇宙的火花。祝融号火星车的设计寿命为 3 个火星月，它携带了多种科学仪器，旨在研究火星的地质、大气和水冰分布。在火星探测任务中，祝融号面临着复杂的地形和恶劣的环境，但通过精确的控制和先进的技术手段，它成功地在火星表面进行了巡视探测，为人类探索火星提供了宝贵的科学数据。在火星探测过程中，祝融号火星车需要精确地控制其轨道和姿态，以适应火星复杂的环境和地形。达朗贝尔原理在祝融号火星车的运动控制和导航过程中发挥着重要作用，其通过与虚位移原理相结合，建立系统准确的动力学模型，为火星车的运动控制提供理论依据，确保火星车的稳定行驶和安全性。祝融号火星车是中国航天事业的重要里程碑之一，它的成功发射和运行展示了中国在航天领域的蓬勃发展。

2. 2024 年世界短道速滑锦标赛圆满闭幕：中国队斩获四金

2024 年 3 月 17 日，第 48 届世界短道速滑锦标赛圆满闭幕，中国队以卓越的表现夺得了四枚金牌，这一辉煌成绩无疑彰显了中国短道速滑队在国际赛场上的卓越实力与高超竞技水平。这一成就不仅是对运动员们辛勤付出的肯定，更是对中国短道速滑项目蓬勃发展的有力见证，为中国体育在国际舞台上增添了浓墨重彩的一笔。短道速滑运动员在高速过弯时，身

体大幅度倾斜，这涉及达朗贝尔原理的巧妙运用。该原理通过引入惯性力，对运动员在非惯性系统中的力系进行平衡分析，有助于深入探究运动员过弯时身体大幅度倾斜的必要性，并可以进一步推导出运动员过弯时身体倾角的精确计算公式，对于提升运动员的技能水平，具有极其重要的指导意义。

任务驱动

完成本章学习，填写下表。

表 “达朗贝尔原理”知识点

<table>
<tr><td>知识点</td><td colspan="4">内容</td></tr>
<tr><td>惯性力的概念</td><td colspan="4"></td></tr>
<tr><td>达朗贝尔原理</td><td colspan="2">质点的达朗贝尔原理</td><td colspan="2">质点系的达朗贝尔原理</td></tr>
<tr><td rowspan="5">刚体惯性力系的简化</td><td>刚体运动形式</td><td>简化中心</td><td>惯性力</td><td>惯性力偶</td></tr>
<tr><td>平动</td><td>质心</td><td></td><td>—</td></tr>
<tr><td rowspan="2">定轴转动</td><td>转轴</td><td></td><td></td></tr>
<tr><td>质心</td><td></td><td></td></tr>
<tr><td>平面运动</td><td>质心</td><td></td><td></td></tr>
<tr><td>静平衡和动平衡</td><td colspan="4">静平衡：转轴通过质心
动平衡：转轴通过中心惯性主轴</td></tr>
</table>

§13-1 达朗贝尔原理概述

一、基本概念

1. 惯性力的概念

高速行驶的车辆在突然刹车后，会在无动力驱动的情况下，克服地面的滑动摩擦力滑动一段距离。此时，车辆的惯性力图使其保持原来的运动状态不变，从而产生了一个力，此力方向与加速度 $\boldsymbol{a}$ 的方向相反，大小为 $F_I=ma$，我们把这个力 $\boldsymbol{F}_I$ 定义为车辆的惯性力。惯性力并非真实作用在研究对象上的力，而是由于质点的惯性所产生的对外界进行反抗的反作用力。

惯性力的概念

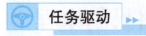

用手握住绳子的一端 O，而使系在绳子另一端的小球 M 绕绳做匀速圆周运动时，手会感到受到绳子的拉力。原因是，要使小球做匀速圆周运动，手必须通过绳子给小球一个向心力 $\boldsymbol{F}$ 使小球产生法向加速度 $\boldsymbol{a}_n$。另外，由于小球具有做直线运动的惯性，便产生了惯性力 $\boldsymbol{F}_I$，并通过绳子传递到手上。这种惯性力与法向加速度方向相反，且始终背离圆心 O，故

又称为离心惯性力，简称离心力。事实上，绳子给小球的作用力 $\boldsymbol{F}$ 与小球作用给绳子的惯性力 $\boldsymbol{F}_{\mathrm{I}}$ 形成作用力与反作用力，所以有

$$\boldsymbol{F}_{\mathrm{I}}=-\boldsymbol{F}=-m\boldsymbol{a}_{n}。$$

一般地，当质点受到其他物体的作用而运动状态发生变化时，质点本身的惯性引起了对施力物体的反抗力，这种反抗力即为受力质点的惯性力。设质点的质量为 m，加速度为 $\boldsymbol{a}$，则惯性力定义为 $\boldsymbol{F}_{\mathrm{I}}=-m\boldsymbol{a}$。其大小等于质点的质量与加速度的乘积，方向与质点加速度的方向相反。

2. 惯性力分量的表达形式

在实际计算中，常使用惯性力的分量表达式。

设质点 M 在力的作用下沿平面曲线运动，惯性力在运动轨迹切向与法向分力为

$$\boldsymbol{F}_{\mathrm{I}\tau}=-m\boldsymbol{a}_{\tau},\quad \boldsymbol{F}_{\mathrm{I}n}=-m\boldsymbol{a}_{n}$$

式中，$\boldsymbol{F}_{\mathrm{I}\tau}$ 为切向惯性力；$\boldsymbol{F}_{\mathrm{I}n}$ 为法向惯性力。

若将惯性力沿直角坐标分解，则有

$$\boldsymbol{F}_{\mathrm{I}x}=-m\boldsymbol{a}_{x},\quad \boldsymbol{F}_{\mathrm{I}y}=-m\boldsymbol{a}_{y}$$

惯性力分量的表达形式

二、质点和质点系的达朗贝尔原理

1. 质点的达朗贝尔原理

如图 13-1 所示，一质点做曲线运动，该质点质量为 m，加速度为 $\boldsymbol{a}$，作用于质点的力有主动力 $\boldsymbol{F}$ 和约束力 $\boldsymbol{F}_{\mathrm{N}}$，由牛顿第二定律，得

质点的达朗贝尔原理

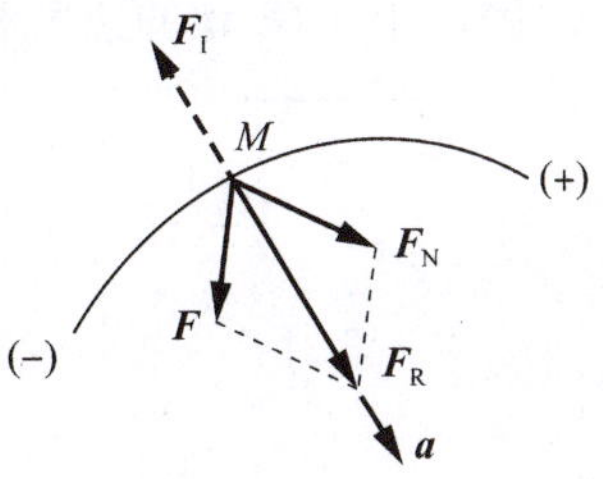

图 13-1

$$m\boldsymbol{a}=\boldsymbol{F}+\boldsymbol{F}_{\mathrm{N}}$$

将上式移项后可变为

$$\boldsymbol{F}+\boldsymbol{F}_{\mathrm{N}}-m\boldsymbol{a}=0$$

令

$$\boldsymbol{F}_{\mathrm{I}}=-m\boldsymbol{a} \tag{13-1}$$

则有

$$\boldsymbol{F}+\boldsymbol{F}_{\mathrm{N}}+\boldsymbol{F}_{\mathrm{I}}=0 \tag{13-2}$$

式(13-2)在形式上是一个汇交力系的平衡方程式，它表明：作用于质点上的主动力 $\boldsymbol{F}$、约束力 $\boldsymbol{F}_{\mathrm{N}}$ 及虚加的惯性力 $\boldsymbol{F}_{\mathrm{I}}$ 在形式上组成一平衡力系。此结论称为质点的达朗贝尔原理。

根据达朗贝尔原理，可以通过对质点虚加惯性力使动力学问题转化为形式上的静力学问题，能够应用平衡方程式及静力学的各种解题技巧，这种方法称为解决动力学问题的动静法。

例 13-1　如图 13-2(a)所示，小车以匀加速度 $\boldsymbol{a}$ 沿水平直线运动，小车上有一质量

为 m 的单摆，其悬线与铅垂线夹角为 θ。求此时小车的加速度 $\boldsymbol{a}$ 和悬线的拉力 $\boldsymbol{T}$。

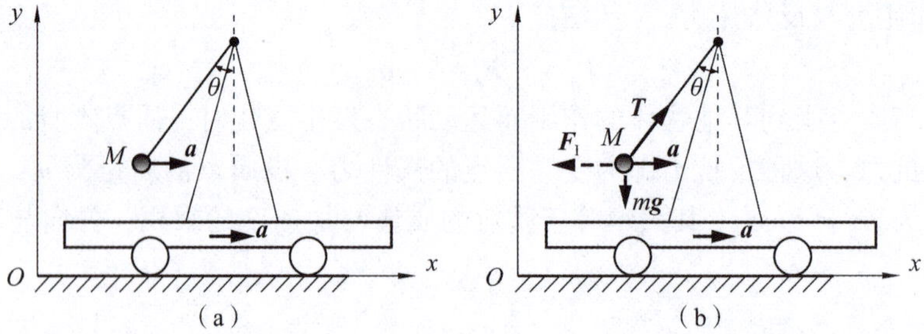

图 13-2

解：(1)选研究对象，画受力图，以单摆 M 为研究对象，它受重力 $m\boldsymbol{g}$ 及细绳的拉力 $\boldsymbol{T}$ 的作用，如图 13-2(b)所示。

(2)分析运动，加惯性力。以地面为参考系，单摆 M 具有与车厢相同的加速度 $\boldsymbol{a}$。在单摆 M 上加惯性力 $\boldsymbol{F}_{\mathrm{I}}$，其大小 $F_{\mathrm{I}}=ma$，方向与 $\boldsymbol{a}$ 相反。于是作用在单摆 M 上的主动力 $m\boldsymbol{g}$、约束力 $\boldsymbol{T}$ 和惯性力 $\boldsymbol{F}_{\mathrm{I}}$ 组成一平衡力系。

(3)列平衡方程，求未知量，由平面汇交力系的平衡方程得

$$\sum F_y = 0,\ T\cos\theta - mg = 0,\quad T = mg/\cos\theta$$

$$\sum F_x = 0,\ T\sin\theta - ma = 0,\quad a = g\tan\theta$$

例 13-2 圆锥摆如图 13-3 所示，其中质量为 m 的小球 M，系于长度为 l 的细线一端，细线另一端固定于点 O，并与铅垂线成 θ 角；小球 M 在垂直于铅垂线的平面内做匀速圆周运动。已知 $m=1$ kg，$l=300$ mm，$\theta=60°$，求小球 M 的速度和细线所受的拉力。

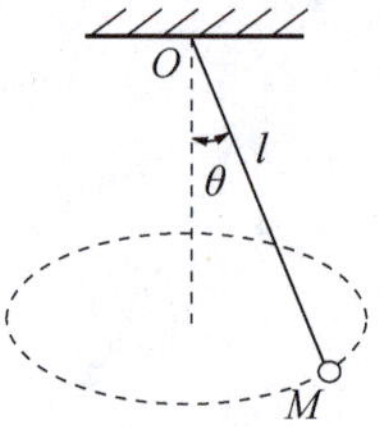

例 13-2 动画

图 13-3

2. 质点系的达朗贝尔原理

设质点系由 n 个非自由质点组成。质点系中，每个质点上作用的主动力 $\boldsymbol{F}_i$、约束力 $\boldsymbol{F}_{\mathrm{N}i}$ 和它的惯性力 $\boldsymbol{F}_{\mathrm{I}i}$ 在形式上组成平衡力系。那么，对第 i 个质点，由达朗贝尔原理，可得

质点系的达朗贝尔原理

$$\boldsymbol{F}_i + \boldsymbol{F}_{\mathrm{N}i} + \boldsymbol{F}_{\mathrm{I}i} = 0 \quad (i = 1,\ 2,\ \cdots,\ n) \tag{13-3a}$$

作用于第 i 个质点上的主动力和约束力又可以分为外力 $\boldsymbol{F}_i^{(\mathrm{e})}$ 和内力 $\boldsymbol{F}_i^{(\mathrm{i})}$，则式(13-3a)又可以写为

$$\boldsymbol{F}_i^{(\mathrm{e})} + \boldsymbol{F}_i^{(\mathrm{i})} + \boldsymbol{F}_{\mathrm{I}i} = 0 \quad (i = 1,\ 2,\ \cdots,\ n) \tag{13-3b}$$

质点系有 n 个这样的质点，就可以写出 n 个这样的平衡方程，将这些平衡方程求和，即可得到质点系平衡方程。由静力学知识可知，质点系平衡方程的充要条件是作用于质点系所有力的主矢为零，所有力对任意一点的力矩为零，则式(13-3b)可写成

$$\begin{cases}\sum \boldsymbol{F}_i^{(e)} + \sum \boldsymbol{F}_i^{(i)} + \sum \boldsymbol{F}_{Ii} = 0 \\ \sum \boldsymbol{M}_O(\boldsymbol{F}_i^{(e)}) + \sum \boldsymbol{M}_O(\boldsymbol{F}_i^{(i)}) + \sum \boldsymbol{M}_O(\boldsymbol{F}_{Ii}) = 0\end{cases} \tag{13-4a}$$

因质点系的内力总是成对出现的，所以有

$$\sum \boldsymbol{F}_i^{(i)} = 0, \quad \sum \boldsymbol{M}_O(\boldsymbol{F}_i^{(i)}) = 0$$

则

$$\begin{cases}\sum \boldsymbol{F}_i^{(e)} + \sum \boldsymbol{F}_{Ii} = 0 \\ \sum \boldsymbol{M}_O(\boldsymbol{F}_i^{(e)}) + \sum \boldsymbol{M}_O(\boldsymbol{F}_{Ii}) = 0\end{cases} \tag{13-4b}$$

上式为质点系的达朗贝尔原理，可表述为：在质点系中的每个质点上都相应地加上惯性力以后，则作用在质点系上主动力、约束力与虚加在每个质点上的惯性力在形式上组成平衡力系。

注意：对于质点，虚加惯性力后，与主动力、约束力形成的平衡力系是汇交力系，但对于质点系，就不一定是汇交力系，也可能是一个平面一般力系或空间力系。

由于质点系的内力总是成对出现的，所以在作用于质点系的主动力和约束力中可不考虑内力。因此，在质点上先画出外力，再虚加上惯性力组成平衡力系，就可用静力学中列写平衡方程的方法求解动力学问题。

例 13-3 如图 13-4(a)所示，两根长为 l、所受重力为 $\boldsymbol{P}$ 的相同匀质杆 AO 和 BO，一端用铰链连接于铅垂轴的点 O，另一端用水平绳系于轴的点 D。已知杆与轴的夹角为 φ，两杆随铅垂轴以等角速度 ω 转动，试求杆 BO 所受的绳子的拉力及铰链 O 处的约束力。

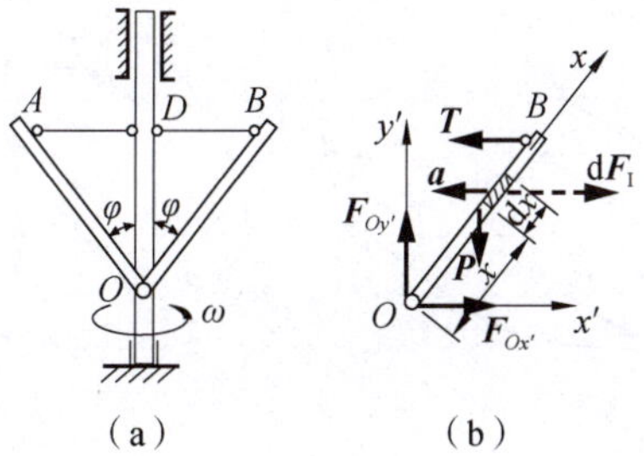

图 13-4

解：选取杆 BO 为研究对象，画受力图，如图 13-4(b)所示。取微小杆段 $\mathrm{d}x$，其加速度

$$a = a_n = \omega^2 x \sin\varphi$$

虚加惯性力：$\mathrm{d}F_I = a\mathrm{d}m = \dfrac{P\omega^2\sin\varphi}{gl}x\mathrm{d}x$。

根据达朗贝尔原理，列平衡方程有

$$\sum F_{x'} = 0, \quad F_{Ox'} - T + \int_0^l \frac{P\omega^2\sin\varphi}{gl}x\mathrm{d}x = 0$$

$$\sum F_{y'} = 0, \quad F_{Oy'} - P = 0$$

$$\sum M_O(\boldsymbol{F}) = 0, \quad Tl\cos\varphi - P\frac{l}{2}\sin\varphi + \int_0^l \frac{P\omega^2\sin\varphi\cos\varphi}{gl}x^2\mathrm{d}x = 0$$

解得：$T = P\left(\dfrac{\tan\varphi}{2} + \dfrac{l\omega^2}{3g}\sin\varphi\right)$，$F_{Ox'} = P\left(\dfrac{\tan\varphi}{2} - \dfrac{l\omega^2}{6g}\sin\varphi\right)$，$F_{Oy'} = P$。

§13-2　刚体惯性力系的简化

由于刚体上某点的加速度与表征刚体整体运动的量有关，可应用力系简化的理论，求出惯性力系的主矢和主矩，以此代替具体求解时对每一个质点所加的惯性力进行总和，直接应用惯性力系的简化结果来求解刚体和刚体系统的动力学问题。

平动刚体惯性力系的简化

下面介绍刚体做平动、定轴转动以及平面运动等情况下惯性力系的简化结果。

一、平动刚体惯性力系的简化

如图13-5(a)所示，刚体做平动时，其内部任一质点 i(质量为 m_i)的加速度 $\boldsymbol{a}_i$ 都与质心加 C 的加速度 $\boldsymbol{a}_C$ 相等，即 $\boldsymbol{a}_i=\boldsymbol{a}_C$。这样，刚体上各质点的惯性力 $\boldsymbol{F}_{\mathrm{I}i}(i=1,2,\cdots,n)$ 组成一平行力系，其各惯性力的大小与各质点的质量成正比，即 $\boldsymbol{F}_{\mathrm{I}i}=-m_i\boldsymbol{a}_C$，如图13-5(b)所示。

以质心 C 为简化中心，质点 i 相对于质心 C 的位置矢径为 $\boldsymbol{r}_i$，则惯性力系的主矢为

$$\boldsymbol{F}_{\mathrm{I}}=\sum\boldsymbol{F}_{\mathrm{I}i}=\sum(-m_i\boldsymbol{a}_C)=-\left(\sum m_i\right)\boldsymbol{a}_C=-m\boldsymbol{a}_C \tag{13-5}$$

式中，m 为刚体的总质量，即 $m=\sum m_i$。

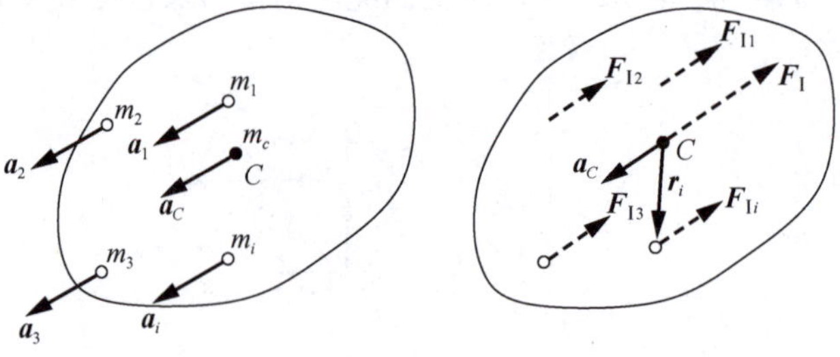

(a)　　　　(b)

图13-5

惯性力系对质心 C 的主矩为

$$M_{\mathrm{I}C}=\sum M_C(\boldsymbol{F}_{\mathrm{I}i})=\sum(\boldsymbol{r}_i\times\boldsymbol{F}_{\mathrm{I}i})=\boldsymbol{r}_i\sum(-m_i\boldsymbol{a}_C)=-\left(\sum m_i\boldsymbol{r}_i\right)\times\boldsymbol{a}_C=-m\boldsymbol{r}_C\times\boldsymbol{a}_C=0 \tag{13-6}$$

式中，$\boldsymbol{r}_C$ 为质心 C 相对于质心 C 的位置矢径。显然，$r_C=0$。

由此可得出结论：对于平动刚体，其惯性力系可简化为一个通过质心 C 的合力，此力大小等于刚体的质量与加速度的乘积，方向与加速度的方向相反，即 $\boldsymbol{F}_{\mathrm{I}}=-m\boldsymbol{a}_C$。

二、定轴转动刚体惯性力系的简化

这里只讨论刚体具有质量对称面且转轴垂直于该对称面的特殊情形，如图13-6(a)所示。

定轴转动刚体惯性力系的简化

由于刚体具有一个垂直于转轴的质量对称面，在垂直于质量对称面的任一直线 AB 上的各质点的加速度相同，所以它们的惯性力可以合成为在质

量对称面内的一个力 $\boldsymbol{F}_{Ii}=-m_i\boldsymbol{a}_i$，且通过该直线与质量对称面的交点 M_i。因此，可将刚体所含的全部质点简化为质量对称面上的平面质点系，如图 13-6(b)所示。

刚体定轴转动时，设刚体总质量为 m，刚体的角速度为 ω，角加速度为 α，刚体质心的加速度为 $\boldsymbol{a}_C$。刚体内任意质点 i 的质量为 m_i，加速度为 $\boldsymbol{a}_i$，质点到转轴的距离为 r_i，则刚体内任意质点的惯性力为 $\boldsymbol{F}_{Ii}=-m_i\boldsymbol{a}_i$，它可以分解为切向惯性力 F_{Ii}^{τ} 和法向惯性力 F_{Ii}^{n}，它们的方向如图 13-6(b)所示，大小分别为

$$F_{Ii}^{\tau}=m_ia_i^{\tau}=m_ir_i\alpha,\quad F_{Ii}^{n}=m_ia_i^{n}=m_ir_i\omega^2$$

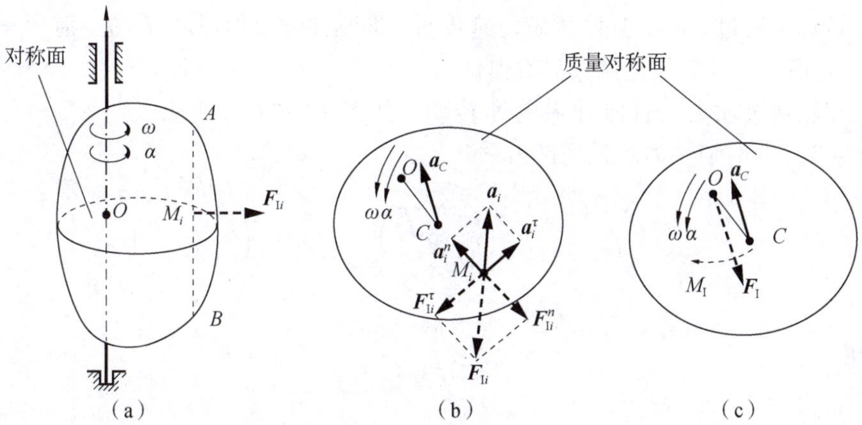

图 13-6

将刚体内各质点的惯性力 $\boldsymbol{F}_{Ii}$ 组成的惯性力系向转轴与质量对称面的交点 O 简化，则此惯性力系的主矢为各质点惯性力的矢量和，即

$$\boldsymbol{F}_I=\sum\boldsymbol{F}_{Ii}=\sum(-m_i\boldsymbol{a}_i)=-(\sum m_i\boldsymbol{a}_i)$$

由质心的概念可知 $\sum m_i\boldsymbol{r}_i=m\boldsymbol{r}_C$，所以

$$\sum m_i\boldsymbol{a}_i=m\boldsymbol{a}_C$$

则惯性力系的主矢为

$$\boldsymbol{F}_I=-m\boldsymbol{a}_C$$

此惯性力系的主矩为各质点切向 $\boldsymbol{F}_{Ii}^{\tau}$ 和法向惯性力 $\boldsymbol{F}_{Ii}^{n}$ 对 O 简化的力矩的代数和，即

$$M_I=\sum M_z(\boldsymbol{F}_{Ii})=\sum M_z(\boldsymbol{F}_{Ii}^{\tau})+\sum M_z(\boldsymbol{F}_{Ii}^{n})$$

由于各质点的法向惯性力均通过转轴，故 $\sum M_z(\boldsymbol{F}_{Ii}^{n})=0$。又 $\boldsymbol{a}_i^{\tau}=r_i\alpha$，则

$$M_I=\sum M_z(\boldsymbol{F}_{Ii}^{\tau})=\sum F_{Ii}^{\tau}\cdot r_i=\sum(-m_ir_i\alpha\cdot r_i)=-\alpha\sum m_ir_i^2=-J_z\alpha$$

式中，$J_z=\sum m_ir_i^2$ 为刚体对转轴 z 的转动惯量；“-”表示惯性力系主矩的转向与角加速度的转向相反。

由此可得出结论：对于具有垂直于转轴的质量对称面的转动刚体，其惯性力系可简化为作用于质量对称面的一个惯性力和一个惯性力偶，如图 13-6(c)所示。惯性力通过转轴和质量对称面的交点，大小等于刚体的质量与质心加速度的乘积，方向与质心加速度的方向相反；惯性力偶矩的大小等于刚体对转轴的转动惯量与角加速度的乘积，转向与角加速度的方向相反，即

$$\begin{cases}\boldsymbol{F}_I=-m\boldsymbol{a}_C\\ M_I=-J_z\alpha\end{cases}\tag{13-7}$$

因此，对于绕定轴转动的刚体，只要在转轴和质量对称面的交点 O 加上其惯性力 $\boldsymbol{F}_{\mathrm{I}}$ 和惯性力偶矩 M_{I}，则作用在转动刚体上的主动力、约束力和惯性力及惯性力偶就构成一平衡力系。这样，便可用静力学的方法解决动力学问题。

注意：惯性力系的主矢 $\boldsymbol{F}_{\mathrm{I}}$ 作用在转动中心 O 上，而不是作用在质心 C 上。下面讨论几种特殊情况。

(1)若转轴通过质心 C 且 $\alpha \neq 0$，如图 13-7(a)所示，则有 $\boldsymbol{a}_C = 0$，故 $\boldsymbol{F}_{\mathrm{I}} = -m\boldsymbol{a}_C = 0$，这时简化结果只有惯性力偶 $M_{\mathrm{I}} = -J_z\alpha$。

(2)若转轴不通过质心，且刚体做匀速转动，即刚体的角加速度 $\alpha = 0$，则 $M_{\mathrm{I}} = -J_z\alpha = 0$。如图 13-7(b)所示，这时简化结果只有惯性力 $\boldsymbol{F}_{\mathrm{I}}$，其大小为 $F_{\mathrm{I}} = me\omega^2$，方向由 O 指向 C。

(3)若转轴通过质心，且刚体做匀速转动，如图 13-7(c)所示，则 $\boldsymbol{F}_{\mathrm{I}} = -m\boldsymbol{a}_C = 0$，$M_{\mathrm{I}} = -J_z\alpha = 0$，这时惯性力系是平衡力系。

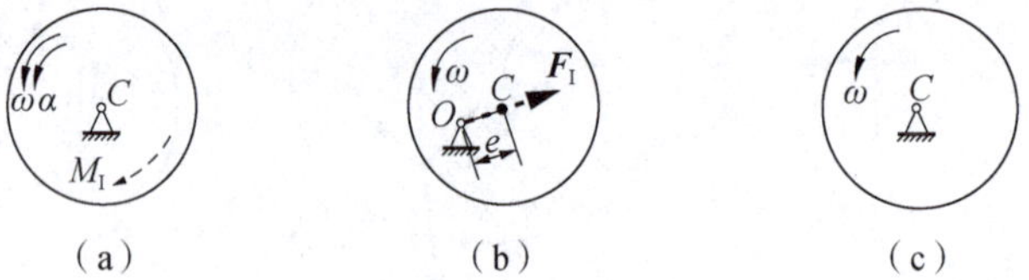

(a) (b) (c)

图 13-7

三、平面运动刚体惯性力系的简化

这里只讨论刚体具有质量对称面，且质量对称面在质心运动平面内的情况。与刚体绕定轴转动相似，可先将刚体的惯性力系简化成位于质量对称面内的平面力系。

平面运动刚体惯性力系的简化

如图 13-8 所示，因为平面运动可以分解为随质心的平动和绕质心的转动两部分，取 C 为基点，设刚体的质量为 m，质心的加速度为 $\boldsymbol{a}_C$，刚体绕质心转动的角速度为 ω，角加速度为 α。惯性力系向质心 C 的简化分为两部分：刚体随质心平动的惯性力系简化为一个通过质心的力；刚体绕质心转动的惯性力系简化为一个力偶。该力 $\boldsymbol{F}_{\mathrm{I}C}$ 和力偶矩 $M_{\mathrm{I}C}$ 分别为

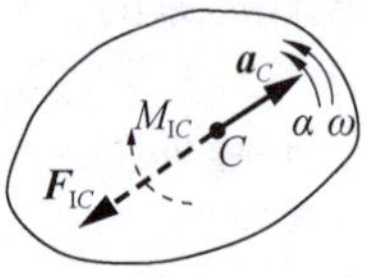

图 13-8

$$\begin{cases} \boldsymbol{F}_{\mathrm{I}C} = -m\boldsymbol{a}_C \\ M_{\mathrm{I}C} = -J_C\alpha \end{cases} \tag{13-8}$$

式中，J_C 为刚体对通过质心 C 且垂直于质量对称面的轴的转动惯量。

由此可得出结论：具有质量对称面且平行此平面做平面运动的刚体的惯性力系向其质心简化的结果为一个通过质心的惯性力和一个惯性力偶。惯性力的大小等于刚体的质量与其质心加速度的乘积，方向与质心加速度方向相反；惯性力偶矩的大小等于刚体对垂直于质量对称面的质心轴的转动惯量与刚体的角加速度的乘积，转向与角加速度转向相反。

由上述讨论结果可知，由于刚体运动形式不同，惯性力系简化的结果也不同。所以，在利用质点系的达朗贝尔原理求解刚体的动力学问题时，必须先分析刚体的运动，按其不同的运动形式得出正确的惯性力系的简化结果，然后建立由主动力、约束力和惯性力组成的力系的平衡方程，最后按静力学方法求解。这种形式上的平衡关系实质上反映了系统的运动与受

力的关系。

例 13-4　图 13-9(a)所示均质水平梁重 mg，A 端为固定铰支座，B 端为滑动铰支座。均质圆柱体质量为 m，当轮心下落时，求支座 A、B 处的约束力。

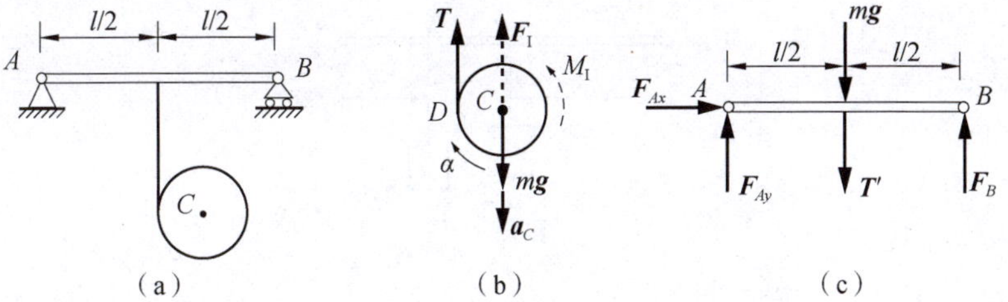

图 13-9

解：(1)以均质圆柱为研究对象。作用于圆柱体上的力有重力 mg 和绳子的拉力 $\boldsymbol{T}$。均质圆柱体向下做平面运动，点 D 为轮子的速度瞬心，设轮心的加速度为 $\boldsymbol{a}_C$，轮子的角加速度为 α，则 $\alpha=\dfrac{a_C}{r}$。

虚加的惯性力的合力通过质心，合力的大小为

$$F_{\mathrm{I}}=ma_C=mr\alpha$$

方向与质心加速度方向相反。

虚加的惯性主矩的大小为

$$M_{\mathrm{I}}=J_C\alpha=\frac{1}{2}mr^2\alpha$$

转向与角加速度的转向相反。根据质点系的达朗贝尔原理，圆柱体上的外力与惯性力形成一平衡力系，如图 13-9(b)所示。列平衡方程有

$$\sum M_D(\boldsymbol{F}_i)=0,\ F_{\mathrm{I}}\cdot r+M_{\mathrm{I}}-mg\cdot r=0$$

将 F_{I} 和 M_{I} 代入上式，整理得

$$a_C=r\alpha=\frac{2}{3}g$$

$$\sum F_y=0,\ T+F_{\mathrm{I}}-mg=0$$

可得：$T=\dfrac{1}{3}mg$。

(2)选梁为研究对象，作用于梁上的力有梁重力 mg、绳子拉力 $\boldsymbol{T}'$、B 支座的约束力 $\boldsymbol{F}_B$、A 支座的约束力 $\boldsymbol{F}_{Ax}$、$\boldsymbol{F}_{Ay}$，受力图如图 13-9(c)所示。列平衡方程有

$$\sum M_A(\boldsymbol{F}_i)=0,\ F_B\cdot l-T'\cdot\frac{l}{2}-mg\cdot\frac{l}{2}=0$$

可得：$F_B=\dfrac{2}{3}mg$。

$$\sum F_y=0,\ F_{Ay}-T'-mg+F_B=0$$

可得：$F_A=\dfrac{2}{3}mg$。

例 13-5 不计质量的梁 AB，在点 O 铰接质量 $M=8m$，半径为 R 的定滑轮，悬挂质量分别为 $4m$ 和 m 的物块 C 和 D，如图 13-10 所示。定滑轮 O 可视为均质圆盘，摩擦均不计。求支座 B 的约束反力。

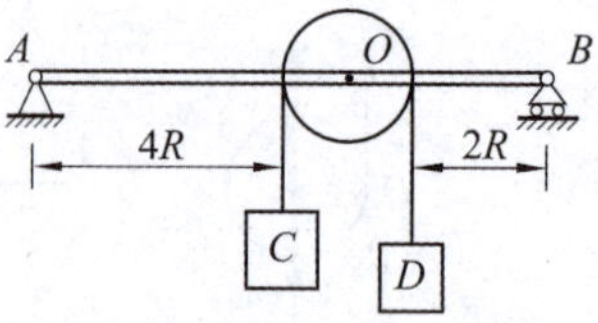

图 13-10

§13-3 静平衡和动平衡

一、定轴转动刚体的轴承动约束力

在工程实际中，当刚体绕定轴转动时，制造或安装误差造成的惯性力系不平衡将使轴承产生动约束力，又称动反力。尤其是在高速旋转的机械中，惯性力会使轴承承受巨大的附加压力，从而造成机件损坏或引起剧烈振动。因此，研究消除动约束力的条件有重要意义。

定轴转动刚体的轴承动约束力

由式(13-7)可知，具有垂直于转轴的质量对称面的定轴转动刚体的惯性力为

$$\boldsymbol{F}_{\mathrm{I}}=-m\boldsymbol{a}_C$$

若转轴不通过质心，则 $\boldsymbol{a}_C\neq 0$，如图 13-6 所示，定轴转动刚体的质心加速度 $\boldsymbol{a}_C$ 可分解为在切向惯性力 $\boldsymbol{F}_{\mathrm{I}\tau}$ 和法向惯性力 $\boldsymbol{F}_{\mathrm{I}n}$，即

$$\begin{cases}\boldsymbol{F}_{\mathrm{I}\tau}=-m\boldsymbol{a}_\tau\\ \boldsymbol{F}_{\mathrm{I}n}=-m\boldsymbol{a}_n\end{cases}$$

式中，$a_n=e\omega^2$；$a_\tau=e\alpha$。其中，e 为偏心距，$e=OC$。可见，定轴转动刚体角速度 ω 和角加速度 α 越大，法向惯性力和切向惯性力就越大，在轴承上产生的动约束力也越大。

若转轴通过质心，则定轴转动刚体的质心加速度 $\boldsymbol{a}_C=0$，则 $\boldsymbol{F}_{\mathrm{I}}=0$，此时，惯性力系在轴承上产生的动约束力为零。

可见，作用在旋转轴上的约束力由两部分组成：一部分是由主动力引起的约束力，称为静约束力；另一部分是由惯性力引起的约束力，称为动约束力。静约束力是无法避免的，而动约束力却是可以避免的。由于高速转动的刚体所产生的动约束力远远大于静约束力，因此，为保证机器运行安全，应设法降低或消除轴承的动约束力。

当旋转刚体具有质量对称面，且转轴垂直于该对称面时，该转轴称为惯性主轴。通过质心的惯性主轴称为中心惯性主轴。而动约束力为零的充要条件是，刚体的转轴是中心惯性主轴。

二、静平衡与动平衡

当刚体的转轴通过质心，且刚体除重力外，没有其他主动力作用，则刚体可在任意位置

静止不动，这种现象称为静平衡；当刚体的转轴通过中心惯性主轴时，刚体转动时不出现动反力，这种现象称为动平衡。

动平衡的刚体一定是静平衡的，静平衡的刚体不一定是动平衡的。

工程中，为消除高速旋转刚体的动约束力，必须先使其静平衡，即把质心调整到转轴上，然后通过增加或减少某些部位的质量使其动平衡。

实际上，由于制造或安装中难以避免的误差，以及材料的不均匀性等，动平衡条件往往不易满足，通常要在专门的试验设备上进行动平衡试验。根据试验数据，在转子的适当位置增加或去掉相应的质量，使其达到静平衡和动平衡。例如，汽车车轮的轮毂边缘镶嵌有一块或多块大小不等的铅块，这些铅块有的会在轮毂内侧，有的会在轮毂外侧。不要小看这些小铅块，它们对汽车车轮的旋转稳定性起着很重要的作用。在日常使用中，应该对轿车车轮定期做动平衡检查。在更换新轮胎后，更需要做动平衡试验，因为当车轮动平衡性能欠佳时，车辆在高速行驶过程中，车轮会摇摆、颠簸和跳动，这不仅会使轮胎产生波浪形磨损，还会严重影响行车安全。

静平衡与动平衡　　静平衡试验　　动平衡试验

例 13-6　一机器具有质量对称面，转轴垂直于该对称面但不通过质心 C，如图 13-11 所示，已知轮盘质量 $m=20$ kg，偏心距 $e=OC=0.1$ mm，质心 C 到轴承 A、B 的距离水平均为 h，当轮盘以匀转速 $n=12\ 000$ r/min 转动时，求轴承 A、B 的约束力。

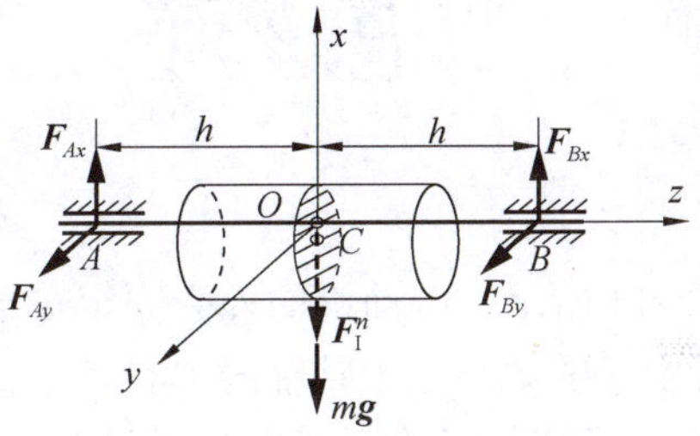

图 13-11

解： 由于转轴与轮盘的质量对称面垂直，转轴 AB 为点 O 的惯性主轴，即对此轴的惯性积为零，又由于轮盘匀速转动，$\alpha=0$，惯性力矩为零。

取刚体为研究对象，分析受力情况，当重心 C 位于最下端时，轴承处约束力最大，由于轮盘匀速转动，质心 C 只有法向加速度

$$a_C^n = e\omega^2 = \frac{0.1}{1\ 000} \times \left(\frac{12\ 000\pi}{30}\right)^2\ \text{m/s}^2 = 158\ \text{m/s}^2$$

因此，惯性力大小为：$F_I^n = ma_n = 3\ 160$ N。

列平衡方程

$$F_{Ax} = F_{Bx} = \frac{1}{2}(mg + F_I^n) = \frac{1}{2} \times (20 \times 9.81 + 3\ 160)\ \text{N} = 1\ 678\ \text{N},\ F_{Ay} = F_{By} = 0$$

当转子不转时，轴承上受到的静约束力为 $F'_{Ax}=F'_{Bx}=\dfrac{1}{2}mg=98.1\ \text{N}$，而轴承上的动约束力为 $F'_1=\dfrac{1}{2}F^n_1=1\ 580\ \text{N}$，所以，$\dfrac{F'_1}{F'_{Ax}}=\dfrac{1\ 580}{98.1}\approx 16$。

由此可见，转子在高速转动下，即使只有 0.1 mm 的偏心距也会引起很大的动约束力，可达静约束力的 16 倍之多。而且转速越高，偏心距越大，轴承的动约束力越大，这势必使轴承的磨损加快，甚至引起轴承的破坏，此外，不仅动约束力的数值增大，而且反力的方向会周期性变化，因而会引起机器的振动。所以，必须尽量减少或消除偏心距。

【案例分析 13-1】为什么汽车轮毂上有若干大小不等的铅块？

案例分析 13-1 动画　　案例分析 13-1 汽车轮胎动平衡

【案例分析 13-2】如图 13-12 所示，球磨机滚筒半径为 R，绕通过中心的水平轴匀速转动，筒内铁球由筒壁上的凸棱带着上升。为了使铁球获得粉碎矿石的能量，铁球应在 $\theta=\theta_0$ 时才掉下来。求滚筒每分钟的转数 n。

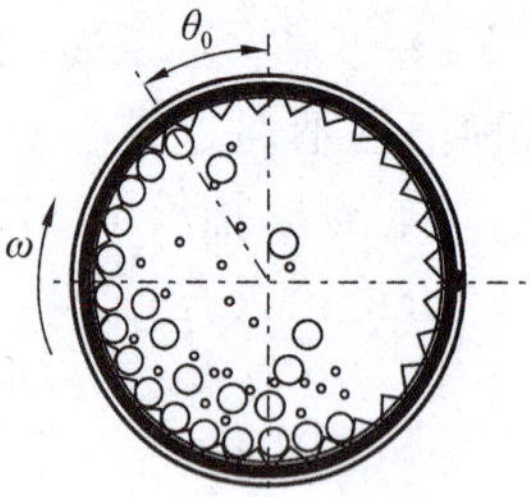

图 13-12

案例分析 13-2 动画　　案例分析 13-2 球磨机

【案例分析 13-3】如图 13-13 所示，电动机的外壳固定在水平基础上，定子和机壳的质量为 m_1，转子质量为 m_2。设定子的质心位于转轴的中心 O_1，但由于制造误差，转子的质心 O_2 到 O_1 的距离为 e，轴 O_1 与水平基础间的距离为 h。已知运动开始时，转子质心位于最低位置，转子以匀角速度 ω 转动。求基础的约束力。

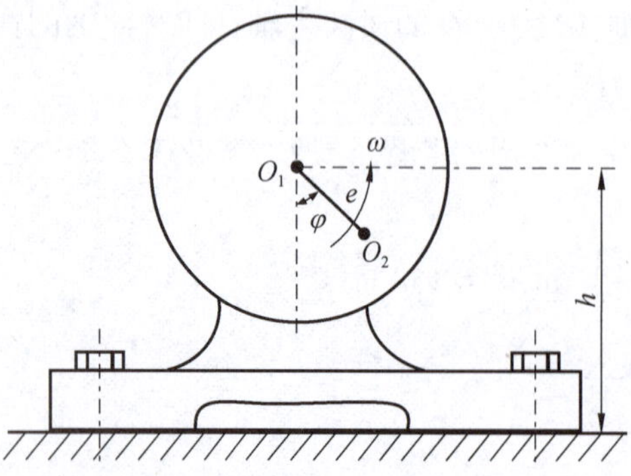

图 13-13

案例分析 13-3 动画　　案例分析 13-3 电动机

知识点总结

- 达朗贝尔原理
  - 基本概念
    - 惯性力 —— $\boldsymbol{F}_I=-m\boldsymbol{a}$
    - 达朗贝尔原理 —— $\boldsymbol{F}+\boldsymbol{F}_N+\boldsymbol{F}_I=0$
  - 刚体惯性力系的简化
    - 平动 —— $\boldsymbol{F}_I=-m\boldsymbol{a}_C$，$M_I=-J_C\alpha$（向质心简化）
    - 定轴转动
      - $\boldsymbol{F}_I=-m\boldsymbol{a}_C$，$M_I=-J_z\alpha$（向转轴简化）
      - $\boldsymbol{F}_I=-m\boldsymbol{a}_C$，$M_I=-J_z\alpha$（向质心简化）
    - 平面运动 —— $\boldsymbol{F}_I=-m\boldsymbol{a}_C$，$M_I=-J_C\alpha$（向质心简化）
  - 静平衡和动平衡
    - 静平衡
      - 转轴通过质心
      - $\sum \boldsymbol{F}_{Ii}=0$
    - 动平衡
      - 转轴通过中心惯性主轴
      - $\sum \boldsymbol{F}_{Ii}=0, \sum \boldsymbol{M}_{Ii}=0$

思考题

13-1 轴承反力是由什么引起的？动约束力的大小和方向取决于什么？

13-2 满足静平衡的刚体是否一定满足动平衡？满足动平衡的刚体是否一定满足静平衡？

13-3 如思考题 13-3 图所示，不计质量的轴上用不计质量的细杆固连着几个质量均等于 m 的小球，当轴以匀角速度 ω 转动时，图示各情况中哪些满足静平衡？哪些满足动平衡？哪些都不满足？

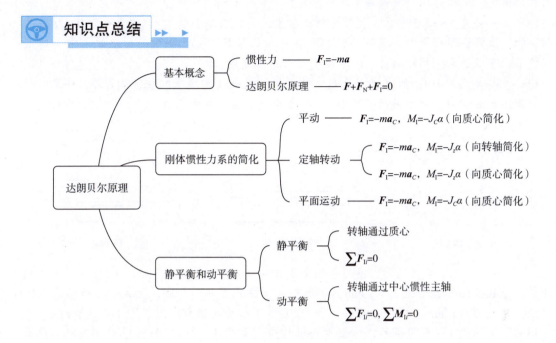

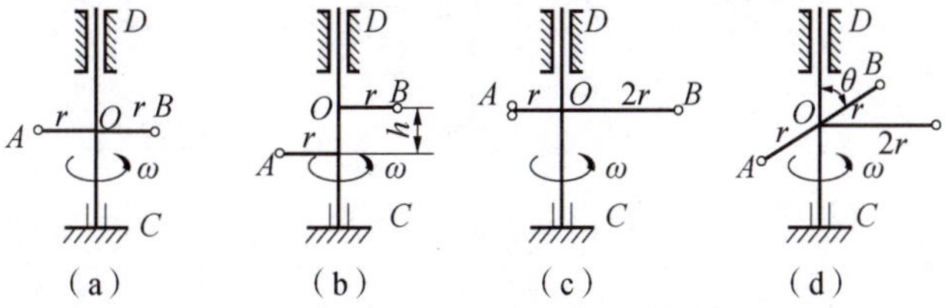

思考题 13-3 图

13-4 公共汽车在急刹车时，车内站立的乘客由于受到惯性力的作用，从而出现倾斜或跌倒的现象，这种说法是否正确？为什么？

13-5 汽车匀速驶过圆弧形桥面时，是否会有惯性力的作用出现，为什么？

习 题

13-1 如习题 13-1 图所示，两种情形的定滑轮质量均为 m，半径均为 r。习题 13-1 图(a)中的绳所受拉力为 $\boldsymbol{W}$；习题 13-1 图(b)中物体所受重力为 $\boldsymbol{W}$。试分析两种情形下定滑轮的角加速度、绳拉力和定滑轮轴承处的约束反力是否相同。

13-2　如习题13-2图所示，均质平板的质量为m，放在半径为r、质量各为$0.5m$的两个相同的均质圆柱形磙子上。现在平板上作用一水平力$\boldsymbol{F}$，磙子在水平面上做无滑动的滚动，设平板与磙子间无相对滑动。求平板中心C的加速度。

13-3　均质杆长为l，所受重力为$\boldsymbol{P}$，被固定铰支座A和绳子拉住，如习题13-3图所示。若连接点B的绳子突然断掉，试求：(1)固定铰支座A的约束力；(2)点B的加速度。

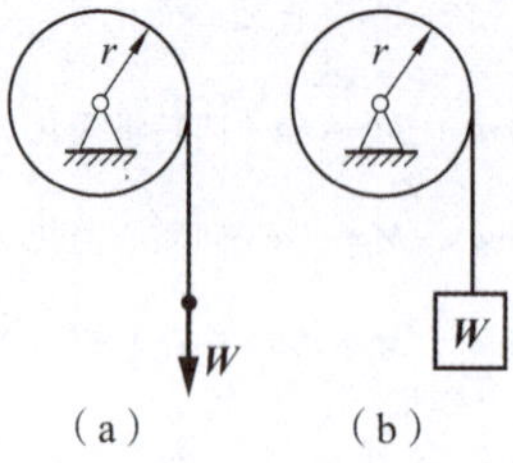

(a)　(b)

习题13-1图

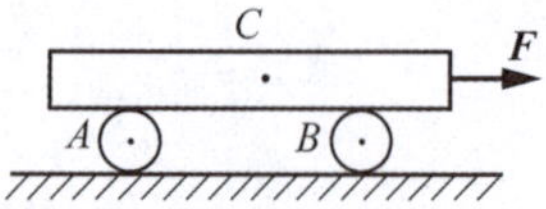

习题13-2图

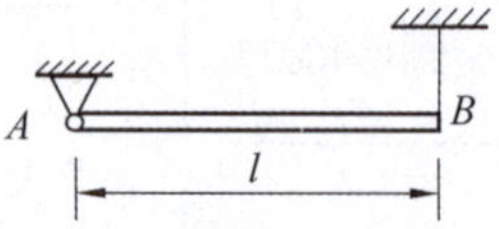

习题13-3图

13-4　如习题13-4图所示，磨刀砂轮Ⅰ质量$m_1=1$ kg，其偏心距$e_1=0.5$ mm，小砂轮Ⅱ质量$m_2=0.5$ kg，偏心距$e_2=1$ mm，电动机转子Ⅲ质量$m_3=8$ kg，无偏心，转轴质量不计，转速$n=3\,000$ r/min。求图示瞬时轴承A、B的附加动约束力。图中尺寸单位为mm。

13-5　如习题13-5图所示，构架滑轮机构中，重物M_1和M_2分别重$P_1=2$ kN，$P_2=1$ kN。略去各杆及滑轮B和E的质量。已知$AC=CB=l=0.5$ cm，$\theta=45°$。滑轮B和E的半径分别为r_1和r_2且$r_1=2r_2=0.2$ cm。求重物M_1的加速度$\boldsymbol{a}_1$和CD杆所受的力$\boldsymbol{F}_{CD}$。

13-6　如习题13-6图所示，所受重力均为$\boldsymbol{P}$的两个物块A和B，系在细绳的两端，细绳绕过半径为R、质量可不计的定滑轮，光滑斜面的倾角为θ。试求物块A下降的加速度以及轴O处的约束力。

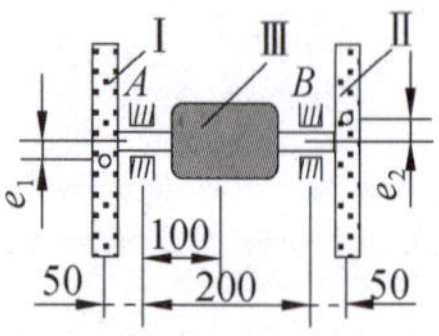

习题13-4图

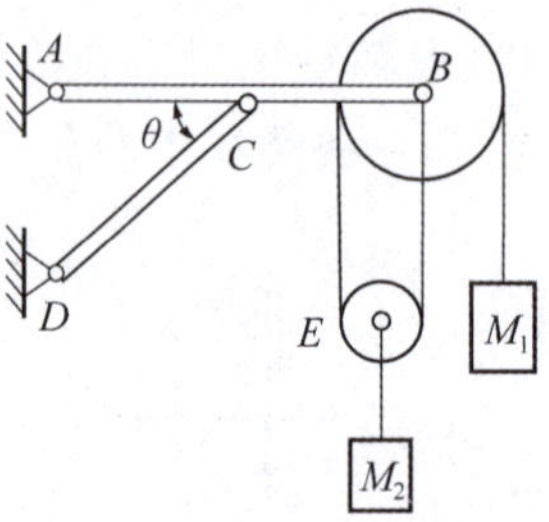

习题13-5图

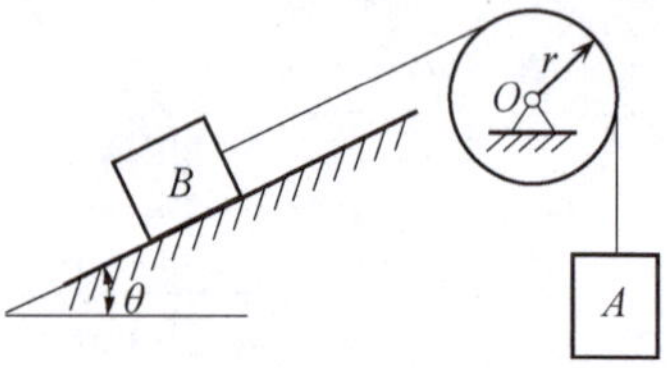

习题13-6图

13-7　电动绞车安装在一端固定的梁上，如习题13-7图所示。绞盘与电动机转子固结在一起，对转轴O的转动惯量为J。绞车以等加速度$\boldsymbol{a}$提升重物。已知物重为$\boldsymbol{G}$，均质梁重为$\boldsymbol{P}$，绞车重为$\boldsymbol{Q}$，绞盘半径为r，求固定端A处的约束力。

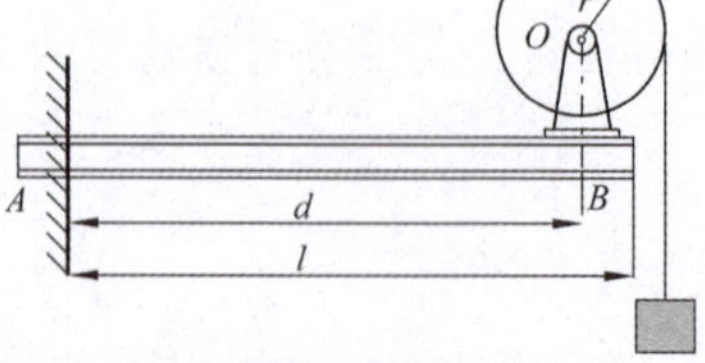

习题13-7图

习题13-7动画

13-8 均质杆 AB 质量为 m，长为 l，在 A 端用铰链连接于小车上，如习题 13-8 图所示。不计 A、D 处摩擦，求当小车以加速度 $\boldsymbol{a}$ 向左平移且点 D 与小车不脱离接触时，A、D 处的约束力。

13-9 两平行等长曲柄 OA 和 O_1B 连接在连杆 AB 上，$OA=O_1B=0.6$ m。连杆 AB 上焊接一水平均质梁 DE，梁 DE 的质量为 30 kg，长度为 1.2 m。在夹角 $\theta=30°$ 的瞬时，曲柄的角速度 $\omega=6$ rad/s，角加速度 $\alpha=10$ rad/s^2，如习题 13-9 图所示。试求该瞬时梁上 D 处的约束力。

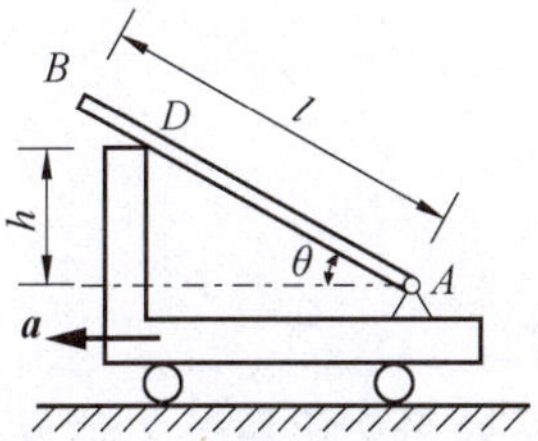

习题 13-8 图

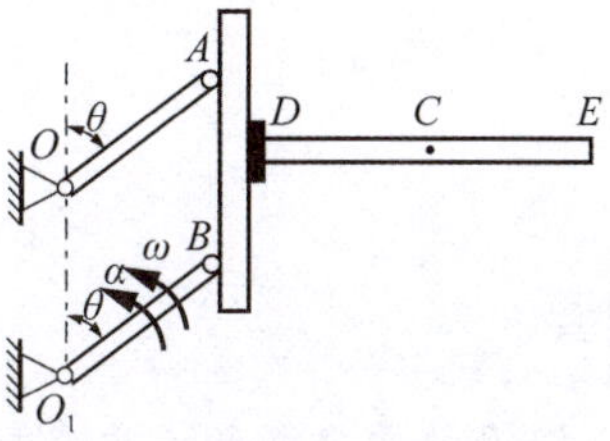

习题 13-9 图

13-10 如习题 13-10 图所示，匀质矩形板的质量为 m，边长 $AE=b$、$AB=2b$，由两根平行等长细绳吊在水平天花板上。若在静止状态下突然剪断细绳 BO_2，试求剪断瞬时矩形板质心 C 的加速度与细绳 AO_1 的拉力。

13-11 边长为 100 mm 的正方形均质板重 400 N，由三根绳拉住，$AB /\!/ DE$，如习题 13-11 图所示。求当 FG 绳被剪断的瞬时，AD 和 BE 两绳的张力。

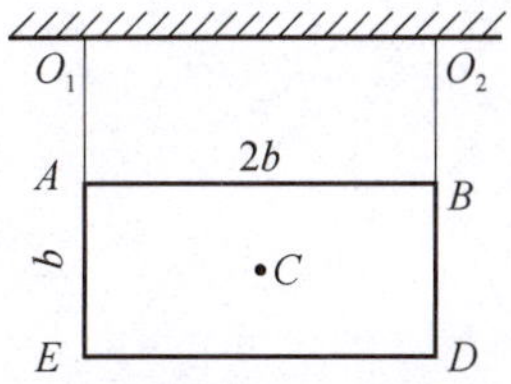

习题 13-10 图

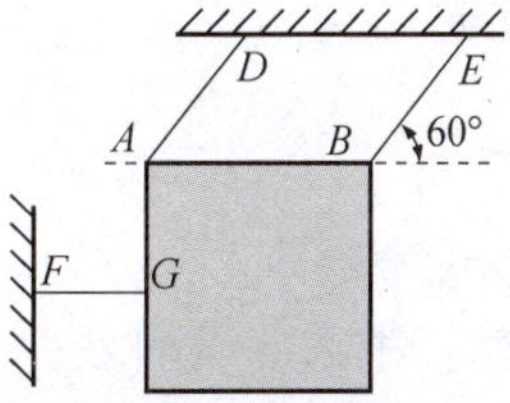

习题 13-11 图

第 14 章 虚位移原理

内容提要

本章主要介绍用数学分析的方法来研究任意质点系的平衡问题，又称为分析静力学。虚位移原理用虚位移和虚功的概念建立了任意质点系平衡条件，并将其与达朗贝尔原理相结合，构成动力学普遍方程，这是求解复杂系统的动力学问题的有效方法。

素质目标

提升独立思考及自主研发能力，培养勇于攀登、敢于超越的进取意识，激发国家认同、爱国情感和民族自信。

案例导读

1. 机械外骨骼：未来穿戴科技

机械外骨骼是一种先进的可穿戴设备，旨在增强人体力量和耐力。这种装置通过精密的机械结构和先进的传动系统，将动力传输到人体的四肢，帮助穿戴者轻松搬运重物、长时间行走或执行其他高强度任务。机械外骨骼不仅减轻了人体的负担，还提高了工作效率和安全性。随着技术的不断进步，机械外骨骼将在工业、医疗、军事等领域发挥重要作用，为人类创造更加美好的未来。虚位移原理在机械外骨骼的设计和分析过程中发挥着重要作用，有助于理解系统的静动态性能、评估设计方案以及优化系统性能。在机械外骨骼的设计中，需要确保其在各种姿态和负载条件下都能保持静态平衡。通过应用虚位移原理，可以分析外骨骼在不同姿态下的受力情况，从而判断其是否满足静态平衡的条件。在建立机械外骨骼的动力学模型时，虚位移原理可以用来推导关节处的力矩平衡方程。通过分析系统在各种虚位移下的动能和势能的变化，可以得到系统的动力学方程，进而分析外骨骼的动态性能，如响应速度、稳定性等，以提供最佳的助力效果和运动性能。

2. 灵巧手 TRX-Hand：助力未来服务机器人

灵巧手 TRX-Hand 是腾讯 Robotics X 实验室自主研发的一款机器人灵巧手。它具有像人手一样灵活的操作能力，可适应不同场景，灵活规划动作，自主完成操作。该灵巧手的设计目标是为未来的服务机器人提供细致入微的操作能力，以满足人类生活的多元化需求。

TRX-Hand 采用多传感器信息融合技术，实现了对视觉、接近觉、触觉、力觉信息的融合，能够准确识别物体、判断距离和状态，并通过高灵活性的指尖设计轻松抓取不同形状尺寸的物体和执行高动态要求的动作。在机器人灵巧手的设计和应用中，虚位移原理可以用于优化手指的运动轨迹和力度控制，以确保灵巧手在抓取和操作物体时能够保持稳定性和精确性，可以更好地适应不同形状和质量的物体，从而实现更高效的抓取和操作。此外，虚位移原理还有助于分析灵巧手在受到外部扰动时的稳定性和响应能力，可以预测灵巧手在外力作用下的行为，从而设计出更加可靠的机器人灵巧手。

任务驱动

完成本章学习，填写下表。

表　“虚位移原理”知识点

知识点		内容	
约束类型	几何约束和运动约束	约束方程	
	定常约束和非定常约束	约束方程	
	双侧约束和单侧约束	约束方程	
	完整约束和非完整约束	约束方程	
虚位移		线位移	角位移
虚功		力系虚功	力偶虚功
虚功方程			

§14-1　约束、虚位移、虚功

一、约束及其分类

由静力学知识可知，约束是对物体空间几何位置的一种限制条件，限制质点系中的各个质点的位置和运动的条件称为约束。用来表示这些限制条件的解析表达式则称为约束方程。

在静力学中，考虑的是如何将约束对物体的限制作用用约束力的形式表现出来。在虚位移原理中，考虑的是如何将约束对物体的位置、形状以及运动的限制作用用解析表达式的形式表现出来。

下面将根据约束的不同形式，对约束进行分类。

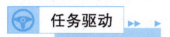

1. 几何约束和运动约束

限制质点或质点系在空间的几何位置的条件称为几何约束。如图 14-1 所示，一单摆的刚性摆杆长为 l，其中质点 A 可绕固定点 O 在平面 xOy 内摆动。这时，摆杆对质点运动限制的条件为：质点必须在以点 O 为圆心、以 l 为半径的圆周上运动。其约束方程为

几何约束和运动约束

$$x^2+y^2=l^2$$

单摆在摆动过程中，质点 A 的坐标必须满足这一方程。

又如图 14-2 所示，曲柄连杆机构中的连杆运动有三个限制条件：曲柄限制曲柄销只能以 r 为半径绕点 O 做圆周运动，连杆限制 A、B 两点之间的距离保持为杆长 l，滑块只能沿滑道做直线运动。这三个条件以约束方程表示为

$$x_A^2+y_A^2=r^2$$

$$(x_B-x_A)^2+(y_B-y_A)^2=l^2$$

$$y_B=0$$

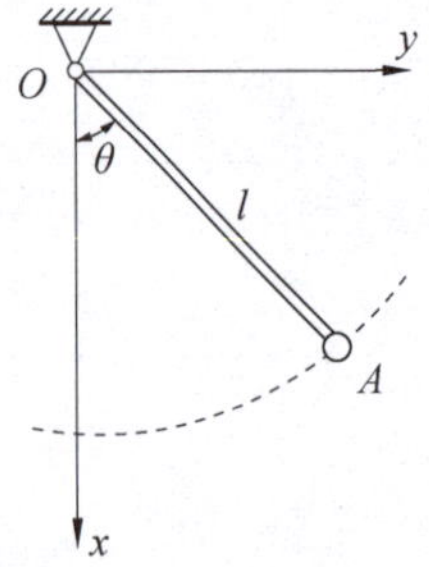

图 14-1

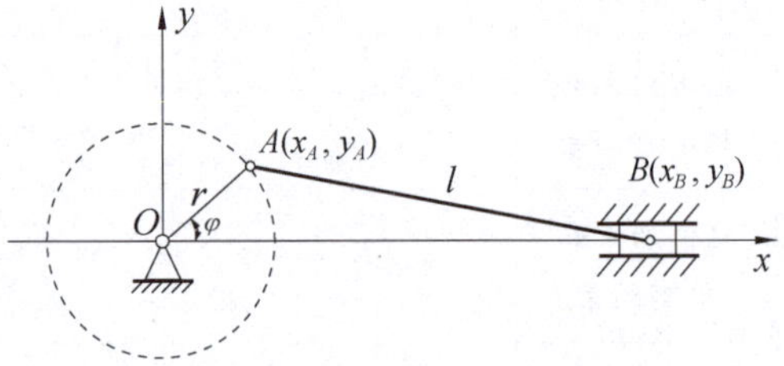

图 14-2

上述例子中约束只限制了质点或质点系在空间的位置，其约束方程建立了质点间几何位置的相互联系。

如果约束对于质点或质点系不仅有位移方面的限制，还有速度或角速度方面的限制，这种约束称为运动约束。例如，图 14-3 所示车轮沿直线轨道做纯滚动时，车轮除了受到限制其轮心 A 始终与地面保持距离为 r 的几何约束外，还受到只滚不滑的运动学限制，约束方程为

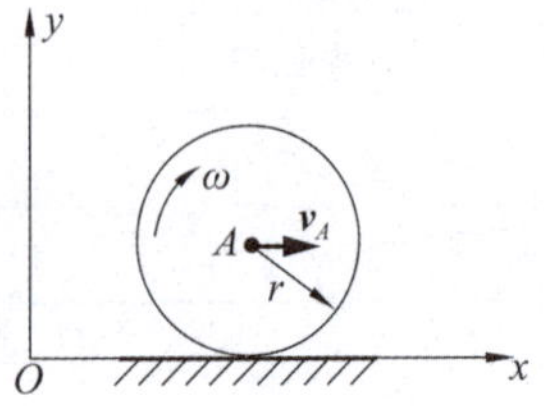

图 14-3

$$y_A=r \tag{a}$$

即每一瞬时有

$$v_A-r\omega=0 \quad 或 \quad \dot{x}_A-r\dot{\varphi}=0 \tag{b}$$

方程(a)只与位置 r 有关，是几何约束方程。方程(b)包含了轮心的速度 $\boldsymbol{v}_A$ 和车轮的角速度 ω，或轮心坐标 x_A 和车轮转角 φ 对时间 t 的一阶导数，因此这是运动约束方程。

2. 定常约束和非定常约束

如果约束方程中不显含时间变量 t，这种约束称为定常约束；反之，约束方程显含时间变量 t 的约束，称为非定常约束。如图 14-4 所示，一摆长随时间 t 变化的单摆，重物由一根穿过定圆环的细线系住。设摆长在开始时为 l，然后以不变的速度 $\boldsymbol{v}$ 拉动细线的另一端，此时单摆的约束方程为

$$x^2 + y^2 = (l - vt)^2$$

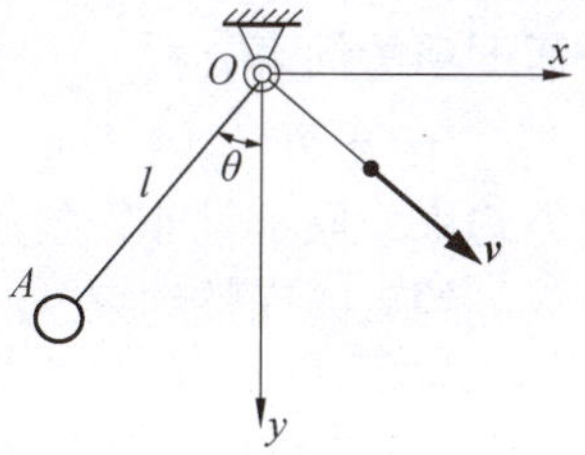

图 14-4

定常约束和非定常约束

由上式可见，其约束条件是随时间 t 变化的，故此约束为非定常约束。

3. 双侧约束和单侧约束

如果某约束不仅能限制质点在某一方向的运动，还能限制其在相反方向的运动，这种约束称为双侧约束；如果约束只能限制某一方向的运动，这种约束则称为单侧约束。单摆用摆杆约束，如图 14-1 所示，列出等式为

$$x^2 + y^2 = l^2$$

如果单摆改用不可伸长的软线约束，如图 14-5 所示，则只能限制质点向圆周外运动，而不能阻挡质点向圆内运动，其约束方程应写为

$$x^2 + y^2 \leqslant l^2$$

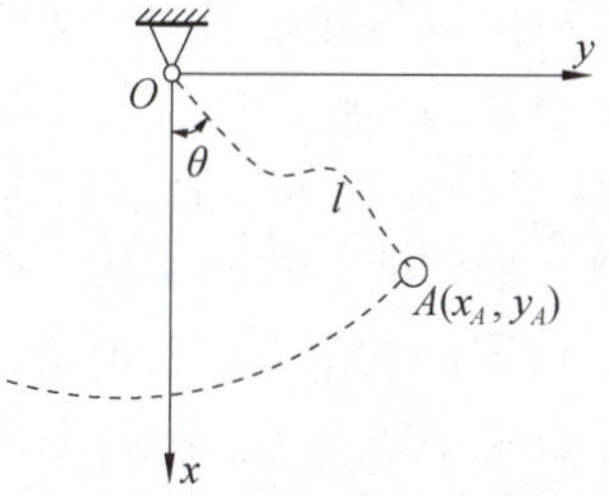

图 14-5

双侧约束和单侧约束

由此可知，双侧约束方程是等式的形式，单侧约束方程则是不等式的形式。

4. 完整约束和非完整约束

如果约束方程中不包含坐标对时间 t 的导数，或者虽然包含坐标对时间 t 的导数，但可以积分，转换为有限形式，这种约束称为完整约束。上面举的例子都是完整约束。如果约束方程中包含坐标对时间 t 的导数，且此导数不能转换为有限形式，这种约束称为非完整约束。例如，在图 14-6 中，沿直线轨道做纯滚动的圆轮，其上一点 P 为速度瞬心，圆轮的约束为

$$\begin{cases} y_C = R \\ \dot{x}_C - R\dot{\varphi} = 0 \end{cases}$$

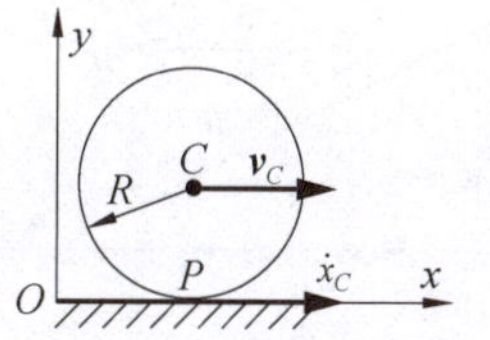

图 14-6

完整约束和非完整约束

其中，第一式为完整约束；在第二式中，$\dot{x}_C$ 为轮心速度在 x 轴上的投影，R 为轮半径，$\dot{\varphi}$ 为圆轮的角速度。对其积分得不含速度项的约束方程

$$x_C - R\varphi = 0$$

因此，纯滚动的这种约束是完整约束，而不是非完整约束。

本章涉及的约束只限于定常、双侧约束的完整约束。

二、虚位移

受约束的质点或质点系在运动过程中，各质点的实际运动一方面要满足动力学基本定律和初始条件，另一方面必须满足约束方程。凡是同时满足这两个要求的运动就是实际发生的运动，称为真实运动。真实运动产生的无限小位移称为质点系的实位移。在某瞬时，受定常约束的质点系在约束允许的条件下，可能实现的任何无限小的位移称为虚位移。虚位移可以是线位移，也可以是角位移，用 δ 表示；而实位移仍用 d 表示。

虚位移

虚位移是约束所允许的位移，完全由约束的性质和其限制条件决定，与实位移有所不同。实位移是在已知的初始条件和一定的力作用下，在一定的时间内发生的位移，具有确定的方向，其值可以是微小的，且方向具有任意性。而虚位移则不涉及有无主动力，也与起始条件无关，是假想发生而实际并未发生的位移，所以它不需经历时间过程，其方向至少有两组，甚至无穷多组。对虚位移的唯一限制就是要符合(或者说不破坏)质点系原来位置的约束条件，因此所给的虚位移必须是虚设的无限小的位移，并且它的给出不会导致质点或质点系动能的任何变化。例如，如图 14-7 所示，重为 $\boldsymbol{P}$ 的物体通过滑轮与重为 $\boldsymbol{Q}$ 的物体组成的系统平衡。若系统发生有限的位移，如斜面上的物体从一个位置移动到了另一个位置，改变了系统原位置的约束条件，原 $\boldsymbol{P}$、$\boldsymbol{Q}$ 借助约束构成的平衡关系在新的位置上也就不成立了。但在系统发生虚位移后，由于虚位移是无限小量，物体仍停留在原位置的切平面上，从而保持了原有的约束条件。这样，原有的平衡关系也就不会受到虚位移的影响。

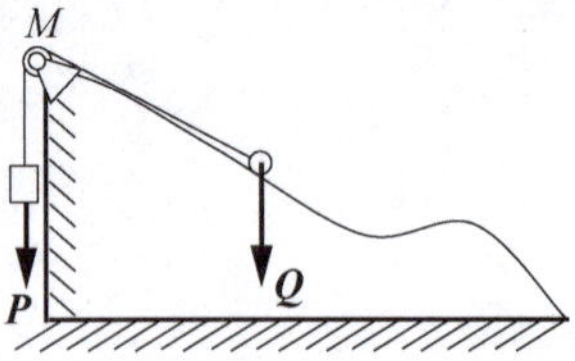

图 14-7

应当注意，对于定常约束，约束的性质与时间无关，微小的实位移是虚位移之一。这是因为只有约束允许的位移才是实际上可能发生的位移。但对于非定常约束，由于其位置或形状随时间而变，而虚位移与时间无关，实位移却与时间有关，所以微小的实位移未必是虚位移之一。例如，如图 14-8 所示，质点 A 在倾角为 α 的斜面上，当斜面以速度 $\boldsymbol{v}$ 沿水平方向运动时，即构成非定常约束。在任何瞬时质点 A 的虚位移 $\delta\boldsymbol{r}$ 均沿斜面；而在时间 Δt 内的实位移则为 $\mathrm{d}\boldsymbol{r}$，它由沿斜面的相对位移与随斜面运动的牵连位移合成。显然，二者不相同。

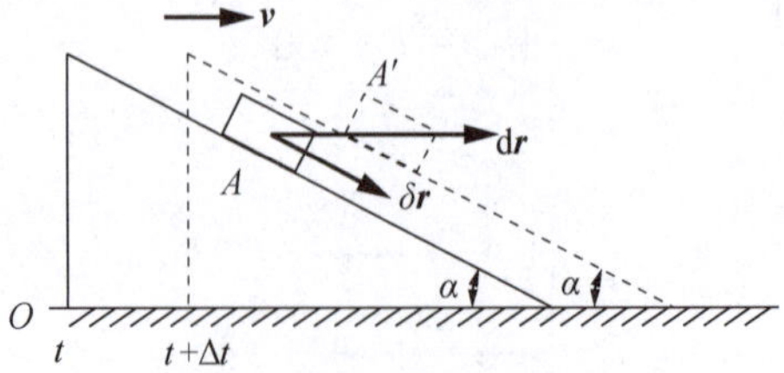

图 14-8

需要说明的是，虚位移记号“δ”是数学上的变分符号。在数学上，由于基本变量不变（如函数 x、y、z 随时间 t 变化，则 t 即为基本变量），而函数本身改变所得到的函数的任意改变量称为函数的变分。质点系的虚位移也可表示为广义坐标的变分，称为广义虚位移。

三、虚功

质点或质点系所受的力在相应虚位移上所做的功称为虚功，又称元功，用 δW 表示。

虚功

虚功与实功的计算方法相似。力 $\boldsymbol{F}$ 在虚位移 $\delta\boldsymbol{r}$ 上所做的虚功为

$$\delta W = \boldsymbol{F}_i \cdot \delta\boldsymbol{r}_i$$

力系 $\boldsymbol{F}_i(i = 1, 2, \cdots, n)$ 中所有质点在各自作用点的虚位移上所做的虚功之和为

$$\sum \delta W = \sum \boldsymbol{F}_i \cdot \delta\boldsymbol{r}_i$$

与力偶 $\boldsymbol{M}$ 对应的虚位移是虚角位移，用 $\delta\theta$ 表示，相应的虚功为

$$\delta W = \boldsymbol{M} \cdot \delta\theta$$

对于平面力偶系 $M_r(r=1, 2, \cdots, m)$，各力偶在各自的虚角位移 $\delta\theta_r$ 上所作的虚功之和为

$$\sum \delta W = \sum M_r \delta\theta_r$$

式中，$\delta\theta_r$ 为与 M_r 对应的相对于定系的虚角位移，即绝对虚位移。

虚功与实位移中的元功虽然采用同一符号 δW，但它们有着本质的区别。因为虚位移只是假想的，并不是真实发生的，因而虚功也是假想的，是虚的。例如，图 14-9 中的质点处于静止状态时，显然任何力都没做实功，但力可以做虚功。

四、理想约束

如果在质点系的任何虚位移中，所有约束力所做虚功之和等于零，则此类约束称为理想约束。如果作用于质点系任一质点 M_i 上的约束反力为 $\boldsymbol{F}_{Ni}$，质点的虚位移为 $\delta\boldsymbol{r}_i$，则理想约束可表示为

$$\sum \boldsymbol{F}_{Ni} \cdot \delta\boldsymbol{r}_i = 0 \tag{14-1}$$

理想约束

常见的理想约束有光滑固定支撑面、光滑铰链、无重刚杆、不可伸长的柔索、做纯滚动刚体所在的支撑面等。

由于非定常约束的虚位移，可看成将该约束瞬时冻结转变为定常约束后的虚位移，所以上述关于理想约束的定义，既适用于定常约束又适用于非定常约束。

下面举例说明非自由质点系各质点虚位移的分析方法。

例 14-1　如图 14-9 所示，一质点 A 固定在长为 l 的刚性杆的一端，此杆可绕定轴转动，试分析在图示位置质点 A 的虚位移。

图 14-9

解：解法一　几何法。由于杆长 l 不变，质点的虚位移 $\delta\boldsymbol{r}$ 可以用该点沿圆周切线的微小长度 $\delta\boldsymbol{s}$ 表示。取图示矢量 $\delta\boldsymbol{s}$。因为要满足约束条件，则 δs 与微小转角 $\delta\varphi$ 之间应有如下的关系

$$\delta s = l\delta\varphi \tag{a}$$

解法二 分析法。由图可知

$$x_A = l\cos\varphi$$

$$y_A = l\sin\varphi$$

质点虚位移 δs 在坐标轴上的投影表达式为

$$\begin{aligned}\delta x_A &= -l\sin\varphi\delta\varphi = -\delta s\sin\varphi \\ \delta y_A &= l\cos\varphi\delta\varphi = \delta s\cos\varphi\end{aligned} \tag{b}$$

式(a)、式(b)都是质点 A 的虚位移表达式。

§14-2 虚位移原理及应用

设有一处于静止平衡状态的质点系，取其中的任一质点，如图 14-10 所示，作用在该质点上的主动力的合力为 $\boldsymbol{F}_i$，约束力的合力为 $\boldsymbol{F}_{\mathrm{N}i}$。因质点系处于平衡状态，故这个质点也处于平衡状态，则有

$$\boldsymbol{F}_i + \boldsymbol{F}_{\mathrm{N}i} = \boldsymbol{0}$$

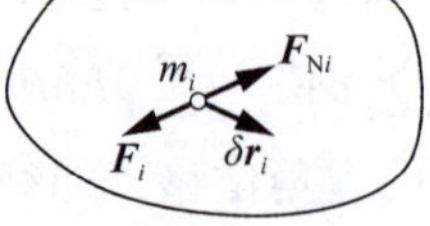

图 14-10

虚位移原理及应用

若给质点系以某一虚位移，其中质点 m_i 的虚位移为 $\delta\boldsymbol{r}_i$，则作用在质点 m_i 上的力 $\boldsymbol{F}_i$ 和 $\boldsymbol{F}_{\mathrm{N}i}$ 的虚功之和为

$$\boldsymbol{F}_i \cdot \delta\boldsymbol{r}_i + \boldsymbol{F}_{\mathrm{N}i} \cdot \delta\boldsymbol{r}_i = 0$$

对于质点系内所有质点，都可以得到与上式相同的等式。将这些等式相加，得

$$\sum \boldsymbol{F}_i \cdot \delta\boldsymbol{r}_i + \sum \boldsymbol{F}_{\mathrm{N}i} \cdot \delta\boldsymbol{r}_i = 0$$

如果质点系具有理想约束，则约束力在虚位移中所做虚功的和为零，即 $\sum \boldsymbol{F}_{\mathrm{N}i} \cdot \delta\boldsymbol{r}_i = 0$，代入上式得

$$\sum \boldsymbol{F}_i \cdot \delta\boldsymbol{r}_i = 0 \tag{14-2}$$

用 δW_{F_i} 代表作用在质点上的主动力的虚功，即 $\delta W_{F_i} = \boldsymbol{F}_i \cdot \delta\boldsymbol{r}_i$，则上式可写成

$$\sum \delta W_{F_i} = 0 \tag{14-3}$$

式(14-2)和式(14-3)称为虚功方程，也可以用解析式表示为

$$\sum (F_{xi}\delta x_i + F_{yi}\delta y_i + F_{zi}\delta z_i) = 0$$

式中，F_{xi}、F_{yi}、F_{zi} 为作用于质点 m_i 的主动力 $\boldsymbol{F}_i$ 在直角坐标轴上的投影；δx_i、δy_i、δz_i 为虚位移 $\delta\boldsymbol{r}_i$ 在直角坐标轴上的投影。

由此可得出结论：具有理想约束的质点系在给定位置上保持平衡的充要条件是，作用于该系统的所有主动力在任意虚位移中所做虚功之和等于零。此结论称为虚位移原理又称为虚功原理。虚位移原理是分析静力学问题的基本原理，用其求解非自由质点系的静力学问题非常方便。

应该指出，虽然虚位移原理的使用条件是质点系应具有理想约束，但也可以用于有摩擦的情况，只要把摩擦力当作主动力，在虚功方程中计入摩擦所做的虚功即可。

例 14-2　设固定光滑斜面上放有一刚体，其所受重力为 $\boldsymbol{P}$，有一个沿斜面向上的拉力拉着它，假设拉力作用线经过刚体质心，如图 14-11 所示，求使刚体平衡的拉力。

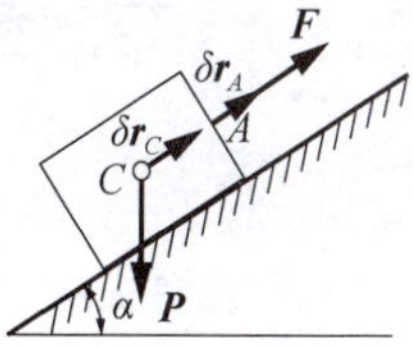

图 14-11

解： 以刚体为研究对象，光滑斜面对它的约束是理想的。它所受的主动力为重力 $\boldsymbol{P}$ 和拉力 $\boldsymbol{F}$，作用点分别为质心 C 点和 A 点。虚位移 $\delta\boldsymbol{r}_A$ 和 $\delta\boldsymbol{r}_C$ 可以沿着斜面指向任何方向，这里取沿着拉力方向的一组虚位移。于是，拉力和重力在这组虚位移上所做的虚功为

$$\delta W_A = \boldsymbol{F}\cdot\delta\boldsymbol{r}_A + \boldsymbol{P}\cdot\delta\boldsymbol{r}_C = 0$$

即

$$F\delta r_A - P\delta r_C\sin\alpha = 0$$

显然，对于刚体有

$$\delta r_A = \delta r_C = \delta r$$

由于 δr 的大小可以任意取，不妨取 $\delta r \neq 0$，则得 $F = P\sin\alpha$。

这是已知系统处于平衡求主动力之间的关系的问题，从这个例题可以总结出用虚位移原理解这类问题的基本步骤如下。

(1) 确定研究对象：根据需要确定一个质点系为研究对象。

(2) 约束分析：确认约束都是理想的才可以应用虚位移原理。

(3) 受力分析：只需要分析主动力，不需要分析约束反力，因为约束反力不出现在虚功表达式中。

(4) 选取虚位移：只需要主动力作用点的虚位移。由于式(14-2)对任意一组虚位移都成立，因此可以选取一组特殊的虚位移。例如，对于定常约束，无穷小的实位移也是虚位移之一，因此可选无穷小的实位移为虚位移。

例 14-3　螺旋压榨机如图 14-12 所示。在螺旋压榨机的手轮上作用一力偶，其力偶矩为 M。手轮轴在两端各有螺距同为 h 但方向相反的螺线，螺线上各套有螺母 A 和 B，这两个螺母用销子分别与长度均为 l 的杆相铰接。四杆形成菱形框，此菱形框的上顶点 D 固定不动，而下顶点 C 则连于压榨机的水平压板上。求当菱形的顶角等于 2θ 时，压榨机对被压物体的压力。

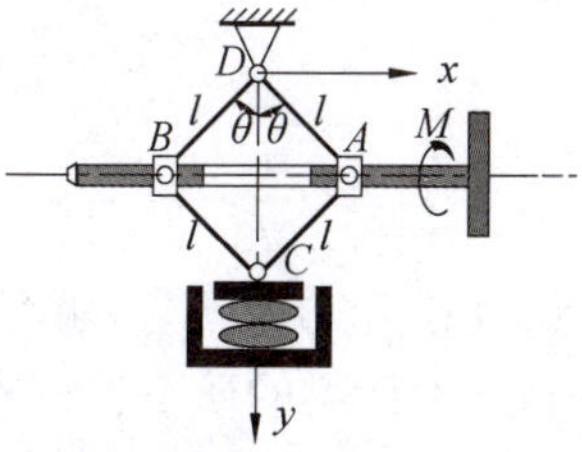

图 14-12

例 14-4　如图 14-13(a) 所示连续梁，其载荷及尺寸均为已知。试求 A、B、D 处的支座反力。

解： 图示连续梁由于存在多个约束而成为没有自由度的结构。用虚位移原理求约束力，可解除其约束而代之以约束力，从而使结构获得相应的自由度。

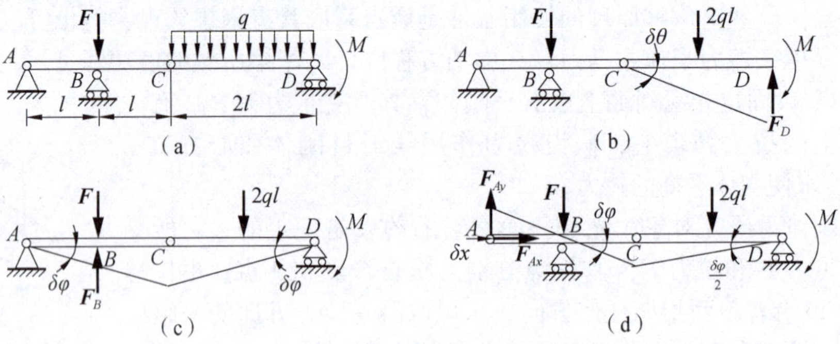

图 14-13

(1)求支座 D 处的约束力。解除支座 D 约束，代之以约束力 $\boldsymbol{F}_D$，如图 14-13(b)所示，系统具有一个自由度。给系统以虚位移 $\delta\theta$，由虚位移原理得

$$\sum \delta W_F = 0,\ 2ql \cdot l\delta\theta + M\delta\theta - F_D \cdot 2l\delta\theta = 0$$

由于 $\delta\theta \neq 0$，解得 $F_D = ql + \dfrac{M}{2l}$，方向向上。

(2)求支座 B 处的约束力。解除支座 B 约束，代之以约束力 $\boldsymbol{F}_B$，如图 14-13(c)所示，系统具有一个自由度。给系统以虚位移 $\delta\varphi$，由虚位移原理得

$$\sum \delta W_F = 0,\ F \cdot l\delta\varphi - F_B \cdot l\delta\varphi + 2ql \cdot l\delta\varphi - M\delta\varphi = 0$$

由于 $\delta\varphi \neq 0$，解得 $F_B = F + 2ql - \dfrac{M}{l}$，方向向上。

(3)求支座 A 处的约束力。解除支座 A 约束，代之以约束力 $\boldsymbol{F}_{Ax}$、$\boldsymbol{F}_{Ay}$，如图 14-13(d)所示，系统具有两个自由度。给系统以虚位移 δx 及 $\delta\varphi$。

设先给系统一组虚位移 $\delta x \neq 0$，$\delta\varphi = 0$，则由虚位移原理得

$$\sum \delta W_F = 0,\ F_{Ax} \cdot \delta x = 0$$

解得

$$F_{Ax} = 0$$

再给系统一组虚位移 $\delta x = 0$，$\delta\varphi \neq 0$，则由虚位移原理得

$$\sum \delta W_F = 0,\ F_{Ay} \cdot l\delta\varphi + 2ql \cdot l\frac{\delta\varphi}{2} - M \cdot \frac{\delta\varphi}{2} = 0$$

解得

$$F_{Ay} = \frac{M}{2l} - ql$$

例 14-5 组合梁由水平梁 AE、EG、GD 组成，如图 14-14 所示。已知：$F_1 = 10$ kN，$F_2 = 5$ kN，$q = 2$ kN/m，$M = 1$ kN·m。不计梁的质量，试求固定端 A 和支座 B 处的约束力。

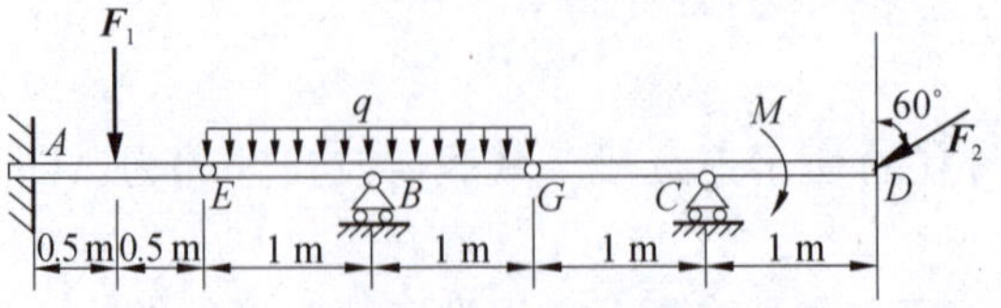

图 14-14

知识点总结

- 虚位移原理
  - 约束、虚位移、虚功
    - 约束及其分类
      - 几何约束和运动约束
      - 定常约束和非定常约束
      - 双侧约束和单侧约束
      - 完整约束和非完整约束
    - 虚位移 —— $\delta \boldsymbol{r}$
    - 虚功 —— $\delta W=\boldsymbol{F}\cdot\delta\boldsymbol{r}_i$ 或 $\delta W=M\cdot\delta\theta$
    - 理想约束 —— $\delta W_{\mathrm{N}}=\sum\delta W_{\mathrm{N}i}=\sum\boldsymbol{F}_{\mathrm{N}i}\cdot\delta\boldsymbol{r}_i=0$
  - 虚位移原理及应用
    - 虚功方程：$\sum\delta W_{F_i}=\sum\boldsymbol{F}_i\cdot\delta\boldsymbol{r}_i=0$
    - 题型1：求主动力之间的关系
    - 题型2：求约束反力

思考题

14-1　如思考题 14-1 图所示，假设滑轮组中的绳子不可伸长，试写出系统的约束方程。物体 A、B 的虚位移之间有什么关系？如果水平面粗糙，则它对物体摩擦力的方向是否恒与该物体的虚位移方向相反？为什么？

14-2　如思考题 14-2 图所示，曲柄连杆机构中滑块与导轨间有摩擦力，问：

(1) 点 C 的虚位移是否必须与摩擦力方向相反？

(2) 若摩擦力数值达到最大值，能否给点 C 以虚位移？为什么？

14-3　如思考题 14-3 图所示，物块在重力、弹性力与摩擦力作用下平衡，设给物块一水平向左的虚位移，弹性力的虚功如何计算？摩擦力在此虚位移中做正功还是负功？

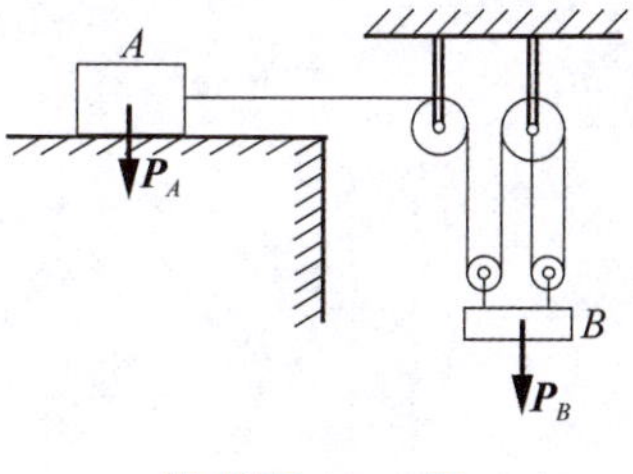

思考题 14-1 图

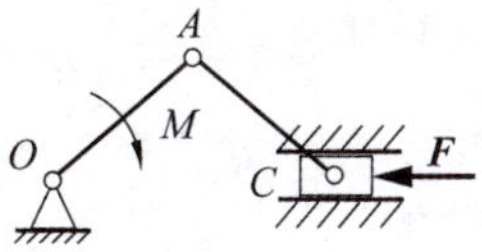

思考题 14-2 图

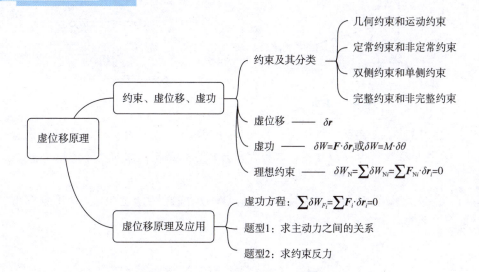

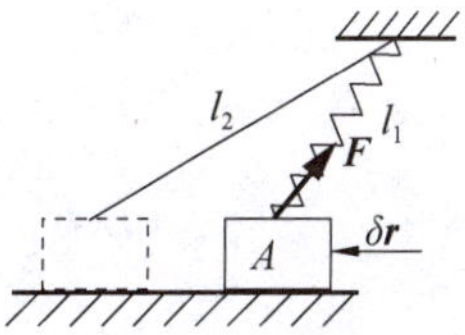

思考题 14-3 图

习　题

14-1　曲柄滑块机构放置于水平面内，曲柄 AO 长为 r，连杆 AB 长为 l。机构在习题 14-1 图所示角度 φ 的位置保持平衡，试求转动力矩 M 与阻力 $\boldsymbol{P}$ 间的关系。

14-2　如习题 14-2 图所示，在螺旋压榨机的手柄 AB 上作用一在水平面内的力偶($\boldsymbol{F}$,

$\boldsymbol{F}'$)，其力偶矩 $M=2Fl$，螺杆的螺距为 h。求机构平衡时加在被压物体上的力。

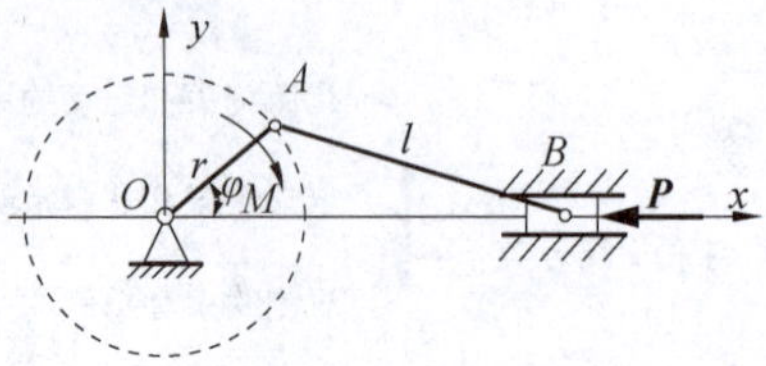

习题 14-1 图

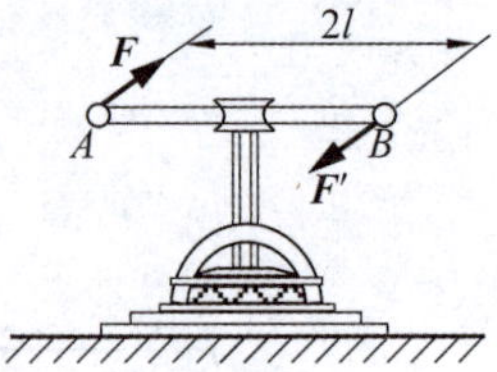

习题 14-2 图

14-3 在习题 14-3 图所示机构中，当曲柄 OC 绕轴 O 摆动时，滑块 A 沿曲柄滑动，从而带动杆 AB 在铅垂导槽内移动，不计各构件质量与各处摩擦。求机构平衡时力 $\boldsymbol{F}_1$ 与 $\boldsymbol{F}_2$ 的关系。

14-4 在习题 14-4 图所示机构中，已知 $OA=O_1B=l$，$O_1B\perp OO_1$，力偶矩为 M。试求系统在此位置平衡时，力 $\boldsymbol{F}$ 的大小。

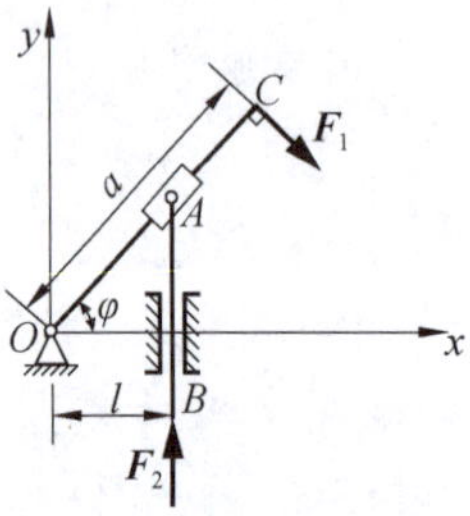

习题 14-3 图

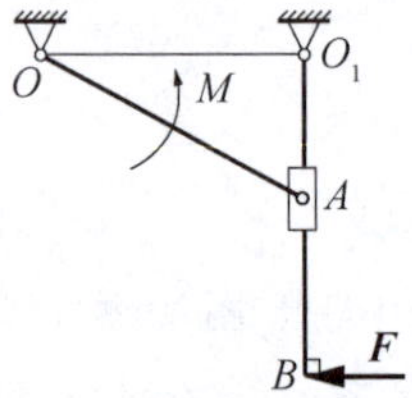

习题 14-4 图

14-5 在习题 14-5 图所示结构中，各杆质量不计，在点 G 作用一铅垂向上的力 $\boldsymbol{F}$，$AC=CE=CD=CB=DG=GE=l$。求支座 B 的水平约束力。

14-6 重为 $\boldsymbol{P}$ 的物体借助不计质量的连杆 AB 与水平弹簧相连。已知系统在习题 14-6 图所示位置平衡，杆 AB 与 x 轴正向夹角为 θ，求维持系统平衡时的弹簧力 $\boldsymbol{F}$。

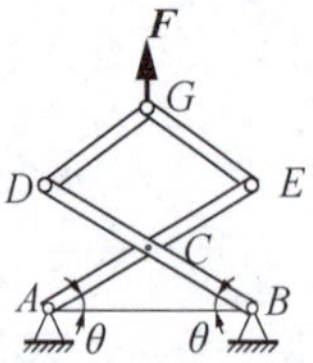

习题 14-5 图

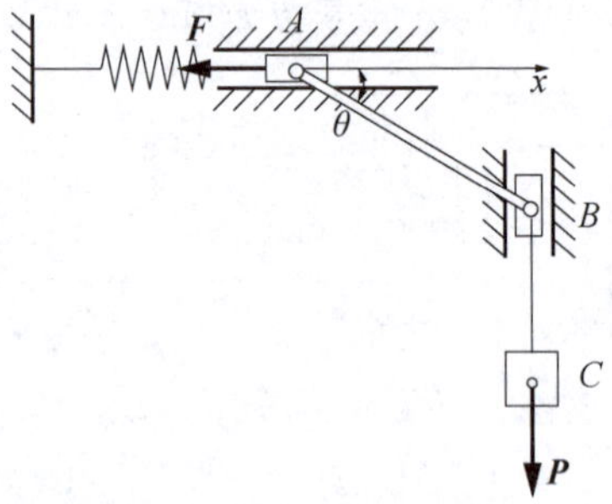

习题 14-6 图

14-7 如习题 14-7 图所示，平面结构由 AB 和 BC 组成。$AB=BC=l$。在杆 AB 和杆 BC 的中点 D、E 上分别作用水平力 $\boldsymbol{P}$ 及铅垂力 $\boldsymbol{Q}$。图示位置 $\theta=60°$。已知各杆件质量及铰链处的摩擦力均不计，求 C 处的约束力。

14-8 一地秤如习题 14-8 图所示，由杠杆 AB 与平台 BD 在 B 处铰接，E 为支点，杆 CD 两端均为铰接。$CD=BE=b$，$AE=a$。若平台与杠杆的质量不计，求重物的重 $\boldsymbol{P}_1$ 与砝码 Q

的重 $\boldsymbol{P}_2$ 之间的关系。

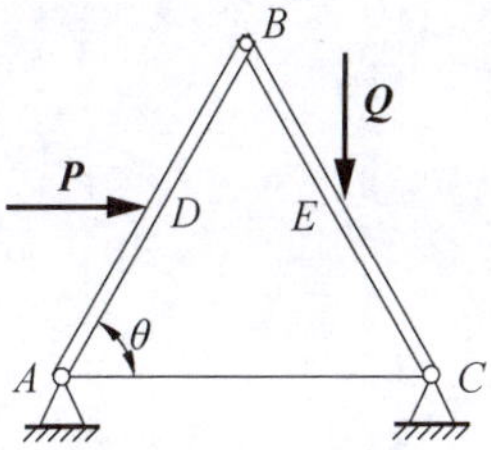

习题 14-7 图

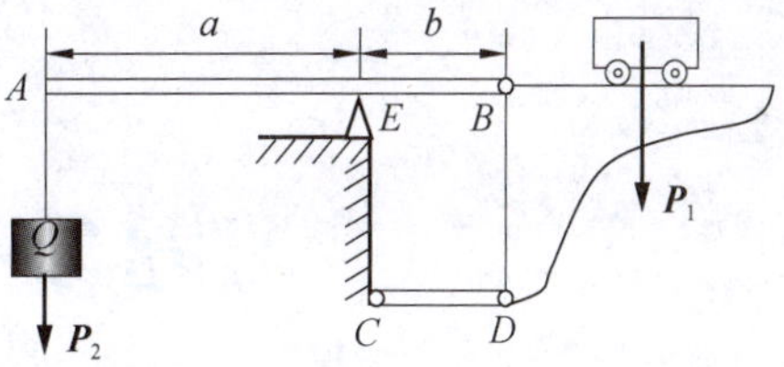

习题 14-8 图

14-9　如习题 14-9 图所示，杆长均为 l，在杆 OA 作用有一力偶矩 M。铰链 A、B 上各作用有铅垂向下的力 $\boldsymbol{P}_1$、$\boldsymbol{P}_2$，在滑块 C 上作用有水平力 $\boldsymbol{P}_3$，不计杆的质量及摩擦，试求系统平衡方程。

14-10　组合梁载荷分布如习题 14-10 图所示，已知 $l=1$ m，$P=4\ 900$ N，均布力 $q=2\ 450$ N/m，力偶矩 $M=4\ 900$ N·m。求支座约束力。

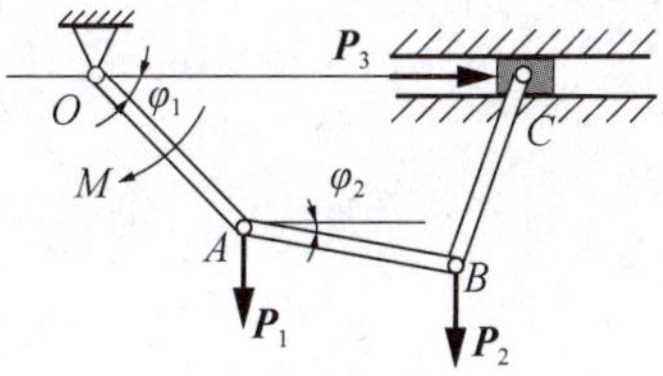

习题 14-9 图

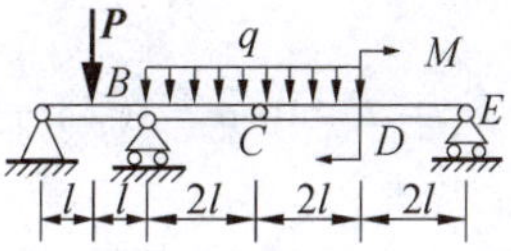

习题 14-10 图

14-11　习题 14-11 图所示结构中，已知铅垂作用力 $\boldsymbol{F}$，力偶 M，尺寸 l。试求支座 B 与 C 处的约束力。

14-12　如习题 14-12 图所示，多跨静定梁中，已知 $F=50$ kN，$q=2.5$ kN/m，$M=5$ kN·m，$l=3$ m。试求支座 A、B 与 E 处的约束力。

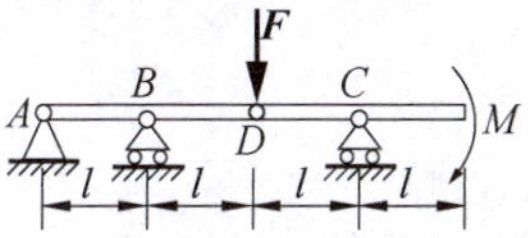

习题 14-11 图

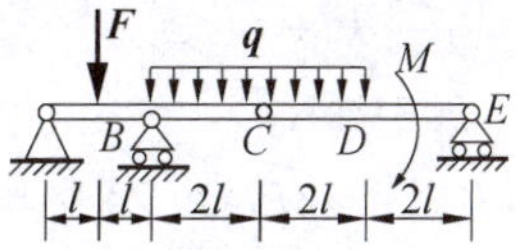

习题 14-12 图

习题参考答案

第1章(略)

第2章

2-1　$F=11.5\ \text{kN}$，$N=23.1\ \text{kN}$

2-2　(1) $F_1=F_2\tan\alpha$；(2) $\dfrac{F_2}{F_1}=5.67$

2-3　$F_A=F_C=\dfrac{M}{2\sqrt{2}a}$

2-4　$F_A=F_C=\dfrac{25\sqrt{2}}{7}\ \text{kN}$，作用线沿杆 CD 方向

2-5　$F_{CA}=300\ \text{N}$，$F_{CB}=389.7\ \text{N}$

2-6　$\tan\theta=\dfrac{P\tan\beta-G\tan\alpha}{P+G}$

2-7　$F_A=F_B=2.31\ \text{kN}$

2-8　(1) $F_R'=0$，$M=3Pl$；(2) $F_R'=0$，$M=3Pl$；(3) 略

2-9　力系简化的最后结果为合力 F_R，大小为 $F_R=\sqrt{2}F$，方向由 A 指向 C

2-10　(a) $F_{Ax}=-\dfrac{\sqrt{2}}{2}F$，$F_{Ay}=-\dfrac{\sqrt{2}}{4}F+\dfrac{M}{2a}$，$F_B=\dfrac{3\sqrt{2}}{4}F-\dfrac{M}{2a}$；

(b) $F_{Ax}=-F$，$F_{Ay}=ql$，$M_A=Fa+\dfrac{1}{2}ql^2-M$

2-11　(1) $b=1.86\ \text{m}$；(2) $F_{Ax}=-400\ \text{N}$，$F_{Ay}=4\,137\ \text{N}$

2-12　$F_A=-\dfrac{4}{2\sqrt{3}-1}P$，$F_C=\dfrac{2\sqrt{3}+1}{2\sqrt{3}-1}P$，$F_B=\dfrac{2\sqrt{3}}{2\sqrt{3}-1}P$

2-13　(a) $F_{Dx}=0$，$F_{Dy}=\dfrac{5}{2}qa$，$F_E=-qa$，$F_B=\dfrac{1}{2}qa$；

(b) $F_{Ax}=-\dfrac{\sqrt{3}}{2}qa$，$F_{Ay}=\dfrac{\sqrt{3}-1}{2}qa$，$F_B=\dfrac{3-2\sqrt{3}}{2}qa$，$F_D=\left(\dfrac{3+\sqrt{3}}{2}\right)qa$，$F_{Cx}=-\dfrac{\sqrt{3}}{2}qa$，

$F_{Cy}=-\frac{\sqrt{3}}{2}qa$

2-14 $F_{BC}=-0.24\text{ kN}$

2-15 $F_{Ax}=2.4\text{ kN}$，$F_{Ay}=1.2\text{ kN}$，$F_{BC}=0.6\sqrt{2}\text{ kN}$

2-16 $F_{Ax}=-230\text{ kN}$，$F_{Ay}=-100\text{ kN}$，$F_{Bx}=230\text{ kN}$，$F_{By}=200\text{ kN}$

2-17 $F_{Dx}=0$，$F_{Dy}=-1\ 400\text{ N}$，$F_{Ax}=200\sqrt{2}\text{ N}$，$F_{Ay}=2\ 083\text{ N}$，$M_A=-1\ 178\text{ N}\cdot\text{m}$

2-18 $F_{Ax}=F_{Dx}=\frac{l}{4a}(P_1+2P_3)\sin 2\theta$，$F_{Ay}=P_1+P_3-\frac{l}{2a}(P_1+2P_3)\cos^2\theta$，

$F_{Dy}=\frac{P_2}{2}+\frac{l}{2a}(P_1+2P_3)\left(\frac{\cos\theta}{2}+\frac{h}{b}\sin\theta\right)\cos\theta$，

$F_{NC}=\frac{P_2}{2}+\frac{l}{2a}(P_1+2P_3)\left(\frac{\cos\theta}{2}-\frac{h}{b}\sin\theta\right)\cos\theta$

2-19 $F_B=-6\text{ kN}$，$F_{Ax}=-9\text{ kN}$，$F_{Ay}=6\text{ kN}$，$M_A=-4\text{ kN}\cdot\text{m}$

2-20 $F_{Cx}=0.367P$，$F_{Cy}=1.667P$，$F_{Dx}=-0.367P$，$F_{Dy}=-0.667P$，$F_{Ex}=0.367P$，$F_{Ey}=1.033P$

2-21 $F_{Ax}=\frac{\sqrt{3}}{2}P-4qa$，$F_{Ay}=P$，$M_A=8qa^2+Pr+\left(2-\frac{3\sqrt{3}}{2}\right)Pa$，$F_C=\frac{\sqrt{3}P}{2}$（水平向左）

2-22 $F_{Ax}=F/2$，$F_{Ay}=qa/2-F$，$F_B=2F+qa/2$

2-23 $3.388\text{ m}\leqslant x\leqslant 3.77\text{ m}$

2-24 $F_{Ax}=0$，$F_{Ay}=53\text{ kN}$，$F_B=37\text{ kN}$

第3章

3-1 $F_1=-\frac{4F}{9}$，$F_2=-\frac{2F}{3}$，$F_3=0$

3-2 $F_1=-60\text{ kN}$（压），$F_2=-40\text{ kN}$（压），$F_3=-100\text{ kN}$（压）

3-3 $F_{CD}=-0.866F$

3-4 $F_1=2F$（拉），$F_2=2.24F$（拉），$F_3=F$（拉），$F_4=2F$（拉），$F_5=0$，$F_6=2.24F$（拉）

3-5 $F_1=-16.67\text{ kN}$，$F_2=-66.67\text{ kN}$，$F_3=50\text{ kN}$

3-6 $F_{AC}=153\text{ kN}$（压），$F_{BC}=33.3\text{ kN}$（拉），$F_{BD}=193\text{ kN}$（压）

3-7 $F_1=-F$，$F_2=0$，$F_3=1.414F$，$F_4=-F$，$F_5=0$，$F_6=2F$，$F_7=-1.414F$，$F_8=-F$，$F_9=F$

3-8 $F_1=1.66P$（压），$F_2=1.33P$（拉），$F_3=\frac{2\sqrt{13}}{3}P$（压），$F_4=0$，$F_5=1.5P$（拉），

$F_6=\frac{3\sqrt{5}}{2}P$（压），$F_7=0$

3-9 两物块均为滑动状态，$F_{dA}=9\text{ N}$，$F_{sB}=11.4\text{ N}$

3-10 滑块 B 处于平衡状态，摩擦力 $F_s=66\text{ N}$，方向水平向左

3-11 $\varphi_{mB}=30°$，$\varphi_{mC}=30°$，$\varphi_{mA}=16°6'$

3-12 $0.246l\leqslant x\leqslant 0.977l$

3-13 $W_{A\min}=500\text{ kN}$

3-14 $34\text{ N}\leqslant F\leqslant 85\text{ N}$

3-15 $\frac{f_s\cos\alpha-\sin\alpha}{f_s\sin\beta-\cos\beta}W\leqslant G\leqslant\frac{f_s\cos\alpha+\sin\alpha}{f_s\sin\beta+\cos\beta}W$

3-16 $F_{min}=20\ kN$

3-17 $f=0.52$

3-18 $56.6\ N\leqslant F_1\leqslant 348.7\ N$

3-19 当 $G=200$ N 时，$F_{sB}=20$ N，杆 AB 处于临界平衡状态，点 B 有向上滑动趋势；当 $G=170$ N 时，$F_{sB}=-10$ N，杆 AB 处于平衡状态，点 B 有向下滑动趋势

3-20 $F_1=26$ kN，$F_2=20.9$ kN

第4章

4-1 $F_{AO}=596.28$ N(压)，$F_{BO}=F_{CO}=298.14$ N(拉)

4-2 $x=6$ m，$y=4$ m

4-3 $a=350$ mm

4-4 $F_{AB}=4.62$ kN(拉)，$F_{AC}=3.46$ kN(拉)，$F_{AD}=11.6$ kN(压)

4-5 $F_{AH}=\sqrt{2}F$，$F_{CH}=-\sqrt{2}F$，$F_{BG}=-\sqrt{2}F$，$F_{AE}=-F$，$F_{CG}=-F$，$F_{BF}=F$，以上结果中的负号表示实际方向与图示假设方向相反，为压力

第5章

5-1 $x_M=r\cos\omega t+b\sqrt{1-\left(\frac{r}{l}\right)^2\sin^2\omega t}$，$y_M=r\left(1-\frac{b}{l}\right)\sin\omega t$；$t=0$ 时，$v_x=0$，$v_y=\left(1-\frac{b}{l}\right)r\omega$

5-2 $\frac{x_M^2}{(a+b)^2}+\frac{y_M^2}{b^2}=1$，点 M 的轨迹为一椭圆

5-3 $y=e\sin\varphi+\sqrt{R^2-e^2\cos^2\varphi}$，$v=e\omega\cos\varphi+\frac{e^2\omega\sin 2\varphi}{2\sqrt{R^2-e^2\cos^2\varphi}}$

5-4 直角坐标法：$x_C=\frac{al}{\sqrt{l^2+(ut)^2}}$，$y_C=\frac{aut}{\sqrt{l^2+(ut)^2}}$；自然坐标法：$s_C=a\varphi$，$\varphi=\arctan\frac{ut}{l}$；点在 $\varphi=\frac{\pi}{4}$ 时速度大小为 $v_C=\frac{aul}{l^2+u^2t^2}$

5-5 运动方程：$x=R\sin(\omega t+\varphi_0)+l$，$v=0$，$a=-R\omega^2$

5-6 $v=\sqrt{v_x^2+v_y^2}=\frac{v_0}{l+h}\sqrt{l^2\tan^2\theta+h^2}$，$a=\sqrt{a_x^2+a_y^2}=\frac{lv_0^2}{(l+h)^2\cos^3\theta}$

第6章

6-1 $v_D=4$ m/s，$a_D=32.25$ m/s^2

6-2 $\omega=\dot{\varphi}=\frac{v_0}{\sqrt{l^2-(v_0t)^2}}$，$\alpha=\ddot{\varphi}=\frac{v_0{}^3t}{[l^2-(v_0t)^2]^{3/2}}$，$v_A=l\omega=\frac{lv_0}{\sqrt{l^2-(v_0t)^2}}$

6-3　$\omega_1 = 2$ rad/s，$v_D = 80$ cm/s

6-4　AO 杆的转动方程为 $\varphi = t/30$；点 B 运动方程为 $x = 1.5\cos\left(\frac{t}{30}\right)$，$y = 1.5\sin\left(\frac{t}{30}\right) - 0.8$；点 B 轨迹方程为 $x^2 + (y + 0.8^2) = 1.5^2$

6-5　$v = 1.676$ m/s；皮带上 A、D 的加速度大小均为 32.865 m/s^2，指向轮 Ⅰ 的圆心；皮带上 B、C 的加速度大小均为 13.146 m/s^2，指向轮 Ⅱ 的圆心

6-6　$h_1 = 2$ mm

第 7 章

7-1　$\omega_2 = 3.1$ rad/s，$\omega_2 = 0.7$ rad/s

7-2　当 $\varphi = 0°$ 时，$v_{BC} = 0$；当 $\varphi = 30°$ 时，$v_{BC} = 100$ cm/s（水平向右）；当 $\varphi = 90°$ 时，$v_{BC} = 200$ cm/s（水平向右）

7-3　$v_a = \frac{v_e}{\cos\varphi} = 2R\omega$，$v_r = v_e\tan\varphi = 2R\omega\sin\omega t$

7-4　滑道 BC 的速度为 126 cm/s（水平向左）；滑道 BC 的加速度为 2 740 cm/s^2（水平向左）

7-5　$v_r = v\tan\theta$，$a_r = a\tan\theta + \frac{v^2}{l\cos^3\theta}$

7-6　$v = 20\sqrt{3}$ cm/s，$a = 40\sqrt{3} - 40$ cm/s^2

7-7　$\omega_{AB} = \omega$，$\alpha_{AB} = 2\omega^2$

7-8　$\omega_{BD} = \frac{\sqrt{6}r\omega_0}{2l}$，$\alpha_{BD} = -\frac{\sqrt{2}r\omega_0^2}{l} - \frac{3r^2\omega_0^2}{2l^2}$

7-9　$v_a = \sqrt{2}v$（沿半圆 CD 弧的切线方向），$a_a^\tau = a_a^n = \frac{2v}{R}$

7-10　$v_a = \frac{1}{2}r \cdot \omega$（竖直向上），$a_a = -\frac{\sqrt{3}}{2}r \cdot \omega^2$（竖直向下）

7-11　$v_a = e\omega$，$a_a = e^2\omega^2/\sqrt{R^2 - e^2}$

7-12　$v = l\omega/\cos^2\varphi$，$a = 2l\omega^2\tan\varphi/\cos^2\varphi$

7-13　$\omega = \frac{\sqrt{3}u}{2r}$，$\alpha = -\frac{u^2}{4r^2}(\sqrt{3} - 1)$

第 8 章

8-1　$v_B = 2\sqrt{3}r\omega$

8-2　$\omega_{BC} = \frac{v_B}{BC} = 2\sqrt{3}\omega_{OA}$

8-3　$\omega = 4.5$ rad/s（顺时针）

8-4　$\omega = \sqrt{3}\omega_O$（顺时针）

8-5　$\omega_{DE} = 2\omega$（顺时针），$\alpha_{DE} = -14\omega^2$（逆时针）

8-6 $\omega_{ABD}=1.072\ \text{rad/s}$， $v_D=0.254\ \text{m/s}$

8-7 $\alpha_{BO_1}=\dfrac{a_B^\tau}{BO_1}=7.97\ \text{rad/s}^2$(顺时针)

8-8 $\omega_B=v_B/R=\sqrt{3}\omega/3$(逆时针)，$a_B=-(1+4\sqrt{3}/9)R\cdot\omega^2$(水平向左)

8-9 $v_B=a\omega$(水平向左)，$a_{Bx}=1.85\,a\omega^2$(水平向左)，$a_{By}=0.188\,a\omega^2$(竖直向下)

8-10 $\omega_{OB}=0.64\ \text{rad/s}$， $a_B^n=16.38\ \text{cm/s}^2$， $a_B^\tau=327.7\ \text{cm/s}^2$

第9章

9-1 $h=\dfrac{bv^2}{\rho g}=78.4\ \text{mm}$

9-2 $f_{\min}=0.35$

9-3 $a_\tau=8.33\ \text{m/s}^2$， $F_N=521.1\ \text{N}$

9-4 运动微分方程为 $R\ddot{\theta}=g\sin\theta$， $mR\dot{\theta}^2=mg\cos\theta-F_N$；当 $\cos\theta\leqslant\dfrac{3}{2}$， 即 $\theta\geqslant\arccos\dfrac{2}{3}=48.19°$ 时，小球脱离圆柱体

9-5 $F_{N\max}=m(g+e\omega^2)$，$\varphi=-90°$(即轮心 C 处于转轴 O 的正下方)，$\omega_{\max}=\sqrt{\dfrac{g}{e}}$

第10章

10-1 (a) $p=mr\omega$； (b) $p=me\omega$(方向与 C 点速度方向相同)； (c) $p=0$

10-2 $p=6.5mr\omega$， 与 x 轴正向夹角为$-45°$， 与 y 轴正向夹角为$-135°$

10-3 $F_R=1\,975\ \text{N}$； $F_T=30\,337\ \text{N}$

10-4 人跳上车后车的速度为 1 m/s；人跳离后车子的速度为 1.23 m/s

10-5 $F=40.2\ \text{N}$， 方向与 $\Delta\boldsymbol{p}$ 反向， 左下方

10-6 向左移动 0.266 m

10-7 向左移动 0.138 m

10-8 $a=\dfrac{m_2b-f(m_1+m_2)g}{m_1+m_2}$

10-9 $F_{Ox}=m_3g\cos\theta\sin\theta+m_3\dfrac{R}{r}a\cos\theta$，

$F_{Oy}=(m_1+m_2+m_3)g-m_3g\cos^2\theta+m_3\dfrac{R}{r}a\sin\theta-m_2a$

10-10 $x_C=\dfrac{m_3l}{2(m_1+m_2+m_3)}+\dfrac{m_1+2m_2+2m_3}{2(m_1+m_2+m_3)}l\cos\omega t$，

$y_C=\dfrac{m_1+2m_2}{2(m_1+m_2+m_3)}l\sin\omega t$； $F_{x\max}=\dfrac{1}{2}(m_1+2m_2+2m_3)l\omega^2$

第11章

11-1 (1) $L_O=\frac{3}{2}mr^2\omega$；(2) $L_O=\frac{17}{18}mr^2\omega$；(3) $L_O=\frac{1}{3}ma^2\omega$

11-2 $a=\frac{M_0-fP_2r}{(P_1+2P_2)r}g$

11-3 $t=\frac{J_z\omega_0}{fF_N R}$

11-4 $M=6\ 594\ \text{N}\cdot\text{m}$，$P=50\ 240\ \text{N}$

11-5 $\omega=\frac{a^2}{(a+l\sin\theta)^2}\omega_0$

11-6 $\alpha_1=\frac{M}{J_1+\frac{r_1^2}{r_2^2}J_2+mr_1^2}$

11-7 (1) $p=\frac{R+e}{R}mv_A$，$L_B=[J_A-me^2+m(R+e)^2]\frac{v_A}{R}$

(2) $p=m(v_A+e\omega)$，$L_B=(J_A+mRe)\omega+m(R+e)v_A$

11-8 $a_A=\frac{m_1g(r+R)^2}{m_1(R+r)^2+m_2(\rho^2+R^2)}$

11-9 $v=\frac{2}{3}\sqrt{3gh}$，$F_T=\frac{1}{3}mg$

11-10 $a_C=0.355g$

11-11 $h=0.7d$

第12章

12-1 图(a)动能 $p_1=\frac{1}{2}m(\rho_C^2+e^2)\omega_0^2$；图(b)动能 $p_2\ \frac{1}{2}(m_1+m_2)v_1^2+\frac{1}{2}m_2v_2^2-\frac{\sqrt{3}}{2}m_2v_1v_2$

12-2 $\omega=2\sqrt{\frac{g}{7r}}$，$\theta=55.15°$

12-3 $F_{ND}=\frac{Ql^2\sin\alpha}{l^2+12a^2}$

12-4 $b=\frac{\sqrt{3}}{6}l$

12-5 (1) $f_d=0.2$；(2) $W=-8$ J

12-6 $v=\sqrt{\frac{7mgh-kh^2}{5m}}$，$a=\frac{7}{10}g-\frac{kh}{5m}$

12-7 (1) $\omega=\frac{2}{\sqrt{3}}\sqrt{\frac{g}{R}-\frac{k}{m}(\sqrt{2}-1)}$; (2)$\alpha=0$; (3)$F_{Ox}=0$, $F_{Oy}=\frac{7}{3}mg-\frac{1}{3}kR(4\sqrt{2}-1)$

12-8 (1) $\omega_0=\sqrt{\frac{24g}{5l}}$; (2) $\omega_0=\sqrt{\frac{63g}{10l}}$

12-9 $\omega=\frac{2}{r}\sqrt{\frac{s\left[\frac{M}{r}+k(\delta-\frac{1}{2}s)-m_1g(\sin\alpha+f_d\cos\alpha)\right]}{2m_1+m_2}}$

12-10 $\frac{G}{P}\geqslant\frac{7}{3}$

12-11 (1) $v_C=2\sqrt{\frac{(M-mgR\sin\theta)\cdot s}{5mR}}$, $a_C=\frac{2(M-mgR\sin\theta)}{5mR}$;

(2) $F=\frac{3M+2mgR\sin\theta}{5R}$; (3) $F_{Ox}=\frac{3M+2mgR\sin\theta}{5R}\cos\theta$, $F_{Oy}=\frac{3M+2mgR\sin\theta}{5R}\sin\theta+mg$

第 13 章

13-1 (a)角加速度 $\alpha=\frac{2W}{mr}$; 绳中拉力为 W; 轴承约束反力为 $F_{Ox}=0$, $F_{Oy}=W$

(b)角加速度 $\alpha=\frac{2Wg}{r(mg+2W)}$; 绳中拉力为 $\frac{mg}{mg+2W}W$; 轴承约束反力为 $F_{Ox}=0$, $F_{Oy}=\frac{mgW}{mg+2W}$

13-2 $a_C=\frac{8F}{11m}$

13-3 (1) $F_A=\frac{P}{4}$; (2) $a_B=\frac{3g}{2}$

13-4 $F_A=F_B=74\ \text{N}$

13-5 $a_1=6.54\ \text{m/s}^2$, $F_{CD}=5.657\ \text{kN}$

13-6 $a=\frac{1-\sin\theta}{2}g$, $F_{Ox}=\frac{P}{2}(1+\sin\theta)\cos\theta$, $F_{Oy}=\frac{P}{2}(1+\sin\theta)^2$

13-7 $F_{Ax}=0$, $F_{Ay}=P+Q+G\left(1+\frac{a}{g}\right)$, $M_A=P\frac{l}{2}+Qd+G(d+r)+\left[\frac{J}{r}+\frac{G}{g}(d+r)\right]a$

13-8 $F_{ND}=\frac{ml}{2h}\sin\theta(g\cos\theta-a\sin\theta)$, $F_{Ax}=-ma-\frac{ml}{2h}\sin^2\theta(g\cos\theta-a\sin\theta)$, $F_{Ay}=-mg-\frac{ml}{2h}\sin\theta\cos\theta(g\cos\theta-a\sin\theta)$

13-9 $F_{Dx}=-479.9\ \text{N}$, $F_{Dy}=-177.2\ \text{N}$, $M_D=106.3\ \text{N}\cdot\text{m}$,

13-10 $a_{Cx}=0$, $a_{Cy}=\frac{12}{17}g$, $F_{AO_1}=\frac{5}{17}mg$

13-11 $F_{AD}=73.2\ \text{N}$, $F_{BE}=273.2\ \text{N}$

第14章

14-1　$M = Pr(\sin\theta + \cos\theta \cdot \tan\varphi)$，$\tan\varphi = \dfrac{r\sin\theta}{\sqrt{l^2 - r^2\sin^2\theta}}$

14-2　加在被压物体上的力为$\dfrac{4\pi l}{h}F$

14-3　$F_1 = \dfrac{F_2 l}{a\cos^2\varphi}$

14-4　$F = \dfrac{M}{l}$

14-5　$F_{Bx} = \dfrac{3}{2}F\cot\theta$

14-6　$F = P\cot\theta$

14-7　$F_{Cx} = (3P + \sqrt{3}Q)/12$，$F_{Cy} = (\sqrt{3}P + 3Q)/4$

14-8　$P_2 = \dfrac{b}{a}P_1$

14-9　$(P_1 + P_2)\cos\varphi_1 - P_2\sin\varphi_2 - 2P_3\lambda\sin\varphi_1\cos\varphi_1 - 2P_3\lambda\sin\varphi_1\cos\varphi_3 - \dfrac{M}{l} = 0$,

$P_2\cos\varphi_2 - P_3\sin\varphi_2 - 2P_3\lambda\cos\varphi_1\sin\varphi_2 - 2P_3\lambda\sin\varphi_2\cos\varphi_2 = 0$

式中，$\lambda = [1 - (\sin\varphi_1 + \sin\varphi_2)^2]^{-\frac{1}{2}}$

14-10　$F_A = -2\ 450$ N，$F_B = 14\ 700$ N，$F_E = 2\ 450$ N

14-11　$F_B = 2\left(F - \dfrac{M}{l}\right)$，$F_C = \dfrac{M}{l}$

14-12　$F_{Ax} = 0$；$F_{Ay} = 6.667$ kN(竖直向上)；$F_B = 69.167$ kN(竖直向上)；$F_E = 4.167$ kN(竖直向上)

参考文献

[1]哈尔滨工业大学理论力学教研室. 理论力学(Ⅰ)[M]. 9版. 北京：高等教育出版社，2023.
[2]范钦珊，刘燕，王琪. 理论力学[M]. 北京：清华大学出版社，2004.
[3]北京科技大学，东北大学. 工程力学(静力学)[M]. 北京：高等教育出版社，1997.
[4]郝桐生. 理论力学[M]. 2版. 北京：高等教育出版社，2003.
[5]西南交通大学应用力学与工程系. 工程力学教程[M]. 北京：高等教育出版社，2004.
[6]贾书惠. 理论力学教程[M]. 北京：清华大学出版社，2004.
[7]张本华. 理论力学[M]. 2版. 北京：中国农业出版社，2013.
[8]浙江大学理论力学教研室. 理论力学[M]. 4版. 北京：高等教育出版社，2010.
[9]王月梅. 理论力学[M]. 北京：机械工业出版社，2004.
[10]刘俊卿. 理论力学[M]. 西安：西北工业大学出版社，2001.
[11]王铎，程靳. 理论力学解题指导及习题集[M]. 3版. 北京：高等教育出版社，2005.
[12]顾晓勤，谭朝阳. 理论力学[M]. 北京：机械工业出版社，2010.
[13]钟家骐，谢晓梅. 理论力学：常见题型解析及模拟题[M]. 北京：国防工业出版社，2007.
[14]张祥东. 理论力学[M]. 2版. 重庆：重庆大学出版社，2011.
[15]贾启芬，刘习军. 理论力学[M]. 4版. 北京：机械工业出版社，2017.
[16]贾启芬，刘习军，王春敏. 理论力学[M]. 天津：天津大学出版社，2003.
[17]洪嘉振，刘铸永，杨长俊. 理论力学[M]. 4版. 北京：高等教育出版社，2015.
[18]周纪卿，韩省亮，何望云. 理论力学：学习指导典型题解[M]. 西安：西安交通大学出版社，2008.
[19]刘延柱，朱本华，杨海兴. 理论力学[M]. 3版. 北京：高等教育出版社，2010.
[20]陈明. 理论力学习题解答(修订版)[M]. 哈尔滨：哈尔滨工业大学出版社，2004.
[21]盛冬发，闫小青. 理论力学[M]. 北京：北京大学出版社，2007.
[22]罗特军. 工程力学[M]. 武汉：武汉大学出版社，2013.
[23]和兴锁. 理论力学(Ⅰ)[M]. 北京：科学出版社，2012.
[24]焦群英. 理论力学学习指导[M]. 北京：中国农业大学出版社，2006.
[25]朱炳麒. 理论力学[M]. 2版. 北京：机械工业出版社，2014.
[26]李晓丽，李瑞英. 理论力学[M]. 北京：中国水利水电出版社，2011.
[27]武清玺，冯奇. 理论力学[M]. 北京：高等教育出版社，2003.

[28]刘英卫，何世松，张洪涛. 工程力学[M]. 北京：北京理工大学出版社，2016.
[29]邱小林，冯薇，冯新红，等. 工程力学(上册)[M]. 2版. 北京：北京理工大学出版社，2012.
[30]邱小林，冯薇，冯新红，等. 工程力学(下册)[M]. 2版. 北京：北京理工大学出版社，2012.
[31]邱小林，包忠有，杨秀英，等. 工程力学学习指导[M]. 2版. 北京：北京理工大学出版社，2012.
[32]王永岩. 理论力学[M]. 北京：煤炭工业出版社，1997.
[33]王永岩. 理论力学[M]. 北京：科学出版社，2007.
[34]张雄，任革学，高云峰. 理论力学[M]. 北京：清华大学出版社，2002.
[35]郭应征，周志红. 理论力学[M]. 北京：清华大学出版社，2005.
[36]蒋沧如. 理论力学[M]. 武汉：武汉理工大学出版社，2004.